ब्रह्माण्ड

I0498218

notionpress
.com

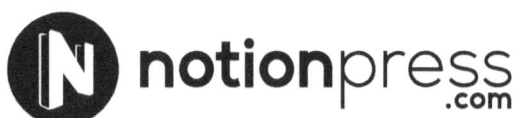

ब्रह्माण्ड

—भविष्य एवं अंत—

अजय देवांगन

notionpress.com

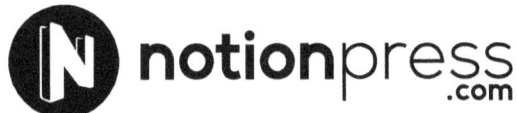

Notion Press

Old No. 38, New No. 6
McNichols Road, Chetpet
Chennai - 600 031

First Published by Notion Press 2017
Copyright © Ajay Dewangan 2017
All Rights Reserved.

ISBN 978-1-947283-18-3

This book has been published with all reasonable efforts taken to make the material error-free after the consent of the author. No part of this book shall be used, reproduced in any manner whatsoever without written permission from the author, except in the case of brief quotations embodied in critical articles and reviews.

The Author of this book is solely responsible and liable for its content including but not limited to the views, representations, descriptions, statements, information, opinions and references ["Content"]. The Content of this book shall not constitute or be construed or deemed to reflect the opinion or expression of the Publisher or Editor. Neither the Publisher nor Editor endorse or approve the Content of this book or guarantee the reliability, accuracy or completeness of the Content published herein and do not make any representations or warranties of any kind, express or implied, including but not limited to the implied warranties of merchantability, fitness for a particular purpose. The Publisher and Editor shall not be liable whatsoever for any errors, omissions, whether such errors or omissions result from negligence, accident, or any other cause or claims for loss or damages of any kind, including without limitation, indirect or consequential loss or damage arising out of use, inability to use, or about the reliability, accuracy or sufficiency of the information contained in this book.

अंतर्वस्तु

प्रस्तावना .... *vii*

1 नीले ग्रह से ब्रह्माण्ड के छोर (बिग–बैंग) तक थ्रिलिंग यात्रा 1

2 इनफीनिट का रहस्य 19

3 ब्रह्माण्ड कैसे कार्य करता है (ब्लैकहोल की रहस्यमयी दुनिया) 23

4 ब्रह्माण्ड कैसे कार्य करता है गुरूत्वाकर्षण पॉकिट थ्योरी 53

5 ब्रह्माण्ड कैसे कार्य करता है 65

6 ब्रह्माण्ड कैसे कार्य करता है गुरूत्वाकर्षण उत्प्रेक्ष्य गतिकीय बल प्रक्षेत्र 75

7 ब्रह्माण्ड कैसे कार्य करता है
(गुरूत्वाकर्षण उत्प्रेक्ष्य गतिकीय बल प्रक्षेत्र–एक प्रयोग) 83

8 ब्रह्माण्ड कैसे कार्य करता है "ऊर्जा ही सब कुछ है" 93

9 ब्रह्माण्ड समय, गति एवं काल यात्राएं 103

10 ब्रह्माण्ड गुरूत्वाकर्षण जन्म, चरम एवं विनाश 115

11 डार्क एनर्जी ब्रह्माण्डीय प्रसार ऊर्जा कणें 129

12 गैलेक्सियां–महान् ब्रह्माण्डीय संरचनाएं 141

13 मल्टी यूनिवर्स एवं अंतर–ब्रह्माण्डीय प्रगमन 155

14 एन्टी मैटर, एन्टी ब्लैकहोल, एवं एन्टी यूनिवर्स 163

15 पैरेरल यूनिवर्स, ज्वाईंट यूनिवर्स, ब्रेन अथवा बबल यूनिवर्स 173

16 क्या ब्रह्माण्ड, नथिंग से बना है 179

17 ब्रह्माण्ड एवं काल–अंतराल 183

18 ब्रह्माण्ड में सबसे अधिक गति किसकी है?
(क्या हम प्रकाश से भी अधिक गति से यात्रा कर सकते है?) 191

v

19	तारे: ब्रह्माण्डीय टर्निंग पाईंट	195
20	ब्रह्माण्ड में प्रत्येक निर्माण में केंद्र का होना व केंद्र के तरफ भारी होना पाया जाता है।	199
21	ब्रह्माण्ड का हर वस्तु एवं पिंड गतिवान एवं स्पंदित क्यो है?	201
22	सुपर मॉसिव ग्रविटेशनल सिंगल पाईंट	205
23	टेंसकाल: ब्रह्माण्ड का अंत	209
24	प्रति—गुरूत्वाकर्षण बल	213
25	रहस्यमयी डार्क मैटर एवं ब्रह्माण्ड	215
26	गॉड पॉर्टिकल्स का रहस्य	221
27	थ्योरी ऑफ इवरीथिंग	225
28	परग्रही एवं पर—ब्रह्माण्डीय जीवन	247
29	हमारा ब्रह्माण्ड, भविष्य एवं अंत	259
30	ब्रह्माण्ड और जीवन एक पूर्णत: भौतिक घटना है न की ईश्वरीय	267

प्रस्तावना

कॉस्मोस, अद्भुत, जोशिला, जटिलता तथा रहस्यों से अटा पड़ा है। यह असीम है और इसकी विचित्र घटनाएं तो हमारी कल्पना को भी चकरा देनी वाली होती है। आज हमें अपने व्यस्ततम जीवन में, अल्प समय निकाल कर ब्रह्माण्ड के बारे में जानना चाहिए, जिसने हमें और आपको बनाया है। गहरी सांस लेकर आकाश की ओर देखकर, हमें यह सोचना चाहिऐ की हम कहां से आए हैं? यहां क्यों हैं, और क्या अकेले हैं? पृथ्वी चंद्रमा सूर्य, ग्रह, उपग्रह, नक्षत्र एवं गैलैक्सियां क्या है, एक बारगी तो लगता हैं, कि इससे हमे क्या परन्तु ऐसा नहीं है, हमारे जीवन का हर पहलू इन बह्माण्डीय संरचनाओं एवं कियाकलापों से नाजुक धागे से जुड़ा है। यहां तक की हम आप और आस–पास दिखने वाला प्रत्येक पदार्थ एवं चीजें बह्माण्ड हैं, अथवा बह्माण्ड के एक अभिन्न हिस्सें हैं। यदि सूर्य का तापमान कुछ डिग्री गिर जाए तो पृथ्वी में हिमयुग असंभावी हो जाएगा, उसी प्रकार यदि तापमान कुछ डिग्री बढ़ जाए तो सागरीय जल भाप बनकर उड़ जाऐगा और जीवन दुरगम हो जाएगा। यदि हमारे ग्रह पृथ्वी का चुम्बकीय क्षेत्र विलुप्त हो जावे तो सौर पवने हमारे जीवन को तहस–नहस कर देंगे वही सारे प्राणीजगत, जीवजंतु, पक्षी और हम अपने दिशाएं भटक जाएंगे। सोचिऐ तब क्या होगा जब कोई विशाल उल्का पिंड अथवा कामेट पृथ्वी से टकरा जाए? ऐसी भयावह घटनाएं पहले भी हो चुकी है जिससे डायनासोर का अस्तित्व समाप्त हो चुका है इस प्रकार पूरे बह्माण्ड का सुरक्षित या यथावत् बने रहने का कोई प्रमाण या आधार नहीं है।

सच मानिए ब्रह्माण्ड एक परिवर्तनशील जगह है, स्थिर ब्रह्माण्ड की अवधारणा को भूल जाइए यहां न तो एण्टी ग्रेविटी का कोई वजूद है न ही ब्रह्माण्डीय स्थिरता जैसी कोई बात है, सच तो यह है कि ब्रह्माण्ड का द्रुत गति से प्रसार हो रहा है वहीं पिंड समूह आपसी आंतरिक आकर्षण में बंध एक–दूसरे के निकट आ रहे हैं चूंकि यह ब्रह्माण्डीय प्रक्रिया व घटनांए लाखों करोड़ों वर्षो में दृश्य होते हैं, इसलिए हमारे अल्प जीवन में यह एक–सा प्रतीत होता है। लेकिन हमें यह जान लेना होगा की यह ब्रह्माण्ड न तो पूर्व में ऐसा था न ही आगें भविष्य में ऐसा बना रहने वाला है। अर्थात् ब्रह्माण्ड, अनिश्चिताओं और जटिलताओं से भरा पड़ा है यहां सर्वत्र स्थिरता का अभाव है वर्तमान खोजो से पता चला है, कि अरबो सौर द्रव्यमान के श्याम विवर करोड़ों की संख्या में बह्माण्ड में विचरण कर रहें हैं। इन श्याम विवरों को काला दानव भी कहा जाता हैं जिसमें अपार गुरूत्वाकर्षण होता है जो पलक झपकते ही बह्माण्डीय पिंड़ों, तारों, ग्रहों नक्षत्रों गैसीय बादलों को निगल जाता है। यही नहीं इनसे निकलने वाले जेट

विकिरण भी इतने शक्तिशाली व विनाशकारी होते है, कि इनके चपेट में आने वाले खगोलीय पिंड जलकर स्वाहा हो जातें हैं और भाप बनकर अंतरिक्ष में विलीन हो जातें हैं।

बह्माण्ड का अध्ययन मात्र इसलिए महत्वपूर्ण नहीं है कि हम अपने भविष्य में आने वाले भयावह परिस्थितियों को जानकर बच सके, बल्कि यह इसलिए अधिक महत्वपूर्ण है, कि बह्माण्डीय स्ट्रक्चर व उसके कियाकलापों को समझकर उनसे ऐसे सिद्धांत और नियम प्राप्त कर सकते हैं, जिससे मानव जीवन को और अधिक वैज्ञानिक तथा बेहतर बनाया जा सके। ब्रह्माण्ड विभिन्न प्रकार के ग्रहीय पिंड़ों, उपग्रहों, नक्षत्रों, परमाणु संरचनाओं, चुम्बकीय बलों, कमजोर व मजबूत नाभिकीय बलों, गुरूत्वाकर्षण बलों तथा कण–प्रतिकणों, नाभिकीय संलयनों, कृष्ण विवरों व बह्माण्डीय प्रसार ऊर्जाओं जैसे घटनाओं से से अटा पड़ा है। जिनका अध्ययन हमारे लिए महत्वपूर्ण है। इतना ही नहीं बह्माण्ड में सैकड़ों ऐसे प्राकृतिक विचित्रताएं हैं, जिसमें से किसी को भी सही ढ़ंग से समझ पाना संभव नहीं हो पाया है ये सब बातें हमारी कल्पना को भी चकरा देनी वाली है इसके साथ ही यहां तो हर प्रक्रिया व घटनांए एक–दूसरे के विरोधी प्रतीत होने लगता है, जैसे की हम गुरूत्वाकर्षण को ही ठीक तरह से नहीं जान पाए है, और ज्ञात हुआ की बह्माण्ड का सभी दिशाओं में द्रुतगति से रैखिक विस्तार हो रहा है। उसी प्रकार जहाँ बिग–बैंग से बह्माण्डीय सृजन का तर्क देते हैं तो वही बह्माण्डीय स्थिरता की बात करते हैं। सौर मण्डलों तथा गैलेक्सियों में केन्द्र के चारों ओर चक्रण करते पिंडों की चाल पृथक–पृथक क्यों है? बह्माण्ड में पदार्थ व एन्टी पदार्थ क्या है? मास व ऊर्जा क्या है? गॉड पार्टिकल्स क्या है? बह्माण्ड में प्रत्येक पिंड एवं रचनाएं गतिवान व स्पंदित क्यों हैं और हर पदार्थ अथवा पिंड अपने से भारी पिंड का निरंतर चक्रण क्यों कर रहें है? ब्लैक होल क्या है? इसमें चरम गुरूत्वाकर्षण क्यों है? ब्लैकहोल में चरम गुरूत्वाकर्षण के साथ जेट विकिरण जैसे विरोधाभास क्यों है? ब्रह्माण्ड में विभिन्न प्रकार के ऊर्जा क्यों है? और क्या इनमें कोई समन्वय है? सूक्ष्म व व्यापक ब्रह्माण्डीय एकीकरण क्या है? ब्रह्माण्ड में सब कुछ है तो ब्रह्माण्ड किसमें है? यूनिवर्स बिन ऊर्जा खपत किए कैसे खरबो टन पिंडों को निरंतर चलायमान बनाये हुए हैं? ब्रह्माण्ड का अंत कैसे होगा? क्या बह्माण्डीय विस्तार में गुरूत्वाकर्षण टूट जायेगा और ब्रह्माण्ड बिखर कर नष्ट हो जाएगा? अथवा ब्रह्माण्ड का पुनः संकुचन प्रारंभ होगा जिससे पुनः बिग–बैंग होगा या ब्रह्माण्ड महाद्रव अवस्था प्रारंभ होने से एकाएक नष्ट हो जाएगा? इस तरह आज भी खगोलीय अध्ययन किसी निष्कर्ष की बाह जोट रहा है। आज हमें यह नहीं पता की हमारा भविष्य क्या है? और हम कहां खड़े हैं? सम्पूर्ण बह्माण्डीय क्रियाएं व घटनांए कैसे व किस तरह संचालित हो रहें हैं, क्या हम बह्माण्ड के सेफजोन में हैं, या फिर सेफजोन जैसी कोई बात ही नहीं है। क्या हम अकेले हैं, अथवा और भी ब्रह्माण्डें हैं?

यह ब्रह्माण्ड उतना सरल नहीं है जितना हम सोचते थे। और हम तब तक कुछ भी कहने की स्थिति में नहीं होंगे जब तक हम नहीं जान लेंगे की ब्रह्माण्ड क्या है, और क्यों है, इसका

सृजन किस तरह व किन परिस्थितियों में हुआ है, मेरे विचार से तो ब्रह्माण्ड को बेहतर ढ़ंग से जानने के लिए हमें ब्रह्माण्ड के शुरुआती पाईंट बिग–बैंग के पीछे जाना होगा और हमें यह जानना होगा कि बिग–बैंग क्यों और किन भौतिक प्रकियाओं से हुआ, रचनाओं व ऊर्जाओं को न सिर्फ जानेंगे बल्कि उन्हें प्रक्रियाओं में जोड़ भी सकेंगे।

वास्तव में सम्पूर्ण ब्रह्माण्ड को नए परिप्रेक्ष्य में देखे जाने की आवश्यकता है, साथ ही हमें इस बात की तस्दीक करनी है, कि क्या ब्रह्माण्ड के निर्माण व घटनाएं जैसे बिग–बैंग का होना तथा प्योर ऊर्जा का द्रुत विस्तार एवं कालान्तर में ताप गिरनें से ऊर्जा का पदार्थो में विखण्डन व मौलिक बलो का जन्म, जिससे आगे क्वार्को, इलेक्ट्रानों, नाभिकों, परमाणुओं, धूल कणों, निहारिकाओं, गैंसीय बादलों, का जन्म एवं पिंड़ों ग्रहों, नक्षत्रों, तारों का एवं ब्लैक होल्स व क्लस्टरों का निर्माण तथा श्याम विवरों द्वारा निरंतर मास ग्रहण करते हुए जेट विकिरण से तापीय विसर्जन व इन सबके साथ द्रुत गति से बह्माण्डीय रैखिक विस्तार में क्या कोई सिस्टम कार्य कर रहा है। यदि हाँ तो वह सिस्टम क्या है?

उपरोक्त बातों पर तथ्यात्मक एवं प्रयोगात्मक विचार के साथ शीर्षक, ''बह्माण्ड, भविष्य एवं अंत'' में व्यवस्थित ढ़ंग से विश्लेषण करने का प्रयास किया गया है। यह सम्पूर्ण खगोलीय विचार एवं लेख मेरे अपने अध्ययन, अवलोकन व निरीक्षणात्मक चिंतन पर आधारित है। यह विचार एवं प्रयोग किसी भी वर्ग के विचारकों, वैज्ञानिकों, चिन्तकों, के मतों, अवधारणाओं का अपमान करना नहीं और न ही गलत साबित करना है।

इस लेख का उद्देश्य हमारी चेतना और समझ को आगे बढ़ाते हुए नए व वास्तविक परिप्रेक्ष्य में ब्रह्माण्ड के अनंत संभावनाओं को समझना है।

1

नीले ग्रह से ब्रह्माण्ड के छोर (बिग–बैंग) तक थ्रिलिंग यात्रा

(इस अद्‌भुत यात्रा में हम ब्रह्माण्ड के आधारभूत स्ट्रक्चर को समझने का प्रयास करेंगे)

ऐसा माना जाता है कि लगभग 14 अरब वर्ष पूर्व हमारे ब्रह्माण्ड का सृजन किसी अति सघन तथा अकल्पनीय रूप से छोटे पिंड में महाविस्फोट से हुआ जिससे न सिर्फ अंतरिक्ष, काल–अंतराल का जन्म हुआ बल्कि वे अन्य सभी चीजें अस्तित्व में आई जिससे सम्पूर्ण ब्रह्माण्ड बना जो अकल्पनीय रूप से विराट है। उस सूक्ष्मतम बिंदु से इस विराटतम ब्रह्माण्ड की कल्पना भी, होश उड़ा देने वाली है पर ब्रह्माण्ड में इन सभी चीजों के मध्य एक अत्यंत जटिल तथा नाजुक रिश्ता है सच तो यह है कि हमारा, कोई स्वतंत्र वजूद ही नहीं है यहां तो हर प्रकार की दृश्य–अदृश्य चीजें एक–दूसरे से अभिन्न रूप से जुड़ी हुई हैं यह कहना अतिशयोक्ति नहीं होगी कि किसी भी बिंदु पर ब्रह्माण्डीय अस्थिरता से, पलक झपकते ही हम विनाश के कगार पर पहुँच सकते है। कहने का तात्पर्य यह है कि अपने वजूद (अस्तित्व) को समझने के लिए हमें ब्रह्माण्ड के वजूद को समझना होगा।

नीला ग्रह जो हमारा घर है, ब्रह्माण्ड का अब तक का ज्ञात एक महान् अनूठा व इकलौता ग्रह है जो बुद्धिमान जीवनों से भरा पड़ा है लेकिन यह विराट एवं असीम ब्रह्माण्ड के मुकाबले कुछ भी नहीं है यह न तो कोई महत्वपूर्ण पिंड है और न ही प्रभावकारी। ब्रह्माण्ड के असीम व्यापकता में यह तो लेस मात्र भी नहीं है यह अनोखा जीवंत ग्रह व्यापक ब्रह्माण्डीय वातावरण से अत्यंत नाजुक धागे से जुड़ा हुआ है सच तो यह है कि हमारा, कोई स्वतंत्र वजूद ही नहीं है यहां तो हर प्रकार की दृश्य–अदृश्य चीजें एक–दूसरे से अभिन्न रूप से जुड़ी हुई है यह कहना अतिशयोक्ति नहीं होगी कि किसी भी बिंदु पर ब्रह्माण्डीय अस्थिरता से, पलक झपकते ही हम विनाश के कगार पर पहुंच सकते हैं। कहने का तात्पर्य यह है कि अपने वजूद (अस्तित्व) को समझने के लिए हमें बह्माण्ड के वजूद को समझना होगा। तो आइये अपने घर

नीले ग्रह, पृथ्वी से बाहर निकलकर यूनिवर्स की यात्रा पर चले, सच मानिए यह यात्रा रोमांचक होगी जिसमें हम पृथ्वी से दूर जाकर अपने पड़ोसी ग्रहों, तारों, छोटे पिंडों, धूल कणों, कामेटो तथा अपने आकाशगंगा व अन्य गैलेक्सियों के इण्टरगालाक्टिक वातावरणों से होते हुए विशाल सुपरनोवा विस्फोटों, बनते ब्लैकहोलो व उनके बेहद खतरनाक तथा आश्चर्यचकित कर देने वाले घटनाओं, दशाओं, प्रकाशिय जेटों, शक्तिशाली क्वेजारों, तथा विशाल निहारिकाओं के अनोखे रहस्यों से रूबरू होंगे जिससे ब्रह्माण्ड तथा उसके अद्‌भुत रचनाओं के बारे में जानकारी मिलेगी इतना ही नहीं चरम गति से हम 13.7 अरब वर्ष पार जाकर ब्रह्माण्डीय उद्‌भव कालीन अनजाने रहस्यों को भी जानेंगे जहां हमारे ब्रह्माण्ड का सृजन हुआ था।

ब्रह्माण्ड की यात्रा करने से पहले हमें यह जानना होगा की ब्रह्माण्ड अनंत व असीम हैं और इसकी यात्रा मौजूदा किसी सामान्य विमान से संभव नहीं है इसलिए हमें अनंत गति से चलने वाले चरम गुरूत्वीय विमानों की आवश्यकता होगी इसमें भी ब्रह्माण्ड के सृजन पाईंट बिग–बैंग तक पहुंचने में करोड़ों वर्ष लगेंगे।

अंतरिक्ष की यात्रा पृथ्वी तल से 100 किमी–उपर से प्रारंभ हो जाती है यहां से हम एक आरामदायक जीवन से भरे संसार को देख सकते हैं जो यातायातो व्यवसायों और ट्रैफि्कों से भरा, निरंतर चल रहा है यहां नीचे काले गहरे व हिलोरे लेते विशाल सागरें ही नहीं हिमालय जैसे विशाल पर्वत श्रृंखला भी है पृथ्वी ग्रह से बाहर निकलते हुए हम इसे एक विशाल गेंद के रूप में देख रहे है जो अपने अक्ष पर चारो ओर पश्चिम से पूर्व की ओर चक्रण कर रहा है। जिसकी त्रिज्या 6371 किमी–है यहां से हम अंतरिक्ष की गहराईयों में सबसे निकट पिंड चंद्रमा की ओर आगे बढ़ते हैं जो पृथ्वी से महस 384403 किलोमीटर की दूरी पर है यह पृथ्वी का एकमात्र तथा ठोस उपग्रह है और सूर्य के बाद दूसरा चमकीला पिंड हैं पास आते ही हमें इसका पथरीली शुष्क रेतीली उबड़–खाबड धरातल दिखाई देता है यहां तो बड़े–बड़े गोलाकार खड्‌ड बने हुए हैं जिसकी संख्या सैकड़ों में है ये खड्‌ड तो विशाल उल्का पिंडों के जबरदस्त टकराव से बने हैं जो चंद्रमा के जन्म के प्रारंभिक काल में बहुतायत में घटी थी लेकिन वायुमण्डल न होने से आज तक ये वैसे ही बने हुए है यह चंद्रमा कोई अनजान जगह नहीं है यहा मानव कदम 1969 में ही पड़ चुके हैं चंद्रमा की धरती पर सबसे पहले चहल कदमी करने वालें व्यक्ति नील आर्म स्ट्रांग के फूट प्रिंट देखिए आज भी यहां धरातल पर है और 1972 तक छह मानव युक्त यानों ने चंद्रमा की धरती पर कदम रख चुके हैं। यहा गुरूत्वाकर्षण पृथ्वी के छठवा हिस्सा ही है कमजोर गुरूत्वाकर्षण से यहा पैदल चलना भी दूभर है पीठ पर भारी सामान लादना होगा अन्यथा हम हवा में उछल जाएंगे। कमजोर गुरूत्वाकर्षण के कारण यहां वायुमण्डल भी नगण्य है श्वास नहीं ले सकते जीवित रहने के लिए कृत्रिम उपायों का सहारा लेना पड़ेगा। यहां पर कोई हवा नहीं चलती और यहां आवाज का सम्प्रेषण नहीं हो सकता इस कारण यहां हम बातचीत नहीं कर सकते है।

हमारे पास समय की कमी है हम अब शुक्र ग्रह की ओर बढ़ते हुए इसके सतह जो पथरिला, बंजर, और उबड़–खाबड़ है को देख सकते हैं यहा हजारो वॉलकेनोज है जो आग उगलते रहते हैं यह शुक्र ग्रह प्रेम का ग्रह है सौर मण्डल में चंद्रमा ग्रह के बाद सबसे चमकीला पिंड है सुबह–शाम दिखाई देने के कारण इसे मार्निंग स्टार व इवनिंग स्टार के नाम से भी जाना जाता है इसका समान आकार, गुरूत्वाकर्षण और संरचना के कारण इसे हमारे ग्रह पृथ्वी का सिस्टर ग्रह भी कहा जाता है इसका द्रव्यमान पृथ्वी के 81 प्रतिशत के लगभग है यह आकार और दूरी दोनों में पृथ्वी के पास है लेकिन कई मामलों में यह पृथ्वी से अलग है इसका वायुमण्डल हमारे निकट के अन्य चार स्थलीय ग्रहों के मुकाबले सघनतम है और अधिकांश कार्बन डाई ऑक्साइड से भरा है और यहा वायुमण्डलीय दबाव पृथ्वी से 90 गुना से अधिक है इसका सतही तापमान 462 अंश सेंटीग्रेट है जो बहुत अधिक है और यह सल्फ्यूरिक एसिड के अत्यधिक परावर्तक बादलों की एक अपारदर्शी परत से ढ़का है जिसके कारण इसकी सतह को दृश्य प्रकाश में अंतरिक्षीय अवलोकन से बचा है इसके वातावरण को समझने के लिए हमारे यान को इसके बादलों के पार ले जाना होगा इसका वायुमण्डलीय वातावरण तो बहुत शॉकिंग है बादलों में जबरदस्त गर्जना, करताल व बिजली चमक है पर वर्षा नहीं होती है। यहां का कार्बनडाईऑक्साइड बहुल वायुमण्डल, सल्फर डाई ऑक्साईड के घने बादलों के साथ सौर मण्डल का सबसे प्रभावशाली ग्रीन हाउस प्रभाव पैदा करता है जिसके कारण यह बुध ग्रह से भी ज्यादा गर्म हो जाता है और वातावरण को नारकीय बना देता है यहा न तो कार्बन चक्र मौजूद है न ही जीव द्रव्य को इसमें अवशोषित करने के लिए कोई कार्बनिक जीवन यहा नजर आता है। शुक्र की अधिकतर सतह ज्वालामुखी गतिविधि द्वारा निर्मित नजर आती है और इसके सतह पर पृथ्वी के तरह अनेकानेक ज्वालामुखी भी है यहां भी उल्काओं के टक्कर से बने क्रेटर नजर आते हैं जो काफी पुराने लगते हैं।

यहां से आगे बढ़ते हुए छोटे ठोस ग्रह बुध को देख सकते है सौर मण्डल के आठ ग्रहों में सबसे छोटा है और अपने कक्षा में 116 दिवसों में घूमता नजर आता है जो ग्रहो में सबसे तेज है सूर्य पारगमन के समय यह सूर्य पर तिल के धब्बे की तरह दिखाई देता है यहां एक पावरफूल ग्रेविटी है नजदीक आकर हम देखते हैं कि बुध की सतह भी क्रेटरों से भरा पड़ा है इसकी धरती तो बिल्कुल चंद्रमा के धरती जैसी जान पड़ती है और इससे लगता है कि यह भूवैज्ञानिक रूप से अरबो वर्षों से मृतप्राय रहा है और पास जाने पर पता चलता है कि यहा का वातावरण बहुत हल्का है जो न के बराबर है इसलिए यहां मौसम का कोई अनुभव नहीं होता यह वायुमण्डल मुख्यतः सौर वायु से आए परमाणुओं से बना है जो बहुत गर्म है ये स्थायी नहीं रहते है वे परिवर्तित होते रहते है बुध के सतह पर काफी बड़े गढ्ढे भी हैं सैकड़ों किलोमीटर लंबे और चौड़े व्यास के हैं इतने बड़े खड्ड शायद किसी बड़े धूम्रकेतु या क्षुद्रग्रह के टकराने से बने होंगे। यहा तो कई सपाट मैदान और पठारें भी देखिए जो ज्वालामुखी गतिविधियों से

बने प्रतीत होते हैं यहां का भू–पटल सर्वाधिक ताप के उतार चढ़ाव वाला है यहा तापमान अधिकतम 427 अंश सेंटीग्रेट होता है जो रात्रि में यह 173 अंश सेंटीग्रेट तक गिर जाता है शुक्र ग्रह की तरह यहां भी जीवन की कोई संभावना नजर नहीं आता।

यात्रा को आगे बढ़ाते हुए सूर्य के ओर बढ़ना चाहिए। यहा से हम सूर्य के विशालता को देख सकते हैं यह एक पूर्णतः गैसीय पिंड है पर उसके ज्यादा निकट नहीं जा सकते यह तो इतना गर्म है कि हमारा विमान और हम जल कर खाक हो जाएंगे। यह सौर मण्डल के कुल वजन का 99.24 प्रतिशत धारण करता है अगर सूर्य के आकार को फूटबाल के समान मान ले तो हमारी धरती का आकार राई/सरसों के बराबर की होगी सूर्य इतना बड़ा है कि 10 लाख पृथ्वी इसमें समा सकते है यह करोड़ों वर्ष से चमक रहा है सूर्य का गुरूत्वाकर्षण पृथ्वी के मुकाबले 28 गुना अधिक है इसके धरातल पर उतरने के बाद 648 किलोमीटर प्रतिसेकण्ड की दर से उड़कर बाहर आना होगा अन्यथा हम इसके वायुमण्डल से बाहर नहीं निकल सकेंगे। इसके धरातल पर बड़े–बड़े इलेक्ट्रो मेग्नेटिक फोर्स के चुम्बकीय वलयों को देखा जा सकता है जो एक बिंदु से उठ कर दूसरे बिंदु तक जाते हैं इन चुंबकीय वलयों का आकार इतना बड़ा होता है कि इसमें तीन चार पृथ्वी समा जाए। इन इलेक्ट्रो मेग्नेटिक फोर्स के आस–पास ब्लैक स्पॉट बनते देखे जा सकते हैं ये ब्लैक–स्पॉट दिखने में काले व खतरनाक होते हैं और पृथ्वी से 20 गुना तक बड़े हो सकते हैं सूर्य भारी मात्रा में सौर वायु उत्पन्न करता है जिसमें इलेक्ट्रॉन और प्रोटॉन जैसे कण होते हैं इन सौर वायु की गति लगभग 450 किमी प्रति सेकण्ड होती है और यह इतनी प्रभावी होती है कि सूर्य के ताकतवर गुरूत्वाकर्षण क्षेत्र से भी बाहर निकल जाती है इन सौर पवनो को हम पृथ्वी के ध्रुवों के पास स्ट्रांग चुम्बकीय अवरोध के कारण पैदा हुए अरोरा के रुप में देख सकते है। प्रकाश कणों फोटॉन और सौर पवनों के रुप में उत्सर्जन से सूर्य प्रति सेकण्ड अपने भार से 50 लाख टन कम हो जाता है सूर्य के बाहरी सतह का वातावरणीय तापमान 5500 डिग्री सेल्सियस है जबकी इसके अंदरूनी भाग का तापमान 1 करोड़ 40 लाख डिग्री सेल्सियस है। सूर्य के केद्र में जो ऊर्जा पैदा होता है उसे इसके बाहरी सतह पर आने के लिए 5 करोड़ साल लगते हैं अनुमान के अनुसार 1.5 अरब वर्ष बाद सूर्य अब से 10 प्रतिशत ज्यादा चमकने लगेगा इससे धरती का वायुमण्डल और नमी पर दुष्प्रभाव पड़ेगा। जबकी 5 अरब साल बाद यह 40 प्रतिशत अधिक चमकने लगेगा तब पृथ्वी का सारा सागर, महासागर, और नदियों के पानी जलवाष्प बन कर उड़ जाएंगे जबकी 5.5 अरब वर्ष बाद सूर्य का सारा हाइड्रोजन समाप्त हो जाएगा और अब यह अपने हीलियम गैस और आगे अपने आधार को ही जलाने लगेगा और वह खत्म होने लगेगा लगभग 7 अरब 70 करोड़ साल बाद सूर्य लाल दानव तारा का रूप धारण कर लेगा और लगभग 200 गुना बड़ा हो जाएगा तथा बुध तक पहुंच जाएगा सुपर नोवा विस्फोट के साथ बाहरी परत अंतरिक्ष में फैल जाएंगे इसका केंद्र संपीड़ित होकर 20 करोड़ साल बाद यह सफेद बौने तारे में बदल जाएगा और आकार शुक्र ग्रह जितना रह जाएगा।

यहां से आगे बढ़ते हुए हम कामेट को देख सकते है जिसके लाखों किलोमीटर की लंबी पूंछ के कारण स्पष्ट दिखाई दे रहा है इसे पुच्छल तारे के नाम से भी जाना जाता है जो स्टीम रूप में गैसो का गाइजर छोड़ रहा है हम अपने विमान को इसके पूँछ के बीच से गुजरते है यहां भीतर हमारे चारो ओर धुंध–सा छा जाता है हमें कुछ दिखाई नहीं दे रहा है यह प्रकाशित व चमकदार लंबी पूँछ धूल, भाप, कार्बन डाइऑक्साईड, मीथेन, सिलिकेट, और अमोनिया जैसे गैसों का मिश्रण है जो कामेट के सूर्य के ताप में गर्म होने के कारण पिघल कर गाइजर के रूप में बाहर आ रहे है। कामेट परवलायाकार पथ में सूर्य की परिक्रमा करते रहते है ये सौर मण्डल का एक महत्वपूर्ण निकाय है जो पत्थर धूल बर्फ और गैस के बने ठोस पिंड होते हैं ऐसे ही कामेटों को जीवन का प्रारंभ कर्ता अथवा विनाशकर्ता दोनो ही माना जाता है। *ब्रह्माण्ड* में हर जगह कामेट मौजूद है जो इधर से उधर घूमते भटकते रहते है और थ्रिलिंग विडियो गेम की याद दिलाते हैं वैज्ञानिको का मानना है की इन कामेटों से ही पृथ्वी में जीवन आया होगा और हमें यह भी पता है। ऐसे ही एक विशाल कामेट के टकराने से पृथ्वी पर डायनासोरो का अंत हो गया था।

यहां से खगोलीय यात्रा मे मंगल ग्रह की ओर आगे बढ़ते हैं जो लाल रक्तिम दिखाई दे रही है इसका पीला लाल रंग मन को रोमांचित करता है। इसे लाल ग्रह भी कहते हैं यह भी पृथ्वी के तरह एक ठोस स्थलीय धरातल वाला ग्रह है मंगल ग्रह के पास आते ही एक विशाल पिंड दिखाई दे रहा है यह तो मंगल का उपग्रह फोबोस है याने मंगल के दो चंद्रमा में से एक है जो कि प्राकृतिक उपग्रह है यह छोटा उपग्रह है जिसका परिधि महस 70 किमी है और यह मंगल की सतह से 6000 किलोमीटर दूर उसके चक्कर काटता रहता है। यह भी पथरिला बंजर उबड–खाबड़ है और जीवन की कोई संभावना प्रतीत नहीं होती। यहां से आगे हम मंगल की ओर बढ़ते हैं अब इसकी सतह निकट से नजर आने लगी है इसकी सतह देखने पर हमारे चंद्रमा के गर्त और पृथ्वी के ज्वालामुखी घाटियों, रेगिस्तान, और बर्फीली चोटियों की याद दिलाती है यहां सौर मण्डल के सबसे ऊँचे पर्वत ओलम्पस मोन्स को देख सकते हैं जो हमारे माउंट एवरेस्ट से कई गुना अधिक ऊँचा है इतना ही नहीं विशालतम कैन्यन वैलेस मैरीनेरिस के गहराइयों को भी नाप सकते हैं यह ग्रह तो अपने भौगोलिक विशेषताओं के अलावा मौसमी दृष्टिकोण से भी पृथ्वी के समान लगता है। इस ग्रह में सबसे बड़ी संभावना पानी की उपलब्धता की है याने सौर मंडल के सभी ग्रहों में मंगल ग्रह पर जीवन और पानी होने की संभावना अधिक पायी गई है। इसकी खोज के लिए स्पिरिट और अर्पोचुनिटी के अलावा कई अन्य रोवर्स अथवा प्रोब भेजे जा चुके हैं जिनके अवशेष हम देख सकते हैं और कई अभियान तो आज भी जारी है जांच व वैज्ञानिकों के जुटाए गए सबूत इस ओर इंगित करते हैं कि कभी मंगल ग्रह पर बड़े पैमाने पर पानी की उपस्थिति थी इसके ध्रुवीय अंक्षाशों पर बर्फ के जमाव की भी संभावना है और इस बात से भी प्रमाण मिल रहे हैं कि घ्रुवों पर उपरी मिट्टी के परत के नीचे बर्फ का जमाव है इस ग्रह के सतह का लाल रंग लौह ऑक्साइड

के कारण है जिसे सामान्यतः हेमटाइट या जंग के रूप में जाना जाता है यह ग्रह भी अन्य ग्रहों की तरह विशाल संघातो से अछूता नहीं रहा है इसके तो 65 प्रतिशत हिस्से में पिंडों के टक्कर देखे जा सकते हैं और सबसे बड़ा संघात घाटी तो उत्तरी गोलार्ध में देखा जा सकता है जो किसी विशाल कामेट के टकराने के कारण हो सकते हैं जिसका आकार हजारो किलोमीटर का है और यह अब तक देखी गई सबसे बड़ी संघात घाटी है। इतना बडा घाटी प्लूटो के आकार के किसी पिंड के टक्कर से बनी होंगी। यहां तो 5 किमी व्यास के 40 हजार से ज्यादा गढ्ढे देखे जा सकते है। इसके अलावा मंगल के सतह पर ऐसे धारियां देखा जा सकता है जो आम है। यहां तो मांदो, घाटियों, जल प्रवाह के निशान देखे जा सकते हैं ये धारियां तो एक छोटे से क्षेत्र से शुरू होती है जो फिर कई सैकड़ों मीटर तक दिखाई देती है ऐसा प्रतीत होता हैं जो जल प्रवाह से बनी हो वे पत्थरों के किनारों और अपने रास्ते में बाधाओं को तोड़कर चलती है। मंगल के सतह को देखने से लगता है मानो यहां पहले कोई मानव बस्ती रही होगी। लेकिन वर्तमान में वायुमण्डल दाब विरल होने से मंगल के सतह पर तरल पानी मौजूद नहीं है और अधिकांश जल बर्फ के रूप में ध्रुवीय क्षेत्र में दिखाई देते है जो मोटे क्रायोस्फेयर के नीचे फंसी हुई हो सकती है।

मंगल ने अपना मैग्नेटोस्फीयर लगभग 4 अरब वर्ष पहले खो दिया था। इस कारण सौर वायु सीधे आयनमण्डल के सम्पर्क में रहती है जिससे उपरी परत से परमाणुओं के बिखर कर दूर होने से वायुमण्डलीय विरलता पैदा हो रही है। इसके कारण पृथ्वी की तुलना में विरल वायुमण्डल मौजूद है और यह लगभग पृथ्वी के 35 किलोमीटर के ऊपर पाए जाने वाले दबाव जितना है मंगल का वायुमण्डल 95 प्रतिशत कार्बन डाइऑक्साइड, 3 प्रतिशत नाइट्रोजन 1.6 प्रतिशत आर्गन से बना है यहां ऑक्सीजन और पानी के चिन्ह मिल रहे हैं। वायुमण्डल काफी धूल युक्त है यहां तो हमारे सौर मण्डल का सबसे बड़ा धूल का तूफान होता है और एक छोटे जगह से यह ग्रह के एक विशाल आकार तक फैल सकता है ऐसे तूफान उस समय अत्यधिक होते है। जब यह ग्रह सूर्य के निकट होता है। इस तूफान व बवंडर से यह पीला लाल दिखाई देता है। मंगल ग्रह पर जीवन के संभावनाओं से इंकार नहीं किया जा सकता लेकिन इसकी संभावना जीवाणु स्तर पर ही है। इस बात की भी संभावना व्यक्त की जा रही है कि यहां जीवित प्राणियों के फॉसिल दबे होंगे जो किसी खगोलीय कारणों से समाप्त हो गए होंगे।

मंगल ग्रह के बाद एक विशाल क्षेत्र करोड़ों क्षुद्र ग्रहों का है जिसे देखकर निर्माणाधीन *ब्रह्माण्ड* का याद आता है यहां कुछ मीटर से लेकर सैकड़ों किलोमीटर आकार के अनगिनत पिंड मंगल व वृहस्पति के बीच घूमते रहते हैं हमें यहां अपने विमान सावधानी से उड़ाने की आवश्यकता होगी अन्यथा अत्यधिक तीव्र गति से आते किसी भी क्षुद्र पिंड से टकराकर इसके परखच्चे उड़ सकते हैं यह विशाल क्षेत्र करोड़ों किलोमीटर का है। ये पिंड इन क्षेत्रो से भटककर ही हमारे ग्रह की ओर आते हैं करोड़ों साल पहले ऐसी ही एक घटना ने पृथ्वी पर

से डायनासोरों का नामोनिशान मिटा दिया था ऐसी खतरनाक, घुमंतू तथा यायावर पिंडों से काफी हद तक हमारी रक्षा, पड़ोसी व विशाल वृहस्पति ग्रह द्वारा हो जाती है क्योंकि इसका गुरूत्वाकर्षण इतना बलशाली है कि यह कई पिंडों को या तो अपने ओर आकर्षित कर लेता है या इन पिंडों का पथ परिवर्तित कर उनका मार्ग बदल देता है। इन अनगिनत क्षुद्र ग्रहो के विशाल जंगल के पार आगे बढ़ते हुए हम एक विशाल गैसीय गोले को देख सकते है जो निश्चित ही वृहस्पति ग्रह है यह हमारे सौर मण्डल का सबसे बड़ा ग्रह है जिसे गैस का दानव के नाम से भी जाना जाता है इसका भार हमारे सूर्य के 1000 वें हिस्से के बराबर है यह बृहस्पति एक चौथाई हीलियम द्रव्यमान के साथ मुख्य रूप से हाइड्रोजन से बना हुआ है। द्रव्यमान कम होने के कारण आज यह ग्रह के रूप में है अन्यथा यह इतना गुरूत्वाकर्षण पैदा कर लेता है कि हाइड्रोजन संलयन प्रारंभ कर एक तारे के रूप में अपना विकास कर लेता जो हमारे सौर मण्डल में दो सूर्य होते हैं। इस ग्रह में धरातल न होने पर हम उसके सतह पर नहीं उतर सकते और हम यहां इसके वायुमण्डल में प्रवेश करते ही नीचे खींचते चले जाएंगे। गैसो में खो जाएंगे ऐसा अनुमान है कि इसके केंद्र में भारी तत्वों से युक्त चट्टानी कोर हो सकता है। वृहस्पति अपने तेज घूर्णन के कारण चपटा हो जाता है। इसका घूर्णन 10 घण्टे से थोड़े कम समय में पूरा करता है और भू–मध्य रेखा के निकट मामूली उभार लिए हुए है। वृहस्पति के वायुमण्डल में एक विशाल तूफान है जिसे एक वृहद लाल धब्बा के रूप में दिखाई देता है। यह तूफान सैकड़ों वर्षो से बना हुआ है और इसका आकार बदलता रहता है। यह तूफान शाश्वत प्रतीत होता है। इसका आकार लगभग 40000 किमी–चौड़ाई व 14000 किमी–लंबाई का हैं हमारे विमान को इस विशाल बवंडर से दूर रखना होगा कहीं ये इसे खींच न ले इसका आकार तो इतना बड़ा है कि इसमें चार पृथ्वियां समा जाए। इस तूफान की उंचाई भी उपरी बादलों से भी कुछ किमी ऊपर तक है। इस विशाल बवंडर के अलावा भी कई अन्य धब्बे यहां दिखते हैं जो इसके वातावरण के बादलों से मिलकर बना है। यह ग्रह भी पृथ्वी की भांति एक शक्तिशाली चुम्बकीय क्षेत्र से घिरा हुआ है। इसका चुम्बकीय क्षेत्र हमारे सौर मण्डल में मौजूदा किसी अन्य ग्रहो से अधिक शक्तिशाली है यह पृथ्वी के चुम्बकीय क्षेत्र के 14 गुना ज्यादा है और जबरदस्त गुरूत्वीय क्षेत्र होने से ग्रह के अंदर हाइड्रोजन ठोस रूप में हो सकता है। वृहस्पति ग्रह के 64 चंद्रमाएं हैं ग्रह के पास जाते इनकी मौजूदगी देखा जा सकता है जो अपनी कक्षाओं में ग्रह के चक्रण कर रहे हैं वृहस्पति ग्रह के पास उसके हल्के वलय को भी देखा जा सकता है। ये वलय धूल से बना हुआ है यह शायद किसी चंद्रमा के कुछ पदार्थ के टूटने के पश्चात् वृहस्पति के गुरूत्वाकर्षण में फंस कर उसके चक्कर लगा रहे हैं वलय के बाहर चंद्रमाओं में आयो, यूरोपा गैनिमीड और कैलीस्टो प्रमुख हैं बृहस्पति ग्रह से आगे बढ़ते हुए उसके कुछ प्रमुख चंद्रमाओं की सैर भी कर लें। सबसे पहले यूरोपा पर चलते हैं जहां न सिर्फ पानी पाई गई है बल्कि वहां जीवन की भी संभावना है। यूरोपा, यह बृहस्पति का चौथा

सबसे बड़ा चंद्रमा है। यह हमारे चंद्रमा से कुछ किलोमीटर ही छोटा है। यह मुख्यतः पथरीले पदार्थों से बना है और केंद्र लोहे जैसी कोई ठोस पदार्थ है। इसकी सतह पर पानी के बर्फ बनी हुई है और यह समतल सतहो में गिनी जाती है। इन सतहो में दरारें तो नजर आती है लेकिन उल्का पिंडों का प्रहार कम ही है। सतह को देखकर वैज्ञानिकों ने यह अनुमान लगाया है कि इसके नीचे जरूर पानी का एक विशाल समुद्र होगा। संभवतः यह 100 किलोमीटर से अधिक होगा। पानी की विशाल उपलब्धता जीवन के संभावना को बल प्रदान करती है। यूरोपा पर पतला वायुमण्डल भी है जिसमें ऑक्सीजन मौजूद है लेकिन इस वायु की तादात इतनी कम है कि यहां जीवन कठिन ही लगता है। यूरोपा की सतह पर विकिरण का प्रभाव काफी अधिक है। वर्तमान में नासा द्वारा एक ऐसा प्रोब भेजने की तैयारी चल रही है जो यहां के सख्त बर्फ को तोड़कर नीचे सागर में जा सके और यहां के अवस्था व परिस्थितियों पर खोजबीन कर सके, हो सकता है यह जलीय जीवन से भरपूर मिले।

यहां से आगे बढ़ते हुए हम गैनिमीड को देख सकते हैं जो बृहस्पति का सबसे बड़ा उपग्रह है इतना ही नहीं यह सौर मण्डल का सबसे बड़ा चंद्रमा है। यह तो बुध ग्रह से भी कुछ बड़ा है। यह भी यूरोपा की तरह बाहर सख्त बर्फ की परत, फिर पानी का महासागर है केंद्र में लौह व अन्य भारी धातुओं का जमावड़ा है। यहां भी पानी होने से जीवन की संभावना से इंकार नहीं किया जा सकता जीवन का पता लगाने के लिए बर्फ की परत को तोड़कर नीचे जाना होगा। यूरोपा की तरह यहां भी कमजोर वायुमण्डल है यहां से बाहर निकलते आयो और कैस्टिलो को भी देखते चलते हैं आयो बृहस्पति का तीसरा बड़ा उपग्रह है और नजदीकी कक्षा में चक्रण के कारण चरम गुरूत्वाकर्षण से यह मथ्था रहता है। इस कारण यहा सैकड़ों ज्वालामुखियाँ हैं उत्सर्जित गंधकों के कारण सतह में पीलापन देखा जा सकता है यह आयो अधिकतर पथरीले पदार्थों से बना है। वही आगे बढ़ते कैस्टिलो जो बृहस्पति का दूसरा बड़ा उपग्रह है देख सकते हैं इसका सतह तो सैकड़ों क्रेटरो से भरा पड़ा है अन्य चंद्रमाओं की तरह इसका भी वायु मण्डल बहुत पतला है लेकिन अच्छी बात यह है कि यहां विकिरण कुछ कम ही हैं भविष्य में यह पृथ्वी के बाहर मानवों का दूसरा ठिकाना हो सकता है।

अब हम, विशाल, सबसे विचित्र, अद्भुत वलयाकार दिखने वाले शनि ग्रह के ओर बढ़ते है जो बृहस्पति की तरह विशाल गैसीय पिंड है। यह व्यास में पृथ्वी से नौ गुना बड़ा है और बड़े आयतन के साथ यह पृथ्वी से लगभग 100 गुना भारी है। दूर से देखने पर यह हल्का पीला रंग का दिखाई देता है इसका बाह्य भाग मुख्य रूप से गैस का बना है इसलिये सतह ठोस नहीं है और यहा लैंड़िग भी संभव नहीं है लेकिन इसके अंदर केंद्र ठोस होना चाहिए यह ग्रह सौर मण्डल का एकमात्र ऐसा ग्रह है जिसका अधिकांश भाग पानी से भी कम घनत्व का है। शनि की एक विशेषता उसके वलय प्रणाली है जो 9 छल्लो से मिलकर बना है। यह छल्ला चट्टानी मलबे व धूल की छोटी राशि के साथ बर्फ की टुकड़ो की बनी हुई है। ये

10 मीटर तक के है जो एक निश्चित दूरी से ग्रह के चारो ओर परिक्रमा कर रहे हैं इसमें वलय की मोटाई 20 मीटर और भूमध्य रेखा के उपर 120000 किमी. तक विस्तारित हैं इसके वलय को छोड़ दें तो इसकी आंतरिक बनावट बृहस्पति ग्रह जैसे ही है। शनि पर हाइड्रोजन, अमोनिया, एसिटिलीन, ईथेन प्रोपन और कुछ मीथेन शनि के वायुमण्डल में खोजी गई है देखने से लगता है बादल तो यहां अमोनिया क्रिस्टल के बने हैं लेकिन इसमें कुछ हद तक पानी भी है यहां बादलों की संरचना गहराई और बढ़ते दाब के साथ बदलती रहती है शनि का नीरस वायुमण्डल सौर मण्डल में दूसरा सबसे तेज हवाएं पैदा करता है। जिसकी रफ्तार 1800–2000 किमी प्रतिधंटा होती है। यहां ध्रुवो पर ध्रुवीय भंवरों को भी देखा जा सकता है। शनि ग्रह का तापमान सामान्यतया 185 अंश सेंल्सियस होता है जबकी भंवरों के आसपास तापमान कुछ कम हो जाता है। यहां चुम्बकीय क्षेत्र भी मौजूद हैं जो पृथ्वी के मुकाबले कुछ कमजोर है। शनि के आसपास 62 चंद्रमाएं देख सकते हैं इसमें से प्रमुख चंद्रमाओं टाइटन, रिया, आएपिटस, की यात्रा करते हैं और वहां की स्थितियां को जानते हैं सबसे पहले हम टाइटन की ओर रूख करते हैं जो शनि का सबसे बड़ा उपग्रह है। यह ऐसा उपग्रह है। जहां वायुमण्डल है जो पृथ्वी के वातावरण से मिलता है। इतना ही नहीं यहां सतही तरल पदार्थ मौजूद है। यूरोपिय व अमेरिकी अंतरिक्ष एजेंसी के द्वारा छोड़े गए कासिनी यान ने वहां अपने परीक्षण में यह पहले ही स्पष्ट कर चुका है। यहां तो नदी तालाब सागरें हैं जिसे देखे जा सकते हैं और कई परतो वाला वायुमण्डल मौजूद हैं बिजली के चमकने और कौंधने की आवाज भी सुनी जा सकती है। यहां के बादल ईथेन और मीथेन जैसे गैसो के बने हैं और इतना ही नहीं वैज्ञानिकों के अनुसार यहां तरल मीथेन की बरसात होती है। अब तक देखे गए अन्य ग्रहों और उपग्रहों के मुकाबले टाइटन एक रोचक व तरल ऊर्जा से भरा पिंड है जो सजीव लगता है। यहा पृथ्वी के पानी के तरह मीथेन चक्र चलता है। यहा जीवन नहीं दिखाई देता लेकिन पृथ्वी ग्रह के ऊर्जा जरूरतों का अटूट भंडार भरा पड़ा है। यहां से हम दूसरे बडे उपग्रह रिया की ओर बढ़ते हैं इसकी खोज 1672 में जिओवान्नी कैसीनी ने की थी ऐसा माना जाता है कि रिया का घनत्व 25 प्रतिशत पत्थर और 75 प्रतिशत पानी के बर्फ का बना हुआ है यहां का वायुमण्डल बहुत कमजोर है। जिसमें ऑक्सीजन और कार्बन डाई ऑक्साइड मौजूद है। यहां के सतह पर भी बाहरी संघात देखा जा सकता है। कुछ गढ्ढे तो बहुत ही बड़े हैं यहां से निकलकर हम तीसरे बड़े उपग्रह आऐपिटस को देखते चलते हैं इसकी भी खोज खगोलशास्त्री जिओवान्नी कैसीनी ने की थी इस उपग्रह का एक भाग काफी हल्का है जबकी दूसरे भाग का रंग काफी गाढ़ा है। वैज्ञानिक मानते हैं कि इस उपग्रह का 20 प्रतिशत ही पत्थर है शेष पानी का बर्फ है। इस उपग्रह का भू–मध्य चट्टान भी एक रहस्य है जो 20 किमी. चौड़ी 1300 किमी. लंबी तथा औसतन 13 किमी. ऊंची है। यह उभार काली रंग वाले क्षेत्र में ही देखा जा सकता है।

ज्यादा समय व्यतीत न करते हुए आगे यूरेनस ग्रह की ओर बढ़ते हैं यह ग्रह सूर्य से सातवें क्रम पर है। बृहस्पति, शनि के बाद तीसरे नंबर पर बड़ा ग्रह है। यह मुख्यतः एक गैसीय पिंड है। इसका घनत्व काफी कम है जिससे आकार में बहुत बड़ा होते हुए भी भार में तुलनात्मक रूप से कम है। यहां मिट्टी पत्थर व धातुओं के मुकाबले गैसे अधिक हैं यहां पानी के बर्फ के साथ अमोनिया और मीथेन गैसों की बर्फ की अधिकता है। इस कारण इसे बर्फीला दानव कहा जाता है। इस ग्रह का सौर मण्डल में सबसे ठंडा वायुमण्डल है और इसका न्यूनतम तापमान 225 डिग्री तक गिर जाता है। यहां कई परतों के बादल भी देखे जा सकते हैं वैज्ञानिक मीथेन गैस के बादल को सबसे ऊपर और पानी के बादल को सबसे नीचे मानते है। यूरेनस के आसपास 27 चंद्रमाएं हैं जिसमें मिरांडा, एरियल, अम्ब्रियल, टाईटेनिया और ओबेरॉन आदि प्रमुख चंद्रमाएं हैं जिसकी बाहरी झलक देखकर ही हम आगे बढ़ जाते हैं।

यहां से आगे बढ़ते हुए नेपच्यून ग्रह को देख सकते हैं यूरेनस ग्रह की तरह यह भी एक गैस दानव है और उससे मिलता–जूलता है। इसका द्रव्यमान पृथ्वी से 17 गुना ज्यादा है और यहां भी मिट्टी पत्थर के बजाए गैसों की अधिकता है दूर से देखने पर ग्रह हल्का नीला रंग में दिखाई दे रहा है। जो लाल प्रकाश के मीथेन अवशोषण के कारण है। नजदीक जाते ही इसके वायुमण्डल और बादलों को देख सकते हैं और बादल तूफान और मौसम में साफ बदलाव नजर आता हैं ऐसा माना जाता है कि नेपच्यून पर तूफानी हवा, सौर मण्डल के किसी भी ग्रह से ज्यादा तेज चलती है और यह 2200 किमी प्रतिघंटा हो सकती है। इसमें कुछ धब्बे भी नजर आ रहे हैं ये भी बादलों के तूफान है जो बृहस्पति ग्रह के लाल धब्बे की तरह है। इसका सबसे बड़ा उपग्रह ट्राइटन है जिसे यहां से बाहर निकलते हुए देख सकते हैं ट्राइटन की नेपच्यून की इर्द–गिर्द परिक्रमा की कक्षा कुछ अजीब हैं कुछ वैज्ञानिक तो यह अनुमान लगाते हैं कि यह कहीं दूर बना था लेकिन भटकते हुए नेपच्यून के पास जा पहुंचा और उसके गुरूत्वाकर्षण में फंस गया तब से उसकी परिक्रमा कर रहा है। इसके अलावा भी यहां 12 अन्य उपग्रह खोजे जा चुके हैं। सौर मण्डल में अभी और भी यात्राएं बाकी हैं ग्रहो की श्रृंखला में अंत में यम है जिसे प्लूटो कहा जाता है। यह सौर मण्डल का सबसे बौना ग्रह है यह पृथ्वी और चंद्रमा के सिर्फ एक तिहाई ही है। यह देखने में एक विचित्र ग्रह है और अत्यंत दूर होने पर यहां अधिकतर जमी हुई नाईट्रोजन की बर्फ, पानी की बर्फ और पत्थर का बना हुआ है। प्लूटो का वायुमण्डल बहुत पतला है जिसमें नाइट्रोजन, मीथेन, और मोनो ऑक्साइड है। जब प्लूटो परिक्रमा करते हुए सूर्य से दूर होता है तो यहां ठंड अधिक हो जाती है। तब विचरित गैसे जमकर ठोस हो जाते हैं और सतह पर गिर जाते हैं जिससे वायुमण्डल और विरल हो जाता हैं वही जब यह सूर्य के पास आता है तो पिघलकर पुनः गैस बन जाता है और वायुमण्डल में छा जाता है। इसके छोटे आकार को देखते हुए अंतर्राष्ट्रीय खगोलीय संघ ने इसे ग्रह मानने से इंकार कर दिया क्योंकि इस क्षेत्र में और भी ऐसे कई पिंड मिलने लगे

जो प्लूटो से बड़े थे। अब प्लूटो को कुछ और नाम से बुलाने की आवश्यकता थी सो अब प्लूटो ग्रह नहीं है। वह बौना ग्रह की श्रेणी में रखा गया है। प्लूटो के बाद मिलने वाले पिंडो में हउमेया और माकेमाके तथा ऍरिस अब बौने ग्रह कहलाते हैं। प्लूटो से आगे बढ़ते हुए हम इन छोटे बौने ग्रहों को क्रम से देख सकते हैं। हउमेया और माकेमाके तो प्लूटो से आकार में छोटे हैं जबकी ऍरिस का आकार प्लूटो से बड़ा है।

अपने ग्रह पृथ्वी से लेकर प्लूटो के पार तक हमारे घर से 60 बिलियन की दूरी पर हम वायेजर को यात्रा करते देख सकते हैं जो बूलेट से 20 गुने से भी अधिक गति से आगे बढ़ रहा है और यह अपने ग्रह को मैसेज भेज रहा है। इतना ही नहीं यह कई महत्वपूर्ण इंटर गालाक्टिक मैसेज लेकर यात्रा पर है। यह क्षेत्र भयंकर आईस मशीन की तरह है जहां ठण्डे बर्फीले खरबो कॉमेटों को चारो ओर घूमते हुए देख सकते हैं हमारी यात्रा अभी हेलियोस्फीयर क्षेत्र में ही है यह हेलियोस्फीयर वह विशाल क्षेत्र होता है। जहां सूर्य से लाखों मील प्रति घंटे के वेग से चलने वाले सौर पवने होते है। और यह अपने प्रभाव से सौर मण्डल के आसपास एक सुरक्षात्मक बुलबुला रूपी घेरा का निर्माण करते हैं जो पृथ्वी के वातावरण के साथ साथ पूरे सौर मण्डल के आंतरिक दशाओं को तय करता है। इस प्रकार यह क्षेत्र उस तारे का प्रभाव क्षेत्र होता है। इस क्षेत्र में आगे बढ़ते हुए हम हेलियोपॉज़ की ओर आगे बढ़ते जाते है। यह हेलियोपॉज़, हेलियोस्फीयर और सौर मण्डल के बाहर के अंतरतारकीय माध्यम के बीच की सीमा को बताती है। यह भी कह सकते हैं कि हेलियोपॉज सौरमण्डल और बाहरी अंतरिक्ष के बीच एक सीमा रेखा को इंगित करती है और यह आकाशगंगा के बाहर से आने वाले किरणों पवनों और लहरों को बाहर ही रोक देती है। इन किरणों में अंतरिक्ष से आने वाली हानिकारक रेडिएशन भी होते है। जैसे–जैसे हम हेलियोपॉज के निकट पहुंचते जा रहे हैं सौर वायु धीमी होते जा रही है और शॉकवेव जैसी लहरें बनने लगी है। इसे सौर वायु का टर्मिनेशन शॉक भी कहा जाता है। सौर वायु परमाणु से छोटे कणों जैसे क्वार्क, इलेक्ट्रॉन, बोसोन आदि से बनी होती है जो सूर्य से सैकड़ों किलोमीटर प्रति सेकण्ड की रॅफ्तार से निकल रही होती है और प्रभावी ढ़ंग से टर्मिनेशन शॉकवेव हेलियोपॉज तक चलती है। याने एक तारे का यह अपना प्रभाव क्षेत्र होता है। इसके बाद अंतरतारकीय कियाएं प्रारंभ हो जाती है याने इंटर स्टेलर स्पेश जिसे अंतरतारकीय ब्रह्माण्ड कहते हैं यहां से आगे बढ़ते हुए सूर्य के प्रभाव क्षेत्र से दूर अन्य तारों के युग में प्रवेश कर जाते हैं जहां खरबो तारे हैं, जो हर दिशाओं में हैं इन तारों में सैकड़ों ग्रह उपग्रह है जो इनके कक्षा में घूमते रहते हैं और ये एक–दूसरे से करोड़ों किलोमीटर की दूरी पर है यहा से हम उस अनंता को देख सकते हैं जो चारो दिशाओ में विकराल रूप से व्याप्त है जिसकी कोई सीमा नहीं है।

हम अपने घर से 40 ट्रीलीयन किलोमीटर आगे निकल चुके हैं और सबसे निकट तारे अल्फॉसेंटारी को बेहतर ढ़ंग से देख सकते हैं इसके पास आते ही हमें तीन तारों के समूह का

पता चलता है जो एक–दूसरे का चक्कर काटती रहती है। इनका गुरूत्वाकर्षण एक–दूसरे को खींच रहा है। जिसमें दो मुख्य तारें अल्फॉसेंटारी है और तीसरा छोटा स्टार रेड ड्रॉफ्ट हैं जिसे प्रॉक्सीमा सेंटारी कहा जाता है। यह स्टार सिस्टम हमारे घर से अरबो किलोमीटर की दूरी पर है। यहा से हमारे ग्रह तक प्रकाश आने में लगभग 4.3 वर्ष लगते हैं याने यह औसतन 4.3 प्रकाश वर्ष की दूरी पर है इन दहकते हुए तारा समूह में अल्फॉसेंटारी A हमारे सूर्य के तरह ही है लेकिन लगभग 25 प्रतिशत बड़ा है और हमारे सूर्य से 1.6 गुना ज्यादा चमकदार भी है वही अल्फॉसेंटारी B तो हमारे सूर्य से छोटा है। इसका तापमान भी कॉफी कम है और जिससे इसका ल्यूमीनस हमारे सूर्य से आधा से भी कम प्रतीत होता है जबकी रेड ड्रॉफ्ट हमारे सूर्य के 8 वे भाग से भी कम है और इसकी चमक पूर्ण चंद्रमाओं की तरह है यह हमारे सूर्य के निकट का पहला पड़ोसी स्टार स्स्टिम है। इसे देखकर मन रोमांचित हो उठे हैं। इतना ही नहीं हमारे सबसे निकट के सौर मण्डल याने अल्फॉसेंटारी B स्टार सिस्टम के गोल्डीलॉक जोन में ग्रह में जीवन की संभावना व्यक्त की गई है इस तारे का तापमान 1800 अंश सेंटीग्रेट है जो हमारे सूर्य के मुकाबले कम है लेकिन यह जीवन के लिए एक आदर्श परिस्थितियां उपस्थित करता है। तारे के औसत तापमान को देखते हुए ऐसे ग्रह में जीवन पनप सकता है। यहां जीवन की संभावनाएं हमारे शरीर में सिहरन पैदा कर देती है। यह हमारे होम प्लानेट से औसतन चार प्रकाश वर्ष की दूरी पर है।

आगे बढते हुए हम 10 प्रकाश वर्ष की दूरी पर पहुंच चुके है। अब हम निर्मित होते तथा जन्म लेते सैकड़ों स्टार्स को देख सकते है। जिसे प्रोटोस्टार कहा जाता है। अत्यधिक गर्म डस्टों, आइसों, धूलों तथा गैसो से भरे खतरनाक वातावरण में किसी हलचल से उत्पन्न, स्ट्रांग ग्रेविटी लहरों से चक्कर काटते हुए तथा संग्रहित होते हुऐ इन विशाल खगोलीय गैसीय पिंडों के निर्माण देखा जा सकता है जो बाद में पूर्ण तारों का आकार ग्रहण कर लेंगे।

यात्रा में आगे चारों ओर लाखों स्टेरॉयड और कामेट भी देखे जा सकते हैं जो जैविक आरगेनिक मोलेक्यूल और जीवन दायी पानी से भरे होते हैं इस कारण इसे जीवन के बिल्डिंग ब्लाक्स माने जाते हैं लेकिन ये क्षुद्र पिंडे जीवन के वाहक व विनाशक दोनों होते हैं ये कामेट यूनिवर्स में बिलियनों ईयर से मौजूद हैं। पृथ्वी पर इसी से जीवन की शुरूआत माना जाता है और डायनासोर का अंत भी। ऐसे कामेट से हमें बच कर अपने ग्रेविटी विमान को उड़ाना होगा क्योंकि ऐसे कामेटों की गति भी बहुत ही तेज होती है कुछ तो 40-50 किमी. प्रति सेकण्ड के रफ्तार से आगे बढ़ रहे होते हैं और कुछ बहुत छोटे तो कुछ बहुत बड़े हैं।

अपने ग्रेविटी विमान से आगे बढ़ते हुए अपने ग्रह से 20 लाईट ईयर आगे पहुंच चुके हैं यहां हम स्टार ग्लेज 581 को देख सकते हैं जो हमारे सूर्य के एज का ही है। यह 3000 डिग्री पर धधक रहा है जो हमारे सूर्य से आधे तापमान पर है पर यह, जीवन के लिए आदर्श दशाएं उपस्थित कर रहा है। वैज्ञानिकों ने इस स्टार के चारो ओर चक्कर काटते एक ऐसा

ग्रह खोजा है जिसे वे दूसरे धरती की दर्जा दे रहे हैं आइए इसे निकट से उड़ान भरते हुए देखें हमें यह ग्रह तो पृथ्वी के तरह ही दिखाई पड़ रहा है। पास ही तारे से यहा इतनी गर्मी मिल रही है कि वह औसतन 40 सेंटीग्रेट है जो पानी के लिए आदर्श स्थितियां उपस्थित करती है *यूरोपियन साउथर्न ओबजरवेटरी* ने इस ग्रह पर अनुकूल वातावरण की खोज की है उनके अनुसार यहां जीवन मिल सकता है यहां का भौतिक परिवेश हमें मजबूती से यह अनुभव करने के लिए विवश कर रहा है कि हम अकेले नहीं हैं, यहां समानांतर जिंदगियाँ हो सकती है।

अब हम अपने घर से 65 लाईट ईयर दूर पहुंच चुके हैं यहां विशाल स्टार अडेबरन को देख सकते हैं यह हाइड्रोजन व हीलियम का विशाल प्रज्वलीत गेंद है जो नारंगी रंग का है। यहां हीलियम फ्युजन प्रारंभ हो चुका है इसे ट्रिपल–अल्फॉ फ्युजन प्रक्रिया कहा जाता है इसने इस तारे के आकार को बढ़ाना प्रारंभ कर दिया है और इसका आकार हमारे सूर्य के डायमीटर से 44.2 गुना अधिक जा पहुंचा है और इसकी चमक भी सूर्य से 425 गुना अधिक है। भविष्य में यह और भी विशाल आकार को प्राप्त करेगा जिसका अंत महान् सुपरनोवा विस्फोट को जन्म देगा।

यहां से आगे बढ़ते हुए हम 100 प्रकाश वर्ष दूर जा चुके है हम अल्गोव ट्वीन स्टार को देख सकते हैं जो एक–दूसरे के चक्कर काट रहें हैं *ब्रह्माण्ड* में ऐसे तारों का कई बायनरी सिस्टम मौजूद है। हमने यात्रा में पहले ही अल्फासेंटारी के ट्रिपल स्टार सिस्टम को देखा है। यहां भी ये दोनों तारे एक–दूसरे के गुरूत्वाकर्षण में बंधे हैं और एक–दूसरे के चक्कर तेजी से काट रहे हैं इन तारो के आसपास ग्रहों को दोनों तारों से ऊर्जा मिल रही होती है।

यहां से हम अपने मिल्की वे में और गहराई की ओर आगे बढ़ते हुए अपने ग्रह से 445 लाइट ईयर की दूरी पर स्थित 7 सिस्टर स्टार–सिस्टम को देख सकते हं

इस तारामण्डल को प्लेअडीज कहते हैं यह खुला तारा समूह हैं यह वही है जिसे पृथ्वी से खुली आँखों से हम देखते है यहां के तारों में नयी बात यह देखने को मिल रही है कि यहां के तारे नीले चमक लिए हुए है याने वे नए हैं और ऊर्जा से भरपूर हैं।

अब आगे बढते हुए 600 लाईट ईयर की दूरी पर विशाल तारे बीटलगुज को देख सकते हैं जो लाल महादानव तारा है आकार में यह हमारे सूर्य से 600 गुना बड़ा है और लगभग 20 गुना ज्यादा भारी है। कुछ लाख वर्षों में यह तारा अपना ईधन समाप्त कर लेगा और प्रेशर से बाहर आते गर्म गैसे सुपरनोवा विस्फोट को जन्म देंगे जिससे इस तारे का बाहरी परतें अंतरिक्ष में फैल जाएंगे और ठोस केंद्र आंतरिक दबाव से सिकुड़कर ब्लैकहोल को जन्म दे सकता है।

यहां से बढ़ते हुए 1300 लाईट ईयर आगे जा चुके हैं जहां हमें गैस व धूल के विशालतम काले बादले नजर आ रहे हैं यह कोई स्टार नहीं है, न ही कोई प्लानेट है यह तो

नेबूला है जिसे ब्रह्माण्ड का सरल प्राथमिक पदार्थ भी कहा जाता है जिसमें हाइड्रोजन हीलियम और डस्ट कण होते हैं हम अपने ग्रेविटी विमान को इस विशाल नेबूला के अंदर ले जाते हैं जहां चारो ओर भयंकर गर्म गैसों तथा धूलों के घने बादलों के रूप में विशाल और बेतरतीब फैले हुए हैं साथ ही ये बादल ग्रेविटी से गेंद की आकार में चक्कर काटते हुए विशाल गैसीय पिंडो का निर्माण कर रहें हैं जिसके भीतर गर्म गैसे 200 हजार किलोमीटर प्रति घंटे की रफ्तार से चक्कर काट रहे हैं। यहां का तो तापमान लाखों डिग्री में है, घूमते हुए गैसे व डस्ट और घने होते जा रहे हैं जिससे इन गैसीय पिंडो का आकार बड़ा हो रहा है। वही ग्रेविटी इनके आकार को जकड़ रही है दबाव और घर्षण से यहां रेडिएशन व लाईटें पैदा हो रही है। यहां तो चारो ओर जहां देखो यही चल रहा है। सच में यहां लाखों तारों का निर्माण हो रहा है यह तो स्टार फैक्ट्री है। अंदर का वातावरण बहुत सक्रिय व डेन्स है जहां भविष्य के तारे बन रहे हैं स्टार ब्रस्ट हो रहे हैं सच में यह अत्यंत रोमांचकारी जगह है। जहां हम कई तरह के रंगों और आकारों में ब्रह्माण्डीय स्वर्णिम रचनाओं का रोमांच उठा सकते हैं

ब्रह्माण्ड में सिर्फ तारे जन्म ही नहीं ले रहें हैं बल्कि कालांतर में उनका खात्मा भयंकर विस्फोटों के साथ हो रहा है जिसे सुपर नोवा कहा जाता है। यात्रा में अब हम 4000 लाइट ईयर दूर जा चूके हैं और हमारे सामने एक तारे का अंत, याने सुपरनोवा विस्फोट को देख रहे है जो किसी छोटे आकार के तारे का हो सकता है। इस विस्फोट ने तारें के उपरी पर्त को बाह्य अंतरिक्ष में फेंक दिया गया है जिससे चारो ओर जबरदस्त ल्यूमीनस क्लाउड को देखा जा सकता है। यह फैलता कचरा ब्रह्माण्ड के लिए रॉ मटेरियल है इन जबरदस्त विस्फोटो में न्यूक्लियर फ्यूजन के फलस्वरूप निर्मित कई नए भारी तथा जीवन के कारक एलीमेंट्स मुक्त हुए हैं जिसमें हरा क्लाउड हाइड्रोजन व हीलियम गैसे है, रेड व ब्लू नाइट्रोजन एवं ऑक्सीजन है। ये हमारे जीवन के बिल्डिंग ब्लाक्स है ऑक्सीजन, नाइट्रोजन से डीएनए बने है हमारे फैमिली ट्री का प्रारंभ भी इसी से हुआ है हमारे शरीर के एक–एक तत्वों का निर्माण तारों में हुआ है। सच में हम न्यूक्लियर वेस्ट से बने हैं और हमारे हाथों में चमकने वाली सोना धरती पर लोहा, मैग्नीशियम कार्बन, आदि इसी स्टेलर वेस्ट की देन है। इस ल्यूमीनस क्लाउड के मध्य एक छोटा पिंड है जो तारे का केंद्र है जो सिकुड़कर व्हाइट ड्रॉफ्ट के रूप में परिवर्तित हो चुका है। यह बहुत डेन्स व गर्म है। यह इतना घना है कि इसका एक चम्मच मास कई टन के बराबर होगा। हमारे सूर्य का भी अंत इसी तरह होने वाला है और आज से 6 अरब बर्ष बाद वह भी व्हाइट ड्राफ्ट में परिवर्तित हो जाएगा और इससे पृथ्वी पर जीवन का खात्मा हो जाएगा।

हम अपनी ग्रेविटी विमान की गति को और तेज करते हैं और अब हम क्रेब नेबुला पर पहुंच चुके हैं जो हमारे घर से 6000 प्रकाश वर्ष की दूरी पर है ऐसे सुपरनोवा को देख रहे हैं जिसके केंद्र में भयावह पल्सार वाले न्यूट्रॉन तारा है जो जबरदस्त ग्रेविटी के कारण बहुत ही स्माल याने 20 किमी व्यास का है परंतु अत्यधिक डेंस व गर्म है इसका एक पिन हेड

के बराबर मास करोड़ों टन का हो सकता है। जिससे दो विपरीत लेकिन भयंकर प्रकाशिय बीम निकल रहें हैं जो अत्यधिक एनर्जी व खतरनाक रेडिएशन से भरा है। यह पल्सार प्रति सेकण्ड 30 बार घूर्णन कर रहा है जो इसे और ज्यादा भयावह और खतरनाक बना देती है इसके आस पास चारो ओर जबरदस्त ग्रेविटी व चुम्बकत्व हैं तीव्र गति से घूर्णन करने वाले इसके ऊर्जा लहरो और रेडिएशन से हमें बच कर रहना होगा अन्यथा पलक झपकते ही हमारा खात्मा निश्चित है इसकी उच्च ग्रेविटी भी खतरनाक हैं। यह किसी तारे को खींचकर अपने में मिलाने की ताकत रखता है। इसके आगे कुछ दिखाई नहीं दे रहा है सब कुछ शांत लग रहा पर यह किसी बुरे चीज का संकेत लगता हैं अरे यह तो चरम काला स्याह है। कोई भी प्रकाश इससे बाहर नहीं आ रहा है जिससे दिखाई नहीं दे रहा है लेकिन गुरूत्वाकर्षण प्रभाव से अपनी उपस्थिति दर्ज कर रहा है। यह तो महाकाय ब्लैक होल है जो किसी विशाल तारे के विस्फोट के बाद उसके केंद्र में अत्यधिक संकुचन दाब से बना है। इसका डेन्स तो व्हाइट ड्रॉफ्ट व पल्सार वाले न्यूट्रॉन तारे से भी ज्यादा है। चरम डेंस होने से चरम गुरूत्वीय पिंड है और प्रकाश भी यहां से वापस नहीं जा पाता जिससे काला प्रतीत होता है। यहां तो काल व अंतराल का भी कोई महत्व नहीं रह जाता और भौतिक के सारे सिद्धांत यहां टूट जाते हैं अथवा जड़ हो जाते हैं। हमें ऐसे पिंड के निकट नहीं जाना चाहिए क्योंकि यदि हम इसके द्रव्यमान शोषण क्षेत्र जिसे इवेंट होरिजन कहा जाता है में फंस गए तो इसके तीव्र गुरूत्वाकर्षण बल से कोई नहीं बचा पाएगा और हम छोटे–छोटे पार्टिकल्स में टूटकर इसमें समा जाएगे और कभी भी यहां से बाहर नहीं निकल पाएंगे। बह्माण्ड ऐसे ब्लैक होलो से भरा पड़ा है। इतना ही नहीं यूनिवर्स में प्रतिसेकण्ड एक ब्लैक होल का जन्म हो रहा है। हमारे गैलेक्सी में ऐसे करोड़ों ब्लैक होल हैं और ये किसी को भी खींच कर उसका भक्षण कर सकते हैं ये तारे को भी गेंद की तरह घुमाकर, फाड़कर निगल जाते हैं।

अब अपने घर से 7000 प्रकाश वर्ष दूर मिल्की–वे के गहरे भागों में जा चुके हैं जहां हम विशाल नेबुला को देख सकते है जो जंगल और पेड़ की तरह दिखाई दे रहे हैं यह बहुत ही सुंदर है यह गैलेक्सी के विशाल रचनाओं में से है यह गैस व धूल के क्रियेटिव टावर है जहां लाखों–करोड़ों तारों का निर्माण हो रहा है। यह मिल्की वे का विशालतम स्टार फैक्ट्री है इसका आकार तो हमारे सोलर सिस्टम से भी बड़ा है। आगे अपने घर से हम 10000 प्रकाश वर्ष आगे पहुंच कर अपने मिल्की वे की सुंदरता को निहार सकते हैं और आगे बढ़ते हुए अपने सूर्य से लाखों गुना उस चमक को देख सकते है जो किसी बड़े सुपर मॉसिव तारें के विस्फोट से पैदा हुआ है और उसके रेडिएशन व एनर्जी चारो ओर बिखर रहे हैं ब्रह्माण्ड का यह एक अद्‌भुत नजारा है।

आगे बढ़ते हुए अपने घर से 25000 प्रकाश वर्ष की दूरी पर पहुंच चुके हैं और अपने गैलेक्सी मिल्की वे की भुजा में स्थित अस्थिर सुपर मॉसिव तारे को देख सकते हैं जो कभी भी

हाइपरनोवा में परिवर्तित हो सकता है यह हाइपरनोवा, सुपरनोवा से सैकड़ों गुना ज्यादा प्रभावी होता है और विस्फोट के बाद यह भयावह शॉकवेव पैदा करता है और सिकुड़ता तारा केंद्र दो विपरीत एनर्जी के जेट भी पैदा करता है जो तीव्र गति से ऐक्सेलरेट होते हुए घूमता रहता है। इस हाइपरनोवा में चारो ओर भयंकर रेडिएशन तथा न्यूक्लियर व स्टेलर वेस्ट अत्यधिक तीव्र गति से फैलते जाते हैं अगर ऐसा कोई भयंकर विस्फोट हमारे सौर मण्डल के आस–पास हो तो पृथ्वी पर जीवन को स्वाहा होने से कोई बचा नहीं पायेगा और इसका नामोनिशान नहीं बच पायेगा। यह सिकुड़ता तारा केंद्र बाद में खतरनाक ब्लैक होल में परिवर्तित हो जाएगा। हमारे सूर्य से 30 गुना बड़े तारों का अंत इस तरह हाइपर नोवा विस्फोट से होता है। दूर जाते हुए हम, अपने होम गैलेक्सी *मिल्की–वे* को देख सकते हैं यह एक मध्यम आकार का गैलेक्सी है लेकिन इसका आकार इतना बड़ा है कि यहां 150 अरब से ज्यादा तारें हैं एक अनुमान के अनुसार 10 लाख सभ्यतांए यहां हो सकती है। इसका आकार इतना विशाल है कि एक सिरे से दूसरे तक जाने में 1 लाख प्रकाश वर्ष से भी अधिक लगेंगे इसकी चौड़ाई भी हजारो प्रकाश वर्ष का है यहां पर हमारा घर पृथ्वी एक छोटा–सा अदना ग्रह है पूरे सौर मण्डल की स्थिति में नगण्य है इस विशालतम परिवेश में यह दिखाई तक नहीं देता जहां अरबो तारे एवं ग्रह मौजूद हैं।

यह हमारी गैलेक्सी अनगिनत रहस्यों से भरी पड़ी है। बाहर आते हुए हम यहां गोलाकार तारों के कई समूहो को देख सकते हैं। यह समूह तारों के क्लस्टर से भरा पड़ा है। जहां लाखों तारे एक साथ हैं और गेंद के आकार में फैले हुए हैं। यदि हमारी ग्रह पृथ्वी ऐसे किसी तारा मण्डल के बीच में होता तो पृथ्वी पर अंधेरा कभी नहीं होता और आसमान में कई तारों के मौजूद होने से हमें झुलसा देती, संभवतः ग्रह पर जीवन का होना भी दुभर हो जाता।

इसके अलावा गैलेक्सियां किसी ऐसे अदृश्य पदार्थों से भरा पड़ा है जिसे डार्क मैटर कहा जाता है ऐसा माना जाता है। कि गैलेक्सी को आकार वही प्रदान कर रहा है लेकिन जिसे न तो देखा जा सकता है नहीं छुआ जा सकता है और यह हमारे गैलेक्सी के कुल द्रव्यमान का तीन चौथाई से अधिक माना जाता है, क्या है यह रहस्य बना हुआ है। मिल्की–वे की लंबी भुजाओं से आगे बढ़कर हम अब इंटर गालाक्टिक स्पेश में पहुंच चुके हैं यहां से स्पेश में आगे बढ़ते हुए 2.5 मिलियन लाईट ईयर दूर एण्ड्रोमिडा गैलेक्सी को देख सकते हैं जो हमारे गैलेक्सी से काफी बड़ा है। यहां 400 अरब से भी अधिक तारे हैं एण्ड्रोमिडा और हमारी गैलेक्सी मिल्की–वे, एक–दूसरे का चक्कर काटते आकर्षण पाश में बंधते जा रहे हैं आज से लाखों साल बाद वे एक–दूसरे में समा जाएंगे और एक विशाल गैलेक्सी अस्तित्व में आएगी।

अलबत्ता यहां से आगे बढ़ते हुए करोड़ों अरबो गैलेक्सियों को देख सकते हैं यहां तो अधिकतर गैलेक्सियां, मिल्की–वे से कई गुना बड़े आकार के हैं तो कई छोटे उपग्रही

गैलेक्सियां भी मौजूद हैं जो विशाल गैलेक्सी के आस–पास चक्कर काट रहे हैं इन अरबो गैलेक्सियों में खरबो–खरब तारे हैं। इस तरह ब्रह्माण्ड में गैलेक्सियां सब ओर पूरे एक–दूसरे से अनंत दूरी तक फैले हुए हैं।

अब हम अपने घर से 2 अरब प्रकाश वर्ष आगे पहुंच चुके हैं यहां हम एक एक भयंकर ऊर्जा स्त्रोत क्वेजार को देख सकते हैं जो किसी विशालतम गैलेक्सी के केंद्र से जेट के रुप में बाहर आ रहा हैं यह ऊर्जा का इतना खतरनाक बीम है जो अल्फा बीटा और गामा जैसे रेडिएशन किरणों तथा सुपर हीटेट गैसो से भरा है। यह पलक झपकते ही हमारे सौर मण्डल तक को स्वाहा कर सकता है और भाप बनाकर अंतरिक्ष में उड़ा सकता है। अवलोकन में यह पाया भी गया है कि कई बार छोटे उपग्रही गैलेक्सियां इनके चपेट में आ जाती है और वे अत्यधिक गर्मी से जलकर नष्ट होने लगती है। हमें इससे दूर रहना होगा वरना हमारी यात्रा यही समाप्त हो जाएगी। इस तरह के भयंकर व विशाल ऊर्जा बीम को क्वेजार कहा जाता है। यह क्वेजार सुपर मॉसिव ब्लैक होल जो अरबो सौर द्रव्यमान का होता है से बाहर आता है और जहां प्रति सेकण्ड करोड़ों टन मास निगल लिया जाता है जिससे यह अत्यधिक गर्म होकर उच्च ग्रेविटी में खतरनाक ऊर्जा बीमें पैदा करती है।

यहां से आगे हम 8 अरब प्रकाश वर्ष आगे जा चुके हैं अब हम आगे बढ़ते हुए समय में पीछे जाने लगते हैं यहां अर्ध विकसित गैलेक्सियों को देख सकते हैं जो विकास की प्रकिया में है और छोटे है झुंड के रूप में और अभी धुंध के जैसे दिखाई पड़ रहे हैं जिसे प्रोटो गैलेक्सी कहा जाता है इन्ही गैलेक्सियों के विलयन से ही आज के विकसित और बड़े गैलेक्सी बने हैं यहां हम आगे बढ़ते हुए दो प्रोटो गैलेक्सियों के होते विलय को देख सकते हैं। ये गैलेक्सियां गुरूत्वाकर्षण से एक–दूसरे से गूंथने लगे हैं इस प्रकार के विलयन से ही आज के बड़े गैलेक्सियों का निर्माण हुआ है। इतना ही नहीं आज भी बड़े गैलेक्सियां एक–दूसरे का चक्कर काटते हुए विलयन कर रहे हैं विलयन तो गैलेक्सियों का सार्वभौमिक क्रिया है। और आगे भी जारी रहने वाली है। हमारी यात्रा अभी खत्म नहीं हुई यहां से आगे बढ़ते हुए 13 अरब प्रकाश वर्ष आगे जा चुके हैं यहां हम उन तारो को देख सकते हैं जो ब्रह्माण्ड में नए–नए बने है ये तारे ही शुरूआती ब्रह्माण्ड के तारे हैं जो ब्रह्माण्ड को प्रकाशित कर रहे हैं। आगे बढ़कर हम उन तारों के निर्मित होते अवस्था को देख सकते हैं जिसे प्रोटो–स्टार कहा जाता है। जो मुख्यतः हाइड्रोजन के गैसीय बादलें है जो खगोलीय पिंड के रूप में तब्दील हो रहे हैं। इसके बाद हम भयंकर अंधकार को देख सकते हैं जिसे कॉस्मिक डार्क एज कहा जाता है। यहा सब कुछ अंधेरे में है यह वह काल था जहां ब्रह्माण्डीय मास पार्टिकल्स के रूप में थे।

रोमांचक यात्रा में आगे बढ़ते हुए अपने घर से 13.7 अरब वर्ष दूर पहुंच चुके हैं यह वह रहस्मयी समय था जब ब्रह्माण्ड सृजन के दौर से गुजर रहा था। यहां सम्पूर्ण ब्रह्माण्ड का

मास सिंगल पिंड में समाया हुआ था। जो अत्यधिक घना, संपीड़ित तथा गर्म था इसके साथ ही यह एक चरम गुरूत्वीय पिंड था। इसे एक सुपर मॉसिव ग्रेविटेशनल सिंगल पाईंट भी कहा जा सकता है जो खरबो—खरब सौर द्रव्यमान का था। सृजनकारी प्रभाव यहीं से प्रारंभ होता है। एकल पिंड होने व अत्यधिक मास के एक छोटे से जगह में समाए होने से केंद्रीयकृत ग्रेविटी इतना बढ़ने लगा की पिंड और संपीड़ित होने लगा संपीड़ित होने से इसका आकार और भी छोटा होने लगा। अत्यधिक घनत्व के इस पिंड के छोटे होते जाने से गुरूत्वाकर्षण बढ़कर करोड़ों गुना होता गया। अब पिंड के संपीड़ित होने और गुरूत्वाकर्षण बढ़ने का यह कम उत्तरोत्तर बढ़ता गया अंत में संपीड़ित मास एक परमाणु के आकार का हो गया अंततः अत्यधिक दाब व ताप में सम्पूर्ण मास ऊर्जा में तब्दील हो गया मास के प्योर ऊर्जा में तब्दील होने से गुरूत्वाकर्षण एकाएक समाप्त हो गया इस महान् घटना काल को मै टेंस काल कहुंगा और अब परिवर्तित सारा मास, ऊर्जा के छोटे से बिंदु से चारों ओर प्रकाश से भी सैकड़ों गुना तीव्र गति से रिलीज होने लगा जिसकी मात्रा असीम थी और इसी असीम ऊर्जा के बिग—रिलीज से कालांतर में इस अदभुत और अनोखा ब्रह्माण्ड का जन्म हुआ।

इस रोमांचकारी यात्रा में, हम ब्रह्माण्ड के उन निर्माणकारी प्रकियाओं को देख रहे हैं उससे तो यही लगता है कि ब्रह्माण्ड ने खुद अपने आप को रचा है और बिग—बैंग वो असाधारण घटना थी जिससे इस ब्रह्माण्ड की रचना की शुरूआत हुई, इस छोर पर जहा ब्रह्माण्ड बहुत लधु रूप और अत्यंत सीमित रूप में था वहीं पर बिग—बैंग के होते ही यह निरंतर फैलता चला गया और इसी बिग—बैंग से हर चीज की शुरूआत हुई जिससे सम्पूर्ण ब्रह्माण्ड, हम और आप बने।

ब्रह्माण्ड ही महत्वपूर्ण नहीं हैं इसमें कोई आश्चर्य नहीं होना चाहिए कि सृष्टि में इससे भी बड़े व रहस्यमयी चीजें मौजूद है जिसकी कोई सीमा अथवा छोर नहीं है जो अनंत व असीम है जहां ब्रह्माण्ड का वजूद है।

2

इनफीनिट का रहस्य

क्या ब्रह्माण्ड अनंत हैं? क्या ब्रह्माण्ड का कोई छोर है? क्या ब्रह्माण्ड, किसी अनंत परिक्षेत्र में विकास कर रहा है तो उसका आकार क्या है? क्या विकास करता ब्रह्माण्ड का वजूद इतना गौण है कि वह 'अनंत' का लेस मात्र भी नहीं है? क्या अनंत अंतरिक्ष में कई अन्य ब्रह्माण्डों का वजूद है? सच कहा जाए तो सबसे बड़ा रहस्य तो यह 'अनंत' ही है जो अपने कोख में सैकड़ों ब्रह्माण्डों के सृजन और अंत के विस्मयकारी तथा रहस्यमयी घटनाओं को छिपाए बैठा है।

अनंत को अंग्रेजी में इनफीनिट कहा जाता है। यह वह स्थान है, जो अनंत है, असीम है। जिसकी कोई भी सीमा नहीं है, याने छोर नहीं है। इसके साथ ही यह काला स्याह है, जहाँ ब्रह्माण्ड ने अपना विकास किया है, इसे ब्रह्माण्ड के कोख के रूप में जाना जा सकता है, ब्रह्माण्ड के बाहर चारों ओर अन्तहीन परिक्षेत्र की कल्पना से ही मन रोमांचित हो उठता है।

आइए डायग्राम से अनंता के असीम परिक्षेत्र को समझनें का प्रयास करें।

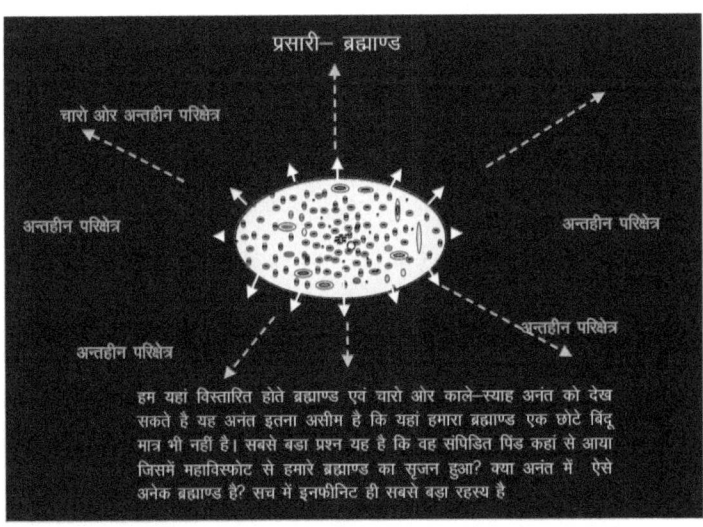

प्रसारी– ब्रह्माण्ड
हम यहां विस्तारित होते ब्रह्माण्ड एवं चारो ओर काले–स्याह अनंत को देख सकते है यह अनंत इतना असीम है कि यहां हमारा ब्रह्माण्ड एक छोटे बिंदू मात्र भी नहीं है। सबसे बडा प्रश्न यह है कि वह संपिडित पिंड कहां से आया जिसमें महाविस्फोट से हमारे ब्रह्माण्ड का सृजन हुआ? क्या अनंत में ऐसे अनेक ब्रह्माण्ड है? सच में इनफीनिट ही सबसे बड़ा रहस्य है

उपरोक्त डायग्राम में अनंत परिक्षेत्र में किसी बिंदु पर विकास करते प्रसारी–ब्रह्माण्ड को देखा जा सकता है। विस्तार करते ब्रह्माण्ड के चारों ओर असीम काला स्याह *'अनंत'* है। हमारा ब्रह्माण्ड इस 'अनंत' के बिंदु मात्र भी नहीं है अर्थात् *अनंत* प्रकृति में सबसे बड़ा अंक है, जिसे किसी अंक से मापा या तुलना नहीं किया जा सकता, यह वह अंक होता है, जिसमें किसी भी अंक जोड़ या कमी का कोई फर्क नहीं पड़ता, अनंत का परिमाण सदैव अनंत ही रहता है, अर्थात् यदि हम अनंत में 100 जोड़ दे या 100 घटा दे, तब दोनों ही अवस्था में अनंत का परिमाण वही रहता है, इसी प्रकार अनंत से अनंत जोड़ने पर भी अनंत ही रहता है, अथवा अनंत से अनंत कम कर देने पर भी अनंत ही शेष रहता है।

अनंता को इस गणितीय संबंधों से समझा जा सकता है,

अनंत = ∞

$\infty - 100 = \infty$

$\infty + 100 = \infty$

$\infty - \infty = \infty$

$\infty + \infty = \infty$

इस प्रकार अनंत का मान सदैव अनंत ही रहता है चाहें इसमें किसी भी मात्रा को जोड़ा या लेस किया जाए। *'अनंत'* की विशालता को जानना इसलिए जरूरी हैं, क्योकि हमारें ब्रह्माण्ड का जन्म व विस्तार यहीं पर हो रहा है। *अनंत* तथा ब्रह्माण्ड के विशालता का अन्दाजा इसी से लगाया जा सकता है, कि जहाँ पृथ्वी में दूरिया–सेंटीमीटर, मीटर, तथा किलोमीटर से मापा जाता है। वही खगोलीय संसार में यह लाईट ईंयर से मापा जाता है, यह लाईट ईयर वह दूरी है जो प्रकाश द्वारा निर्वात में एक वर्ष में तय की जाती है। प्रकाश निर्वात में एक सेकण्ड में 2.99 लाख किलो–मीटर तय करती है, और एक वर्ष में यह 9460730472580 किलो–मीटर तय करती है, पृथ्वी के सबसे नजदीक तारा जिसे अल्फॉसेंटारी कहा जाता है। यह भी 4.2420 प्रकाश वर्ष दूरी पर स्थिति है, हमारा सौर मण्डल जिस आकाश गंगा में है, जिसे हम मिल्की–वे कहते हैं का आकार इतना विशाल है कि इसे भी एक ब्रह्माण्ड मान ले तो अतिश्योक्ति नहीं होगी, सोलहवीं–सत्रहवीं सदी में जब उच्च तकनीक व दूरदर्शियों का विकास नहीं हुआ था तब आकाश गंगा (मिल्की–वे) को ही ब्रह्माण्ड माना जाता था, हमारा आकाश गंगा जो एक मध्यम आकार का एक गैलेक्सी है, इसका आकार इतना विशाल एवं तस्तरी नूमा है कि एक छोर से दूसरे छोर तक प्रकाश को यात्रा करने में 1.20 लाख प्रकाश वर्ष से भी अधिक समय लगता है। वही इसकी मोटाई 1.5 हजार प्रकाश वर्ष से भी अधिक है। इसमे 100 अरब तारें या अधिक है, साथ ही करोड़ों ब्लैक होल भी मौजूद हैं, और इतना ही नहीं यह करोड़ों अप्रकाशिय पिंड़ों, गैसीय बादलों, निहारिकाओं, नेबुलाओं, धूल कणों, धूमकेतुओ से अटा पड़ा है।

कालान्तर में नए उच्च तकनिको से पता चला की ब्रह्माण्ड में ऐसे अरबो गैलेक्सियां हैं, जो अत्यंत दूर होने के कारण दिखाई नहीं दे रहें थे। जिनमें अधिकांश का आकार तो हमारे गैलेक्सी से कई गुना बड़ा है, एक अनुमान के अनुसार ब्रह्माण्ड में गैलेक्सी की संख्या सौ अरब से भी ज्यादा है, इस प्रकार हमारा ब्रह्माण्ड में अरबो गैलेक्सियां हैं और वह अत्यंत विशाल व व्यापक है, साथ ही इसके आकार में निरंतर विस्तार हो रहा है, हमारे पास ऐसा कोई साधन नहीं है कि हम अपने ब्रह्माण्ड के आकार का ठीक से पता लगा सकें। इसके साथ यह और भी कठिन है, कि हम अपने ब्रह्माण्ड से परे झॉक सकें, और यह जान सकें की इस *अनंत* में और क्या–क्या संभावनाएं हैं, क्या और समानांतर ब्रह्माण्डों का वजूद भी है या फिर मात्र काला स्याह अन्धेरा।

अनंत, अथाह सागर की तरह चारों ओर व्याप्त है। इसके अंतहीन सीमा में अरबों ब्रह्माण्ड भी हो तब भी ज्ञात कर पाना असंभव है, क्योंकि हमारे विशाल ब्रह्माण्ड का आकार भी इस अनंत में एक तिल के मात्र भी नहीं है।

यहां सबसे बड़ा प्रश्न उन दो स्थितियों में पैदा होता है, जो मल्टी यूनिवर्स एवं अन्तर ब्रह्माण्डीय गतिविधियों की ओर इशारा करता है, पहला एक तो हमारे ब्रह्माण्ड का वह संपीड़ित, अत्यंत घना, तापीय पिंड़ कहाँ से आया जिसमें महाविस्फोट के बाद हमारे यूनिवर्स का सृजन हुआ, और आज हम यहाँ हैं। क्या यह एक दैवीय घटना थी?

सबसे पहले तो हम यह जान ले की ब्रह्माण्ड कोई दैवीय घटना नहीं है, हर घटना के पीछे भौतिक कारण होते हैं, वहीं दूसरा प्रश्न ब्रह्माण्डीय सृजन के प्रारंभिक काल जिसे *बेबी यूनिवर्स* काल भी कहा जा सकता है। जो ब्रह्माण्डीय सृजन के बाद दो से तीन अरब वर्ष का काल होता है, में अरबो सौर द्रव्यमान के श्याम विवर कहाँ से आए, जिसके चरम गुरूत्वाकर्षण से गैलेक्सी का निर्माण होने लगा, क्या यह घटना सघन पिंडों का अन्तर ब्रह्माण्डीय प्रगमन था?

अन्त में कहा जा सकता है कि सबसे बड़ा रहस्य तो 'अनंत' है। इसके विशालतम आयाम में सैकड़ों–लाखों ब्रह्माण्ड की संभावनाएं छुपी है। इतना ही नहीं अन्तर ब्रह्माण्डीय प्रगमन जैसे घटनाएं भी इनके बीच हो सकते हैं। यहां तक की युग्म ब्रह्माण्ड की वजूद से भी इंकार नहीं किया जा सकता, विभिन्न प्रकार के जटिल रहस्यों से पर्दा तब उठ सकता है, जब हम अपने ब्रह्माण्ड के सृजन व अंत तथा विकास प्रक्रियाओं को समझ सकेंगे।

3

ब्रह्माण्ड कैसे कार्य करता है (ब्लैकहोल की रहस्यमयी दुनिया)

किसी ने सच कहा है कि किसी खगोलिय पिंड़ का जितना द्रव्यमान होगा, उसका आकार उतना ही छोटा होगा, व सतह पर अधिक गुरूत्वाकर्षण से अतिगुरूत्वबल महसुस होगा, और यहां गुरूत्वाकर्षण बल इतना मजबूत होगा, कि प्रकाश तथा फोटॉन कण तक को आकर्षित कर लेगा यहां अति द्रव्यमान व अति गुरूत्वाकर्षण के कारण पलायन वेग अनंत होगा व किसी भी चीज का यहा से बचकर निकल पाना असंभव होगा। मेरे विचार से, इतना तो निश्चित है कि अरबो ब्लैक होल्स ब्रह्माण्ड को निरंतर आकार प्रदान कर रहें है और ये रहस्यमयी, महाबलशाली, तथा असाधारण डार्क पिडें ब्रह्माण्ड के उद्भव, निर्माण और अंत के संबंध में हमें अतिमहत्वपूर्ण जानकारी दे सकते हैं।

हमें ज्ञात है कि ब्रह्माण्ड, ऊर्जा एवं पदार्थ से मिलकर बना है। महान् वैज्ञानिक आइंस्टाइन ने हमें बताया की ऊर्जा व पदार्थ एक ही है, पदार्थ को *"रेस्ट ऑफ ऐनर्जी"* अथवा कंडेंस ऊर्जा भी कहा जाता है। उनके जग प्रसिद्ध समीकरण $E=MC^2$ से कौन परिचित नहीं है, अर्थात् ऊर्जा को मास के रूप व मास को ऊर्जा के रूप में परिवर्तित किया जा सकता है। संपीड़ित व घनें पिंड, ऊर्जा का ही एक कंडेंस रूप होता है।

महाविस्फोट का सिद्धांत जो आज सबसे ज्यादा मान्य सिद्धांत है, जिसके प्रमाण में कई साक्ष्य मिल चुके हैं, जिसका मुख्य साक्ष्य है, ब्रह्माण्ड का निरंतर चारों दिशाओं में विस्तार होना, अर्थात् आकाश गंगाएं एवं अन्य आकाशिय पिंड़ तेजी से एक–दूसरे से दूर हो रहे हैं। अन्य शब्दों में ब्रह्माण्ड फैल रहा है, इसका तात्पर्य है कि इतिहास में ब्रह्माण्ड में सभी पदार्थ आज की तुलना में एक–दूसरे के पास रहे होगें, और समय के साथ पीछे चलें तो एक समय आएगा, जब सभी ब्रह्माण्ड एक ही बिंदु पर संपीड़ित रहा होगा, अर्थात् सम्पूर्ण ब्रह्माण्ड एक घना व संपीड़ित पिंड़ था। यह पिंड़ अत्यधिक घनत्व का व अत्यंत छोटा था। साथ ही अत्यधिक घनत्व के कारण अत्यंत गर्म रहा होगा, यह ऐसी स्थिति, जिसमें सारा ऊर्जा व मास एक ही

स्थान में होने के कारण काल व अन्तराल का मान भी शून्य था। इसी संपीड़ित घनें पिंड में महाविस्फोट से ब्रह्माण्ड का सृजन हुआ, जिसे बिग–बैंग थ्योरी के नाम से जाना जाता है।

अन्य साक्ष्य के रूप में 1965 में ब्रह्माण्ड में पृष्ठभूमि सूक्ष्मतरंग विकिरण याने बैकग्राउण्ड माइक्रोवेव रेडिएशन की खोज हुई और इसकी खोज करने वाले दो वैज्ञानिको पैन्जियास तथा विल्सन को 1978 में नोबेल पुरस्कार मिला। प्रसारी सिद्धांत के अनुसार प्रारंभ में जब पदार्थ के सूक्ष्मतम तथा घनतम अण्ड का विस्फोट हुआ था उस समय जो विकिरण हुए थे, सारे बह्माण्ड में उनके अवशेष होने चाहिए। इन्ही अवशेषों की एक पृष्ठभूमि की तरह उपस्थिति की खोज हुई। और यह सूक्ष्मतरंग विकिरण की सभी दिशाओं में समान रूप से उपस्थिति मिलता है अंतरिक्ष की इस माइक्रोवेव को आप भी देख सकते हैं अपने टीवी स्क्रीन को किसी खाली चैनल पर सेट कर दीजिए, अब स्क्रीन पर आप जो स्नों जैसी जो चीज देखेंगे उसमें कुछ फीसदी हिस्सेदारी इस माइक्रोवेव की भी होती है। अंतरिक्ष के बैकग्राउंड में ये माइक्रोवेव रेडिएशन कहां से आए, यह रेडिएशन तो प्रारंभिक सृजन कालीन, बेहद उच्च तापमान पर सघन पिंड के विखण्डनात्मक स्थिति का बचा अवशेष है जो ब्रह्माण्ड के विस्तार व निर्माण के बाद यह रेडिएशन समय के साथ ठंडा होता चला गया।

यहाँ प्रासंगिक प्रश्न यह है कि वह घना संपीड़ित सिंगल पिंड जिसमें सम्पूर्ण ऊर्जा व मास निहित था, कहां से आया और उसमें महाविस्फोट क्यों एवं कैसे हुआ? यह आज तक अनुत्तरित है।

अवलोकन एवं भौतिक तर्क से बह्माण्ड का सृजन बिग–बैंग के अपेक्षा बिल–रिलीज से कहना ज्यादा उचित प्रतीत होता है, क्योंकि एक अपेक्षित द्रव्यमान का अति सुपर मॉसिव ग्रेविटेशनल सिंगल पिंड, इतना महाबलशाली होता है कि इसमें विस्फोट होना असंभव है लेकिन यह प्रभावी व इकलौता पिंड़ नए बह्माण्ड के सृजन के लिए *टेन्सकाल* की शुरूआत कर सकता है। *टेन्सकाल* वह होता है, जिसमें गुरूत्वार्कषण चरमोत्कर्ष अवस्था में पहुंच कर अपने वजूद को ही नष्ट कर डालता है गुरूत्वाकर्षण समाप्त होने पर यहां संपीड़ित ऊर्जा विमुक्त कर दी जाती है अर्थात् संपीड़ित संकीर्ण बिन्दु पर खरबो–खरब सौर मास, ऊर्जा के रूप में विखण्डित होकर रिलीज होती है। और इसी शुद्ध प्योर ऊर्जा से ब्रह्माण्ड का सृजन होता है। अतः यह जरूरी है कि ब्रह्माण्ड के सृजन के लिए अपेक्षित द्रव्यमान संग्रहित किया जाये, आज हमारे ब्रह्माण्ड में भी निरंतर यह प्रक्रिया चल रही है, और ऐसे सैकड़ों पिंड हैं, जो मास ग्रहण के एकसूत्री कार्य में निरंतर लगे हुए हैं, अतः इकलौते ब्रह्माण्ड के पुराने अवधारणा को अब भूल जाईए, ये संपीड़ित व घने पिंड भविष्य में अपेक्षित द्रव्यमान संग्रहित करने व अंतरिक्ष में अनंत दूरी पर सिंगल पिंड के दशा में होने पर वे प्रभावी टेंसकाल प्रारंभ कर सकते हैं ऐसे पिंड़ों के नाम कई बार सुन चुके है। आवश्यकता है, इन पिंड़ों के रहस्यों को सही ढंग से समझने व उजागर करने की–

श्याम विवर–इसे ब्लैक होल अथवा कृष्ण विवर भी कहा जाता है। असल में यह एक मृत तारे का वो घना व ठोस अवशेष है जिसमें अपार गुरूत्वाकर्षण शक्ति होती है याने गुरूत्व बल का असर इतना जबरदस्त होता हैं कि प्रकाश की किरणें तक मुड़ जाती है तथा बिना प्रकाश उत्सर्जन के ये काले श्याह होते हैं, पूर्णतः अदृश्य होते हैं। प्रकाश तो प्रकाश यहां तक समय का भी इस ब्लैक होल में कोई अस्तित्व नहीं होता। इन ब्लैक होलों के आस–पास का समय ब्रह्माण्ड के बाकी जगहों के समय से धीरे बीतता है और जैसे–जैसे हम इसके और करीब पहुंचते जाएंगे वैसे–वैसे समय और थमता जाता है और अंत में इसमें प्रवेश करते ही समय का अस्तित्व समाप्त हो जाएगा यानि ब्लैक होल एक ऐसी काली गुफा की तरह है जिसमें किसी चीज का अस्तित्व नहीं बच पाता यहां अपार गुरूत्वाकर्षण से प्रकाश और समय भी इसमें विलीन हो जाता है।

यह पिंड़ अत्यधिक घनत्व वाला तथा *न्यून क्षेत्र पॉकिट* में संपीड़ित होता है जिससे इसका गुरूत्व बल अत्यधिक दूर तक लम्बवत् होता है। यह लम्बवत् गुरूत्वाकर्षण बल इतना महाबलशाली होता है कि अन्य सभी बलों पर भारी पड़ता है। यहा तो परमाणु संरचना तक को तहस–नहस कर दिया जाता है, जिससे चक्रीय इलेक्ट्रॉन और नाभिकीय संरचना विखण्डीत हो जाती है, और परमाणु मास अत्यंत संकीर्ण क्षेत्र में संपीड़ित कर दिया जाता है, विखण्डन से मजबूत व कमजोर नाभिकीय बल व कूलम्ब आवेश तक टूट जाता है, अन्ततः गुरूत्वाकर्षण बल का प्रभुत्व ही शेष रह जाता है। इन पिंड़ों को श्याम विवर का नाम सन् 1967 में जॉन व्हीलर ने दिया था। सबसे पहले श्याम विवर की उपस्थिति का प्रस्ताव सन् अठाराहवीं सदी में गुरूत्वाकर्षण के नियमों के आधार पर दिया गया था, जिसमे यह बताया गया था। *कि किसी खगोलिय पिंड का जितना द्रव्यमान होगा, उसका आकार उतना ही छोटा होगा, व सतह पर अधिक गुरूत्वाकर्षण से अतिगुरूत्वबल महसूस होगा, और यहां गुरूत्वाकर्षण बल इतना मजबूत होगा, कि प्रकाश, फोटॉन कण तक को आकर्षित कर लेगा, यहां अति द्रव्यमान व अति गुरूत्वाकर्षण के कारण पलायन वेग अनंत होगा। व किसी भी चीज का बचकर निकल पाना असंभव होगा।*

एक लम्बे अर्से से ब्लैक होल को एक भयावह व दानवी पिंड़ के रूप में जाना जाता रहा है। जो ग्रहों, पिंड़ों, नक्षत्रों, गैसों, निहारिकाओं को तहस–नहस कर पलक झपकते ही निगल जाता है, कई विद्ववान ब्लैक होल को कोरी कल्पना भी मानते रहे हैं, लेकिन यह एक मात्र सच्चाई नहीं है, *ब्लैक होल का अस्तित्व है, और यह केन्द्रीयकृत बड़े संरचना जैसे गैलेक्सियों के निर्माण में महत्वपूर्ण भूमिका अदा करती है, यह ब्लैक होल तारों के निर्माण में महत्वपूर्ण भूमिका अदा करते* है इनके गुरूत्वीय लहरें, गैसों को इकठ्ठा करने से योग देते है। हमारे सूर्य और ब्रह्माण्डीय तारों के निर्माण में इनकी विशेष भूमिका रहती है। मजे की बात है इन ब्लैक होलों का निर्माण भी तारों के अंत से होता है। जब किसी विशालकाय तारे की ऊर्जा समाप्त

होती है, तब सुपर नोवा विस्फोट के साथ अपेक्षित द्रव्यमान होने पर शेष बचा तारा केन्द्र इतना गुरूत्वाकर्षण पैदाकर लेता है कि एक श्याम विवर का जन्म होता है। हर महाकाय तारे अपने जीवन के समाप्ति के बाद श्याम विवर बन जाते है, क्योकि तारे अपने जीवन काल मे टर्निंग पांईट की तरह ब्रह्माण्डीय प्राथमिक एलीमेंट्स को जटील व भारी एलीमेंट्स में निरंतर बदलते रहते हैं अंततः ताप व दाब का संतुलन बिगड़ जाता है और कालांतर में सुपरनोवा विस्फोट से बाहरी परत अंतरिक्ष में फेंक दी जाती है। जिसमे धूल कण, गैंस, एवं भारी एलीमेंट्स होते हैं, इसे नेबुला कहा जाता है, इन्ही नेबुला से ठोस ग्रह, उपग्रह, पिंडों का निर्माण होता है, शेष बचा तारा केन्द्र चन्द्रशेखर सीमा अनुसार चार सौर द्रव्यमान अथवा अधिक होने पर इतना गुरूत्वाकर्षण पैदाकर लेता है कि वह एक ब्लैक होल का आकार ग्रहण करने लगता हैं। और यह बलैक होल इतना भूखा होता है कि अपने आस–पास के हर खगोलीय पिंड को अपनी ओर खींच लेता है। और उसके अंदर पहुंचते ही इन पिंडों का नामोनिशान तक मिट जाता है। उसे निगलने के बाद ब्लैक होल की शक्ति और बढ़ जाती है क्योंकि उस पिंड या पदार्थ का मास भी जुड़ जाता है जिससे उसका गुरूत्वाकर्षण भी बढ़ जाता है। अब तो यह और दूर–दूर के पिंडों को आकर्षित करना व निगलना प्रारंभ कर देता है।

इस प्रकार ब्रह्माण्ड में घने भारी तथा संपीड़ित पिड़ों के निर्माण में तारा जीवन चक्र एक टर्निंग पॉईंट के रूप में महत्वपूर्ण भूमिका अदा कर रहा है। यह ऐसी फैक्ट्री की तरह है, जो प्राथमिक व हल्के एलीमेंट्स को भौतिक प्रकिया से जटिल व भारी एलीमेंट्स में बदल रही है, इसी के कारण ब्रह्माण्ड में जटिल व ठोस पदार्थ का निर्माण हो रहा है। हमारे आस–पास दिखने वाले पदार्थ जैसे–लोहा, सोना, कार्बन, ऑक्सीजन, बेरिलियम, आदि विभिन्न प्रकार के तत्व इसी की देन है। इस विषय पर अध्ययन हेतु आगे परिसर्ग रखा गया है।

एक श्याम विवर बनने का सबसे प्रमुख कारण तारा जीवन चक्र है एक आँकलन के अनुसार ब्रह्माण्ड में प्रत्येक सेकण्ड एक श्याम विवर का निर्माण होता है, यह श्याम विवर दिखाई नहीं देता है। क्योंकि यह अत्यंत काला व घना व छोटा पिंड होता है, यह अरबो–खरबो सौर द्रव्यमान का हो सकता है, साथ ही इसका गुरूत्व बल इतना अधिक होता है कि कोई भी प्रकाश एवं फोटोन के कण इससे बचकर नहीं जा पाते हैं। सुपर मॉसिव ब्लैक होलों का लम्बवत् व लहरदार गुरूत्व बल अत्यधिक व्यापक क्षेत्र तक प्रभावी होता है कि यह अपने आस–पास चारों ओर अरबो पिंडों ग्रहों, नक्षत्रों, निहारिकाओ, धूलकणों को आकर्षित कर अपने चारो ओर परिक्रमा करने के लिये मजबूर कर देता है। जो पदार्थ जैसे ग्रह, उपग्रह, नक्षत्र, तारें इसके लम्बवत् गुरूत्व सीमा में आते है, वे घने व संपीड़ित केन्द्रीय पिंड के द्वारा खींच लिए जाते हैं। केंद्रीय पिंड के इस लम्बवत् गुरूत्वीय सीमा प्रक्षेत्र को द्रव्यमान शोषण सीमा कहते हैं। साथ ही इसे इवेंट हॉरिजन के नाम से भी जाना जाता है। शेष लहरदार गुरूत्व सीमा प्रक्षेत्र में गुरूत्व बलें इतना अधिक मजबूत नहीं

होता कि वह पिंडों, नक्षत्रों को खींचकर केन्द्र की ओर ले जा सकें, परन्तु दोनों पिंडों में खींचतान से *गुरूत्वीय उत्प्रेक्ष्य गतिकीय बल* पैदा होता है, और इससे लहरदार गुरूत्व क्षेत्र मे स्थित पिंड़ केन्द्र के चारों ओर चक्कर काटते रहते हैं। लेकिन दोनों पिंडों के बीच कोई प्रति–गुरूत्वाकर्षण बल कार्य नहीं करता। प्रति–गुरूत्वाकर्षण बल नहीं होने से *ब्रह्माण्डीय स्थिरांक* की अवधारणा भी गलत है।

आज ब्रह्माण्ड में अरबो सौर द्रव्यमान से भी अधिक मास के ब्लैक होल मौजूद है, और ये निरंतर अपना मास बढ़ाने के एक–सुत्रीय कार्य में लगे हैं। इसके साथ ही गैलेक्सी में ऐसे भी श्याम विवर हैं, जो ठण्डें व निष्क्रीय हैं, मास ग्रहण नहीं कर पाने से वे अपना बल व प्रभाव नहीं बढ़ा पा रहे है, परन्तु गैलेक्सी की भुजा में यदि कोई ब्लैक होल मास ग्रहण कर सक्रिय व प्रभावी होते जाता है, तो वे केन्द्र की ओर खींचे चले जाएंगें, और अंत मे केन्द्रीय सुपर मॉसिव ब्लैक होल में विलय कर जाएंगे। इस घटना में करोड़ों वर्ष लग सकते हैं, इस बीच कुछ समय के लिए द्वि–केन्द्रक गैलेक्सी की अवस्था हो सकती है। इस तरह गैलेक्सी में केन्द्रीय सुपर मॉसिव ब्लैक होल का द्रव्यमान बढ़ता जाता है, केन्द्र के द्रव्यमान बढ़ने का तात्पर्य और लम्बवत् व लहरदार गुरूत्व बल का बढ़ना, जिससे गैलेक्सी का प्रभाव बढ़ता जाता है।

ब्लैक होल भौतिकीय नियमों में पलते हैं, इनका विचित्र व्यवहार चरम गुरूत्वाकर्षण के कारण होता है, गुरूत्व बल जहां मास की कम मात्रा व उसके बड़े पॉकिट आकार मे क्षीण प्रभाव का होता है, वही जैसे–जैसे मास की मात्रा बढ़ता जाता है, उसका पॉकिट आकार छोटा व संकीर्ण होते जाने से गुरूत्वाकर्षण भी अत्यधिक स्ट्रांग व लम्बवत् प्रभाव वाली होती जाती है, सामान्यतः यह माना जाता है कि गुरूत्वाकर्षण एक कमजोर बल है, और अन्य भौतिक बलों के मुकाबले कुछ भी नहीं है। परन्तु ब्लैक होलों में यह स्थिति विपरीत होती है, यहां तो गुरूत्वाकर्षण बलें अन्य बलों पर प्रभुत्व कायम कर लेता है।

व्यापक ब्रह्माण्डीय खगोलीय अध्ययन बिना गुरूत्वाकर्षण संभव नहीं है, और इसमे ब्लैक होलों की केन्द्रीय भूमिका हैं।

ब्लैक होल कैसे बनता है

श्याम विवर बनने के सबसे प्रचलित व विख्यात मॉडल तारें के मृत्यु को माना जाता है। परन्तु तारा का सम्पूर्ण जीवन चक्र ही एक टर्निंग पॉईट के रूप में हल्के व प्राथमिक पदार्थों व एलीमेंट्स को भारी पदार्थों व केन्द्रीयकृत ठोस आधार बनाने के लिए समर्पित होता है, इतना ही नहीं इस प्रक्रिया में ऊर्जा विमुक्त होती है, जो ताप एवं दाब पैदा करती है, अर्थात् तारा दो प्रकार के बल कार्य करता है, एक तो तारों का जन्मदाता गुरूत्व बल व दूसरा तारों का नाभिकीय ऊर्जा बल।

किसी तारे के द्रव्यमान और आकार, से उत्पन्न *गुरूत्वीय लहरें* उस तारें के पदार्थ को केन्द्र की ओर खींचती है, और संपीड़ित करने के लिए जोर लगाती है, भारी गुरूत्वीय दवाब से उष्मीय ताप उत्पन्न होती है। जिसके फलस्वरूप नाभिकीय संलयन की प्रक्रिया शुरू हो जाती है, व भभककर तारा जल उठता है, इस प्रक्रिया से अत्यधिक ऊर्जा व ऊष्मा उत्पन्न होती है, और तारे में बाहर की ओर प्रेशर होता है, अर्थात् केन्द्र से बाहर की ओर बल लगता है, इस तरह तारें में गुरूत्वीय व नाभिकीय ऊर्जा से खींच–तान होता रहता है, और एक सन्तुलन उत्पन्न हो जाता है, तारा अपने ऊर्जा जरूरतों को पूरा करने के लिय हाइड्रोजन का उपयोग करते हुए, हीलियम एटम का निर्माण करती है, आगे हाइड्रोजन समाप्त होने पर हीलियम का संलयन प्रारंभ हो जाता है, जिससे कार्बन, लिथीयम, बेरिलियम, लोहा, ऑक्सीजन, आदि का निर्माण होता है, अंततः कार्बन, ऑक्सीजन के जलने से तारें का तापमान और बढ़ने लगता है, तारा अपने मजबूत आधार को ही जलाने लगती है। अत्यधिक गैसीय ऊष्मा से तारे का आकार निरंतर बढ़ने लगता है, आकार बढ़ते जाने व ताप कम होने से वह एक लाल दानव तारा का रूप ग्रहण कर लेता है। इस प्रकिया के साथ भारी एलीमेंट्स और पदार्थ जैसे–लोहा, सिलीकॉन, तॉबा आदि अत्यधिक मात्रा में तारें के क्रोड में इकठ्ठा होने लगते हैं। केन्द्र के तरफ भारी पदार्थों के जमा होने से तारा केन्द्र में गुरूत्वाकर्षण व चुम्बकीय प्रभाव बढ़ने लगता है। जिससे तारा क्रोड में संकुचनकारी प्रभाव तीव्र होने लगता है। आंतरिक संकुचन से गर्म गैसें प्रतिरोध बल से बाहर की ओर आने लगती है, गर्म गैसों का जमाव तारा केन्द्र के बाहर चारों ओर होने लगता है, गर्म गैसों के प्रेशर द्वारा अंत में जबरदस्त विस्फोट के साथ तारे के ऊपरी परत को अंतरिक्ष में फेंक दिया जाता है, जिसे सुपरनोवा विस्फोट के नाम से जाना जाता है। इसी विस्फोटक प्रकिया में प्रतिकिया बल के रूप में शेष बचें तारा केन्द्र को संकुचन के लिए चारों ओर सें अत्यधिक दवाब प्राप्त होता है, शेष बचा तारा केन्द्र का द्रव्यमान ही तय करता है, कि यह श्याम विवर का रूप ग्रहण करेगा अथवा नहीं, यदि तारा सूर्य के आकार का हुआ तो वह सिकुड़कर 100 किलोमीटर व्यास वाले पिंड में बदल जाता है इससे अधिक छोटे आकार में दबाने के लिए तारें में पर्याप्त गुरूत्वाकर्षण बल नहीं होता है। तब इसे श्वेत वामन तारा कहा जाता है। यह अरबो वर्षो तक जीवत रहकर धीरे–धीरे अपनी ऊर्जा व उष्मा खोता रहता है। लेकिन यदि तारा हमारे सूर्य से लगभग तीन से पांच गुना बड़ा हुआ तो गुरूत्वाकर्षण बल इतना ताकतवर होगा। इस तरह उसके अंदर की ओर धसने की प्रकिया निरंतर जारी रहती है और एक वक्त ऐसा आता है कि पूरा का पूरा तारा दबकर कंचे के आकार से भी छोटे आकार का हो जाता है ऐसे अवस्था में ये श्याम विवर कहलाते हैं और यहां इस तारे के अणु–परमाणु गुरूत्वाकर्षण बल के कारण इतने पास–पास दबा दिए गए होते हैं कि उसका गुरूत्वाकर्षण बल मूल तारे से कई लाख गुना बढ़ जाता है। वास्तव में यह भारतीय वैज्ञानिक श्री सुब्रमणयम चन्द्रशेखर के द्वारा दिए गए, *चन्द्रशेखर लिमिट* पर निर्भर करता है, यह लिमिट यह बताता है, कि शेष बचा तारा केन्द्र ब्लैक होल बनेगा, श्वेतवामन तारा बनेगा अथवा न्यूट्रॉन तारा।

श्वेतवामन तारा–जब तारा विस्फोट के बाद शेष बचा तारा केन्द्र अवशेष 1.4 सौर द्रव्यमान से कम होता है, तो वहां गुरूत्व बल इतना शक्तिशाली नहीं होता की वह परमाण्विक व नाभिकीय बल पर प्रभावी हो सकें।

न्यूट्रॉन तारा–जब शेष बचा तारा केन्द्र 1.4 सौर द्रव्यमान से ज्यादा होता है, परन्तु चार सौर द्रव्यमान से कम होता है, तो कुछ सीमा तक परमाण्विक व नाभिकीय बलों पर प्रभाव दिखाता है। तारे के नोवा बनने के बाद उसका केंद्र सिकुड़ जाता है गुरूत्वाकर्षण केंद्रक को सिकुड़ने और सघन होने पर मजबूर करता है और केंद्रक कुछ सेकण्डों में कुछ किमी. के गोले में सिकुड़ जाता है। यह इतना सघन होता है कि एक सुई की नोक के बराबर के पदार्थ का द्रव्यमान लाखों टन में होगा। सामान्यतः एक परमाणु में नाभिक व इलेक्ट्रॉन के बीच काफी सारी खाली जगह होती है जो कि चार मूलभूत बलों में से एक विद्युत चुम्बकीय बलों के कारण होती है। यह बल इलेक्ट्रॉन को नाभिक से दूर रखता है जब यह विद्युतीय चुम्बकीय बल कार्य करता है। तारा सिकुड़ कर न्यूट्रॉन तारे नहीं बन सकता लेकिन तारे का द्रव्यमान बहुत ज्यादा होने पर गुरूत्वाकर्षण इस विद्युत चुम्बकीय बल पर अपना आधिपत्य कायम कर लेता है और कुछ ही क्षण में विद्युत चुम्बकीय बल टूट जाता है और अपार गुरूत्वाकर्षण कें दबाव में इलेक्ट्रॉन प्रोटॉन में समा जाते हैं और अत्यंत सघन न्यूट्रॉन तारा जन्म लेता है। लेकिन द्रव्यमान कम होने के कारण इतना गुरूत्वाकर्षण दाब नहीं हो पाता और पूर्ण ब्लैक होल नहीं बन पाता। लेकिन दो न्यूट्रॉन तारे एक साथ मिलकर ब्लैक होल को जन्म दे सकते हैं। इसकी तीन तहें होती हैं केंद्र में ठोस उसके बाद तरल व बाहरी एक पतली परत।

पल्सर वाले न्यूट्रॉन तारे भी होते हैं जो अंतरिक्ष में दो अत्यधिक ऊर्जा वाली तरंगे उत्सर्जित करता है जो उसके चुम्बकीय अक्ष के पास सघन होता हैं वैज्ञानिकों के अनुसार एक सेकण्ड में एक घूर्णन करते हैं जबकी सबसे तेज पल्सर एक सेकण्ड में 650 से भी अधिक चक्करें काटता है। यह कोणीय गति के संरक्षण के नियम का पालन करती है। इस नियम के अनुसार यदि कोई पिण्ड एक गति से घूर्णन कर रहा है और उस पिंड का आकार कम हो जाता है लेकिन द्रव्यमान अपरिवर्तित रहता है तब उसकी घूर्णन गति बढ़ जाती है जैसे–स्केटर के चक्रण में होता है हाथ फैला लेने पर गति कम और सिकोड़ लेने पर गति बढ़ जाती है। ये पल्सर समय के साथ धीमा पड़ते जाते हैं क्योंकि ये अपनी तीव्र रेडिएशन व ऊर्जा तरंगे (गुरूत्वीय तरंगे) अंतरिक्ष में भेजते रहते हैं बाद में पल्सर एक साधारण न्यूट्रॉन तारा बन जाता है।

यदि दो न्यूट्रॉन तारे पास आते एक–दूसरे के आकर्षण में बंध जाते हैं तब वे एक–दूसरे का चक्रण करते हुए पास आते जाते हैं और अंत में मिल जाते है और अधिक मास होने पर ये मिलकर ब्लैक होल को जन्म दे सकते हैं।

श्याम विवर–चार सौर द्रव्यमान से भारी तारा केन्द्र अवशेष रहने पर यहा इतना गुरूत्व पैदा होता है की परमाण्विक व नाभिकीय बलों को तहस–नहस कर देता है, और सम्पूर्ण मास (द्रव्यमान) को एक संकीर्ण बिन्दु पर केन्द्रीत कर देता है, यहां चक्रीत इलेक्ट्रॉन भी नाभिक में खींच लिए जाते है, नाभिक संरचना भी विखण्डीत हो जाती है, और मास एक बिन्दु पर संपीड़ित कर दी जाती है, यह गुरूत्व बल इतना बढ़ जाता है कि वह परमाणु के सारे बल पर प्रभुत्व कायम कर लेता हैं।

एक अनुमान के अनुसार ब्रह्माण्ड में प्रत्येक सेकण्ड एक या दो श्याम विवर पैदा हो रहे हैं, इस आधार पर प्रत्येक गैलेक्सी मे 30–35 करोड़ श्याम विवर होंगे, जबकि पूरे ब्रह्माण्ड में सौ अरब से भी ज्यादा गैलेक्सी है, इस तरह पूरे ब्रह्माण्ड में श्याम विवरों की संख्या का एक मोटा अंदाजा लगाया जा सकता है।

श्याम विवर बनने के बाद स्थिर नहीं रहते, वे निरंतर अपना द्रव्यमान बढ़ाने के एक सूत्रीय कार्य में लगे रहते हैं, ये ब्लैक होल अपने आस–पास मौजूद गैसों धूलकणों पिंडों, नक्षत्रों तक को निगल जाता है, जिससे इसका मास बढ़ने लगता है, द्रव्यमान बढ़ने के साथ ही श्याम विवर और विध्वंशकारी तथा विनाशकारी स्वरूप ग्रहण करते जाता है। कई ऐसे श्याम विवर होते हैं, जो अधिक गैस, धूल व पदार्थों का भक्षण न कर पाने से निष्क्रीय पड़े रहते हैं, सबसे ज्यादा प्रभावी व सक्रीय ब्लैक होल जिसे सुपरमॉसिव ब्लैक होल कहा जाता है, वह गैलेक्सी के केन्द्र में पाया जाता है, जो अरबो–खरबो सौर द्रव्यमान का हो सकता है।

श्याम विवर का आकार कैसे बड़ा होता है

श्याम विवर का द्रव्यमान अपने आस–पास के पदार्थ गर्म गैसों एवं मास को निगल जाने से बढ़ाता जाता है। श्याम विवर चरम गुरूत्वाकर्षण से लैस होता है। जिससे उसके चारों ओर अत्यधिक दूरी तक *लम्बवत् गुरूत्व बल* रेखाएं होती है, ये बल रेखाएं श्याम विवर के केन्द्र से बाहर आती है, और इस लम्बवत् गुरूत्व बल क्षेत्र में जो भी वस्तु या पदार्थ आता है, वह केन्द्र की तरफ तीव्र बल से खींचा जाता है, यह लम्बवत् गुरूत्व क्षेत्र द्रव्यमान शोषण सीमा कहलाता है। इसे निम्न डायग्राम से समझा जा सकता है।

डायग्रामः श्याम विवर का लम्बवत् गुरूत्व बल प्रक्षेत्र

द्रव्यमान शोषण सीमा एवं समान गुरूत्व बल क्षेत्र–

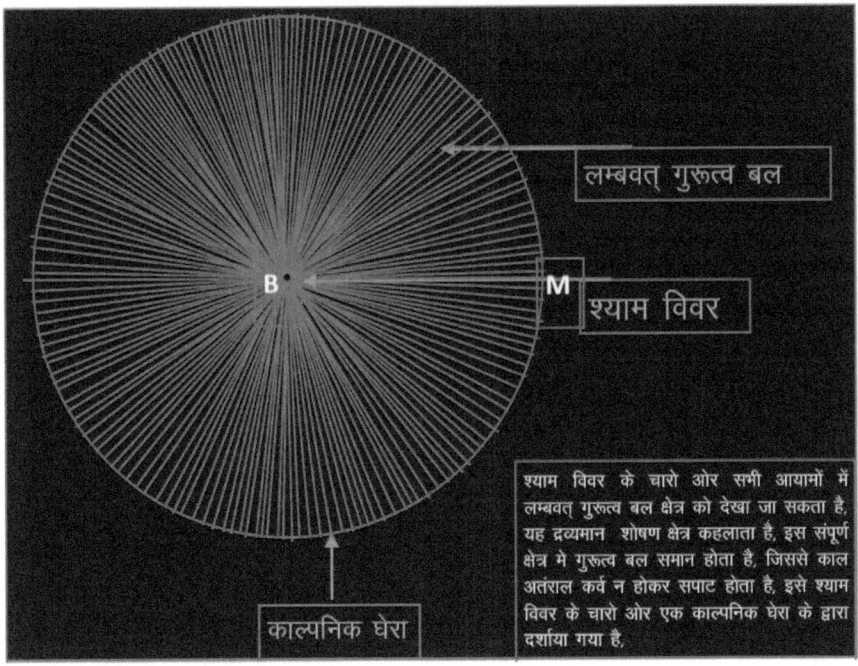

उपरोक्त डायग्राम में एक ब्लैक होल और उसके चारों तरफ सभी आयामों में फैले *लम्बवत् गुरूत्व बल* को देखा जा सकता है, इस डायग्राम में ब्लैक होल एक काले बिन्दु के रूप में केन्द्र में स्थित है, जिसे B नाम दिया गया है, जिसके चारों ओर B-M तक लम्बवत् गुरूत्व बल क्षेत्र स्थित है, इस लम्बवत् क्षेत्र मे गुरूत्वाकर्षण बल इतना मजबूत व शक्तिशाली होता है कि इस क्षेत्र में आने वाला पदार्थ श्याम विवर द्वारा खींचकर निगल लिया जाता है। इस कारण इसे द्रव्यमान शोषण सीमा कहा जाता है। यहाँ द्रव्यमान शोषण सीमा का घेरा एक काल्पनिक घेरा है, जो यह दर्शाता है कि श्याम विवर के पास सुरक्षित सीमा क्या होती है, अथवा श्याम विवर के निकटतम लम्बवत् गुरूत्वीय बल क्षेत्र में फंस सकती है, जिससे उस पदार्थ का श्याम विवर में खींच लिया जाना तय हो जाता है, चूंकि गुरूत्वाकर्षण सदैव केन्द्रीयकृत होता है, यह किसी वस्तु पिंड़ अथवा पदार्थ को खींचकर केन्द्र में ले जाना चाहती है।

इस प्रकार श्याम विवर निरंतर गर्म गैसों, पदार्थों, तारों, ग्रहों, निहारिकाओं का भक्षण करती रहती हैं। जिससे श्याम विवर का द्रव्यमान बढ़ने से वह और अधिक गुरूत्वशाली होते जाते है यह माना जाता है कि तारे में सुपरनोवा विस्फोट से छोटे ब्लैक होल जन्म लिए होंगे, जो कालांतर में धीरे–धीरे मास ग्रहण कर सुपरमॉसिव ब्लैक होल बने होंगे।

लेकिन शुरूआती ब्रह्माण्ड जिसे *बेबी यूनिवर्स काल* कहा जाता है, में अरबो सौर द्रव्यमान के श्याम विवरों की उपस्थिति, सघन पिंडों के अंतर–ब्रह्माण्डीय प्रगमन की संभावनाओं की ओर संकेत करता है, बिग–बैंग घटना के तीन से चार अरब वर्ष का काल बेबी यूनिवर्स काल के रूप मे जाना जाता है। इस समय तो तारों का जन्म व स्टार ब्रर्स्ट के साथ–साथ ब्लैक होल अस्तित्व में आए और कालांतर में इन ब्लैक होलों ने अपने चरम गुरूत्वाकर्षण से प्रोटो–गैलेक्सी बनाए, इस प्रारंभिक अवस्था में तो हजारों लाखों सौर द्रव्यमान तक ब्लैक होल का अस्तित्व सहज लगता है। परन्तु अरबो सौर द्रव्यमान के श्याम विवर की उपस्थिति इंटर *यूनिवर्स मोशन* का प्रश्न खड़ा करती है। याने पर–ब्रह्माण्ड के वजूद से इंकार नहीं किया जा सकता।

श्याम विवर का आकार, क्या होता है

एक श्याम विवर के भीतर सम्पूर्ण द्रव्यमान अत्यंत संकीर्ण बिन्दुनुमा क्षेत्र में ठूंसा रहता है, इसे केन्द्रीकृत बिन्दु कहा जा सकता है, जो अति सुपर मॉसिव ग्रेविटेशनल सिंगल पाईंट बनने की ओर बढ़ता हुआ होता है, यह बिन्दु चारों ओर से द्रव्यमान शोषण सीमा से घिरा रहता है, श्याम विवर को मापने के लिए जर्मन वैज्ञानिक स्ववार्ज्सचील्ड के द्वारा प्रस्तुत घटना क्षितिज की त्रिज्या को आधार माना गया है। इसी के आधार पर उनके सम्मान मे *स्ववार्ज्सचील्ड त्रिज्या* कहते हैं।

घटना क्षितिज वह क्षेत्र होता है, जिसे हम द्रव्यमान शोषण सीमा के रूप में जानते हैं। यह ब्लैक होल के चारों ओर फैली होती है, और यह वह सीमा होती है, जहाँ कोई भी पदार्थ आकर चरम गुरूत्वाकर्षण मे फंस जाता है, और यहा से उसका बाहर निकलना असंभव हो जाता है। यह वह क्षेत्र है, जिसका पलायन वेग अनंत होता है, इस क्षेत्र में आने वाला पदार्थ ब्लैक होल के केन्द्र मे खींच लिया जाता है, और उसमें विलीन हो जाता है, इस क्षेत्र को घटना क्षितिज कहा जाता है। घटना क्षितिज को निम्न डायग्राम से समझने का प्रयास करेगें।

डायग्रामः

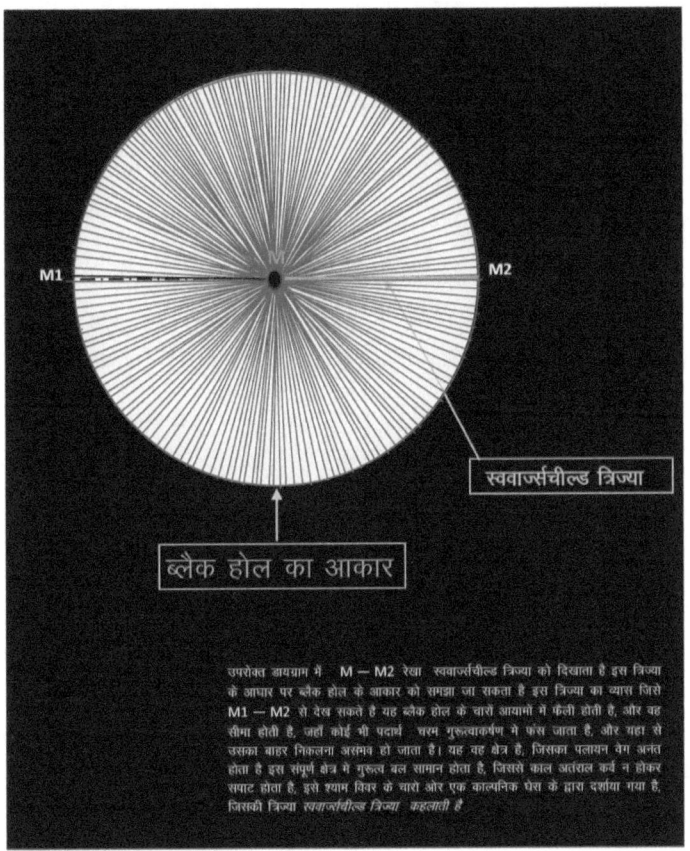

इस डायग्राम मे B एक ब्लैक होल जिसके चारो ओर विशाल दूरी तक M1–M2 'तक घटना क्षितिज का क्षेत्रफल यह ब्लैक होल केन्द्र के चारों ओर फैला हुआ है। डायग्राम मे M–M2' तक *स्ववार्ज्सचील्ड त्रिज्या* कहलाता है। यह त्रिज्या श्याम विवर के द्रव्यमान के अनुपात में होता है, साथ ही पॉकिट के आधार पर भी निर्भर करता है, द्रव्यमान के बढ़ने का अर्थ है, और मास का जुड़ना जैसे–जैसे श्याम विवर का द्रव्यमान बढ़ता जाता है, उसका आकार व *स्ववार्ज्सचील्ड त्रिज्या* का आकार बढ़ता जाता है। यह वह क्षेत्र होता है, जो ब्लैक होल को शेष दुनिया से पृथक करता है, इस प्रकार एक ब्लैक होल का आकार उसके *द्रव्यमान शोषण सीमा* को मिलाकर बनता है।

श्याम विवर के लिए द्रव्यमान ही महत्वपूर्ण नहीं होता, बल्कि बहुत ज्यादा द्रव्यमान का एक छोटे से जगह अर्थात् पॉकिट में केन्द्रीत होने से है, ऐसा होने से गुरूत्व बल अत्यधिक दूरी तक लम्बवत् व स्ट्रांग हो जाता है। हमारे पृथ्वी का भी गुरूत्व बल कम दूरी तक लम्बवत् व

कम बलशाली है, इस लम्बवत् सीमा में आने वाला हर पदार्थ या वस्तु को यह बल खींचकर केन्द्र की ओर ले जाना चाहती है, हम पृथ्वी में इसी लम्बवत् बल क्षेत्र में निवास करते हैं। इसी कारण यहां कोई भी पदार्थ या वस्तु ऊपर फेंके जाने पर धरातल में लौट आती है, यह बल उस पदार्थ को खींचकर पृथ्वी के केन्द्र में ले जाना चाहती है, अर्थात् यदि भूस्खलन आ जाए तो हम धरातल से नीचे की ओर गिर पड़ेगें। यदि हम पृथ्वी के आकार को एक संतरे के आकार तक छोटा कर दे, तो वह भी अत्यधिक गुरूत्व वाला पिंड की तरह कार्य करेगा, और लम्बवत् गुरूत्व बल क्षेत्र भी अत्यधिक व्यापक व अधिक शक्तिशाली होगी।

एक श्याम विवर का आकार कुछ मील से खरबो मील तक हो सकती है, एक सुपरमॉसिव ब्लैक होल जो वृह्द गैलेक्सी के केन्द्र में होता है, वह महाकाय तथा अरबो–खरबो सौर द्रव्यमानों का हो सकता है।

कुछ सौर द्रव्यमान के श्याम विवर–जिन श्याम विवरों का द्रव्यमान कुछ सौर द्रव्यमान के होते हैं, उन्हे तारकीय ब्लैक होल कहा जाता है। ये कुछ सौर द्रव्यमान से लेकर सैकड़ों सौर द्रव्यमान के हो सकते हैं, इस प्रकार के ब्लैक होल ब्रह्माण्ड में बनते रहते है।

महाकाय श्याम विवर–इसे सुपरमॉसिव ब्लैक होल भी कहा जाता है, यह मुख्यतः गैलेक्सी के केन्द्र में पाया जाता है, इसके मास वृद्धि की अत्यधिक संभावनाएं होती है और यह निरंतर गर्म गैसों, पदार्थों को भक्षण कर मास बढ़ाती है। गैलेक्सी के केन्द्र से दूर जो श्याम विवर भुजाओं में अपने मास बढ़ाते हुए सक्रिय और प्रभावी होते जाते हैं, वे धीरे–धीरे केन्द्र की ओर आकर्षित होकर सुपरमॉसिव ब्लैक होल में अपना विलय कर लेते हैं, इससे भी ये श्याम विवर महाकाय होते जाते है।

श्याम विवर क्यों दिखाई नहीं देता और उसे कैसे पहचाना जाता है–श्याम विवर महागुरूत्वीय पिंड होते हैं। इन पिंडों में गुरूत्वीय बल इतना अधिक मजबूत व शक्तिशाली होता है कि द्रव्यमान शोषण सीमा मे आने वाले प्रकाश किरणों तक को तीव्र गति से खींच लिया जाता है, किसी भी प्रकार के प्रकाश के परावर्तन न होने से ये कालास्याह होते हैं, अर्थात् अदृश्य होते हैं जो श्याम विवर गैलेक्सी के केन्द्र में होते हैं, सुपरमॉसिव होते है, जिसके व्यापक गुरूत्वाकर्षण में बंधे सभी पिंड निरंतर चक्रण करते रहते हैं, इसके अलावा गैलेक्सी मे करोड़ों ऐसे निष्क्रीय व ठण्डें श्याम विवर भी होते हैं, जो अपने मास न बढ़ा पाने से स्थिर पड़े रहते हैं, लेकिन गैलेक्सी के स्पाइरल भुजाओं को मजबूती प्रदान करते हुए स्ट्रांग गुरूत्व बल प्रदान करतें हैं।

श्याम विवर कालास्याह होते है, इसलिए इन्हें सीधे देखकर पहचाना नहीं जा सकता, बल्कि आस–पास के पिंडों, ग्रहो, नक्षत्रों के गतिविधियों व गुरूत्वीय प्रभाव से जाना जाता है। एक श्याम विवर जो विशालकाय व सक्रीय होता है, वह अरबो पिंडों, नक्षत्रों, निहारिकाओं को एकत्र कर गैलेक्सी का निर्माण करता है, और ये पिंड़ भुजाए निरंतर केन्द्रीय महागुरूत्वीय

श्याम विवर के चारों ओर चक्रण करते रहते है, इतना ही नहीं श्याम विवर के चारों ओर लम्बवत् गुरूत्व क्षेत्र में करोड़ों टन गैसें, पिंड व अन्य पदार्थ निगल लिए जाते हैं, निरंतर खरबों टन पदार्थो गैसों, नक्षत्रों को तहस–नहस कर निगले जाने से इसका तापमान उच्च होने लगता है। उच्चतम तापमान पर ब्लैक होल अपना अस्तित्व बनाये रखने के लिये तापीय विसर्जन करता है, इस तरह का तापीय विसर्जन सभी श्याम विवरों में नहीं होता, यह अतिसुपरमॉसिव व सक्रीय श्याम विवरों में होता है, क्योंकि इनके द्वारा निरंतर मास ग्रहण से जिसमें तारें, नक्षत्र व गर्म गैसे होते हैं, ताप उच्चतम स्तर तक बढ़ने लगता है, उच्चतम तापमान तथा उच्चतम दाब में अस्पष्ट टेन्स काल प्रारंभ होने का खतरा बना रहता है, जिससे मेटर का अस्तित्व ही खतरे में पड़ सकता है और गुरूत्वाकर्षण समाप्त हो सकता है, अर्थात् ब्लैक होल नष्ट हो सकता है, अतः एक सुपरमॉसिव ब्लैक होल के निरंतर मास बढ़ाने के प्रक्रिया में ताप विसर्जन आवश्यक है, अतः जैसे–जैस श्याम विवर का ताप बढ़ने लगता है, तापीय विकिरण के विसर्जन से एक सन्तुलन बनने लगता है, जिससे ब्लैक होल में निरंतर मास ग्रहण की एक सूत्रीय कार्य अबाधित रूप से चलता रहता है, इससे ब्लैक होल का मास निरंतर बढ़ने मे सहायक होता है, इसके साथ ही इसके गुरूत्वीय प्रभाव मे भी निरंतर वृद्धि होती है, इन तापीय विसर्जन को जेट के रूप में देखा जा सकता है, ये जेट रेडिएशन ब्लैक होल के घटना क्षितिज से दो विपरीत दिशाओं में निकलती है, इस जेट विकिरण का तापमान इतना अधिक होता है कि यदि इसके मार्ग में पृथ्वी आ जाए तो क्षणभर में जलकर खाक हो जाएगा। बड़े सुपरमॉसिव ब्लैक होल को इन जेट विकिरण से भी पता लगाया जा सकता है।

श्याम विवर–आंतरिक संरचना क्या होती है

मुख्यतः एक ब्लैक होल का जन्म तारा के मृत्यु के बाद होता है, जिसमें तारे का ऊपरी परत गर्म गैसों के द्वारा सुपरनोवा विस्फोट से बाह्य अंतरिक्ष में उड़ा दी जाती है, शेष बचा तारा केन्द्र अपेक्षित द्रव्यमान होने पर इतना गुरूत्वाकर्षण बल पैदा करने में सक्षम होता है कि वह श्याम विवर बन जाता है, ये श्याम विवर अपने चरम गुरूत्व के कारण कालास्याह होते हैं, क्योकि इनका पलायन वेग अनंत होता है, और प्रकाश के किरणें भी यहां से बाहर निकल नहीं पाती, एक ब्लैक होल अपने गुरूत्व से धूल, तारों, नक्षत्रों को खींचकर निगले जाने से निरंतर अपना मास बढ़ाते जाते हैं, *वास्तव मे ब्लैक होल मास संग्रहण के एक सुत्रीय कार्य मे लगे रहते हैं, गैलेक्सी व आकाश गंगा का निर्माण भी इसी संग्रहण कार्य का परिणाम है।* एक ब्लैक होल छोटे से पॉकिट में अत्यधिक द्रव्यमान को संपीड़ित किए होता है, जो अरबो सौर द्रव्यमान का हो सकता है, ब्लैक होल पदार्थो को अत्यधिक गुरूत्व बल से ठूंस–ठूंस कर संपीड़ित किए हुए होता है, यहां मास के बीच में किसी प्रकार का कोई स्थान शेष नहीं रहता, यहां न तो चक्रित इलेक्ट्रॉन का अस्तित्व होता है, न ही नाभिक अपना संरचना कायम रख पाता है,

यहां तो पार्टिकल्स भी इतने संपीड़ित कर दिए जाते है कि उनका आकार, न्यून हो जाता है, पदार्थों का संपीड़न उस समय प्रारंभ होता है, जब विशालकाय तारे में भयानक विस्फोट होता है, और तारे का बाह्य परत आकाश में फेंके जाने के साथ ही प्रतिक्रिया स्वरूप *शेष बचे तारा केन्द्र* को चौतरफा अत्यधिक सकुंचन दबाव पड़ता है, यह विस्फोटक प्रतिक्रियात्मक दबाव इतना अधिक होता है कि तारा केन्द्र में मास में संपीड़न प्रारंभ हो जाता है। इससे *तारा* केन्द्र का मास अत्यधिक घना व ठोस होते जाता है, और न्यून स्थान पर ही ठूंस दिया जाता है, इससे गुरूत्वाकर्षण में लाखों गुना वृद्धि हो जाती है, *शेष तारा केन्द्र* में सकुंचन क्रिया में भारी एलीमेंट्स जैसे—लोहा, सिलीकॉन, बेरिलियम आदि ठोस जटिल पदार्थ सक्रिय भाग लेते हैं, इस संपीड़न प्रक्रिया मे गुरूत्वाकर्षण इतना बढ़ जाता है कि परमाणु संरचना भी तहस—नहस कर दिया जाता है, और क्वार्क पार्टिकल्स अथवा मैटर सूक्ष्म रूप मे ठूंस दिए जाते हैं, संभवतः यह क्वॉर्को तथा अन्य मौलिक कणों के गरमागरम मास का अति गाढ़ा रूप होता है। संपीड़ित अवस्था में कमजोर नाभिकीय बल मजबूत नाभिकीय बल व चुम्बकीय बल टूट जाता है, और अंततः इन सब पर गुरूत्वाकर्षण बल का प्रभुत्व कायम हो जाता है। इस प्रकार ब्लैक होल के भीतर मास प्राथमिक रूप में संपीड़ित अवस्था में रहते हैं, यहां चरम गुरूत्वाकर्षण की स्थितियां ब्लैक होल के पदार्थ की प्रमात्रा व उसके घेरे गए पॉकिट आकार पर निर्भर करता है।

ब्रह्माण्ड में श्याम विवर की मात्रा क्या होगी

अन्य प्रश्नों के तरह यह भी कठिन प्रश्न है, आईए जानने का प्रयास करे कि हमारे गैलेक्सी व ब्रह्माण्ड में कितने श्याम विवर हैं।

गैलेक्सियों के अध्ययन से पता चलता है कि एक मध्यम आकार के गैलेक्सी जैसे हमारे आकाशगंगा में 100—120 अरब से भी अधिक तारे हैं, हमारे पड़ोसी गैलेक्सी एण्ड्रोमिड़ा में जो मध्यम आकार से थोड़ा बड़ा है, में 400—450 अरब तारें हैं, वहीं विशालकाय गैलेक्सियों मे 900 अरब से भी अधिक तारों की विद्यमानता का पता चला है, इस प्रकार पूरे ब्रह्माण्ड में कुल गैलेक्सियों की संख्या 100 अरब से भी ज्यादा है, इन में गैलेक्सियो में असंख्य तारें है।

एक अनुमान के अनुसार 600—700 तारों में से एक तारें का इतना अपेक्षित द्रव्यमान होता है कि जो अपने जीवन काल की समाप्ति पर इतना गुरूत्व पैदाकर लेता है कि ब्लैक होल का जन्म होता है, कई तारें तो विशाल आकार व मास के होते हैं, जो निश्चित तौर पर अंतकाल में नष्ट होकर अधिक मास का ब्लैक होल बनाते हैं, अभी तक के खोजों में 200—250 सौर द्रव्यमान के तारें मिले है।

एक अनुमान के अनुसार हमारे ब्रह्माण्ड में प्रति सेकण्ड एक अथवा दो ब्लैक होल का जन्म होता है। *ब्लैक होल हमारे ब्रह्माण्ड का आवश्यक पिंड़ हैं, जो करोड़ों की संख्या में तारों के नष्ट होने से जन्म ले रहें हैं खरबो—खरब तारे, अपने जीवन काल मे टर्निंग पांईट की*

तरह ब्रह्माण्डीय प्राथमिक एलीमेंट्स को जटील व भारी एलीमेंट्स में निरंतर बदलते रहते है, वास्तव में ब्रह्माण्ड प्रौढ़ हो रहा है, और ब्रह्माण्डीय सृजन कालीन शुद्ध ऊर्जा को सरल पदार्थ में परिवर्तित करने के साथ–साथ पिंडों, ग्रहों, नक्षत्रों का निर्माण और आगे अत्यधिक घने व ठोस ब्लैक होल मे परिवर्तित कर रहे हैं, इससे गुरूत्वाकर्षण भी चरम अवस्था में पहुंच रहा है और ब्रह्माण्ड में न सिर्फ आधारभूत संरचनाओं का निर्माण हो रहा है बल्कि बड़े ब्रह्माण्डीय समूह जैस–गैलेक्सी, गैलेक्सियो का समूह अथवा सुपर क्लस्टर्स का निर्माण हो रहा है जिससे ब्रह्माण्ड निर्मित एवं संचालित व विस्तारित हो रहा है।

गैलेक्सी के केन्द्र में पाये जाने वाला ब्लैक होल अत्यधिक द्रव्यमान का व्यापक दूरी तक प्रभावी होता है, इसे सुपरमॉसिव ब्लैक होल कहा जाता है, साथ ही गैलेक्सी में ऐसे करोड़ों ब्लैक होल हैं जो कम द्रव्यमान के ठण्ड़े व निष्क्रीय होते हैं, जो कालेस्याह होने के कारण अदृश्य है, इसमे से कुछ तो गर्म, गैसों, पिंडों का भक्षण कर अपना मास बढ़ाकर सक्रिय होने लगते है तो ये पिंडे, केन्द्रीय सुपरमॉसिव ब्लैक होल के तरफ आकर्षित होते जाते हैं, और उसमें विलय कर जाते हैं जबकि कई ब्लैक होल भक्षण क्रिया न कर पाने से काफी अर्से तक ठण्ड़े य निष्क्रीय पड़े रहते हैं, इस प्रकार के ब्लैक होल अथवा काले पदार्थ अतिगुरूत्व पिंड़ होते हैं, जिनकी संख्या गैलेक्सियो में 30–35 करोड़ के लगभग अथवा अधिक हो सकती है।

गैलेक्सियों में न सिर्फ दिखने वाले नक्षत्र तारे होते हैं, बल्कि करोड़ों की संख्या में काले पदार्थ की उपस्थिति भी होती है, ये काले पिंड़ गैलेक्सी में तारों का भुजा समूह बनाने मे महत्वपूर्ण भूमिका अदा करते हैं, चरम गुरूत्वाकर्षण से लैस ये काले पिंडे गैलेक्सी में तारों को, मजबूत भुजाओं का आकार देते हैं, जिससे एकभुजा एकपिंड़ के रूप में व्यवहार करता है, भुजाओं में तारे केन्द्र का एक साथ चक्रण करते हैं।

गैलेक्सियों में करोड़ों श्याम विवर के विद्यमानता ने इसे ठोस आधार प्रदान किया है, यही नहीं कालांतर मे इन श्याम विवर की संख्या बढ़ती जायेगी और अंत में पूरा गैलेक्सी कालेस्याह होते जाएगें, धीरे–धीरे भारी होते और पास आते पिंड़ों के मध्य महासंकुचन की प्रक्रिया प्रारंभ होगी।

सक्रिय एवं निष्क्रीय श्याम विवर

श्याम विवर एक महागुरूत्वीय पिंड़ होते हैं, और ये निरंतर मास ग्रहण करने के एक सूत्रीय कार्य में लगे रहते हैं, इसी का परिमाण है कि आज अरबो गैलेक्सियां अस्तित्व में है, मास ग्रहण करने के साथ ही ये अति सक्रिय होते जाते हैं, और न सिर्फ इनका द्रव्यमान बढ़ता जाता है, बल्कि लम्बवत् व लहरदार गुरूत्वीय प्रक्षेत्र भी बढ़ता जाता है, जिससे यह अपने आस–पास चारो तरफ अरबो पिंड़ो, नक्षत्रों, ग्रहों का गुरूत्वीय बल से खींचकर संग्रह करने लगता है, इन गैलेक्सियों की भुजाओं में भी करोड़ों ऐसे श्याम विवर होते है, जो निरंतर मास ग्रहण न

कर पाने से ठण्डे और निष्क्रीय पड़े रहते है, गैलेक्सी के केन्द्र मे पाया जाने वाला सक्रिय एवं चक्रित श्याम विवर के मुकाबले ये निष्क्रीय व ठण्डे श्याम विवर बहुत छोटे व तुच्छ होते हैं, यदि उन्हे पर्याप्त गैसे, धूल कणें, नक्षत्रें भक्षण के लिए उपलब्धता बनी रहती है, ये धीर–धीरे मास बढ़ाकर सक्रिय होते जाते हैं, इससे उसकी मास ग्रहण करने की क्षमता व गुरूत्वाकर्षण बढ़ता जाता है, यदि गैलेक्सी की किसी भी भुजा में कोई निष्क्रीय या ठण्डा श्याम विवर मास बढ़ाकर सक्रिय होते जाता है, तो वह केन्द्रीय श्याम विवर की ओर आकर्षित हो जाते हैं, और अंत मे उसमे विलय कर जाते हैं। इस तरह गैलेक्सी के केन्द्र में पाए जाने वाले सक्रिय ब्लैक होल का मास बढ़ते जाता है, साथ ही ये निरंतर गर्म गैस, पदार्थो के भक्षण से अति गर्म व सुपरमॉसिव हो जाता है, निरंतर तापमान बढ़ने व उच्चतर होते जाने से इनमें ताप विसर्जन पाया जाता है, जिसे दो विपरीत जेट के रूप मे घटना क्षितिज के ऊपर देखा जा सकता है, इस जेट विसर्जन से किसी ब्लैक होल के सक्रिय होने का पता चलता है।

वैसे तो सभी श्याम विवर अपने अक्ष पर घूर्णन करते हैं, लेकिन कुछ श्याम विवर अपने अक्ष पर तेजी से घूर्णन करते हैं, इसे सक्रिय श्याम विवर के रूप में जान सकते हैं, ये श्याम विवर अपने बदलते लम्बवत् गुरूत्व क्षेत्र व लहरदार गुरूत्व क्षेत्र के कारण अपने आसपास के वातावरण को अत्यधिक जटिल बना देते हैं, यहा चक्रित श्याम विवर के कारण द्रव्यमान शोषण सीमा भी विचलित होती रहती है, जिससे आस–पास का वातावरण याने काल–अतरांल परिवर्तित होता रहता है, जिससे एक शक्तिशाली भंवर का निर्माण होने लगता है, और बड़े मात्रा में धूल, गैसें, ग्रहें, पिंड, नक्षत्रें इसके चपेट में आते रहते हैं, इस विचलन से सक्रिय श्याम विवर एक बिंदु न होकर एक रेखा के रूप में होती है। जिसे निम्न डायग्राम से समझने का प्रयास किया जा सकता है:–

डायग्रामः

सुपर मासिव चकित ब्लैक होल में परिवर्तित द्रव्यमान शोषण सीमा क्षेत्रः–

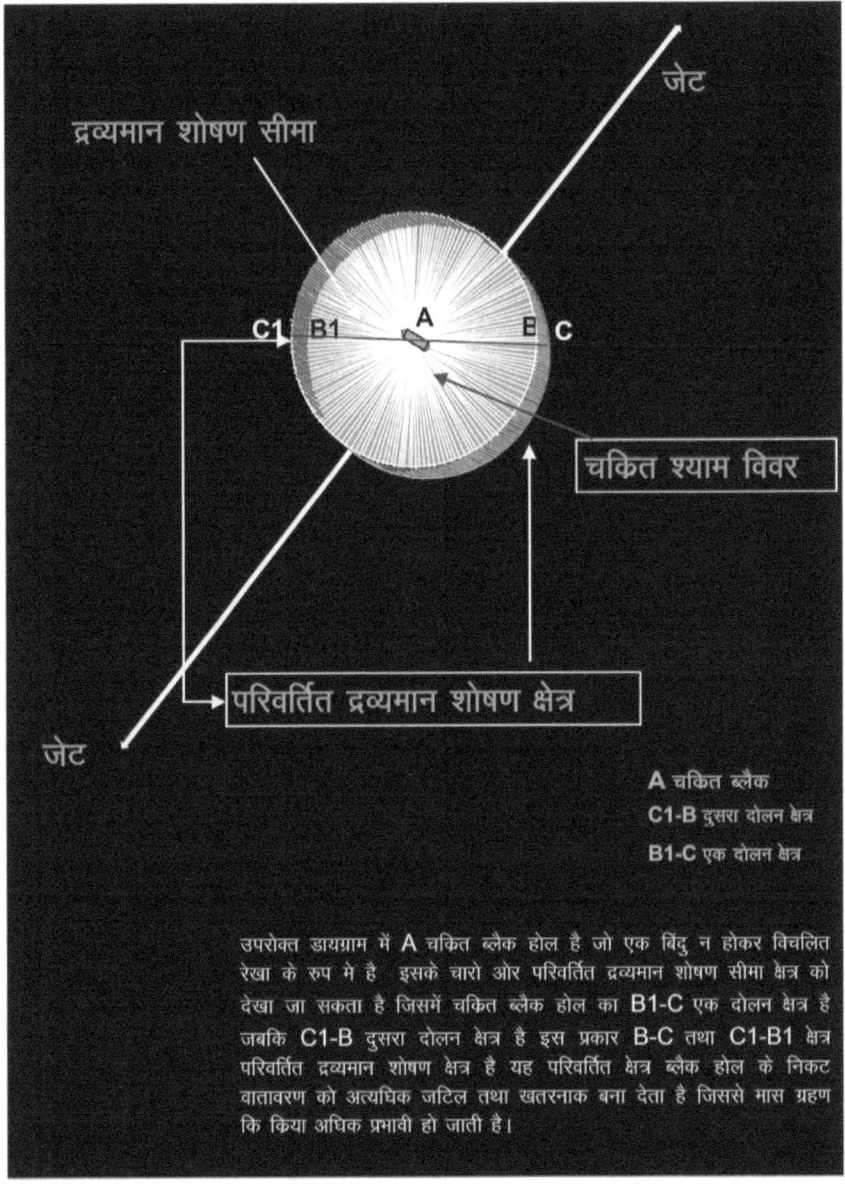

द्रव्यमान शोषण सीमा
A
C1
B1
B
C
परिवर्तित द्रव्यमान शोषण क्षेत्र
A चकित ब्लैक
C1-B दुसरा दोलन क्षेत्र
B1-C एक दोलन क्षेत्र
उपरोक्त डायग्राम में A चकित ब्लैक होल है जो एक बिंदु न होकर विचलित रेखा के रुप मे है इसके चारो ओर परिवर्तित द्रव्यमान शोषण सीमा क्षेत्र को देखा जा सकता है जिसमें चकित ब्लैक होल का B1-C एक दोलन क्षेत्र है जबकि C1-B दुसरा दोलन क्षेत्र है इस प्रकार B-C तथा C1-B1 क्षेत्र परिवर्तित द्रव्यमान शोषण क्षेत्र है यह परिवर्तित क्षेत्र ब्लैक होल के निकट वातावरण को अत्यधिक जटिल तथा खतरनाक बना देता है जिससे मास ग्रहण कि क्रिया अधिक प्रभावी हो जाती है।

उपरोक्त निम्न डायग्राम में चकित श्याम विवर को देखा जा सकता है जिसमें श्याम विवर एक बिंदु न होकर विचलित रेखा होती है जिससे उसके चारो ओर द्रव्यमान शोषण सीमा भी

विचलित व परिवर्तित होती रहती है और श्याम विवर के आसपास चारो ओर परिवर्तित गुरुत्व क्षेत्र निकटवर्ती क्षेत्र में भयावह तथा उथल–पुथल की दशा उत्पन्न करती है इस परिवर्तित गुरुत्व क्षेत्र से ब्लैक होल मास ग्रहण में अत्यधिक प्रभावी हो जाती है।

ब्रह्माण्डीय बलों का एकीकरण करते हुए, सुपर फोर्स की ओर बढ़ता हुआ काला पदार्थ, ब्लैक होल

श्याम विवर एक महागुरूत्वीय पिंड है, इन पिंडों में गुरूत्वाकर्षण बल ने अन्य सभी बलों पर दबदबा कायम कर रखा है, हमें ज्ञात है, संपूर्ण ब्रह्माण्ड का निर्माण पदार्थ व ऊर्जा से हुआ है, ब्रह्माण्ड सृजन के वक्त यह ऊर्जा का एक पूँज मात्र था, जिसके तीव्र विस्तार व ताप गिरने से पदार्थ का अस्तित्व आया व क्वार्क व लेप्टॉन जैस–कण बने उसके बाद इनसे मिलकर नाभिक का निर्माण हुआ, जिसमें इलेक्ट्रॉनों के जुड़ने से परमाणु युग प्रारंभ हुआ, जिससे धूल कणें, गैसें, निहारिकाए, नक्षत्रों, ग्रहों और पिंडों का निर्माण हुआ, जो ऊर्जा के रेस्ट रूप में है, अंततः ब्रह्माण्ड मे सब कुछ ऊर्जा ही है, जिसे महान् आइंस्टाइन ने अपने जग प्रसिद्ध समीकरण $E=MC^2$ से स्पष्ट कर चुके हैं, जिसका अर्थ है कि ऊर्जा को पदार्थ के रूप में और पदार्थ को ऊर्जा के रूप में परिवर्तित किया जा सकता है।

लेकिन यहां भी कुछ पेंच है, रेस्ट ऑफ एनर्जी ऊर्जा के बराबर अथवा ऊर्जा का रूप तो है, ही इसके साथ ही ऊर्जा अपने रेस्ट रूप, मास (द्रव्यमान) में अपनी प्रकृति के कारण स्थिर नहीं रहती, और कई प्रकार के बलकणो को उत्सर्जित कर कार्य क्रियान्वित करती रहती है। जैसे–चुम्बकीय आवेश, फोटॉन कण और मजबूत नाभिकीय बल, ग्लूऑन कण, कमजोर नाभिकीय बल, बोसोन कण, व गुरूत्व बल ग्लूट्रॉनिक क्यूटॉईल्स कण आदि। ये सभी पदार्थ से उत्सर्जित वे नैसर्गिक बल है जिससे सम्पूर्ण ब्रह्माण्ड का निर्माण एवं संचालन हो रहा है।

''वास्तव' में ये सभी बल प्योर ब्रह्माण्डीय ऊर्जा के पदार्थ रूप में बदलने की लागत है।''

इन बल कणों के कार्य क्रियान्वयन से ऊर्जा नष्ट नहीं होता, न ही मास मे कोई कमी होती है, ये ही वे बल है, जिससे नाभिक अथवा परमाणु का निर्माण हो पाया है, इतना ही नहीं ये वे बल हैं, जो पदार्थ, गैस और निहारिकाएं, बादलें, ग्रह, नक्षत्र, पिंड़, गैलेक्सियां व श्याम विवर के निर्माण के कारण है, इन बलों के स्वरूप पर आगे चर्चा करेंगे।

एक श्याम विवर महागुरूत्वीय पिंड होने से अति केन्द्रीयकृत बल पैदा करता है, जिसके कारण वहा गोलाकार व संपीड़ित होता है, यहां पर सारे पदार्थ अत्यन्त कम स्थान पर ठूंसे रहते हैं, यहा जबरदस्त गुरूत्वाकर्षण से पदार्थों के परमाण्विक इलेक्ट्रॉन, खींच लिए जाते हैं, जिससे कूलम्ब आवेश नष्ट हो जाते हैं, इतना ही नहीं शेष नाभिक को भी तहस–नहस कर अत्यन्त संकीर्ण जगह पर संपीड़ित कर दिया जाता है, मेटर के अति केन्द्रीयकृत एवं संकीर्ण बिंदु पर ठूंसे जाने से गुरूत्व बल अत्यधिक बढ़ता जाता है, इस प्रकार श्याम विवरो में नाभिकीय बल

टूट जाता है, वही कमजोर नाभिक बल भी महागुरूत्व में अपने घुटने टेक देता है, परमाणु स्तर पर सबसे कमजोर गुरूत्व बल श्याम विवर में अति केन्द्रीयकृत मास के समूह में जुड़कर खरबो गुना ज्यादा बलशाली एवं लम्बवत् होकर अन्य सभी बलों पर अपना प्रभूत्व कायम कर लेता है, इस प्रकार यहा बलों का एकीकरण हो जाता है, बलों के एकीकरण के रूप मे श्याम विवर अपेक्षित द्रव्यमान ग्रहण करते हुए पदार्थ व ऊर्जा को एकरूपता की ओर ले जा सकता है।

ब्लैक होल निरंतर मास ग्रहण करने में लगे रहते हैं, यह वह सुपर फोर्स होता है, जो अपेक्षित द्रव्यमान होने पर पदार्थ व ऊर्जा को एक रूप में परिवर्तित कर सकता है, इस प्रकार के सुपर मॉसिव श्याम विवर निरंतर मास ग्रहण करते रहते हैं, और मुख्यतः गैलेक्सी के केन्द्र में पाये जाते हैं, साथ ही इस प्रकार के गैलेक्सी के आस–पास गैलेक्सियों का विशाल समूह होता है, जिसे गैलेक्सियों का क्लस्टर कहा जा सकता है, निरंतर रैखिक ब्रह्माण्डीय विस्तार में ये गैलेक्सी समूह अपने समूह के साथ ही विस्तार में प्रगमन करते रहते हैं, इन समूहों में 1000–1500 से भी अधिक गैलेक्सियां व उपग्रही गैलेक्सियां होती है जो इन लोकल समूह के अंदर आपसी आकर्षण से ही एक दूसरे के चक्कर काटते रहते हैं, और साथ ही एक–दूसरे के निकट भी आते रहते हैं, कई गैलेक्सियों के टक्कर अथवा विलय से बड़े गैलेक्सियों का और साथ ही सुपरमॉसिव ब्लैक होल का निर्माण होता है, कालांतर में ब्रह्माण्डीय विस्तार में आगे बढ़ते व ऊर्जा कम होते जाने से ये गैलेक्सी अथवा गैलेक्सी समूह प्रकाश खोते जाएंगे, और भारी अथवा काले पदार्थों में तब्दील होते जाएंगे अंत मे गैलेक्सियों के लोकल समूह के भीतर महासंकुचन होगा, यह तब होगा जब सारे गैलेक्सी के पदार्थ भारी होकर अपना गुरूत्व बढ़ने से केन्द्र की ओर आकर्षित होते जाएंगे, अंत में गुरूत्वीय सिंगल पाईंट का जन्म होगा, इस प्रकार हमारे ब्रह्माण्ड में कालांतर में हजारो गैलेक्सी क्लस्टर्स के महासंकुचन से हजारों गुरूत्वीय सिंगल पाईंट का जन्म होगा, जो रैखिक ब्रह्माण्डीय विस्तार में प्रगमन करते हुए एक–दूसरे से अनंत दूरियों पर स्थापित होते जाएंगे, इनमें से कई पिंड होगें, जो अपेक्षित द्रव्यमान पाँच लाख खरब सौर द्रव्यमान के अथवा अधिक होंगे, साथ ही कई ऐसे पिंड होंगे जो अपेक्षित द्रव्यमान से कम होंगे। उपरोक्त अपेक्षित द्रव्यमान होने पर या अधिक होने पर गुरूत्वीय सिंगल पॉइट इतना गुरूत्वाकर्षण पैदाकर लेता है कि वह टेन्स काल प्रारंभ कर सके, टेन्स काल से आशय उस सुपर फोर्स अवस्था से है, जब सारे पदार्थ (मास), प्योर ऊर्जा मे परिवर्तित हो जाते हैं, और ब्रह्माण्ड सृजन का मार्ग प्रशस्त होता है,

गैलेक्सी के केन्द में दो ब्लैक होल का होना

ब्रह्माण्ड में गैलैक्सी के मध्य में दो ब्लैक होल का होना एक बायनरी सिस्टम को दर्शाता है, मुख्यतः यह उस समय होता है, जब दो गैलेक्सी एक–दूसरे के आकर्षण में फंसकर टकराते हैं, तो यहां हर पिंड पदार्थ एक–दूसरे के साथ अपने को ऐडजस्ट करते हैं, लेकिन यहां महत्वपूर्ण घटना वहां

पर होती है, जहां दो सक्रिय ब्लैक होल आकर्षित होकर धीरे–धीरे एक स्थान पर आ जाते हैं, ये दोनो एक–दूसरे का चक्रण करते हुए संतुलन की स्थिति बना लेते हैं, ओर ये दोनो ब्लैक होल एक–दूसरे के इर्द–गिर्द घूमते रहते हैं, दोनो ब्लैक होल एक–दूसरे से इतने दूर होते हैं कि इनके लम्बवत् बल रेखा एक–दूसरे क्रॉस नहीं करते, इनके चक्रित स्थिति से उठते गुरूत्वाकर्षण लहरे पूरे ब्लैक होल को व्यवस्थित करती रहतीं है, कालांतर में ये दोनो ब्लैक होल आकर्षित करते हुए एक–दूसरे में विलय कर जाता है, और एक बड़े ब्लैक होल का निर्माण होता है।

कई बार गैलेक्सी की भुजाओं मे भी निष्क्रीय व ठण्डे ब्लैक होल उपलब्ध गर्म गैसों, पदार्थों का भक्षण कर प्रभावी व सक्रिय होते जाते हैं, तब भी वे केन्द की ओर आकर्षित होकर बायनरी सिस्टम बना सकते हैं।

क्या ब्लैक होल चिरंजीवी होते हैं

ब्रह्माण्ड में कुछ भी चिरंजीवी नहीं होता, समय के साथ आकार स्वरूप दशाओं में परिवर्तन होता रहता है, सामान्यतः ये माना जाता है कि श्याम विवर का विनाश असंभव है, क्योंकि यह अत्यंत घनत्व का मजबूत, ठोस व अतिमहागुरूत्वीय बल से लैस होता है। यह स्वंय इतना बलशाली होता है, कि अन्य पिंडों, नक्षत्रों तक को फाड़कर भक्षण कर जाता है, फिर इतने शक्तिशाली श्याम विवर का विनाश कैसे होगा?

प्रख्यात भौतिक विद् हॉकिंस का कहना है कि ब्लैक होल में परमाण्विक स्तर पर लघुकणों व प्रकाश का निर्माण व विनाश निरंतर रूप से जारी रहता है, इस प्रक्रिया में निर्मित प्रकाश की उसके विनाश से पहले पलायन की छोटी–सी संभावना रहती है, किसी बाहरी व्यक्ति के लिए घटना क्षितिज की हल्की दिप्ती जैसी होती है, इस दिप्ती से उत्सर्जित ऊर्जा श्याम विवर के द्रव्यमान को कम करना बताया है, उनका विचार है कि यह प्रक्रिया श्याम विवर के विलोपन तक चलती रहती है, लेकिन हॉकिन्स की दिप्ती किसी श्याम विवर के लिए नगण्य होती है, उसके लिए यह दिप्ती से तापमान क्षरण शून्य है, और इस प्रकार श्याम विवर के द्वारा द्रव्यमान के क्षय से लगने वाला समय अत्यधिक ज्यादा व भ्रामक लगता है।

वास्तव में ब्लैक होल अन्य पिंडों के मुकाबले अतिगुरूत्वाकर्षण के कारण अतिशक्तिशाली होते है, और एक बार ब्लैक होल बनने के बाद वह निरंतर भक्षण व परस्पर विलय से और द्रव्यमान ग्रहण करते जाते हैं, मुख्यतः सक्रिय ब्लैक होल जो गैलेक्सी के मध्य पाया जाता है अति सुपरमॉसिव व प्रभावी होता है, जिसका एक सूत्रीय कार्य मास ग्रहण करना होता है।

वास्तव में केन्द्रीय ब्लैक होल के आकर्षण से ही गैलेक्सी का निर्माण हुआ है, और यह *गैलेक्सी अवस्था,* केन्द्रीय सुपर मॉसिव ब्लैक होल के मास संग्रहण कार्य का पूर्व अवस्था है, इतना ही नहीं बड़ा गैलेक्सी अपने आकर्षण से चक्रण करते किसी छोटे गैलेक्सी को भी धीरे–धीरे आकर्षित कर अपने में विलय कर लेती है, आज के गैलेक्सी विकास काल में कई

गैलेक्सी के विलय से बने है, ब्रह्माण्डीय विस्तार में जहाँ सारे गैलेक्सी एक–दूसरे से निरंतर दूर जा रहे हैं, गैलेक्सियां गुरूत्वाकर्षण में बंधकर अपने लोकल समूह बना रहे हैं, वही इन गैलेक्सियों मे भी आपस मे विलयन हो रहे हैं, जिससे विशाल गैलेक्सी व अत्यधिक सक्रिय श्याम विवरों का निर्माण हो रहा है। इस बात की प्रबल संभावना है कि ब्रह्माण्डीय विस्तार मे गैलेक्सियां अपना समूह बनाए रखेंगे, व समूह के साथ ही रैखिक विस्तार में प्रगमन करेंगे, इन लोकल समूहो मे गैलेक्सियां गुरूत्वाकर्षण से एक–दूसरे के चक्रण करने के साथ अत्यधिक गुरूत्व के ओर आकर्षित हो रहे हैं और धीरे–धीरे उसके ओर सरकते जा रहे हैं इस प्रकार कालांतर में लोकल समूह में आपस में महासंकुचन कर गुरूत्वीय सिंगल पाईंटों को जन्म देगे, इस समय ये ब्रह्माण्डीय विस्तार में प्रगमन करते हुए, अनंत में अनंत दूर तक आगे बढ़ जाएंगे, वही यहां ऐसे गैलेक्सी भी हैं, जिनका समूह न बन पाने से अकेले ही ब्रह्माण्डीय विस्तार में आगे बढ़ेंगे, इस प्रकार ब्रह्माण्ड के अंत में करोड़ों ऐसे गुरूत्वीय सिंगल पिंडों का निर्माण होगा, जो एक–दूसरे से रैखिक विस्तार करते हुए अनंत दूर तक स्थापित होंगे, हमारे ब्रह्माण्ड का और हमारा अंत इसी प्रकार किसी घने पिंड में समाकर होगा।

ब्रह्माण्ड में इस तरह सक्रिय श्याम विवर मास ग्रहण करते, आपस में विलय करते हुए अंत मे गुरूत्वीय सिंगल पिंड का निर्माण करेंगे, ये गुरूत्वीय सिंगल पिंड जिसमें संपूर्ण मास व ऊर्जा एक छोटे से जगह में संपीड़ित किए हुए होता है, असीम गुरूत्वीय शक्ति से परिपूर्ण होता है, ब्रह्माण्डीय विस्तार में आगे बढ़ते हुए, स्वत्रंत अंतरिक्ष की ओर स्थापित होते जाएंगे।

इन गुरूत्वीय सिंगल पिंडों मे कई ऐसे पिंड होगे, जो अपेक्षित द्रव्यमान के अथवा अधिक होंगे, वे (टेन्स) काल की शुरूआत कर सकेंगे, (टेन्स) काल वह काल है, जिसमें एक गुरूत्वीय सिंगल पिंड नए ब्रह्माण्ड का सृजन कर सकता है, ब्रह्माण्ड के अंत में करोड़ों ऐसे भी पिंड होंगे, जो अपेक्षित द्रव्यमान प्राप्त न कर पाने से (टेन्स) काल की शुरूआत नहीं कर सकते, और वे ब्रह्माण्डीय विस्तार में आगे बढ़ते हुए अनंत में विलीन हो जाएंगे, ऐसे पिंडों का, अपार गुरूत्वीय एवं चरम शक्तिशाली होने से विनाश संभव नहीं है, समय के साथ ये काले पिंड ठण्डे व निष्क्रीय पड़े रहेंगे, अथवा ये पिंड ब्रह्माण्डीय विस्तार में आगे बढ़ते हुए, *अन्तर ब्रह्माण्डीय प्रगमन* कर सकते हैं।

हमारे ब्रह्माण्ड के शुरूआती 3–4 अरब वर्ष की अवस्था जब प्रोटोगैलेक्सी का निर्माण हो रहा था, तब महाकाय ब्लैक होल की उपस्थिति हुए जो अरबो सौर द्रव्यमान के थे, यह अंतर ब्रह्माण्डीय प्रगमन की संभावनाओं को जन्म देती है। महा संकुचन से बने हुए गुरूत्वीय सिंगल पॉईंट अपेक्षित द्रव्यमान के होने अथवा अधिक होने पर इतना गुरूत्वाकर्षण पैदाकर लेते है कि (टेन्स) काल प्रारंभ हो सके, गुरूत्वीय सिंगल पाईंट वह पिंड होता है, जिसमें संपूर्ण ऊर्जा और मास समाहित होने से काल–अन्तराल भी शून्य होता है, इस स्थिति में इस पिंड पर बाहर से कोई भी गुरूत्वीय खिंचाव न होने से केन्द्रीय गुरूत्व अत्यधिक प्रभावी होते जाते हैं, और वहां

(टेन्स) काल प्रारंभ होता है, (टेन्स) काल में गुरूत्वीय सिंगल पॉईंट पर अत्यधिक गुरूत्वीय बल के दबाव से इसका आकार छोटा होते जाता है, अत्यधिक गुरूत्वीय दाब से तापमान भी उच्चतम होने लगता है, अत्यधिक प्रेशर से गुरूत्वीय सिंगल पॉईंट का आकार छोटे होने से गुरूत्वाकर्षण में कई लाख गुना वृद्धि होती जाती है, जिससे पुनः दाब और ताप बढ़ते जाता है, (टेन्स) काल मे यह प्रक्रिया उत्तरोतर बढ़ती जाती है, अंततः उच्चतम ताप और दाब पर संपूर्ण संपीड़ित मास, ऊर्जा के रूप में विखंडित हो जाती है, जैसे ही पदार्थ, ऊर्जा पूँज में परिवर्तित होगा, वैसे ही गुरूत्त्वाकर्षण शून्य हो जाता है, गुरूत्वाकर्षण के शून्य होने से संपीड़ित खरबो टन ऊर्जा मुक्त होने लगता है, जिससे नए ब्रह्माण्ड का सृजन होता है।

ब्लैक होल रेडिएशन क्यों एवं कैसे

ब्लैक होल को सुपरमॉसिव व शक्तिशाली बनाने में तापीय विसर्जन रेडिएशन का महत्वपूर्ण योगदान है, ब्लैक होल से बाहर आने वाले इस विकिरण में तीव्र प्रकाश जो विद्युत चुम्बकीय किरणों जिसमें रेडियोएक्टीव कणों मुख्यतः गामा किरणों की भरमार होती है, जो घटना क्षितिज से दो विपरीत दिशाओं में जेट के रूप में उत्सर्जित होते दिखाई देते हैं। निम्न डायग्राम से समझने का प्रयास करेंगे–

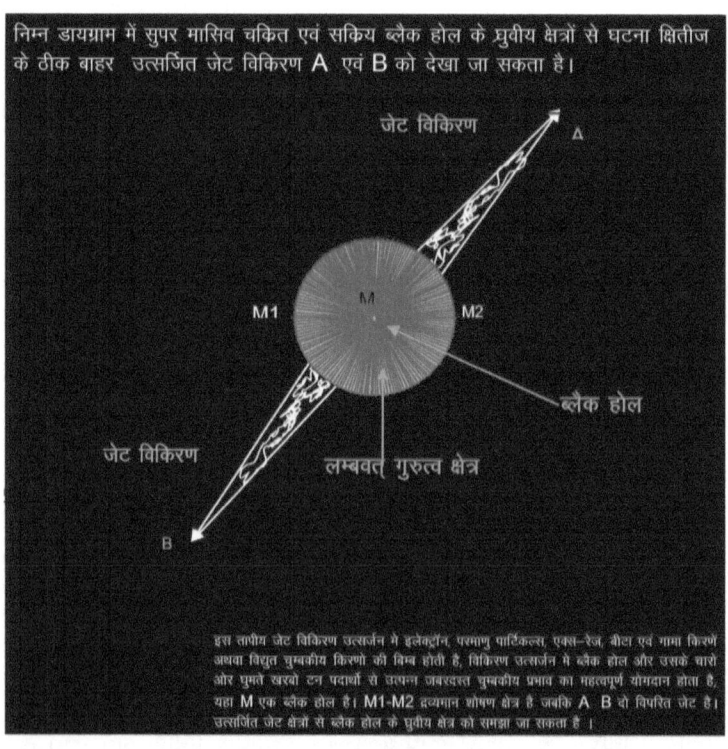

गैलेक्सियों में अतिसक्रिय नाभिकों के आस–पास चारो ओर परमाणुओं, धूल कणों, गर्म गैसो व पिंडों, नक्षत्रों के घर्षण व चिरफाड़ से जबरदस्त ऊर्जा विमुक्त होती है, तथा पदार्थों का प्रकाश से भी अधिक गति में सतह के साथ टकराव अनियमित अन्तरालों का विकिरण के गहन लहरों का निरंतर उत्सर्जन करता रहता है, इस तापीय विकिरण उत्सर्जन में पार्टिकल्स, एक्स–रेज, बीटा, गामा तथा विद्युत चुम्बकीय किरणों का बिम्ब होता है, विकिरण जेट उत्सर्जन में ब्लैक होल और उसके चारो ओर चक्कर काटते खरबों टन पदार्थों से उत्पन्न जबरदस्त चुम्बकीय प्रभाव का महत्वपूर्ण योगदान होता है, इस विकिरण उत्सर्जन से ब्लैक होल व उसके आस–पास तापमान कम हो जाता है, वास्तव में एक ब्लैक होल में पदार्थ अत्यधिक संकीर्ण बिन्दु नुमा क्षेत्र में ठूंसा रहता है, निरंतर मास ग्रहण करने से ब्लैक होल का तापमान भी उच्चतम होने लगता है, अत्यधिक गुरूत्वीय दाब व ताप से ब्लैक होल मे अस्पष्ट (टेन्स) काल प्रारंभ होने का खतरा बना रहता है, जिससे ब्लैक होल का अस्तित्व ही खतरे मे पड़ जाएगा।

अन्य शब्दो में एक ब्लैक होल जो अतिसक्रिय है, निरंतर लाखो टन गर्म गैसों, पिंड़ों, नक्षत्रों का भक्षण कर रहा हैं, जिससे तापमान में उत्तरोतर वृद्धि होते जाता है, साथ ही खरबो टन पदार्थ के प्रकाश से भी अधिक गति से टक्कर व घर्षण से एक्स–रे, गामा–रे, किरण उत्सर्जित होती रहती है, अतः ब्लैक होल के आस–पास का तापमान अत्यधिक होने लगता है जो विनाशकारी स्थितियों को दिखाती है यदि तापमान उच्चतम होने लगे तो ब्लैक होल मैकेनिज्म में ही टूट जाएगा, अतः ब्लैक होल मैकेनिज्म में ताप बढ़ने पर विद्युत चुम्बकीय विकिरण के द्वारा तापीय विसर्जन कर दिया जाता है, जिससे ब्लैक होल में तापमान का संतुलन बना रहता है, और निरंतर मास ग्रहण का एक सूत्रीय कार्य अबाध रूप से चलता रहता है, और ब्लैक होल और प्रभावी तथा सुपरमॉसिव होते जाते हैं।

अतः सक्रीय घने पिंड़ों मे तापीय विकिरण में उस संतुलन को दिखाता है, जिससे वह अपने गुरूत्व को बनाए रखकर मास संग्रहण में लगा रहता है।

ब्लैक होल कितना विशाल हो सकता है

एक ब्लैक होल कितना विशाल हो सकता है, इसकी कोई सीमा नहीं है, उसका आकार मास ग्रहण की सक्रियता व आस–पास के वातावरण तथा मास की उपलब्धता पर निर्भर करता है, हमें पता है, ब्रह्माण्ड निरंतर फैल रहा है, हर पदार्थ गैलेक्सी एक–दूसरे से दूर जा रहे हैं, जो गैलेक्सी व ब्लैक होल के विकास में बाधक साबित हुआ है, लेकिन गैलेक्सियों ने अपने आकर्षण से लोकल समूह बना रखे हैं, जिसमें हजारों गैलेक्सियां हैं, ये गैलेक्सी समूह क्लस्टर अथवा सुपर क्लस्टर कहलाते हैं और गैलेक्सियां एक–दूसरे का चक्रण करते हुए, अपने से अधिक गुरूत्व वाले गैलेक्सियों की ओर धीरे–धीरे आकर्षित होकर उसमें अपना विलय भी कर रहे हैं, वास्तव में यह प्राचीन काल से चला आ रहा है, कई गैलेक्सियां आपस में विलय कर

बड़े गैलक्सी व बड़े ब्लैक होलो का निर्माण कर रहे है आज गैलेक्सी के मध्य मे पाये जाने वाले सुपरमॉसिव ब्लैक होल इन्हीं के परिणाम स्वरूप है, ये ही नहीं गैलेक्सी के मध्य में जहाँ सुपरमॉसिव ब्लैक होल होते हैं, वहां द्रव्यमान शोषण सीमा प्रतिसेकण्ड करोड़ों टन गैस व धूल, नक्षत्रो का भक्षण करता रहता है, जिससे ब्लैक होल का मास व प्रभाव बढ़ता रहता है।

आज भी ब्रह्माण्ड में अरबो सौर द्रव्यमान के ब्लैक होल पाए गए है, लेकिन इनका आकार व द्रव्यमान कुछ भी नहीं है, चुंकि ये ब्लैक होल ब्रह्माण्ड के सबसे कठोर व अत्यन्त मजबूत सक्रिय पिंड होते हैं, जिनका विनाश कुछ विशिष्ट स्थितियों में हो सकता है, अतः यह निरंतर मास ग्रहण के कार्य में लगे रहते है।

सौर मण्डल में ग्रहों की स्थिति, गैलेक्सी मे चक्रित तारों, ग्रहों, भुजाओ की स्थिति तथा गैलेक्सी क्लस्टर में चक्रित गैलेक्सियों की स्थिति ऐसा ही नहीं बना रहने वाला है सच तो यह है, कि ब्रह्माण्ड न तो पूर्व में ऐसा था, न ही आगे ऐसा बना रहने वाला है, ब्रह्माण्डीय स्थिरांक की अवधारणा भी एक भ्रामक विचार है, आगे आने वाले समय में जिन पिंडों ने जैसे–तारों, नक्षत्रों का समूह, गैलेक्सी, गैलेक्सियों का समूह, क्लस्टर व क्लस्टरों का समूह, सुपर क्लस्टर्स समूह बनाकर रैखिक विस्तार मे एक साथ आगे बढ़ रहे हैं, कालांतर मे ऊर्जा समाप्त होने पर वे कालेस्याह होते हुए भारी होते जाऐंगे, व इन समूह मे महासंकुचन होगा, जिससे इन लोकल समूह के संपूर्ण मास व ऊर्जा एक ही पिंड मे संपीड़ित कर दिये जाऐंगें। जैसे ग्रहो का अपनें केंद्रीय पिंड के चारो ओर चक्रण करते हुए धीरे धीरे उसके ओर सरकते जाना जैसे पृथ्वी, सूर्य का चक्रण करते हुए प्रति वर्ष कुछ सेंटीमीटर उसके ओर सरक रही है ठीक वैसे ही छोटे गैलेक्सियां का अपने से बड़े और अधिक गुरूत्व वाले गैलेक्सी का निरंतर चक्रण करते हुए, आकर्षित होकर धीरे–धीरे उसकी ओर सरकते जाना और अंत में विलयन कर जाना इसी घटना को पूर्व दर्शन है, हमारी गैलेक्सी मिल्की–वे अपने पड़ोसी एन्ड्रोमिड़ा गैलैक्सी के निरंतर चक्रण के साथ–साथ अधिक गुरूत्व से उसकी ओर निरंतर खींची जा रही है।

इस प्रकार लोकल समूहों के महासंकुचन से ऐसे संपीड़ित पिंड़ों का निर्माण होगा, जो खरबो–खरब सौर द्रव्यमान के हो सकते हैं, जो ब्रह्माण्डीय विस्तार में निरंतर आगे बढ़ते हुए, अनंता के स्वत्रंत अंतरिक्ष में स्थापित होते जाऐंगे, जिनके आकार व मास की कोई सीमा नहीं है, हमारे ब्रह्माण्ड का जन्म भी ऐसे ही किसी संपीड़ित काले पिंड से हुआ है, जो बाद में एक ऊर्जा पूंज के रूप में बदलकर ब्रह्माण्ड का सृजन किया।

ब्लैक होल में अनंत पलायन वेग होता है

ब्लैक होल एक महागुरूत्वीय पिंड होता है, इसके द्रव्यमान शोषण क्षेत्र में चारों ओर इतना मजबूत गुरूत्व होता है, कि वह प्रकाश के किरणों तक को खींच लेता है, और बाहर परिवर्तित नहीं होने देता, प्रकाश ऊर्जा को भी मास में बदल दिया जाता है इसी कारण यह कालास्याह

होता है, प्रकाश की गति प्रति सेकण्ड 3 लाख किलोमीटर होती है, इसे भी ब्लैक होल के द्वारा खींच लिया जाता है।

पृथ्वी में पलायन वेग 11.2 किलोमीटर प्रतिसेकण्ड है, अर्थात् पृथ्वी के गुरूत्वाकर्षण क्षेत्र से बाहर जाने के लिए एक रॉकेट, विमान अथवा किसी वस्तु को 11.2 किलो मीटर प्रतिसेकण्ड़ की रफ्तार से बाहर जाना होगा, वहीं सूर्य के गुरूत्वाकर्षण बल से किसी उपग्रह को अंतरिक्ष में निकालना हो तो इस गुरूत्वबल बल को निरस्त करने के लिए 618 किमी प्रति सेकण्ड की दर से प्रक्षेपण करना होगा। आज सबसे अधिक गति प्रकाश की गति को माना जाता है, 3 लाख किलो मीटर प्रतिसेकण्ड की गति का प्रकाश ब्लैक होल से बाहर परावर्तित नहीं होता, अर्थात् यहां पलायन वेग अनंत है, इससे तात्पर्य यह भी है कि एक ब्लैक होल मे गुरूत्वाकर्षण बल की गति सबसे अधिक होती है, जो प्रकाश की गति से भी कहीं अधिक है, इस प्रकार ब्रह्माण्ड मे सबसे अधिक गति प्रकाश की नहीं है, बल्कि प्रकाश किरणों को भी खींचकर अवशोषित कर लेने वाली, चरम गुरूत्वीय बल रेखाओ की होती है, अतः यहा पलायन वेग अनंत होता है, कोई भी वस्तु यहां से बाहर नहीं जा सकता।

एक ब्लैक होल का द्रव्यमान शोषण सीमा क्षेत्र मे गुरूत्व बलों की गति सर्वाधिक होती है, इस क्षेत्र मे आने वाले पदार्थों, गैसो, नक्षत्रों, परमाणुओं को इतनी तेजी से केन्द्र की ओर खींचा जाता है, जिसकी गति प्रकाश की गति की तुलना में सैकड़ों गुना अधिक हो सकती है, हम इस गति की कल्पना मात्र कर सकते है, इसकि गति इतनी प्रभावशाली होती है, कि लम्बवत् गुरूत्व क्षेत्र में आने वाले पदार्थ पलक झपकते ही विलीन हो जाते है, कालास्याह होने से यहा प्रत्येक घटना अदृश्य बनी रहती है।*ब्लैक होल ब्रह्माण्डीय रचनाओं मे एक अत्यंत विस्मयकारी, रहस्यमयी व अचूक रचनाओ में है।*

क्या ब्लैक होल के धरातल में कोई इंसान खड़ा हो सकता है

एक ब्लैक होल चरम गुरूत्वाकर्षण से युक्त होता है, यहां गुरूत्वाकर्षण की गति प्रकाश के किरणो से भी तेज होती है, इस कारण यहा चहल कदमी संभव नहीं है, अतिगुरूत्वाकर्षण से कोई भी वस्तु पलक झपकते ही विलीन हो जाती है यदि कोई वस्तु या व्यक्ति ब्लैक होल के धरातल तक पहुँचना चाहे तो भी वह सही सलामत नहीं पहुँच सकता, द्रव्यमान शोषण सीमा मे गुरूत्वाकर्षण बल इतना स्ट्रांग होने लगता है कि इसके सीमा में पहुँचते ही यह बल ब्लैक होल की ओर इतना तीव्र गति से खींचेगा, की शरीर का जो हिस्सा इस क्षेत्र मे आयेगा, उसका पार्टिकल्स तक खींचकर ब्लैक होल के सतह में विलीन हो जाएगा, यहां तो बड़े–बड़े पिंड, नक्षत्र तक को पलक झपकते ही फाड़कर निगला जाता है, इस प्रकार ब्लैक होल अतिगुरूत्वीय पिंड है, अतः यहां चहल–कदमी करना संभव नहीं है, कोई मानव यहां संपीड़ित होकर क्वॉर्क अथवा पार्टिकल्स के रूप में रह सकता है, अर्थात् वहा एक पल भी जीवित नहीं रह पाएगा,

और ब्लैक होल का हिस्सा बन कर रह जाएगा। इतना ही नहीं यहा पलायन वेग का मान इतना अधिक है कि यहाँ से किसी का भी बाहर निकलना संभव नहीं है। ब्लैक होल की यात्रा करने के लिए आपको वन वे टिकट ही कटाना होगा।

ब्रह्माण्ड में सबसे अधिक गति किसकी है?

सामान्तः इस प्रश्न का उत्तर प्रकाश की गति के रूप में दिया जाएगा, प्रकाश 3 लाख किलोमीटर प्रतिसेकण्ड की रफ्तार से गमन करती है, आज तक ज्ञात किसी भी वस्तु की गति में प्रकाश की गति ही सर्वाधिक प्रतीत होती है।

लेकिन ऐसा नहीं हैं, ब्लैक होल के द्रव्यमान शोषण सीमा में किसी वस्तु अथवा पदार्थ के गिरने की गति प्रकाश की गति से भी सैकड़ों गुना ज्यादा होती है, अर्थात् उस विशेष क्षेत्र में *चरम गुरूत्वाकर्षण की गति* प्रकाश की गति से भी अधिक है, यह वस्तु को केन्द्र के गुरूत्व बल द्वारा अत्यन्त तीव्र गति से अपनी ओर खींचा जाता है, गुरूत्वाकर्षण गति बल के तुलना में काफी कम गति होने के कारण प्रकाश परावर्तित नहीं हो पाती, इसी कारण श्याम विवर अदृश्य अथवा कालास्याह होता है।

इस प्रकार यूनिवर्स में प्रकाश की गति ही सर्वाधिक नहीं है, बल्कि गुरूत्वाकर्षण की चरम स्थितियां जैसे ब्लैक होल की लम्बवत् गुरूत्व क्षेत्र अत्यधिक गति बल प्रदान करती है, परन्तु द्रव्यमान शोषण सीमा के बाहर गुरूत्वाकर्षण की गति काफी धीमी हो जाती है, जहाँ लहरदार गुरूत्वाकर्षण क्षेत्र में पदार्थ ब्लैक होल का चक्रण करती रहती है।

ब्लैकहोल एवं चुम्बकत्व

अध्ययन में हमने देखा की ब्लैक होल एक संपीड़ित घना एवं सुपरमॉसिव पिंड है, इसके भीतर पदार्थ व मास इतने पास–पास ठूंसे रहते हैं, कि इनके बीच में कोई भी खाली जगह नहीं होती, ब्लैक होल में गुरूत्वाकर्षण बल इतना अधिक मजबूत होता है कि परमाणु संरचना को तहस–नहस कर दिया जाता है, जिससे पदार्थ का चुम्बकीय बल, मजबूत एवं कमजोर नाभिकीय बल टूट जाता है, और इन सब पर गुरूत्वाकर्षण का दबदबा कायम हो जाता है, इस प्रकार ब्लैक होल में मास, टूटकर पार्टिकल्स अथवा क्वॉर्क के रूप मे अत्यंत संपीड़ित अवस्था में होतें है।

ब्रह्माण्ड में पाए जाने वाले अन्य घने पिंडों जैसे व्हाईटड्रॉफ्ट व न्यूट्रॉन तारे जिसकी उत्पत्ति, समाप्त होते तारा–केन्द्र से होता है, जिसका अपेक्षित द्रव्यमान 4 सौर द्रव्यमान से कम होता है, तो वह इतना गुरूत्वाकर्षण पैदा नहीं कर सकता, की परमाणु संरचना को तहस–नहस करके, ब्लैक होल का निर्माण कर सके, आन्तरिक संलयन से उत्पन्न ऊष्मा के कारण वह अपना आकार भी बनाए रखता है, जिससे यहा गुरूत्वाकर्षण के साथ–साथ भारी

चुम्बकत्व की उपस्थिति होती है, क्योकि यहां शेष बचा तारा केन्द्र में भारी पदार्थों का जमावड़ा होता है, जो आण्विक बलों से युक्त होता है।

लेकिन इसके विपरीत ब्लैक होलो में चरम गुरूत्वाकर्षण के कारण मजबूत व कमजोर नाभिकीय बल, आण्विक बल समाप्त हो जाता है, और अंततः परमाणु के पार्टस् क्वॉर्क, पार्टिकल्स का ही अस्तित्व बचा रहता है, जो अतिगुरूत्वाकर्षण से संपीड़ित अवस्था में रहते हैं, इस कारण ब्लैक होल के केन्द्रीय मास में चुम्बकत्व नहीं होता लेकिन उसके निकट चारो ओर चक्रित खरबो टन पदार्थ से शक्तिशाली चुम्बकत्व प्रभाव पैदा होता है, *गैलेक्सी के नाभिक में चारो ओर घूमते पदार्थ को इस प्रकार कल्पना कर सकते हैं, जैसे–एटम के ,नाभिक के चारो ओर इलेक्ट्रॉन चक्रण करते रहते है, अतः ब्लैक होल को एक नाभिक मान ले तो इसके चारो ओर चक्रित करोड़ों टन पदार्थ इलेक्ट्रॉन की भांति चुम्बकत्व पैदा करते हैं।*

ब्लैक होल के चारो ओर चुम्बकत्व क्षेत्र को निम्न डायग्राम से समझने का प्रयास करेंगे–

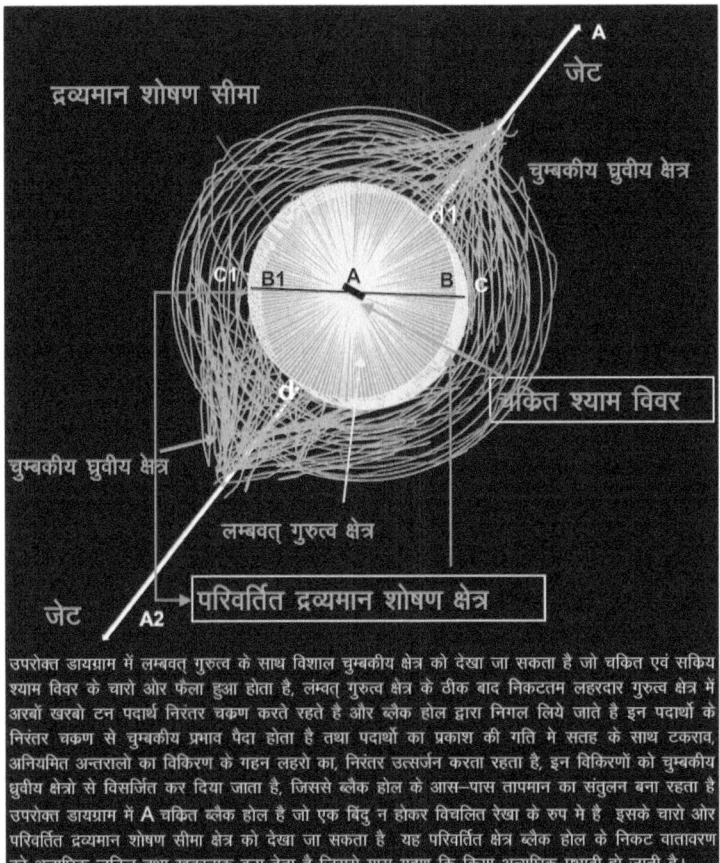

उपरोक्त डायग्राम में लम्बवत् गुरुत्व के साथ विशाल चुम्बकीय क्षेत्र को देखा जा सकता है जो चकित एवं सक्रिय श्याम विवर के चारो ओर फैला हुआ होता है, लंम्वत् गुरुत्व क्षेत्र के ठीक बाद निकटतम लहरदार गुरुत्व क्षेत्र में अरबों खरबो टन पदार्थ निरंतर चकण करते रहते है और ब्लैक होल द्वारा निगल लिये जाते है इन पदार्थो के निरंतर चकण से चुम्बकीय प्रभाव पैदा होता है तथा पदार्थो का प्रकाश की गति मे सतह के साथ टकराव, अनियमित अन्तरालो का विकिरण के गहन लहरो का, निरंतर उत्सर्जन करता रहता है, इन विकिरणों को चुम्बकीय ध्रुवीय क्षेत्रो से विसर्जित कर दिया जाता है, जिससे ब्लैक होल के आस–पास तापमान का संतुलन बना रहता है उपरोक्त डायग्राम में A चकित ब्लैक होल है जो एक बिंदु न होकर विचलित रेखा के रुप मे है इसके चारो ओर परिवर्तित द्रव्यमान शोषण सीमा क्षेत्र को देखा जा सकता है यह परिवर्तित क्षेत्र ब्लैक होल के निकट वातावरण को अत्यधिक जटिल तथा खतरनाक बना देता है जिससे मास ग्रहण कि किया अत्यधिक प्रभावी हो जाती है।

उपरोक्त डायग्राम में लम्बवत् गुरुत्व के साथ विशाल चुम्बकीय क्षेत्र को देखा जा सकता है जो चकित एवं सक्रिय श्याम विवर के चारो ओर फैला हुआ होता है, जिसे बाहरी जाल से देखा जा सकता है लंम्बवत् गुरुत्व क्षेत्र के ठीक बाद निकटतम लहरदार गुरुत्व क्षेत्र में करोड़ों सौर द्रव्यमान पदार्थ निरंतर चक्रण करते रहते हैं और ब्लैक होल द्वारा निगले जाते रहते हैं। इन निकटतम पदार्थों के निरंतर चक्रण से चुम्बकीय प्रभाव का निर्माण होता है तथा यहां पर पदार्थों का प्रकाश से भी अत्यधिक गति मे सतह के साथ टकराव, अनियमित अन्तरालों का विकिरण के गहन लहरों का, निरंतर उत्सर्जन करता रहता है, इन विकिरणों को चुम्बकीय ध्रुवीय क्षेत्रों से विसर्जित कर दिया जाता है, जिससे ब्लैक होल के आस–पास तापमान का संतुलन बना रहता है उपरोक्त डायग्राम में A चकित ब्लैक होल है जो एक बिंदु न होकर विचलित रेखा के रूप में है। इसके चारो ओर परिवर्तित द्रव्यमान शोषण सीमा क्षेत्र को देखा जा सकता है। जिसमें चकित ब्लैक होल का B1-C एक दोलन क्षेत्र है जबकि C1-B दूसरा दोलन क्षेत्र है इस प्रकार B-C तथा C1-B1 क्षेत्र परिवर्तित द्रव्यमान शोषण क्षेत्र है यह परिवर्तित क्षेत्र ब्लैक होल के निकट वातावरण को अत्यघिक जटिल तथा खतरनाक बना देता है जिससे मास ग्रहण की क्रिया अघिक प्रभावी हो जाती है। यहां परिवर्तित द्रव्यमान शोषण क्षेत्र में चकित पदार्थों को तीव्र गति से खींचकर निगल लिया जाता है और इस क्षेत्र में खरबो–खरब टन पदार्थ निरंतर चकित व आकर्षित होते रहतें हैं।

ब्लैक होल में परिवर्तित द्रव्यमान शोषण क्षेत्र (परिवर्तित गुरुत्व क्षेत्र) के दोंनो ओर d एवं d1 ऐसे दो घ्रुवीय क्षेत्र है जहां लंम्बवत गुरुत्व क्षेत्र विचलित नहीं है और इसका प्रभाव तुलनात्मक रूप से कम है जिससे मास ग्रहण की क्रिया न्यून है जबकि d एवं d1 घ्रुवीय क्षेत्र को छोड़कर शेष भाग में चारो ओर परिवर्तित द्रव्यमान शोषण क्षेत्र (परिवर्तित गुरुत्व क्षेत्र) को देखा जा सकता है। जिसके आसपास करोड़ों सौर द्रव्यमान मास निरंतर चक्रण करते हुए निगले जाते रहते हैं और इससे लगातार मास ब्लैक होल की ओर आकर्षित होते रहते हैं। ब्लैक होल, घ्रुवीय क्षेत्रों को छोड़कर शेष भाग में चक्रित मास से घिरा रहता है, इस तीव्र चक्रित मास से शक्तिशाली चुम्बकीय लहरें उत्पन्न होती हैं जो ब्लैक होल के घ्रुवीय क्षेत्रों के साथ व्यवस्थित होते हुए चारो ओर फैल जाती है। ब्लैक होल के चारो ओर पदार्थों का प्रकाश की गति में सतह के साथ टकराव, अनियमित अन्तरालों का विकिरण के गहन लहरों का, निरंतर उत्सर्जन करता रहता है, ये विकिरण चारो ओर चकित पदार्थों से घिरे होने से घ्रुवीय क्षेत्र के ओर इकठ्ठा होते जाते हैं जहां ये तीव्र चुम्बकीय घ्रुवीय क्षेत्रों से जेट के रूप में विसर्जित कर दिया जाता है। जिसे एवं A एवं A2 जेट से देखा जा सकता है। इस तापीय विसर्जन से ब्लैक होल के आस–पास तापमान का संतुलन बना रहता है। जिससे वह निरंतर मास ग्रहण के एक सूत्रीय कार्य में लगा रहता है और सघन ब्रह्माण्डीय पिंड प्रौढ़ता की ओर बढ़ते जाते हैं इस घटना में चरम गुरुत्वाकर्षण के साथ चुम्बकीय बलों का महत्वपूर्ण योग होता है जिसके

कारण ही आज घने पिंडों, विशाल ब्रह्माण्डीय रचनाओं जैसे गैलेक्सी आदि का निर्माण संभव हो सका है। दूसरे शब्दों में चुम्बकत्व बल गुरूत्व बल के अतिरिक्त होता है, जो ब्लैक होल के चारो ओर व्याप्त होता है, यह चुम्बकत्व भी कई पदार्थों को खींचकर ब्लैक होल में निगल जाने में सहायता करता है, इससे भी ज्यादा यह चुम्बकत्व लहरें ब्लैक होल के द्वारा घर्षण एवं भक्षण किए गए, पदार्थों से उत्पन्न जबरदस्त उच्च तापीय विकिरण प्लाज्मा को जो ब्लैक होल के आस–पास जो प्रति सेन्टीमीटर करोड़ों टन हो सकते हैं, इन चुम्बकीय बल तरंगों द्वारा ध्रुवीय क्षेत्रों से तीव्र गति से बाहर की ओर जेट के रूप में विसर्जित कर दिया जाता है, यह चुम्बकीय बल प्रक्षेत्र किसी ब्लैक होल के अस्तित्व के लिए महत्वपूर्ण होता है, इससे ब्लैक होल मे तापमान का संतुलन बना रहता, और यहां निरंतर मास ग्रहण का एक सूत्रीय कार्य चलता रहता है, ब्लैक होल में चरम गुरूत्वाकर्षण के साथ निरंतर तापमान बढ़ने पर उच्चतम ताप व उच्चतम दाब के कारण अस्पष्ट (टेन्स) काल प्रारंभ होने का खतरा बना रहता है। जिससे ब्लैक होल का अस्तित्व ही खतरे में पड़ सकता है।

ये पिंड ब्रह्माण्ड में केंद्रीय पिंड के रूप में भूमिका अदा करते हुए ब्रह्माण्ड के निर्माण को नए आयाम प्रदान कर रहें हैं इतना ही नहीं ये संपीड़ित व घने पिंड ब्रह्माण्ड के सृजन व अंत के लिए भी जिम्मेदार हैं और इन पिंडों के बिना ब्रह्माण्डीय पदार्थों का कचरा की तरह ही विस्तार होता है।

4

ब्रह्माण्ड कैसे कार्य करता है गुरूत्वाकर्षण पॉकिट थ्योरी

गुरूत्वाकर्षण बल एक पॉकिट थ्योरी का अनुसरण करता है, पॉकिट का अर्थ है, जगह। गुरूत्वाकर्षण बल, पॉकिट के आकार व उसमें समाए पदार्थ की प्रमात्रा पर निर्भर करता है, जब पॉकिट का आकार बड़ा अथवा विशाल होता है, और उसमें निहित पदार्थ कम घनत्व में होते हैं, तो गुरूत्व बल दूर–दूर कम तना हुआ, अथवा कम केन्द्रीयकृत होता है, जिसे हम साधारण गुरूत्व बल कह सकते हैं, जिसे निम्न डायग्राम से समझने का प्रयास करेंगे।

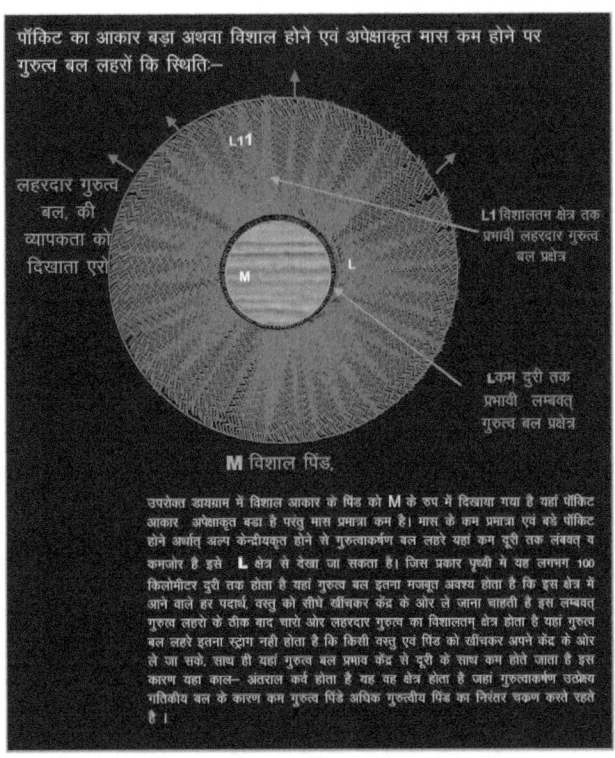

पॉकिट का आकार बड़ा अथवा विशाल होने एवं अपेक्षाकृत मास कम होने पर
गुरुत्व बल लहरों कि स्थिति:–
L1 विशालतम क्षेत्र तक प्रभावी लहरदार गुरुत्व बल प्रक्षेत्र
M
L
Lकम दुरी तक प्रभावी लम्बवत् गुरुत्व बल प्रक्षेत्र
M विशाल पिंड.
उपरोक्त डायग्राम में विशाल आकार के पिंड को M के रुप में दिखाया गया है यहां पॉकिट आकार अपेक्षाकृत बड़ा है परंतु मास प्रमात्रा कम है। मास के कम प्रमात्रा एवं बडे पॉकिट होने अर्थात् अल्प केन्द्रीयकृत होने से गुरुत्वाकर्षण बल लहरे यहां कम दूरी तक लंबवत् व कमजोर है इसे L क्षेत्र से देखा जा सकता है। जिस प्रकार पृथ्वी मे यह लगभग 100 किलोमीटर दुरी तक होता है यहां गुरुत्व बल इतना मजबूत अवश्य होता है कि इस क्षेत्र में आने वाले हर पदार्थ, वस्तु को सीधे खींचकर केंद्र के ओर ले जाना चाहती है इस लम्बवत् गुरुत्व लहरो के ठीक बाद चारो ओर लहरदार गुरुत्व का विशालतम् क्षेत्र होता है यहां गुरुत्व बल लहरे इतना स्ट्रांग नही होता है कि किसी वस्तु एवं पिंड को खींचकर अपने केंद्र के ओर ले जा सके, साथ ही यहां गुरुत्व बल प्रभाव केंद्र से दूरी के साथ कम होते जाता है इस कारण यहा काल– अंतराल कर्व होता है यह वह क्षेत्र होता है जहां गुरुत्वाकर्षण उत्प्रेक्ष्य गतिकीय बल के कारण कम गुरुत्व पिंडे अधिक गुरुत्वीय पिंड का निरंतर चक्रण करते रहते है ।

उपरोक्त डायग्राम में विशाल आकार के पिंड को **M** के रूप में दिखाया गया है। यहां पॉकिट आकार अपेक्षाकृत बड़ा है परंतु मास प्रमात्रा कम है। मास के कम प्रमात्रा एवं बड़े पॉकिट होने अर्थात् अल्प केन्द्रीयकृत होने से गुरुत्वाकर्षण बल लहरें यहां कम दूरी तक लंबवत् व कमजोर हैं इसे **L** क्षेत्र से देखा जा सकता है, यह वस्तु को सीधे खींचकर केंद्र के ओर ले जाना चाहती है इस लम्बवत् गुरुत्व लहरों के ठीक बाद चारो ओर लहरदार गुरुत्व का विशालतम् L1 क्षेत्र होता है जहां गुरुत्व बल लहरें इतना स्ट्रांग नहीं होता है कि किसी वस्तु एवं पिंड को खींचकर अपने केंद्र के ओर ले जा सके, साथ ही यहा गुरुत्व बल प्रभाव केंद्र से दूरी के साथ कम होते जाता है इस कारण यहां काल–अंतराल कर्व होता है। यह वह क्षेत्र होता है जहां *गुरुत्वाकर्षण उत्प्रेक्ष्य गतिकीय बल* के कारण कम गुरुत्व पिंड अधिक गुरुत्वीय पिंड का निरंतर चक्रण करते रहते हैं।

ब्रह्माण्ड में ऐसे पिंड जो कम घनत्व के तथा बड़े आकार के है, उनमें गुरूत्वाकर्षण बल कम केन्द्रीयकृत होता है, इसके कारण वह कम दूरी तक लम्बवत् व कमजोर होता है, जैसे हमारे पृथ्वी मे देखें तो ब्लैक होल के मुकाबले इसका पॉकिट आकार बढ़ा है, और इसमें मास भी अनुपातिक रूप से बहुत कम है, इसलिए यहां गुरूत्व बल कम केन्द्रीयकृत है, जिससे वह कम दूर तक लम्बवत् व कमजोर है, अर्थात् लगभग 100 किलोमीटर तक द्रव्यमान शोषण सीमा क्षेत्र है, यहाँ आने वाले हर पदार्थ व चीज जो पृथ्वी के केन्द्र की ओर खींचा जाता है, इसके ठीक ऊपर लहरदार गुरूत्व बल का विशालतम क्षेत्र होता है।

इस प्रकार हमें यह जानना जरुरी है कि गुरूत्व बल की प्रकृति केन्द्रीयकृत होता है, और यह सदैव आकर्षित करता है, तथा प्रत्येक वस्तु को केन्द्र में ले जाना चाहता है।

सामान्य अवस्था में परमाणु का पॉकिट आकार व उसके मास की प्रमात्रा गुरूत्वाकर्षण के विपरीत होता है, यहां परमाणु का पॉकिट आकार बड़ा व मास न्यून होने से गुरूत्वाकर्षण क्षीण होता है, यहां तक की परमाणु स्तर पर इसे गणना में न लिया जाए तब भी गणितीय आधार पर भी कोई फर्क नहीं पड़ता, लेकिन घने और बड़े पिंडों मे *खरबो–खरब टन परमाणुओ के जोड़ने से उनके उत्सर्जित ग्लूट्रॉनिक क्यूटॉईल्स लहरें जुड़कर विशाल व मजबूत गुरूत्वाकर्षण बल का निर्माण करते हैं,* यहा पिंडों का आकार बड़ा व मास के घनत्व कम होने से गुरूत्वाकर्षण बल कम केन्द्रीयकृत होता है जिससे यह बल कम दूरी तक लम्बवत् व कमजोर होता है, इस बल को हम पृथ्वी में अनुभव करते हैं, जहाँ 100 किलोमीटर तक कमजोर लम्बवत् गुरूत्व बल पाया जाता है, जो हर वस्तु को पृथ्वी की केन्द्र की ओर ले जाना चाहता है, ठीक इसके विपरीत *जब पिंड का आकार छोटा व अत्यधिक मास की उपस्थिति होने पर पदार्थों के उत्पन्न ग्लूट्रॉनिक क्यूटॉईल्स लहरें पास–पास होने से जुड़कर अतिकेन्द्रीयकृत बल जो अत्यधिक दूर तक लम्बवत् व स्ट्रांग होती है, का निर्माण करती है,* जैसे–व्हाईटड्राफ्ट अथवा ब्लैकहोल जिसे हम निम्न डायग्राम से जानने का प्रयास करेंगे।

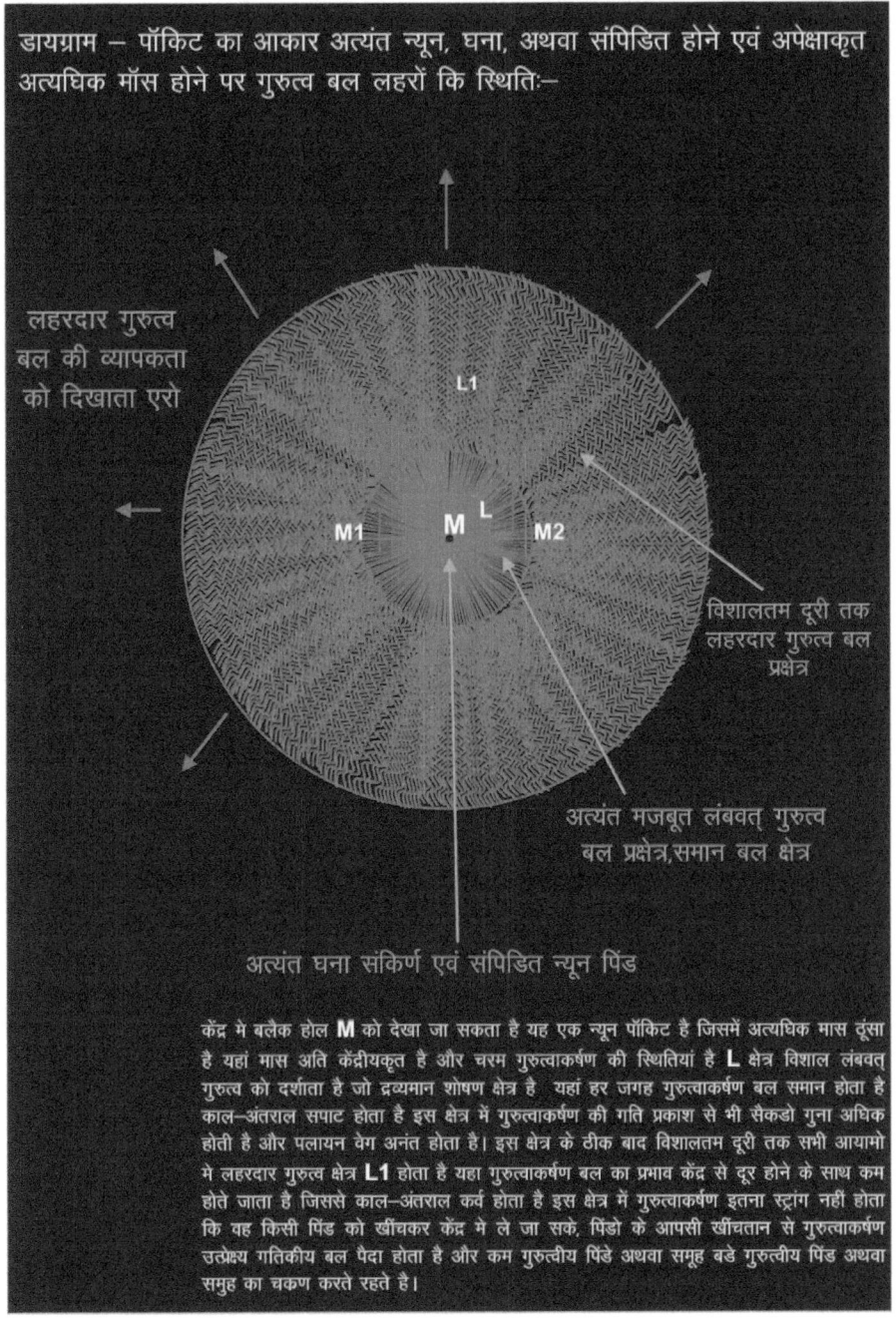

डायग्राम – पॉकिट का आकार अत्यंत न्यून, घना, अथवा संपिडित होने एवं अपेक्षाकृत अत्यधिक मॉस होने पर गुरुत्व बल लहरों कि स्थितिः–

लहरदार गुरुत्व बल की व्यापकता को दिखाता एरो
L1
M1
M
L
M2
विशालतम दूरी तक लहरदार गुरुत्व बल प्रक्षेत्र
अत्यंत मजबूत लंबवत् गुरुत्व बल प्रक्षेत्र,समान बल क्षेत्र
अत्यंत घना संकिर्ण एवं संपिडित न्यून पिंड

केंद्र मे बलैक होल **M** को देखा जा सकता है यह एक न्यून पॉकिट है जिसमें अत्यधिक मास ठूंसा है यहां मास अति केंद्रीयकृत है और चरम गुरुत्वाकर्षण की स्थितियां है **L** क्षेत्र विशाल लंबवत् गुरुत्व को दर्शाता है जो द्रव्यमान शोषण क्षेत्र है यहां हर जगह गुरुत्वाकर्षण बल समान होता है काल–अंतराल सपाट होता है इस क्षेत्र में गुरुत्वाकर्षण की गति प्रकाश से भी सैकडो गुना अधिक होती है और पलायन वेग अनंत होता है। इस क्षेत्र के ठीक बाद विशालतम दूरी तक सभी आयामो मे लहरदार गुरुत्व क्षेत्र **L1** होता है यहा गुरुत्वाकर्षण बल का प्रभाव केंद्र से दूर होने के साथ कम होते जाता है जिससे काल–अंतराल कर्व होता है इस क्षेत्र में गुरुत्वाकर्षण इतना स्ट्रांग नहीं होता कि वह किसी पिंड को खींचकर केंद्र मे ले जा सके, पिंडो के आपसी खींचतान से गुरुत्वाकर्षण उत्प्रेक्ष्य गतिकीय बल पैदा होता है और कम गुरुत्वीय पिंडे अथवा समूह बडे गुरुत्वीय पिंड अथवा समुह का चकण करते रहते है।

उपरोक्त डायग्राम में–केंद्र में ब्लैक होल M को देखा जा सकता हैं। यह एक न्यून पॉकिट हैं जिसमें अत्यधिक मास ठूंसा है यहां मास अति केंद्रीयकृत है और चरम गुरुत्वाकर्षण

की स्थितियां हैं L क्षेत्र विशाल लंबवत् गुरुत्व को दर्शाता है जो द्रव्यमान शोषण क्षेत्र हैं यहां हर जगह गुरुत्वाकर्षण बल समान होता है अर्थात ,काल–अंतराल सपाट होता है इस क्षेत्र में गुरुत्वाकर्षण की गति प्रकाश से भी सैकड़ों गुना अधिक होती है और पलायन वेग अनंत होता है। इस क्षेत्र के ठीक बाद विशालतम दूरी तक सभी आयामो में लहरदार गुरुत्व क्षेत्र L1 होता है यहा गुरुत्वाकर्षण बल का प्रभाव केंद्र से दूर होने के साथ कम होते जाता है। जिससे काल–अंतराल कर्व होता है। इस क्षेत्र में गुरुत्वाकर्षण इतना स्ट्रांग नहीं होता कि वह किसी पिंड को खींचकर केंद्र में ले जा सके, पिंडो के आपसी खींचतान से *गुरुत्वाकर्षण उत्प्रेक्ष्य गतिकीय बल* पैदा होता है और कम गुरुत्वीय पिंड अथवा समूह बड़े गुरुत्वीय पिंड अथवा समूह का चक्रण करते रहते हैं।

एक गैलेक्सी में इस क्षेत्र में उपस्थित अरबो पिंडों के गुरुत्व बल से गोलाकार स्पाइरल भुजाओं का निर्माण कर लेती है ये *स्पाइरल भुजाएं एक पिंड के रूप में व्यवहार करते हुए ब्लैक होल का समान दर से चक्रण करती है याने पास के पिंड व दूर के पिंड पर गुरुत्वाकर्षण उत्प्रेक्ष्य गतिकीय बल का प्रभाव समान होता है। जबकी सौर मण्डलों के चकित पिंडों मे ऐसा नहीं होता।*

प्रकाश के किरणों पर गुरुत्व बलो का प्रभाव

ब्लैक होलों में चरम गुरुत्व के कारण इसके चारो ओर विशाल दूरी तक अत्यंत मजबूत व स्ट्रांग लंम्बवत् गुरुत्व बल होता हैं। जहां पर समान गुरुत्वाकर्षण पाया जाता है। समान गुरुत्व प्रक्षेत्र *सपाट काल–अंतराल* का निर्माण करती है। जबकी लहरदार गुरुत्व बल प्रक्षेत्र में गुरुत्वाकर्षण प्रभाव केंद्र से दूरी बढ़ने के साथ–साथ कम होती जाती है। *गुरुत्वबलों की आंतरिक विषमता कर्व काल–अंतराल का निर्माण करती* हैं। यहां चरम गुरुत्वाकर्षण किसी भी वस्तु या पदार्थ को यहां तक की प्रकाश के किरणों तक आकर्षित करती है। लंबवत् गुरुत्व क्षेत्र में ये सीधे केंद्र की ओर अत्यंत तीव्र गति से खींची जाती है और पलक झपकते ही यह विलीन हो जाती है। जबकी लहरदार गुरुत्व प्रक्षेत्र में यह सीधी रेखा में न चलकर अधिक गुरुत्व प्रभाव की ओर आर्च बनाते हुए प्रगमन करती है। इस प्रकार ब्रह्माण्ड स्ट्रांग लंबवत् गुरुत्व क्षेत्र में सपाट काल–अंतराल एवं लहरदार गुरुत्व क्षेत्र में कर्व काल–अंतराल होता है। ब्रह्माण्ड में अधिकांश भाग कर्व काल–अंतराल से भरा पड़ा है और सम्पूर्ण ब्रह्माण्ड यहीं संचालित व कियान्वित हो रहे हैं। निम्न डायग्राम से समझने का प्रयास करेंगे–

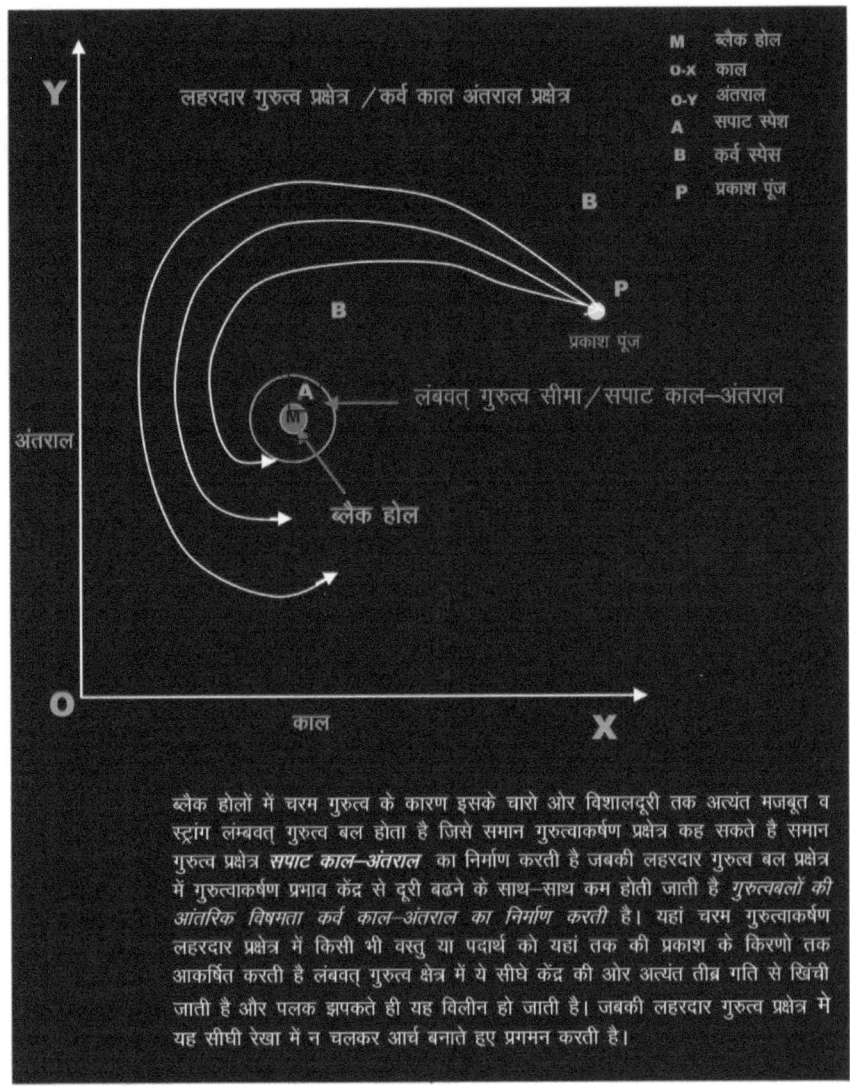

ब्लैक होलों में चरम गुरुत्व के कारण इसके चारो ओर विशालदूरी तक अत्यंत मजबूत व स्ट्रांग लंम्बवत् गुरुत्व बल होता है जिसे समान गुरुत्वाकर्षण प्रक्षेत्र कह सकते है समान गुरुत्व प्रक्षेत्र ***सपाट काल–अंतराल*** का निर्माण करती है जबकी लहरदार गुरुत्व बल प्रक्षेत्र में गुरुत्वाकर्षण प्रभाव केंद्र से दूरी बढने के साथ–साथ कम होती जाती है *गुरुत्वबलों की आंतरिक विषमता कर्व काल–अंतराल का निर्माण करती* है। यहां चरम गुरुत्वाकर्षण लहरदार प्रक्षेत्र में किसी भी वस्तु या पदार्थ को यहां तक की प्रकाश के किरणो तक आकर्षित करती है लंबवत् गुरुत्व क्षेत्र में ये सीधे केंद्र की ओर अत्यंत तीव्र गति से खिंची जाती है और पलक झपकते ही यह विलीन हो जाती है। जबकी लहरदार गुरुत्व प्रक्षेत्र मे यह सीधी रेखा में न चलकर आर्च बनाते हुए प्रगमन करती है।

उपरोक्त डायग्राम में M ब्लैक होल है उसके चारो ओर A क्षेत्र में चरम गुरुत्व के कारण इसके चारो ओर विशालदूरी तक अत्यंत मजबूत व स्ट्रांग लंम्बवत् गुरुत्व बल होता है जहां पर समान गुरुत्वाकर्षण पाया जाता है। समान गुरुत्व प्रक्षेत्र *सपाट काल–अंतराल* का निर्माण करती है जबकी B क्षेत्र में लहरदार गुरुत्व बल प्रक्षेत्र में गुरुत्वाकर्षण प्रभाव केंद्र से दूरी बढ़ने के साथ–साथ कम होती जाती है। *गुरुत्वबलों की आंतरिक विषमता कर्व काल–अंतराल का निर्माण करती* है। यहां चरम गुरुत्वाकर्षण किसी भी वस्तु या पदार्थ को यहां तक की प्रकाश के किरणों तक आकर्षित करती है। लंबवत् गुरुत्व क्षेत्र में ये सीधे केंद्र की ओर अत्यंत

तीव्र गति से खिंची जाती है और पलक झपकते ही यह विलीन हो जाती है। जबकी लहरदार गुरुत्व प्रक्षेत्र में यह सीधी रेखा में न चलकर अधिक गुरुत्व प्रभाव की ओर आर्च बनाते हुए प्रगमन करती है। जिस प्रकार डायग्राम में P बिंदु से उत्सर्जित प्रकाश पूँज मजबूत लहरदार गुरुत्व क्षेत्र में कम गुरुत्व क्षेत्र से अधिक गुरुत्व क्षेत्र की ओर कर्व बनाते हुए मुड़ते जाते हैं। इस तरह ब्रह्माण्ड स्ट्रांग लंबवत् गुरुत्व क्षेत्र में सपाट काल–अंतराल एवं लहरदार गुरुत्व क्षेत्र में कर्वं काल–अंतराल होता है।

पदार्थ में गुरूत्व बल कहाँ से आया

आज भी खगोलीय अध्ययन में सबसे भ्रामक व अस्पष्ट गुरूत्वाकर्षण को माना जाता है, इसी अस्पष्टता के कारण ही सूक्ष्म एवं वृहद् ब्रह्माण्ड *का समागम नहीं हो पा रहा है।*

हमारा ब्रह्माण्ड जो एक ऊर्जा पूँज से निर्मित हुआ है, अर्थात् सारे दृश्य पदार्थ, ऊर्जा से ही निर्मित है, जिसे रेस्ट ऑफ एनर्जी कहाँ जाता है, अर्थात् पदार्थ, ग्रह, उपग्रह, गैलेक्सी, निहारिकाएं आदि ऊर्जा का ही स्थिर, रेस्ट' रूप है, यहां यह जानना जरुरी है कि ऊर्जा क्या है और इसकी प्रकृति क्या है वास्तव में, ऊर्जा कोई वस्तु नहीं है यह स्थान नहीं घेरती, इसे हम देख नहीं सकते, इसकी कोई छाया नहीं होती, अन्य वस्तु की तरह यह द्रव्य नही है परंतु द्रव्य से घनिष्ट संबंघ होता है, ऊर्जा पदार्थ में और पदार्थ ऊर्जा में परिवर्तित होती रहती है। इतना ही नहीं हर पदार्थ में ऊर्जा निहित होती है साथ ही ऊर्जा स्थिर नहीं रहती, सदैव गतिशील प्रकृति की होती है, व अपने रेस्ट रूप पदार्थ याने मास के रूप में भी अपने प्रकृति के अनुसार ऊर्जा कणों को उत्सर्जित कर गतिवान बने रहते हैं, इन ऊर्जा कणों में मुख्यतः कूलम्ब आवेश *फोटॉन* मजबूत नाभिकीय बल *ग्लूऑन* तथा कमजोर नाभिकीय बल *बोसोन'* एवं गुरूत्वाकर्षण बल *ग्लूट्रॉनिक क्यूटॉईल्स'* का उत्सर्जन करते रहते है *ये बल कणें, प्योर ऊर्जा के पदार्थ बनने की लागत है।* ये बल कणें, ऊर्जा का वो रूप है जो ब्रह्माण्डीय ऊर्जा के पदार्थ रूप बनने के कारण सृजित व सक्रिय है और यह ऊर्जा निरंतर कार्य कर ब्रह्माण्डीय मास को क्रियान्वित संग्रहित, संचालित करते हुए ब्रह्माण्ड को आकार प्रदान कर रही है और धीरे–धीरे प्रौढ़ता याने काले पदार्थ की ओर ले जा रही है जो अंत में अपेक्षित मास के *गुरूत्वीय सिंगल पाईंट* को ऊर्जा के रूप में विखण्डित कर देगी जिससे ब्रह्माण्डीय सृजन की प्रक्रिया पुनः आरंभ होगी

निम्न डायग्राम से समझने का प्रयास करेंगे।

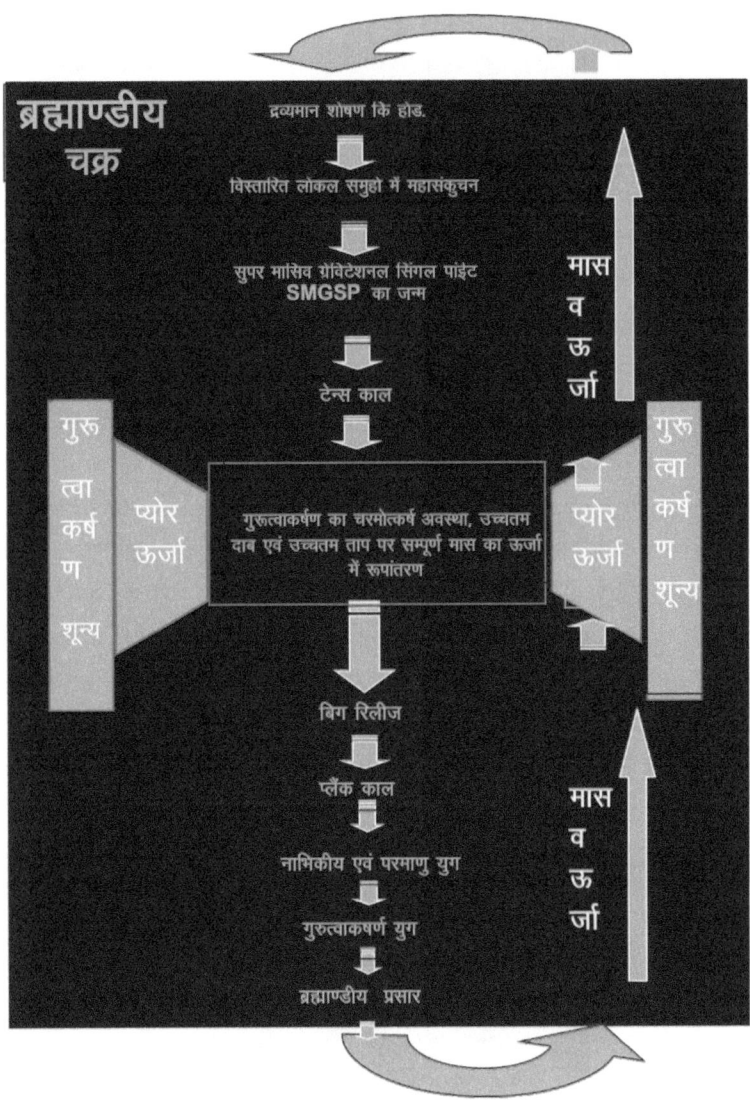

इस प्रकार बिग-बैंग के बाद जब सारे ओर ऊर्जा पूँज प्रकाश से भी तीव्र गति से विस्तारित हो रहा था, ताप कम होने पर पदार्थ रूप में विखण्डन से मूल कण अस्तित्व में आए जिसे क्वॉर्क व लेप्टॉन कहा गया, ये रेस्ट ऑफ ऐनर्जी का प्राथमिक कण थे, यहा स्थिर न रहकर क्वॉर्क ने अपने प्रकृति के अनुसार एक आवेश पैदा किया इसी आवेश के कारण ही क्वॉर्क स्वतंत्र नहीं रह सकते, वे तीन क्वॉर्क की जोड़ी बनाकर प्रोटॉन व न्यूट्रॉन जैसे मूल कणों की तिकड़ी बनाए, यही नहीं दो प्रोटॉन व दो न्यूट्रॉन मिलकर एक मजबूत आकर्षण बल ग्लूऑन से आकर्षित होकर नाभिक की रचना की जिसे मजबूत नाभिकीय बल कहते हैं, स्टैन्डर्ड मॉडल

के अनुसार यहां ग्लूऑन बल ने 12 प्रकार के क्वॉर्को को मिलाकर मजबूत केन्द्रीयकृत बल से एक नाभिक की रचना की, जहां जबरदस्त खिंचाव से क्वॉर्को को भार मिला। आगे इन नाभिकों के घनावेश ने ऋणावेश इलेक्ट्रॉन (लेप्टॉन) को जोड़कर परमाणु की रचना की, इलेक्ट्रॉन के नाभिक के चारो ओर अपने अक्ष पर घूर्णन व चक्रण से कूलम्ब आवेश का जन्म हुआ, यहां कूलम्ब आवेश सभी परमाणु मे होता है, यह वह प्राथमिक आण्विक बल होता है, जो परमाणुओं को परमाणु से जोड़कर अणु व पदार्थ बनाने में योग देता है, यदि परमाणु में क्वॉर्क व इलेक्ट्रॉन शुद्ध नहीं है, इसमें भारी अथवा दूसरी या तीसरी पीढ़ी के मूल कण हैं, तो इनका क्षरण कर फाईन परमाणु की रचना हेतु कमजोर नाभिकीय बल ने निरंतर कार्य किया, व कर रहे हैं, आज हमारे पास दृश्य 99 प्रतिशत पदार्थ के परमाणु फाईन हैं जो इस बल के कारण है, इस *प्रकार सबसे प्राथमिक व मुख्य बल परमाणु स्तर पर मजबूत नाभिकीय बल था, जिसने मूल कणों को जोड़ा इससे ही कमजोर नाभिकीय बल व कूलम्ब आवेश को आधार मिला, शुद्ध परमाणुओं को नाभिक बल मे जोड़कर अणु व पदार्थों का निर्माण किया, जबकि कमजोर बल शुद्ध परमाणुओं का निर्माण का कार्य करती है, जबकि गुरुत्व बल कण परमाणु स्तर पर अत्यंत क्षीण व द्रव्यमान रहित होने से समझ पाना या प्रयोगशाला में निरीक्षण कर पाना लगभग असंभव रहा है, अर्थात् इन तीन बलों के सामने ग्लूट्रॉन क्यूटॉइल्स बल का अस्तित्व न के बराबर था, वास्तव में परमाणु स्तर पर एक स्मॉल मेकेनिज्म में गुरूत्व बल का कोई योगदान नहीं है, परमाणु स्तर पर इन तीन बलों ने ही कमान संभाल रखा है, इसलिए गुरूत्व बल को उपेक्षित कर देने से भी कोई फर्क नहीं पड़ता।* ब्रह्माण्ड के प्रारंभिक काल में जब नाभिकीय व परमाणु युग था, तब बलों का योगदान कुछ इस प्रकार था। जिसमें उपर से नीचे की ओर घटते हुए क्रम में बल के महत्व को देखा जा सकता है।

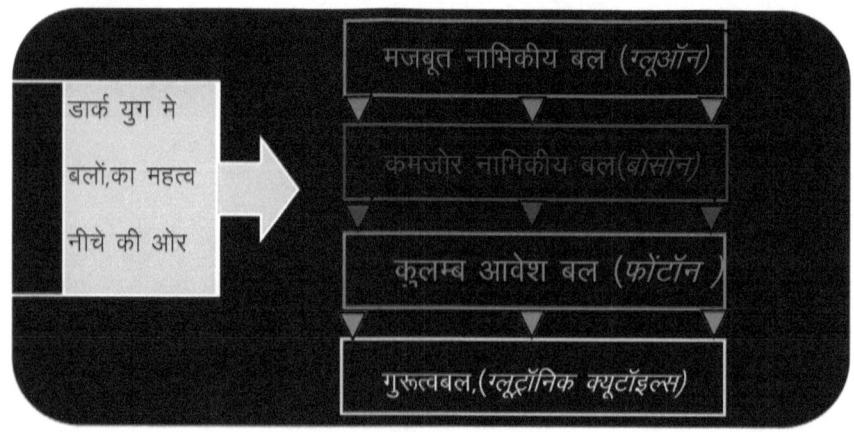

इस प्रकार डार्क युग में जब सारा मास नाभिक व परमाणु के रूप में था, गुरूत्व बल सबसे कमजोर व क्षीण बल था, इस समय कूलम्ब आवेश, अणु और पदार्थो के रचना में अपना

महत्वपूर्ण योग दे रहा था, जब पदार्थों के बड़े आकार अस्तित्व में आए ग्लूट्रॉन क्यूटॉईल्य के पास–पास आने से गुरूत्व बल जुड़कर बड़े गुरूत्व बल को जन्म दिया, इस गुरूत्व ने अब अन्य पदार्थों व छोटे पिंडों को अपनी ओर आकर्षित कर धीरे–धीरे बड़े पिंडों का आकार ग्रहण करते गए, इस प्रकार ग्रह, उपग्रह, गैसीय पिंडो नक्षत्रों का अस्तित्व आया, यहां गुरूत्व बल ने पदार्थों के समूह से पर्याप्त विकास किया, बड़े गैसीय पिंडों में गुरूत्व बल ने दबाव बनाकर नाभिकीय संलयन प्रारंभ कर नक्षत्रों को प्रदीप्तमान कर दिया जिससे डार्क (अन्धेरा) युग समाप्त होने लगा, कालांतर में इसी प्रक्रिया से चारो तरफ स्टार ब्रर्स्ट होन लगे, तारो में ईधन समाप्त होने से हाइड्रोजन के हीलियम, लिथीयम, लोहा, पारा, बेरिलियम, कार्बन, ऑक्सीजन जैसे भारी तत्व में परिवर्तन से तारा केन्द्र भारी होता गया, अंत में ईधन समाप्त होने से सुपरनोवा विस्फोट से शेष बचा तारा केन्द्र में अपेक्षित द्रव्यमान होने पर गुरूत्वीय पतन से ब्लैक होल का जन्म हुआ, जिससे महागुरूत्वीय पिंड अस्तित्व में आए, जो निरंतर मास ग्रहण कार्य में लगे हुए हैं, इस प्रकार पदार्थो, पिंडो ग्रहों नक्षत्रों ब्लैक होलो के निर्माण के बाद गुरूत्वाकर्षण बल का अभूतपूर्व विकास होने लगा, *व्यापक खगोलीय ब्रह्माण्ड, बिना गुरूत्वाकर्षण के अध्ययन संभव नहीं है, अब यहां तो गुरूत्व बलों ने अन्य बलों पर अपना प्रभूत्व कायम करना शुरू कर दिया है, ब्रह्माण्डीय विकास के साथ सारे पदार्थ इन महागुरूत्वीय पिंडों में समाते जाऐंगे, व ऐसे हजारो पिंड बनेंगे, जो ब्रह्माण्डीय रैखिक विस्तार में साथ बढ़ते हुए, एक–दूसरे से अनंत दूरी पर स्थापित होते जाऐंगे, और अंत में महासंकुचन से कई ऐसे चरम गुरुत्वीय पिंडों का निर्माण होगा जो गुरूत्वीय सिंगल पाईंट की तरह होंगे, यहां चरम गुरूत्वीय बल अन्य सभी बलों पर विजय प्राप्त कर ब्रह्माण्डीय विकास को एक नया आयाम प्रदान करेगा।*

सूक्ष्म परमाणु युग से व्यापक खगोलीय युग का मार्ग गुरूत्वाकर्षण बल से होकर जाता है, गुरूत्वाकर्षण ही सूक्ष्म व व्यापक ब्रह्माण्डीय अध्ययन का पुल है।

व्यापक खगोलीय मैकेनिज्म में बलों का योगदान इस प्रकार है।

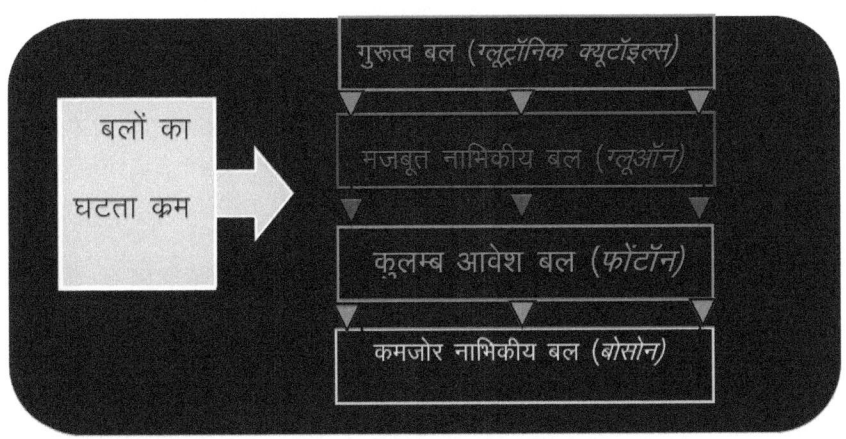

इस प्रकार हम देखते हैं, कि नाभिक युग से गुरूत्वाकर्षण युग की ओर जैसे–जैसे विशाल पिंडों, घनेपिंडों अथवा गुरूत्वीय सिंगल पिंडों की ओर बढ़ते जाते हैं, गुरूत्व बल का योगदान भी महत्वपूर्ण होते जाता है, अंत में तो यह अन्य सभी बलों पर अपना आधिपत्य कायम लेगा, अर्थात् ब्रह्माण्डीय सृजनकारी बिग–बैंग के बाद मूलकणों के अस्तित्व में आने से ही मौलिक बल कणों नें कार्य प्रारंभ कर पुनः पदार्थ एकीकरण में लग गए जिसमें *ग्लूऑन बल कण* से नाभिक का निर्माण, *बोसोन बल कणों* से परमाणुओ का क्षरण तथा *फोटॉन आवेशित कणों* से परमाणुओं को जोड़कर अणु व पदार्थ बनाने, तथा इन पदार्थो के *ग्लूट्रॉनिक क्यूटॉइल्स* गुरूत्व बलों से ढेलो पिंडों व विशाल पिंडों का निर्माण होने लगा जिसमें तारे भी शामिल थे कालांतर में सुपरमॉसिव ब्लैक होल अस्तित्व में आए जिससे विशाल ब्रह्माण्डीय संरचना गैलेक्सी, गैलेक्सी क्लस्टर, सुपरगैलेक्सी क्लस्टर का निर्माण संभव हो सका और अंत में गुरूत्वीय सिंगल पाईंट का निर्माण कार्य प्रकिया पर है। ये चार प्रकार के बल कण ब्रह्माण्डीय निर्माण एवं संचालन के कार्य में लगे रहते हैं, इसमे किसी भी प्रकार का ऊर्जा खर्च नहीं होता, जैसे–चुम्बकीय ऊर्जा निरंतर पदार्थ को अपनी ओर खींचती रहती है, परन्तु कभी चुम्बकीय ऊर्जा न तो खत्म होती है, न ही मांद पड़ती है, न ही किसी प्रकार का मास का क्षय होता है, यहा मजबूत नाभिकीय बल, कमजोर नाभिकीय बल, गुरूत्वाकर्षण बल, व कूलम्ब आवेश निरंतर कार्य कर अन्धेरी अवस्था के ब्रह्माण्ड को वर्तमान संरचना मे बदल रहे है, साथ ही सम्पूर्ण ब्रह्माण्ड को चलायमान अर्थात् गतिमान बनाए हुए हैं, *ये चार प्रकार के बल कण ,प्योर ऊर्जा के पदार्थ अथवा मास बनने की लागत है, ऊर्जा के मास के रूप में परिवर्तन होने के कारण ऊर्जा अपनी प्रकृति अनुसार बल कण पैदाकर कार्य कियांन्वित करती रहती है, ऊर्जा सदैव गतिमान अथवा अस्थिर रहती है, इसलिए वह अपने रेस्ट स्वरूप (मास) में भी गतिमान बने रहने का साधन खोज लिया है, अंततः सृष्टि, इन बल कणों के माध्यम से गतिमान बनी रहती है।*

इस प्रकार मास स्वयं ऊर्जा का रेस्ट रुप है, लेकिन अपने रेस्ट रूप में वह मांढ़र या ढेर के रुप में पड़ा नहीं रहता बल्कि वह कई बल कणों के उत्सर्जन से पदार्थों का निर्माण, संग्रहण व चक्रण जैसे कार्य कियान्वित कर ब्रह्माण्ड को रचना प्रदान करता है, लेकिन इन चारो बलों का प्रकृति व कार्य में ऊर्जा व मास का क्षय शून्य होता है, *सच में ऊर्जा का न तो उत्पादन संभव है, न ही विनाश, ऊर्जा अपने रेस्ट रूप में अपना मास स्थिर रखते हुए, चार प्रकार के बल कणों का उत्सर्जन करती है,* जैसे एक स्थिर चुम्बक निरंतर आकर्षण बल पैदा करने के बाद भी न तो उसके मास का कोई क्षरण होता है, न ही उसकी आकर्षण किया मंद होती है।

गुरूत्वाकर्षण बल क्या है, इसे जानने के लिए तीन बातों का होना जरूरी है–

1. पदार्थ या द्रव्यमान का होना।
2. पदार्थ का पॉकिट आकार।

3. पदार्थ अथवा द्रव्यमान से केन्द्रीय बल मिलता है, व पॉकिट बनता है। अंतरिक्ष में भार का अर्थ द्रव्यमान से भिन्न है, जैसे हमारा द्रव्यमान तो नियत रहता है, लेकिन गुरूत्वाकर्षण से भार तय होता है, अधिक गुरूत्व खिंचाव से अधिक भार व कम गुरूत्व खिंचाव से कम भार होता है, भार का अध्ययन हम यह पृथ्वी पर 1 केजी, 1 टन अथवा 1 क्विंटल से मापते हैं, वही अंतरिक्ष में सौर द्रव्यमान से मापा जाता है।

पॉकिट का अर्थ एक स्थान अथवा जगह है, जिस स्थान पर मास का संकेंद्रण होता है, गुरूत्व बल निहित होता है, जो उसके आकार पर तय करता है, जैसे ही स्टेरलाइज होकर प्योर ऊर्जा पदार्थ में तब्दील होती है, वह एक आकार ग्रहण करती है, और द्रव्यमान–भार से ही केन्द्रीयकरण बल का सृजन होता है, अर्थात् एक केन्द्रीयकृत बल ठोस आधार से ही हो सकता है।

अंततः गुरूत्वाकर्षण ऊर्जा वहां पर कार्य करती है, जहाँ तीन बातों का समावेश होता है, एक तो पदार्थ, द्रव्यमान अथवा भार का होना, दूसरा उसका पॉकिट आकार एवं तीसरा द्रव्यमान से केन्द्रीयकृत बल मिलता है, ब्रह्माण्ड के सृजन काल में जब सम्पूर्ण पदार्थ ऊर्जा के रूप में होता है, तब गुरूत्वाकर्षण बल शून्य होता है, यहां पर फोटॉनिक एवं रैबिक ऊर्जा का अस्तित्व होता है, ऊर्जा वह है, जो कोई स्थान नहीं घेरती, न ही कोई वस्तु है, इसे हम देख नहीं सकते। इसकी कोई छाया नहीं होती है, साथ ही यह द्रव्य नहीं है, परन्तु इसका द्रव्य से घनिष्ट संबंध होता है, इस प्रकार शुद्ध ऊर्जा वह होता है, जिसमे न तो कोई भार होता है, न ही स्थान घेरता है, और न ही उसका आकार होता है, इसलिए यहां गुरूत्वाकर्षण भी शून्य होता है, लेकिन कालांतर में ऊर्जा के पदार्थ के मूल कण जैसे–क्वॉर्क, लेप्टॉन मे परिवर्तित करने से जिसे रेस्ट ऑफ एनर्जी कहा जाता है, मे नैसर्गिक बलों जैसे–ग्लूऑन आवेश से जुड़कर नाभिक, कूलम्ब आवेश से जुड़कर परमाणु एवं अणु का निर्माण होने लगा और मास के जुड़ते जाने से पदार्थ में निहित नैसर्गिक बल ग्लूट्रॉन क्यूटॉईल्स भी जुड़ते गए, और गुरूत्व बल प्रभावी होने लगा, इस प्रकार ब्रह्माण्ड मे इन चार प्रकार के नैसर्गिक बल, प्योर ब्रह्माण्डीय ऊर्जा, के पदार्थ (मास) बनने की लागत है।

5

ब्रह्माण्ड कैसे कार्य करता है

"किसी वस्तु या पिंड का भार उसे खींचे जाने वाले बल अथवा गुरूत्वाकर्षण बल के सापेक्ष होता है"

भार और द्रव्यमान इतना महत्वपूर्ण है कि आज ब्रह्माण्ड की शुरूआत यानि बिग–बैंग के वक्त को फिर से रचा जाए ताकि मैटर बनने के रहस्य को समझा जा सके। इसी मकसद से सर्न में परमाणु के भीतर झॉककर वहां मास उत्पन्न करने वाले कण की मौजूदगी के सबूत ढूंढने की कोशिश भी की जा रही है। याने मास और द्रव्यमान नहीं होता तो ब्रह्माण्डीय पदार्थों का कचरा की तरह ही विस्तार होता।

सामान्य अर्थ में द्रव्यमान एवं भार एक ही माना जाता है, लेकिन भौतिकीय एवं खगोलीय संसार में प्रत्येक वस्तु अथवा पिंड का द्रव्यमान निश्चित होता है, लेकिन इसका भार इसे खींचे जाने वाले गुरूत्व बल के सापेक्ष होता है, अधिक गुरूत्वीय खिंचाव से अधिक भार और कम गुरूत्व खिंचाव से कम भार होता है, एक पिंड अथवा वस्तु का भार पृथ्वी की धरातल पर कुछ, तो अंतरिक्ष में कुछ, चंद्रमा की सतह पर कुछ, तो बृहस्पति पर कुछ और होता है, जैसे एक व्यक्ति का भार 100 किलोग्राम है, तो चंद्रमा पर 16.67 किलोग्राम ही होगी, वही बृहस्पति पर अधिक गुरूत्व से यह 254 किलोग्राम है, शनि ग्रह पर 108 किलोग्राम, नेपच्यून पर 119 किलोग्राम का होगा, जबकि न्यूनतम गुरूत्व से प्लूटो पर 8 किलोग्राम का होगा, इस भिन्नता का कारण वहा के पृथक–पृथक गुरूत्वाकर्षण बल हैं, अधिक गुरूत्व होने से वस्तु का भार बढ़ जाता है, जबकि कम गुरूत्व से वस्तु का भार कम हो जाता है।

ब्रह्माण्ड में भार गुरूत्व पर निर्भर करता है, बिना गुरूत्व खिंचाव से किसी वस्तु, पदार्थ, ग्रह, उपग्रह, नक्षत्र का कोई भार नहीं होता है, यदि सुदूर अंतरिक्ष में कोई पिंड जिसे कोई गुरूत्व बल आकर्षित नहीं कर रहा हो तो उसका भार शून्य होगा।

एक परमाणु जो क्वॉर्क व लेप्टॉन से मिलकर बना होता है, तब तक यह भार नहीं होता जब तक इसे खिंचा न जाए, वैसे ही प्रोटॉन व न्यूट्रॉन क्वॉर्क से बने होते हैं, जिसमें इन क्वॉर्को का

भार ग्लूऑन आवेश के खिंचाव से होता है, क्योकि ग्लुऑन आवेश रबड़ की भांति खिंचाव पैदा करता हैं एक परमाणु के भीतर ग्लूऑन आवेश से क्वॉर्क एवं लेप्टॉन का तो भार है, लेकिन बाह्य रूप से परमाणु का भार बिना गुरूत्व के खिंचाव के शून्य होगा, इसी प्रकार पृथ्वी के वातावरण में पृथ्वी के गुरूत्व बल से यहां वस्तुओं, चीजों का भार है, परन्तु यदि पृथ्वी को बाहर से गुरूत्व बल से न खींचा जाए तो पृथ्वी का भार नहीं होगा, कहने का तात्पर्य यह है कि हर वस्तु अथवा पिंड का भार उसे खींचे जाने वाले गुरूत्व बल पर निर्भर करता है, इस प्रकार हमारे यूनिवर्स में पिंडों का भार भीतर के एक–दूसरे पिंड के आपसी गुरूत्वीय खींचतान से अलग–अलग तय है, जो पिंडों के गतिशीलता से बदल रहा है, लेकिन पूरे यूनिवर्स का भार बाह्य रूप से शून्य है, इस प्रकार यहां इस बात का कोई औचित्य नहीं है, की ब्रह्माण्ड किस पर टिका हुआ है, हमारा ब्रह्माण्ड अनंत मे एक छोटे से क्षेत्र मे फैल रहा है जो अनंत के विशालता के तुलना में एक बिंदु मात्र भी नहीं है। ब्रह्माण्डीय पिंडों से निकलने वाली गुरूत्वीय बल रेखाएं दो प्रकार की होती हैं।

पहला *लम्बवत् गुरूत्व बल रेखाएं*, दूसरा *लहरदार गुरूत्व उत्प्रेक्ष्य गतिकीय बल* रेखाएं। यदि पिंड छोटे पॉकिट आकार का और अत्यधिक मास का होता है तो गुरूत्व बल रेखाएं अतिकेन्द्रीयकृत होकर अधिक दूर तक लम्बवत् व स्ट्रांग होती है, उसके बाद शेष क्षेत्र लहरदार गुरूत्व बल का होता है। लेकिन यदि खगोलीय पिंड का पॉकिट आकार बड़ा तथा कम मास का होता है, तो लम्बवत् गुरूत्व बल क्षेत्र छोटा व क्षीण होता है, शेष क्षेत्र लहरदार गुरूत्व बल का होता है। लहरदार गुरूत्व बल क्षेत्र, लंबवत् गुरूत्व बल प्रक्षेत्र के ठीक बाद चारो आयामों में फैला होता है, जिसे गुरूत्व उत्प्रेक्ष्य गतिकीय बल प्रेक्षत्र कह सकते है जहां गुरूत्वीय बलों का ऐसा जाल होता है जो पिंड के पास मजबूत एवं दूर जाने पर कमजोर होते जाता हैं इस क्षेत्र में अन्य पिंडें अपने अक्ष में घूर्णन के साथ–साथ उस पिंड का चक्रण करते रहते हैं जो अधिक गुरूत्व के होते हैं लेकिन गुरूत्वाकर्षण बल इतना स्ट्रांग नहीं होता कि वह किसी पिंड को खींचकर अपने में मिला सके। बल्कि यहां उपस्थित दो पिंडों के गुरूत्वीय खींचतान एवं इनके द्रव्यमान व भार के प्रतिरोध से आकर्षण एवं विकर्षण के संयुक्ति बल का जन्म होता है यहां आकर्षण बल ही प्रमुख है परंन्तु उसके बराबर व विपरीत विकर्षण बल का आभास होता है, जो गुरूत्वाकर्षण खिंचाव का पिंडीय द्रव्यमान व उसके भार के विरोध के कारण होता है जिससे ये पिंड संतुलन बनाए हुए अपने कक्षा में निरंतर चक्रण करते रहते है यह कक्षा या तो केंद्रीय पिंड के चारों ओर लगभग बराबर हो सकती है जैसे–पृथ्वी सूर्य के चारो ओर लगभग समान कक्षा में चक्रण करती हैं इसकी चक्रण परिहेलियन 14.71 करोड़ किलोमीटर तथा अपहेलियन 15.26 करोड़ किलोमीटर है अथवा ऐसी कक्षा हो सकता है जिसमें चक्रित पिंड एक बार केंद्रीय पिंड के पास तेजी से आती है और आर्च बनाकर दूर चली जाती है जैसे शनि ग्रह जिसका चक्रण परिहेलियन 134.80 करोड़ किलोमीटर तथा अपहेलियन 150.30 करोड़ किलोमीटर है दूरी बढने के साथ–साथ चक्रित पिंड का गति व भार कम होते जाता है और चक्रण करते हुए पास आने पर चक्रित पिंड का गति व भार बढ़ते जाता है इस प्रकार चक्रित पिंड इस क्षेत्र मे आकर्षण–विकर्षण से एक संतुलन का निर्माण कर लेती है इसी कारण चक्रित पिंड

जब केंद्रीय पिंड के पास आती है तो गुरूत्व खिंचाव के कारण भार बढ़ते जाता है और संतुलन कारी बल उसकी गति इतनी बढ़ा देते है कि वह केंद्रीय पिंड में समा जाने से बचा रहता है ठीक उसी प्रकार जब चक्रित पिंड केंद्रीय पिंड से दूर होती जाती है तो कम गुरूत्व खिंचाव के कारण भार घटने लगता है और पिंड कि गति भी कम होने लगती है, जिससे चक्रित पिंड कक्षा से बाहर नही जा पाती। परंतु यह संतुलन कारी बल सदैव कायम रहने वाली नहीं है और ब्रह्माण्ड ऐसा ही नहीं बना रहने वाला है क्यों कि ब्रह्माण्ड एक नित्य परिवर्तनशील जगह है और यहां चक्रित पिंड चक्रण के साथ–साथ केंद्रीय पिंड की ओर सरकते जा रहे है, जैसे हमारी पृथ्वी सूर्य के चक्रण के साथ प्रति वर्ष कुछ मीलीमीटर उसके ओर सरक रही है इतना ही नहीं हमारी मिल्की–वे गैलेक्सी, अपने से बड़े व पड़ोसी गैलेक्सी एण्ड्रोमिडा का चक्रण करते हुए निरंतर उसके ओर सरक रही है। आज ब्रह्माण्ड में विशाल गैलेक्सियां कई अन्य गैलेक्सियो के आपसी विलय से बने है और यह प्रक्रिया आज भी अनवरत जारी है। इस प्रक्रिया में अरबो वर्ष लग सकते है इस प्रकार स्थिर ब्रह्माण्ड कि अवधारणा भ्रामक है। यहां लहरदार गुरूत्वीय उत्प्रेक्ष्य गतिकीय बल प्रक्षेत्र में चक्रित पिंड बदलते गुरूत्व क्षेत्र के कारण आर्च होते हुए प्रगमन करती है साथ ही बदलते गुरूत्व क्षेत्र के कारण चक्रित पिंडों का भार भी बदलता रहता है इन पिंडों का भार उनके द्रव्यमान व गुरूत्वीय खिंचाव के अनुपात में होता है अधिक द्रव्यमान तथा अधिक गुरूत्वीय खिंचाव से पिडों का भार अधिक होता है कम द्रव्यमान तथा कम गुरूत्वीय खिंचाव से पिडों का भार कम होता है। चक्रण करते पिंड जब केंद्रीय पिंड की ओर गति करते पास आते जाते हैं तो लगातार उसका भार व गति बढ़ती जाती है। इसके ठीक विपरीत जब वे केंद्रीय पिंड से दूर जाते है। तो लगातार उसका भार व गति घटती जाती है। इस प्रकार लहरदार गुरूत्वीय उत्प्रेक्ष्य क्षेत्र में चक्रित पिंडों का भार व गति बदलता रहता है। इस डायग्राम से समझने का प्रयास करेंगे।

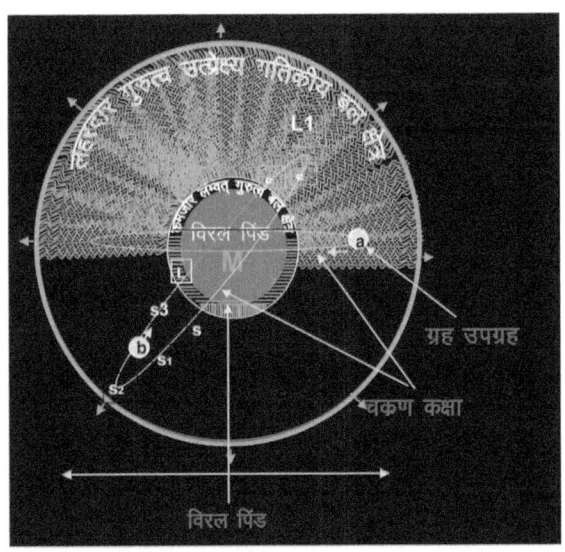

उपरोक्त डायग्राम में विशाल विरल पिंड M है जिसके चारो तरफ L क्षेत्र में कमजोर लंम्बवत् गुरूत्व को देखा जा सकता है। इस क्षेत्र के बाद कमजोर लहरदार गुरूत्व का विशालतम उत्प्रेक्ष्य गतिकीय बल क्षेत्र जिसे L1 क्षेत्र से देखा जा सकता है विशाल विरल पिंड M के चारो ओर दो पिंडे a और b चक्रण कर रहे है a की चक्रण कक्षा में अपहेलियन क्षेत्र एवं परिहेलियन क्षेत्र में थोडा अंतर है परंतु पिंड b की चक्रण कक्षा में अपहेलियन क्षेत्र अधिक एवं परिहेलियन क्षेत्र बहुत कम है जब पिंड b गति करते हुए अपहेलियन क्षेत्र में S से S1, S2 होते हुए S3 की ओर प्रगमन करती है तो S से S1, S2 की ओर उसकी गति व भार निरंतर कम होते जाता है एवं आगे बढ़ते हुए पिंड S3 से होकर परिहेलियन क्षेत्र S4 व S5 की ओर पहुंचता है तो केंद्रीय पिंड के निकट होने के कारण अधिक गुरूत्व से पिंड का भार बढ़ता जाता है जिससे उसकी गति भी बढ़ती जाती है बढ़ता हुआ भार उसे केंद्रीय पिंड के ओर आकर्षित करता है जबकी बढ़ती गति केंद्र में समा जाने से रोकती है

इस प्रकार ब्रह्माण्ड में किसी वस्तु के गति बढ़ने से उसका भार बढ़ता है अथवा गुरूत्व बल के खिंचाव से भार बढ़ने पर पिंड या वस्तु की गति बढ़ जाती है अतः कह सकते है। "किसी वस्तु या पिंड का भार उसे खींचे जाने वाले बल अथवा गुरूत्वाकर्षण बल के सापेक्ष होता है।"

ब्रह्माण्ड में प्रत्येक पिंड गुरूत्वीय बलों का उत्सर्जन करते हैं, जो ब्रह्माण्डीय सृजन कारी ऊर्जा के पदार्थ अथवा मास बनने की लागत है, उपरोक्त पिंडों मे सभी आयामो में गुरूत्व बल प्रभावी रूप से मौजूद है, और इन पिंडों के गुरूत्व बलें मिलकर एक जटिल संसार का निर्माण करते हैं जहां लहरदार गुरूत्व का विशालतम उत्प्रेक्ष्य गतिकीय बल क्षेत्र में कम गुरूत्वीय पिंड निरंतर अधिक गुरूत्वीय व केंद्रीय पिंडों का चक्रण करते रहते हैं इस क्षेत्र में गुरूत्वाकर्षण भिन्नता के कारण काल—अंतराल कर्व होता है और यहां चक्रित पिंडों का गति व भार पल—पल बदलते रहता है जिससे संतुलन कायम रहता है। ब्रह्माण्ड में इस प्रकार जटिल एवं सर्वव्यापी व्यवस्था पाई जाती है। इस व्यवस्था में ग्रह, उपग्रह, नक्षत्र, तारा क्लस्टरर्स, ब्लैक होल, गैलेक्सी, गैलेक्सी क्लस्टरर्स, सुपर क्लस्टरर्स चक्रण करते रहते है अर्थात् उपग्रह द्वारा ग्रहो का चक्कर, ग्रहो द्वारा नक्षत्रों का चक्रण, नक्षत्रों के द्वारा किसी बड नक्षत्रों का चक्रण, नक्षत्रों के द्वारा ब्लैक होल का चक्रण, गैलेक्सी के द्वारा किसी विशाल गैलेक्सी का चक्रण ,गैलेक्सी समूह द्वारा किसी बडे गैलेक्सी समूह अथवा क्लस्टरर्स का चक्रण अथवा क्लस्टरर्स द्वारा सुपर क्लस्टरर्स का चक्रण कियांए निरंतर चलती रहती है।

घने पिंडों मे मास अत्यधिक केन्द्रीयकृत होने से ग्लूट्रॉन क्यूटॉइल्स (गुरूत्व बल) बल लहरें जुड़कर अधिक दूर तक लम्बवत् व स्ट्रांग हो जाती है, घने पिंडों मे गुरूत्वाकर्षण बल की गति बहुत अधिक होती है, ब्लैक होल में इस क्षेत्र को जिसे इवेंट हॉरिजन कहा जाता है किसी भी पदार्थ, वस्तु अथवा गैस को प्रकाश की गति से भी सैकड़ों गुना तेज गति से खींचा

जाता है, यह क्षेत्र इतना बलशाली व स्ट्रांग होता है, कि प्रकाश की किरणे (फोटॉन) भी खींच ली जाती है, और परावर्तित नहीं हो पाती।

यहां किसी वस्तु के गिरने की गति प्रकाश की गति से भी सैकड़ों गुना ज्यादा हो सकती है, *किसी पिंड के इस इवेंट हॉरिजन (घटना क्षितिज) पर स्पर्श करते ही, चरम लम्बवत् गुरूत्व बल के प्रभाव में अतिभारित होते हुए पार्टिकल्स के रूप विखण्डीत होकर कंेन्द्र की ओर खींच लिया जाता है, यहां पदार्थों के अति भारित होने से वे केन्द्र का चक्कर नहीं लगा सकते, बल्कि भार बढ़ने से इनकी गति भी चरम सीमा तक बढ़ जाती है जो ब्लैक होल के लंम्बवत् गुरूत्व क्षेत्र में सीधे केंद्र की ओर होती है और पदार्थ ब्लैक होल में समा जाता है।*

लम्बवत् सीमा के ठीक बाहर व्यापक दूर तक *लहरदार गुरूत्व बल क्षेत्र* विद्यमान रहता है, घने पिंडों में यह बल क्षेत्र विरल पिंडों की अपेक्षा अधिक सघन व मजबूत होता है। यह वह क्षेत्र है, जहाँ पिंडों को गुरूत्व बल के साथ खींचा जाता है, परंतु यह बल इतना मजबूत नहीं होता कि पिंड को खींचकर अपने केन्द्र में मिला सके, पिंड अपने द्रव्यमान व भार से इस खिंचाव का विरोध करता है, गुरूत्वाकर्षण खिंचाव अथवा पिंड के द्रव्यमान अथवा भार के विरोध के फलस्वरूप एक उत्प्रेक्ष्य गतिकीय बल का जन्म होता है, जो कम गुरूत्व पिंड़ को बड़े गुरूत्वीय पिंड के चारो ओर चक्रण करने के लिए प्रेरित करती है, इससे पिंड निरंतर चारो ओर चक्रण करनें लगती है, चक्रण गति से पिंड को और अधिक गुरूत्व बल प्राप्त होने लगता है, जिससे पिंड़ का भार और अधिक बढ़ जाता है, पिंड जोर से खिंचा जाने लगता है, जिससे उसकी गति और बढ़ जाती, गति से भार बढ़ता है, भार बढने से पिंड की गति बढ़ती है गति बढ़ने से पिंड दूरी बनाए रखता है, इस प्रकार दोनो पिंड़ो के बीच एक प्रकार का अभिकेन्द्रक बल का निर्माण होता है, जिस प्रकार एक पत्थर को रस्सी से बांधकर डण्डे से घुमाया जाए तब पत्थर को एक मजबूत आकर्षण बल केन्द्र की ओर खींचता रहता है, वही चक्रण गति व पिंड़ के द्रव्यमान/भार से वह केन्द्र से दूरी बनाए रखता है, इस प्रकार इन दोंनो के मध्य एक सन्तुलन स्थापित हो जाता है, यहाँ आकर्षण बल के साथ–साथ प्रतिकर्षण बल का आभास होता है, परन्तु यहा गुरूत्वाकर्षण बल ही प्रधान बल होता है। ब्रह्माण्ड मे चूंकि लाखो अरबो पिंड एक साथ समूह में जैसे–गैलेक्सी में होते है, वहाँ पर हर पिंड का अपना गुरूत्व बल प्रक्षेत्र होता है, यहा प्रत्येक पिंड गुरूत्व बल से एक–दूसरे से आकर्षित होते हुए चक्रण करते हुए संतुलन बनाए रखते है, यहीं पर गुरूत्व बल से हर पिंड़ को भार मिलता है। घने पिंडो जैसे ब्लैक होल के चारो ओर अरबो पिंडों, नक्षत्रों, तारों, क्लस्टरों व करोड़ों निष्क्रीय ब्लैक होलों की उपस्थिति एक और जटिल व्यवस्था को जन्म देती है और यहां उपस्थित पिंड आकर्षण से स्पाइरल बंध भुजाओं का निर्माण कर लेती है। यहां पर चक्रित पिंडों में समूह मजबूत आकर्षण से बंधे रहते है और गुरूत्वीय उत्प्रेक्ष्य गतिकीय बल का प्रभाव यहां सभी पिंडों पर समान रहती है

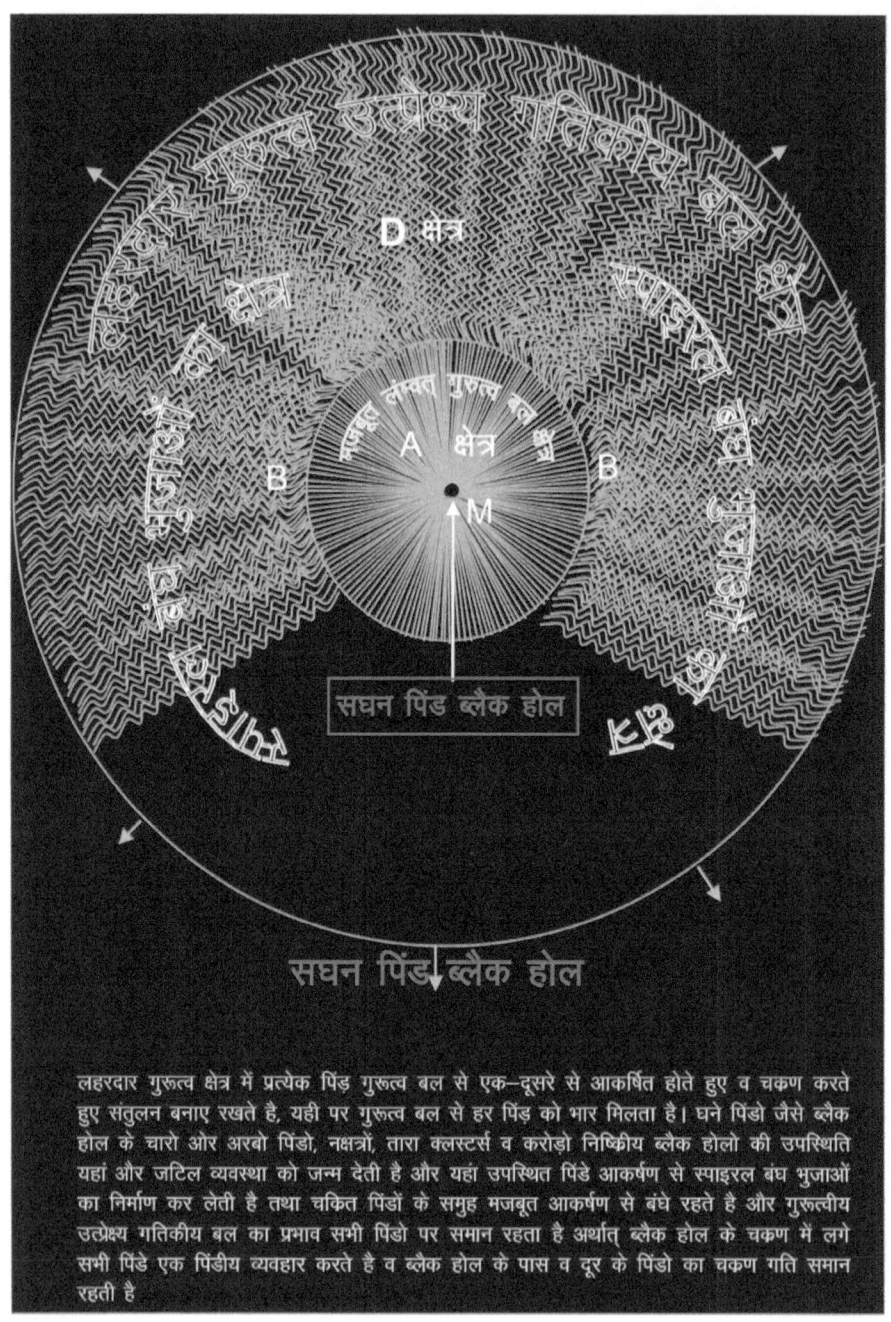

लहरदार गुरूत्व क्षेत्र में प्रत्येक पिंड़ गुरूत्व बल से एक–दूसरे से आकर्षित होते हुए व चकण करते हुए संतुलन बनाए रखते है, यही पर गुरूत्व बल से हर पिंड़ को भार मिलता है। घने पिंडो जैसे ब्लैक होल के चारो ओर अरबो पिंडो, नक्षत्रों, तारा क्लस्टर्स व करोड़ो निष्क्रीय ब्लैक होलो की उपस्थिति यहां और जटिल व्यवस्था को जन्म देती है और यहां उपस्थित पिंडे आकर्षण से स्पाइरल बंघ भुजाओं का निर्माण कर लेती है तथा चकित पिंडों के समुह मजबूत आकर्षण से बंघे रहते है और गुरूत्वीय उत्प्रेक्ष्य गतिकीय बल का प्रभाव सभी पिंडो पर समान रहता है अर्थात् ब्लैक होल के चकण में लगे सभी पिंडे एक पिंडीय व्यवहार करते है व ब्लैक होल के पास व दूर के पिंडो का चकण गति समान रहती है

अर्थात् ब्लैक होल के चक्रण में लगे सभी पिंड एक पिंडीय व्यवहार करती है व ब्लैक होल के पास व दूर के पिंडों का चक्रण गति समान रहती है। उपरोक्त डायग्राम में देखते हैं, कि M ब्लैक होल में BB तक लम्बवत् गुरूत्व बल क्षेत्र है, जबकि D क्षेत्र लहरदार क्षेत्र है,

जहां अरबों पिंडों से मिलकर बने स्पाईरल भुजाँए समान दर से चक्रण करती रहती है। इस प्रकार ब्रह्माण्ड में भार एक महत्वपूर्ण विषय है जो किसी वस्तु अथवा पिंड के द्रव्यमान तथा उसे बाह्य रूप से खींचे जाने वाले बल या गुरूत्वाकर्षण खिंचाव पर निर्भर करता है अर्थात् ब्रह्माण्ड में किसी वस्तु के गुरूत्वीय खिंचाव व उसके द्रव्यमान के अनुपात में भार होता है। अधिक द्रव्यमान व अधिक गुरूत्वीय खिंचाव से पिंड का भार अधिक तथा कम द्रव्यमान व कम गुरूत्वीय खिंचाव से कम भार होता है। लंम्बवत् क्षेत्र में वस्तु या पदार्थ भारित होते हुए केंद्रीय पिंड में गिर जाते हैं। जबकी लहरदार गुरूत्व प्रक्षेत्र में वस्तु अथवा पिंड के पोजिशन, द्रव्यमान, गुरूत्वाकर्षण खिंचाव, भार, एवं गति का ऐसा संतुलन होता है कि यहां पिंड निरंतर घूर्णन व चक्रण करता रहता हैं यहां भी गुरूत्वाकर्षण सदैव आकर्षित करती है न की प्रतिकर्षित। लहरदार गुरूत्व प्रक्षेत्र में चक्रण करने वाले पिंडें गुरूत्वीय उत्प्रेक्ष्य गतिकीय बल से चक्रण करते हुए केंद्रीय पिंड की ओर आकर्षित होते व सरकते हुए अरबो वर्ष में विलय कर जाऐंगें इस प्रकार यह क्षेत्र वह काल–अंतराल है जहां ब्रह्माण्ड भारित, निर्मित, चक्रित व संचालित हो रहा है। जबकी ब्लैक होल कुछ दूरी तक ऐसे काल–अंतराल का निर्माण करती है जो सपाट होता है इस क्षेत्र में आने वाले सभी पदार्थ, पिंड अति भारित होते हुए पार्टिकल्स के रूप में टूटकर इसमें समा जाते है।

इस प्रकार ब्रह्माण्ड में भार महत्वपूर्ण हैं क्वॉर्को को भार तब मिलता है, जब तीन क्वॉर्क अपने आवेश से प्राटॉन व न्यूट्रॉन की तिकड़ी बनाते हैं, यहां इनका भार कई गुना बढ़ जाता है, जो ग्लूऑन आवेश बल के खींचे जाने के कारण होता है, स्टैन्डर्ड मॉडल के अनुसार एक प्रोटॉन uud का भार उसके तीनों क्वॉर्को के द्रव्यमान से कई गुणा अधिक होता है। जैसे कि–

$$u + u + d = \text{प्रोटॉन}$$

$$0.003 + 0.003 + 0.006 = 0.936 \text{ होता है}$$

एक अप u क्वार्क का द्रव्यमान 0.003, दूसरा अप u क्वार्क का द्रव्यमान 0.003 व डाउन क्वार्क का द्रव्यमान 0.006 का योग 0.936 होता है। परमाणु में ग्लूऑन का द्रव्यमान शून्य व क्वार्क का द्रव्यमान सिर्फ पांच फीसदी होता है यहां यह प्रश्न उठता है कि शेष द्रव्यमान कहां से आता है वास्तव में क्वॉर्क व ग्लूऑन की गति व खिंचाव से उत्पन्न ऊर्जा के सापेक्ष होता है। इस प्रकार ब्रह्माण्ड में किसी वस्तु, पिंड का भार उसे खींचे जाने वाले बल, आवेश पर निर्भर करता है। किसी वस्तु का भार खींचे जाने वाले बल से तय होता है, चाहे वह गुरूत्व बल हो चुम्बकीय बल हो, या अन्य किसी बल से खींचा जावे।

क्वॉर्क का भार एक परमाणु के भीतर क्वॉर्को के मध्य ग्लूऑन आवेश से तय होता है, जो परमाणु के भीतर ही है, परमाणु का भार बाह्य रूप से शून्य होगा जब तक परमाणु को किसी आकर्षण बल से न खींचा जावे। इस प्रकार प्रोटॉन व न्यूट्रॉन का भार परमाणु के भीतर उसे खींचे जाने वाले ग्लूऑन आवेश पर निर्भर करता है।

परमाणु के अंदर क्वार्को व लेप्टॉन का ग्लूऑन आवेश से भार है लेकिन बाह्य रूप से परमाणु का भार तब होगा जब इसे बाहर से आकर्षण बल से खींचा जावे।

किसी पिंड के भीतर या धरातल पर वस्तु या पिंड का भार उसके गुरूत्व खिंचाव पर निर्भर करता है लेकिन पिंड का भार तब तक नहीं है जब तक इसे बाहर से किसी अन्य पिंड के गुरूत्व बल से न खींचा जावे।

ब्रह्माण्ड के भीतर पिंडों, ग्रहों, नक्षत्रों, गैलेक्सी का उनके बीच गुरूत्वाकर्षण स्थितियों अनुसार भार है। जबकी बाह्य रूप से पूरे ब्रह्माण्ड का भार शून्य है जब तक इसे किसी अन्य बड़े संरचना या गुरूत्व बल से न खींचा जावे।

इस प्रकार ब्रह्माण्ड में पिंडों का भार उसे बाह्य रूप से खींचे जाने वाले गुरूत्व बलों पर निर्भर करता है। आइए इसे डायग्राम से समझने का प्रयास करेंगे–

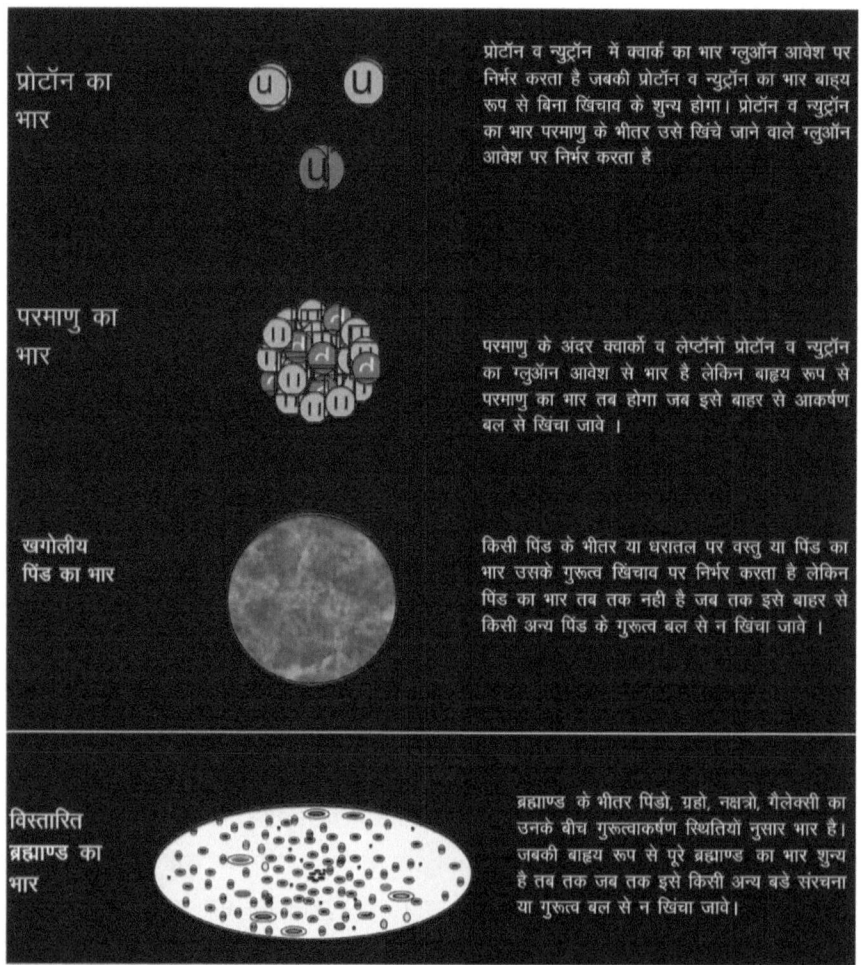

इस प्रकार बह्माण्ड में पिंडों, रचनाओं का भार उसे खींचे जाने वाले बल पर निर्भर करता है, उसकी तीन दशाएं हैः–

1. अत्यधिक गुरूत्व बल खिंचाव से–अत्यधिक भार।
2. कम गुरूत्व बल खिंचाव से–कम भार।
3. शून्य गुरूत्व खिंचाव से–शून्य भार।

ब्रह्माण्ड मे पिंडों का द्रव्यमान तो नियत रहता है परन्तु भार अन्य पिंडों के आपसी खींचतान से तय होता है, यही कारण है, पिंड एक–दूसरे का चक्रण करते हुए सन्तुलन बनाए हुए हैं, ब्रह्माण्ड में भार उसके अन्दर है, जहाँ गुरूत्वाकर्षण क्रियाएं होती है, लेकिन बाहर से ब्रह्माण्ड का भार शून्य है, जहाँ अनंता में अपना विकास कर रहा है, ब्रह्माण्ड के प्रत्येक पिंड़ का भार एक–दूसरे की उपस्थिति, गुरूत्व बल व उनके द्रव्यमान की दशाओं पर निर्भर करता है, अर्थात कहा जा सकता है, कि भार एक सापेक्षित वस्तु है।

यहां पर सबसे महत्वपूर्ण है, गुरूत्वाकर्षण उत्प्रेक्ष्य गतिकीय बल, की कैसे कोई पिंड अपने से अधिक गुरूत्वीय पिंड़ के चारो ओर चक्कर काटती रहती है, यह इतना महत्वपूर्ण है कि आज सारा ब्रह्माण्ड इसी से गतिवान है, जो ब्रह्माण्ड के रचना में महत्वपूर्ण योगदान दे रहा है, साथ ही इसमें ऊर्जा खर्च भी शून्य है, यह सिद्धांत इतना महत्वपूर्ण है, इसे समझकर ऊर्जा संबंधी समस्या को हल करने में भी नए सिद्धांत का प्रतिपादन किया जा सकता है, क्योंकि यह ब्रह्माण्ड में सर्वत्र पाया जाता है, इस सार्वभौमिक एवं जटिल सिस्टम का प्रयोग कर ब्रह्माण्ड निरंतर लाखों अरबो टन पिंडो को चलायमान बनाए हुए हैं, जिससे ब्रह्माण्ड संचालित एवं निर्मित हो रहा है।

6

ब्रह्माण्ड कैसे कार्य करता है गुरूत्वाकर्षण उत्प्रेक्ष्य गतिकीय बल प्रक्षेत्र

इस थ्योरी का महत्वपूर्ण पहलू यह है कि पिंड अपने अक्ष पर घूर्णन के साथ–साथ किसी अन्य पिंड के चारो ओर चक्कर क्यों काटती रहती है इसके पीछे तर्क क्या है? ब्रह्माण्ड में सर्वत्र पाए जाने वाला यह सार्वभौमिक तथा जटिल नियम क्या है?

ब्रह्माण्ड में कम गुरुत्वीय पिंडों द्वारा अधिक गुरुत्वीय पिंडों का निरंतर चक्रण क्यों किया जाता है, यहां हम इस जटिल परंतु सर्वव्यापी सिस्टम को समझने का प्रयास करेंगे।

ऐसा कौन–सा बल है जिसके प्रभाव में खगोलीय पिंडो द्वारा अपने अक्ष पर घूर्णन तथा अपने से अधिक गुरूत्वीय पिंड के चारो ओर चक्रण के लिए विवश हो रहे हैं जैसे चंद्रमा पृथ्वी के चारो ओर चक्कर क्यों लगाती रहती हैं उसी तरह बुध, शुक्र, पृथ्वी, मंगल, वृहस्पति, शनि, यूरेनस नेपच्यून प्लूटो, ग्रह अपने अक्ष में घूर्णन के साथ–साथ सूर्य के चारो ओर अपनी कक्षा में निरंतर परिक्रमा करते हैं यही नहीं मंगल के दो उपग्रह फोबोस व डीमोस, वृहस्पति के 16 चंद्रमाएं, शनि के 18 चंद्रमाएं, यूरेनस के 15 चंद्रमाएं, व नेपच्यून के 8 चंद्रमाएं निरंतर अपने मूल ग्रह का चक्कर लगाते रहते हैं इसके पीछे क्या तर्क है?

सौर मण्डल से आगे बढ़े तो हमारी गैलेक्सी में कई सौर प्रणालियां, तारामण्डल, निहारिकाएं व गैसीय बादलों गैसों धूलों की स्पाइरल भुजाएं है जो ब्लैक होल का चक्कर लगाते हैं। यही नहीं हमारी गैलेक्सी, मिल्की–वे भी अपने पड़ोसी एण्ड्रोमिडा का निरंतर चक्रण करती है। इतना ही नहीं मिल्की–वे और एण्ड्रोमिडा मिलकर किसी बड़े गैलेक्सी समूह का चक्कर काटती है और यह गैलेक्सी समूह मिलकर किसी अन्य बड़े सुपर क्लस्टर का चक्कर काटती है मेरे विचार से पिंडों के घूर्णन व चक्रण में गुरूत्वाकर्षण बल की अहम भूमिका है जिसमें गुरूत्वाकर्षण बल की संतुलन कारी स्थितियां जिम्मेदार होती है जो इन पिंडों के मध्य ऐसे क्षेत्र का निर्माण करती है जिसे *गुरूत्वाकर्षण उत्प्रेक्ष्य गतिकीय बल प्रक्षेत्र* कहा जा सकता है इस गतिकीय क्षेत्र में अरबो–खरबो सौर द्रव्यमान के पिंड निरंतर करोड़ों किलोमीटर की

यात्रा कर रहे हैं। हम भी पृथ्वी रूपी यान में सवार होकर प्रति सेकण्ड 30 किलोमीटर की औसत दर से यात्रा कर रहे है पृथ्वी रूपी हमारा यान इतना विशाल है व गुरूत्वीय बल व प्रभावी वायुमण्डलीय आवरण के कारण हमें इस गति का आभास तक नहीं हो पाता है यही नहीं सम्पूर्ण ब्रह्माण्डीय पिंड गुरूत्वाकर्षण बलों से निरंतर चलायमान बने हुए हैं परंतु इसमें ऊर्जा खपत शून्य है।

सच में ब्रह्माण्डीय रचनाएं आश्चर्यजनक हैं हम अपने सामने ऐसी घटनांऐ घटित होते देखते है जो विश्वास के योग्य नहीं है लेकिन हम विश्वास करके यह मान लेते हैं कि हां ऐसा ही होता है।

गुरूत्वाकर्षण एक जटिल वस्तु है। जिसे प्रयोग में लाना व अध्ययन–परीक्षण करना और भी कठिन है। पृथ्वी में हम रोज गुरूत्वाकर्षण बल का अनुभव करते हैं यह बल हमारे चलने, उठने, दौड़ने, बैठने, खाने, पीने, यहां तक की सभी क्रियाओ में सहायक है। यहां कोई भी वस्तु घरातल से उपर उठाते ही गुरूत्व बल का अनुभव होने लगता है गुरूत्व बल उसे पृथ्वी की ओर खींचने लगती है। जिससे वस्तु में भार का अनुभव होने लगता है। गुरूत्व बल उसे खींचकर पृथ्वी के केंद्र में ले जाना चाहती है लेकिन ठोस घरातल उसे रोक देती है यदि अचानक भूस्खलन आ जाए तो वस्तु धरातल से नीचे चला जाएगा। यह घटना पृथ्वी के लंबवत् गुरूत्व क्षेत्र में घटित होता है। यहां हर वस्तु व पदार्थ धरातल की ओर खींच ली जाती है। इन लंबवत् गुरूत्व के ठीक बाद लहरदार गुरूत्व का क्षेत्र होता है। यहां पर भी पिंड या पदार्थ गुरूत्व बल से केंद्र की ओर खींचा जाता है परंतु यह आकर्षण बल इतना मजबूत नहीं होता की उसे पूर्ण रूप से खींच सके। यहां गुरूत्वीय खिंचाव उसे कुछ गति अवश्य प्रदान करती है लेकिन यहां वस्तु पर जितना आकर्षण बल आरोपित होता है उतना ही पिंड के द्रव्यमान, भार, व गति के कारण वह इस खिंचाव का विरोघ करता है जो आकर्षण बल के बराबर व विपरीत होता है इस खींचतान से पिंड पर उत्प्रेक्ष्य गतिकीय बल आरोपित होता है जिससे पिंड एक दिशा में चक्रण करने लगता है इस प्रकार किसी पिंड के चक्रण में आकर्षण व आभासी विकर्षण की संयुक्ति होती है अर्थात् चक्रित पिंडों को केंद्र की ओर से जितना आकर्षण बल लगता है उतना ही पिंड पर द्रव्यमान व गति से विकर्षण बल आरोपित होता है, इस तरह एक संतुलन बना रहता है। *हम यह भी कह सकते है। कि आकर्षण व आभासी प्रतिकर्षण की युक्ति उत्प्रेक्ष्य गतिकीय बल प्रभाव पैदा करती है जो कम गुरूत्वीय पिंडों को अधिक गुरूत्वीय पिंडों के चारो ओर चक्कर लगाने के लिए विवश कर देती है।* पिंडों के अपने अक्ष पर घूर्णन एवं किसी दूसरे पिंड के चारो ओर चक्कर ही सम्पूर्ण ब्रह्माण्ड को निर्मित, संचालित, व परिवर्तनशील बनाये हुए है। जो गुरूत्वाकर्षण बल के कारण संभव हो रहा है और इसी बल से ग्रहो का निर्माण विकास, घूर्णन, चक्रण व पिंड समूहन, के साथ ब्लैक होलो का निर्माण व विकास, गैलेक्सी का निर्माण व विकास हो रहा है तथा संतुलन बना हुआ है।

ब्रह्माण्ड में दो ही बल प्रमुख रूप से कार्य कर रहे हैं एक तो गुरूत्वाकर्षण बल और दूसरा ब्रह्माण्डीय प्रसार बल। गुरूत्वाकर्षण बल सम्पूर्ण ब्रह्माण्ड को चलायमान बनाती है। सूक्ष्म परमाणु युग से व्यापक खगोलीय युग का आरंभ भी गुरूत्वाकर्षण बल से होता है यह वह बल है जिससे न सिर्फ खगोलीय पिंडों का निर्माण हो रहा है बल्कि इसी बल से पिंडों द्वारा अपने से भारी व ज्यादा गुरूत्वीय पिंडो का निरंतर चक्रण किया जाता है।

गुरूत्वाकर्षण उत्प्रेक्ष्य गतिकीय बल को अपने सौर मण्डल में ही नहीं बल्कि, मिल्की–वे, गैलेक्सियों के समूह के मघ्य तथा ब्रह्माण्ड के हर रचनाओ में देखा जा सकता है यह एक सार्वभौमिक रूप से पाये जाने वाली जटिल व्यवस्था है जिसमें एक कम भारी व कम गुरूत्वीय पॉकेट अपने से भारी व अधिक गुरूत्वीय पॉकेट का चक्कर लगाता रहता है। जब से ब्रह्माण्ड में पिंड अस्तित्व में आयी है तब से यह घटित हो रहा है इस प्रक्रिया की एक और मजेदार रोचक पहलू यह है कि इस घूर्णन एवं चक्रण क्रिया में कोई ऊर्जा खर्च नहीं होता और न ही मास का क्षय होता है न तो इनकी गति कभी मंद पड़ती है।

इस सिस्टम का सबसे महत्वपूर्ण तंत्र गुरूत्वाकर्षण है। गुरूत्वाकर्षण बल आज भी सबसे कम जाना जाने वाला रहस्यमयी बल है, यह बल कहां से पैदा होता और कैसे कार्य करता है अभी भी पूर्ण रूप से परीक्षणात्मक परिणाम उपलब्ध नहीं है। वही प्रख्यात खगोलविद् आइंस्टाइन ने गुरूत्वाकर्षण को मात्र एक भ्रम माना है उनका कहना है कि किसी पिंड के द्रव्यमान से काल–अंतराल के रेशो में एक खिंचाव पैदा होता है जो गुरूत्वाकर्षण का कारण होता है।

सच में ब्रह्माण्ड व उसके रचनात्मकताएं, विभिन्न प्रकार के विचित्रताओं से भरा पड़ा है, आज हम जिस पदार्थ अथवा मास की चर्चा कर रहे हैं, वह भी ऊर्जा ही है, क्योंकि हमारे ब्रह्माण्ड की सृजन ऊर्जा पूँज से हुआ है, अर्थात् सारा पदार्थ ऊर्जा से ही बना है, ऊर्जा की सबसे बड़ी विशेषता होती है, उसकी प्रकृति स्थिर नहीं होती सदैव गतिमान बनी रहती है, वह मास के रूप में भी मांढ़र या ढ़ेर नहीं पड़ी रहती बल्कि वह कई प्रकार के बल वाहक ऊर्जा कणों का उत्सर्जन करके न सिर्फ पदार्थ बल्कि पिंडों, नक्षत्रों, ब्लैक होलों, गैलेक्सियों, गैलेक्सी क्लस्टर्स की रचना कर रहे है साथ ही इनकी गतिशीलता बनाए हुए है। ये बल वाहक कण ऐसे होते हैं, जिससे किसी प्रकार की ऊर्जा खपत नहीं होती जैसे चुम्बकीय पदार्थ निरंतर आकर्षण व प्रतिकर्षण का कार्य करने के बाद भी न तो उसके चुम्बकत्व में कोई ह्रास होता है न ही उसके मास का कोई क्षय होता है, ठीक उसी प्रकार मजबूत नाभिकीय बल निरंतर आवेश से क्वॅार्को को केन्द्रीयकृत करते हुए मजबूत नाभिक का निर्माण करती है, पर यहां भी ऊर्जा खर्च शून्य होती है, न ही किसी प्रकार मास का क्षय होता है, गुरूत्व बल भी नैसर्गिक बल है। जिसका उत्सर्जन प्राथमिक कणों जैसे क्वार्क, लेप्टॉन जैसे कणो से ग्लूट्रॉनिक क्यूटॉईल्स के रूप में होता है, परन्तु यहां क्वॅार्को के मध्य पाए जाने वाले ग्लूऑन आवेश से करोड़ों गुना क्षीण

व कमजोर होता है, लेकिन अधिक दूर तक प्रभावी होता है, क्योकि ग्लूट्रॉनिक क्यूटॉईल्स कणे अत्यंत ही सूक्ष्म व क्षीण होती है, जिससे ये विशाल दूरी तक प्रभावी होते है। गुरूत्वाकर्षण बल सूक्ष्म स्तर जैसे परमाणु, अणु छोटे पदार्थ समूह में नगण्य होते है परंतु जैसे–जैसे प्राथमिक कणें जुड़कर बड़े पिंडों जैसे ग्रह, उपग्रह, नक्षत्र बनाते है, तो इनके सूक्ष्म कणों क्वॉर्क से उत्सर्जित ग्लूट्रॉनिक क्यूटॉईल्स (गुरूत्व) बल लहरें जुड़कर विशाल केन्द्रीयकृत गुरूत्वीय लहरो का उत्सर्जन करते है, जैसे–जैसे पिंड अधिक घने व छोटे पॉकिट आकार ग्रहण करते जाते है, तो मास के अत्यन्त निकट रूप में ठूंसे जाने से अत्यन्त पास–पास उत्सर्जित ग्लूट्रॉनिक क्यूटॉईल्स बल लहरे जुड़कर अत्यधिक प्रभावी व लम्बवत् गुरूत्व बलों का निर्माण करती है।

ब्रह्माण्डीय खगोलीय युग के निर्माण में गुरूत्वाकर्षण बल न सिर्फ महत्वपूर्ण भूमिका अदा कर रही है बल्कि यह कई पिंडों के एक–दूसरे के निकट होने पर आपसी खींचतान से गुरूत्वाकर्षण उत्प्रेक्ष्य गतिकीय बल उत्पन्न करते हैं इससे न सिर्फ पिंडों को भार मिलता है बल्कि आपसी संतुलन कायम कर पिंडों को चलायमान बनाए रखती है।

सच में इन बल वाहक ऊर्जा कणों से न सिर्फ परमाणु, अणु बल्कि खगोलीय ब्रह्माण्ड का निर्माण हो रहा है, जिसमें ऊर्जा खपत शून्य है, अतः यह कहा जा सकता है कि ''पदार्थ से उत्सर्जित बल वाहक कण ऊर्जा के मास बनने की लागत है।'' और इन बलों में गुरूत्वाकर्षण भी शामिल है।

चक्रण करते हुए पिंड आकर्षण बल व आभासी प्रतिकर्षण बल के बीच बना रहता है। अतः यह कहा जा सकता है कि *गुरूत्वाकर्षण उत्प्रेक्ष्य गतिकीय बल क्षेत्र में चकित पिंडों में आकर्षण व आभासी प्रतिकर्षण का संयुक्ति बल निहित होता है।* यहां बड़े व छोटे गुरूत्वीय पिंड के मध्य एक प्रकार का अभिकेंद्रक बल का निर्माण होता है।

जैसे एक डण्डे को गोल घुमाए जाने से उसके छोर में डोरे से बंधा पत्थर चारो ओर घूमते रहता है और एक संतुलन का निर्माण हो जाता है जिसे डायग्राम से समझने का प्रयास करेंगे–

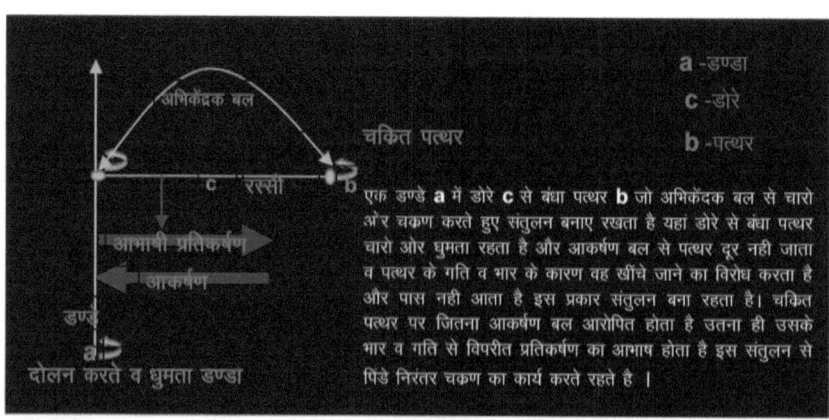

हमें यह भी जानना होगा की गुरूत्वाकर्षण मात्र आकर्षण बल का ही उत्सर्जन करती है न की प्रतिकर्षण बल का, गुरूत्वाकर्षण उत्प्रेक्ष्य गतिकीय बल क्षेत्र में दो पिंडों के आपसी खींचतान *में आकर्षण व आभासी प्रतिकर्षण का संयुक्ति बल निहित होता हैं।* चक्रित पिंडों में लगता आभासी प्रतिकर्षण बल उसके संतुलन–कारी स्थितियों का परिणाम है न की गुरूत्वाकर्षण बल की प्रकृति। यहां ब्रह्माण्ड में जो कॉस्मोलोजिकल–कांस्टेण्ट परिलक्षित हो रहा है वह एक भ्रम मात्र है यहां कोई भी संरचना सदैव स्थिर नहीं बना रहने वाला। ब्रह्माण्ड एक परिवर्तनशील जगह हैं। यह न तो पूर्व में ऐसा था नहीं आगे ऐसा बना रहने वाला है। हमारे सौर मण्डल में भी पिंड चक्रण करते हुए धीरे–धीरे केंद्रीय पिंड की ओर आकर्षित हो रहे है। इतना ही नहीं हमारी गैलेक्सी भी पड़ोसी गैलेक्सी एण्ड्रोमिडा का चक्रण करते हुए धीरे–धीरे उसके ओर सरक रही है और कालांतर में उसमें विलय कर लेगी। आज विध्यमान विशाल गैलेक्सियां ऐसी ही गैलेक्सियों के आपसी विलयन से बने हैं और यह प्रक्रिया आज भी अनवरत जारी है। हमारा ग्रह पृथ्वी भी सूर्य के चारो चक्रण करते हुए उसके ओर सरक रही है भविष्य में यह सूर्य में समा कर नष्ट हो जाएगी। लेकिन इससे पहले ही सूर्य अपने अंत समय में लाल दानव तारा बनने पर फूलकर पृथ्वी व अन्य नजदीकी ग्रहों को खींच लेगा। यही नहीं सम्पूर्ण ब्रह्माण्ड में गैलेक्सियों ने अपने लोकल समूह बना रखे हैं और जो ब्रह्माण्डीय विस्तार में अपना समूह बनाये रखेंगे वे कालांतर में प्रौढ़ होते हुए आपस में महासंकुचन से विलयन कर लेंगे इस प्रकार आज हमे जो ब्रह्माण्ड दिखाई दे रहा है वह न तो प्रारंभ में ऐसा था नहीं भविष्य में ऐसा रहेगा। चुंकि ब्रह्माण्डीय आयु–खरबो वर्ष की होती है इस कारण हमें यह हजारों वर्षों तक ऐसा ही दिखाई देता रहता है, और ब्रह्माण्डीय स्थिरांक का भ्रम पैदा होता है। गुरूत्वाकर्षण उत्प्रेक्ष्य गतिकीय बल में *आकर्षण व आभासी प्रतिकर्षण का संयुक्ति बल निहित होता है,* इस *युक्ति* से एक सन्तुलन का निर्माण होता है, और गुरूत्वाकर्षण उत्प्रेक्ष्य गतिकीय बल अपने क्षेत्र के पिंडों को उत्प्रेक्ष्य गति प्रदान करती है, यहाँ गुरूत्वाकर्षण उत्प्रेक्ष्य गति बल, पास के पिंडों पर अधिक और दूर के पिंडों पर कम होते जाता है, जबकि लम्बवत् गुरूत्वाकर्षण क्षेत्र में सपाट काल–अंतराल पाये जाने से यहाँ पदार्थ समान रूप से भारित होते हुए, केन्द्रीय पिंड के धरातल में गिर जाते है, जबकि लहरदार गुरूत्व क्षेत्र मे नजदीक के पिंड पर अधिक गतिकीय बल अधिक प्रभावी होता है, जिससे इनकी चक्रण गति अधिक होती है, परन्तु दूर जाने पर पिंडो की चक्रण गति कम होती जाती है।

हमारे सौर मण्डल में सूर्यं, केन्द्र में स्थित एक तारा है, यह बाकी शेष ग्रहों से सबसे बड़ा, भारी तथा अधिक गुरूत्व वाला गैसीय पिंड है, इसका आकार का अंदाजा इसी से लगाया जा सकता है कि इसका व्यास 3,920001 किलो मीटर है जबकी पृथ्वी का व्यास 12756 किलो मीटर है। इसका द्रव्यमान पृथ्वी के मुकाबले 3,32,946 गुना अधिक है, यहां गुरूत्व पृथ्वी के गुरूत्व से 27.9 गुना अधिक है।

सौर मण्डल के केन्द्र मे सूर्य स्थित है शेष ग्रहें इसके चारो ओर अपने कक्षा में उत्प्रेक्ष्य गतिकीय बल से चक्कर काटते रहते हैं, सबसे पहला ग्रह बुध है, जो सूर्य के चारो ओर चक्कर लगाता रहता है, इसकी कक्षा अण्डाकार है, यह एक बार सूर्य के पास आ जाता है तब इसकी सूर्य से दूरी 2.8 करोड़ किलोमीटर होता है, तब इसकी चक्रण गति 56.6 किमी./सेकण्ड होती है, और जब यह सूर्य से अधिकत्म दूरी 4.35 करोड़ किलोमीटर होता है, तब इसकी चक्रण गति 38.8 किमी/सेकण्ड होती है, इस प्रकार हम देखते है, कि जैसे–जैसे बुध सूर्य की परिक्रमा करते हुए नजदीक आता जाता है, तब गुरूत्वाकर्षण उत्प्रेक्ष्य गतिकीय बल मजबूती से कार्य करते हुए प्रभावी उत्प्रेक्ष्य बल लगाता है, जिसमें चक्रीत पिंड तेजी से खींचे जाने लगता है, तब बढ़ते गुरूत्व से चक्रित पिंड का भार बढ़ता जाता है, चक्रण करते हुए पिंडों में बढ़ते भार और बढ़ते अत्यधिक गति के कारण वह केंद्रीय पिंड के पास आते हुए भी अपनी दूरी बनाए रखता है, और पिंड निरंतर चक्कर लगाता रहता है और इस प्रकार आकर्षण व आभासी विकर्षण का सन्तुलन कायम रहता है।

हम जैसे–जैसे दूर ग्रह की ओर बढ़ते जाते हैं, हम देखते हैं, गुरूत्वाकर्षण उत्प्रेक्ष्य गतिकीय बल का प्रभाव कम होते जाता है। शुक्र ग्रह जो सूर्य से अधिकतम दूरी 10.89 करोड़ किलोमीटर है की औसत चक्रण गति 35 किमी/सेकण्ड होती है, शुक्र की परिक्रमा कक्षा लगभग गोलाकार है, इस प्रकार देख चुके है, कि जब पिंड सूर्य की परिक्रमा करते समय नजदीक आता है, तो गुरूत्वीय खिंचाव से उसका भार बढ़ता जाता है, यहा गुरूत्वाकर्षण उत्प्रेक्ष्य गतिकीय बल अधिक प्रभावी होकर कार्य करने लगती है, और चक्रित पिंडों की गति कई गुना तक हो जाती है। वही जब पिंड सूर्य से दूर होने लगता है, तब गुरूत्वाकर्षण उत्प्रेक्ष्य गतिकीय बल का प्रभाव कम होने लगता है, जिससे उसकी चक्रण गति कम हो जाती है, चक्रण में केन्द्र से दूरी, गुरूत्वाकर्षण की स्थिति, व चक्रित पिंड का द्रव्यमान, इन सब बातो का प्रभाव पड़ता है, शुक्र ग्रह 35 प्रतिशत अधिक भारी होने से दूर होते हुए भी अधिक उत्प्रेक्ष्य बल प्राप्त कर रहा है, यदि शुक्र ग्रह डायमीटर बड़ाकर 4 गुना कर दे तो गुरूत्व बल कम होने से गुरूत्वाकर्षण उत्प्रेक्ष्य गतिकीय बल का प्रभाव कम होगा जिससे उसके चक्रण गति पर उत्प्रेक्ष्य गतिकीय बल का प्रभाव कम होगा।

आगे बढ़े तो पृथ्वी सूर्य से औसतन 15 करोड़ किलोमीटर दूरी से चक्रण कर रहा है, कि चक्रण गति घटकर 29.70 किमी/सेकण्ड तक रह जाती है, यह उसकी औसत गति है। वही मंगल ग्रह जो 20 करोड़ किलो मीटर दूरी पर स्थित है, कि औसत चक्रण गति 24.90 किलो मीटर है, यह भी एक अण्डाकार कक्षा मे चक्रण करती है, और सूर्य से नजदीक आने पर इसकी चक्रण गति बढ़ जाती है, और दूर जाने पर चक्रण गति कम हो जाती है,। उस प्रकार जुपिटर वृहस्पति का आकार भी बहुत बड़ा है, इसका गुरूत्वीय बल उसके द्रव्यमान के मुकाबले कम है, इसका डायमीटर पृथ्वी से 11 गुना ज्यादा है और मास 318 गुना अधिक

है। जबकी गुरूत्वाकर्षण पृथ्वी के गुरूत्वाकर्षण से 2.54 गुना अधिक है। याने पृथ्वी पर किसी व्यक्ति का भार 100 किलोग्राम है। तो वृहस्पति में 254 किलोमीटर का होगा। यह सूर्य से 80.57 करोड़ किलो मीटर दूर स्थित है, इसकी कक्षा भी अण्डाकार है। चक्रण की औसत गति 13 किलो मीटर/सेकण्ड है, यानि की सूर्य से दूरी 150 करोड़ किलो मीटर है, और चक्रण गति 9.6 किलो मीटर सेकण्ड है, इसका भी व्यास अधिक है, जिससे अधिक मास होते हुए भी गुरूत्वीय प्रभाव कम है, जिससे गुरूत्वीय उत्प्रेक्ष्य गतिकीय बल का प्रभाव कम हो जाता है।

यूरेनस जिसकी सूर्य से अधिकतम दूरी 300 करोड़ किलोमीटर है, इसकी दूरी व व्यास बहुत अधिक है, इसकी चक्रण गति 6 किमी/सेकण्ड है। नेपच्यून ग्रह की सूर्य से दूरी अधिकत्म 454.6 करोड़ किलोमीटर है, यह सूर्य के चारो ओर 5.4 किमी/सेकण्ड की औसत गति से चक्रण करती है।

प्लूटो यह सबसे दूरस्थ स्थित पिंड है, इसका व्यास भी सबसे छोटा है, सूर्य से अधिकत्म दूरी 738 करोड़ किलोमीटर है, जिसकी औसत चक्रण गति 4.7 किमी/सेकण्ड है।

इस प्रकार गुरूत्वाकर्षण उत्प्रेक्ष्य गतिकीय बल की लहरे, लम्बवत् गुरूत्व बल प्रक्षेत्र के समाप्त होने वाली बिन्दु से प्रारंभ होकर अनंत दूरी तक जाती है, लेकिन दूर होते हुए इसका प्रभाव कम होते जाता है, साथ ही यह पिंडों के पॉकिट आकार, उनके द्रव्यमान तथा उनके दूरी के आधार पर निर्भर करती है, सौर मण्डल में हमने देखा की जैसे–जैसे पिंड़ दूर होते जाते हैं, उनकी चक्रण गति कम होती जाती हैं, पिंडों के बड़े आकार व दूर स्थित होने से तथा कम गुरूत्व से उत्प्रेक्ष्य गतिकीय बल का प्रभाव कम हो जाता है। इससे चक्रण गति पर विपरीत प्रभाव पड़ता है।

एक गैलेक्सी में सुपरमॉसिव ब्लैक होल के चारो ओर अरबो नक्षत्र व पिंड स्पाइरल भुजाओं में सकेंन्द्रीत होकर चक्रण करते रहते हैं, यहां सारे पिंड अपने गुरूत्व बल से स्पाइरल भुजाओं का निर्माण कर एक–पिंड की तरह व्यवहार करते है, अर्थात् एक भुजा में स्थित सारे नक्षत्र व पिंड एक सामान गति से ब्लैक होल का चक्रण करते रहते है, यहां पास के व दूर के पिंडों, नक्षत्रों की चक्रण गति समान होती है, इसका मुख्य कारण इसके करोड़ों पिंडों, नक्षत्रों व निष्क्रीय ब्लैक होलों के जबरदस्त आकर्षण से गोलाकार बंध भुजाओं का निर्माण है, जिससे सारे भुजाओ पर गुरूत्वाकर्षण उत्प्रेक्ष्य गतिकीय बल का प्रभाव सामान रूप से पड़ता है।

7

ब्रह्माण्ड कैसे कार्य करता है (गुरूत्वाकर्षण उत्प्रेक्ष्य गतिकीय बल प्रक्षेत्र–एक प्रयोग)

गुरूत्वाकर्षण उत्प्रेक्ष्य गतिकीय बल प्रक्षेत्र, में एक अधिक गुरूत्वीय पिंड, कम गुरूत्वीय पिंडों को अपने अक्ष में घूर्णन तथा अपने चारो ओर चक्रण के लिए किस तरह विवश कर देता है ब्रह्माण्ड में पाये जाने वाले इस जटिल तथा सार्वभौमिक नियम का प्रायोगिक अध्ययन इसलिये, अत्यंत महत्वपूर्ण है क्यों कि हमें एक ऐसा सिद्धांत अथवा उपकरण मिल सकता है जो ब्रह्माण्डीय नियमों के आधार पर कार्य करते हुए हमारी उर्जा संबंधी जरूरतों को पूरा कर सके।

गुरूत्वाकर्षण उत्प्रेक्ष्य गतिकीय बल प्रक्षेत्र, कैसे कार्य करता है याने एक अधिक गुरूत्वीय पिंड, कम गुरूत्वीय पिंड को अपने अक्ष मे घूर्णन व अपने चारो ओर चक्रण के लिए किस तरह विवश कर देता है के अध्ययन में हमने देखा कि पिंडों के घूर्णन व चक्रण में नैसर्गिक गुरूत्वबलों की महत्वपूर्ण भूमिका होती है और इसमें पिंडों का द्रव्यमान, भार, दूरी और गुरूत्वाकर्षण का आपसी संतुलन निहित होता है। हमने जाना कि कोई पिंड जब किसी बड़े पिंड के लहरदार गुरूत्व प्रक्षेत्र में होता है तो विशाल गुरूत्वबल उसे अपने ओर खींचने का प्रयास करती है परंतु यह आकर्षण बल इतना मजबूत नहीं होता की उसे पूर्ण रूप से खींच सके। यहां गुरूत्वीय खिंचाव उसे कुछ गति अवश्य प्रदान करती है लेकिन यहां वस्तु पर जितना आकर्षण बल आरोपित होता है उतना ही पिंड के द्रव्यमान, भार, व गति के कारण वह इस खिंचाव का विरोघ करता है जो आकर्षण बल के बराबर व विपरीत होता है। इस खींचतान से पिंड पर उत्प्रेक्ष्य गतिकीय बल आरोपित होता है जिससे पिंड एक दिशा में चक्रण करने लगता है इस प्रकार किसी पिंड के चक्रण में आकर्षण व आभासी विकर्षण की युक्ति होती है अर्थात् चक्रित पिंडों को केंद्र की ओर से जितना आकर्षण बल लगता है उतना ही पिंड पर

द्रव्यमान व गति से विकर्षण बल आरोपित होता है, इस तरह एक संतुलन बना रहता है। *हम यह भी कह सकते है कि आकर्षण व आभासी प्रतिकर्षण की युक्ति उत्प्रेक्ष्य गतिकीय बल प्रभाव पैदा करती है जो कम गुरूत्वीय पिंडों को अधिक गुरूत्वीय पिंडों के चारो ओर चक्कर लगाने के लिए विवश कर देती है।* हमें गुरूत्वाकर्षण के उत्प्रेक्ष्य गतिकीय बल प्रभाव के परीक्षण के लिए किसी ऐसे युक्ति का सहारा लेना होगा जिसमे आकर्षण व प्रतिकर्षण बलों की युक्ति हो।

कूलम्ब आवेश ऐसा बल है जो पदार्थ अथवा मास से उत्सर्जित होता है और अवश्य होता है। यह चुम्बकीय तथा लौह पदार्थो को आकर्षित करता है जबकी इनके समान घ्रुवों में प्रतिकर्षण पाया जाता है। स्थिर चुम्बक दो घ्रुवीय होते है अतः किसी अन्य चुम्बक के साथ वह आकर्षण व प्रतिकर्षण की कियाए पृथक–पृथक तथा संयुक्त रूप से कर सकता है। इन बातो व विशेषताओं को देखते हुए स्थिर चुम्बक को प्रयोग के लिए चुना गया है जिसके सहायता से हम गुरूत्वाकर्षण उत्प्रेक्ष्य गतिकीय बल के संबंघ में निष्कर्ष निकालने का प्रयास करेंगे कि किस प्रकार आकर्षण व प्रतिकर्षण का संयुक्ति बल एक संतुलन बनाकर ग्रहों, पिंडों को अपने से अधिक गुरूत्वीय पिंडों के चारो ओर चक्कर लगाने के लिए मजबूर कर देते हैं।

यह प्रयोग इसलिए भी अत्यंत महत्वपूर्ण है कि हमें एक ऐसा सिद्धांत अथवा उपकरण मिल सकता है जो ब्रह्माण्डीय नियमों के आघार पर कार्य करते हुए हमारी ऊर्जा संबंधी जरूरतो को पूरा कर सके। हालांकि ब्रह्माण्डीय, दशाएं व स्थितियां प्राकृतिक विचित्रताओं से अटा पड़ा है इसके अलावा यहां के घटक बहुत जटिल व व्यापक है लेकिन जानने की जिज्ञासा व लालसा ही नए कार्य व प्रयोग करने की प्रेरणा देता है अतः गुरूत्वाकर्षण उत्प्रेक्ष्य गतिकीय बल के प्रभाव को समझने के लिए प्रयोग करना होगा।

जब हम किसी पिंड को देखते हैं कि वह अपने से भारी व अधिक गुरूत्व वाले पिंड के चारो ओर अण्डाकार या गोलाकार कक्षा में *चक्रण* करता है *चक्रण करते हुए पिंड आकर्षण बल व आभासी प्रतिकर्षण बल के बीच बना रहता है। अतः यह कहा जा सकता* है कि *गुरूत्वाकर्षण उत्प्रेक्ष्य गतिकीय बल क्षेत्र में चक्रित पिंडों में आकर्षण व आभासी प्रतिकर्षण का संयुक्ति बल निहित होता है* यहां बडे व छोटे गुरूत्वीय पिंड के मध्य एक प्रकार का अभिकेंद्रक बल का निर्माण होता है। जैसे एक डण्डे को गोल घूमाए जाने से उसके छोर में डोरे से बंधा पत्थर चारो ओर घूमते रहता है और एक संतुलन का निर्माण हो जाता है। प्रयोग में हमें ''आकर्षण व प्रतिकर्षण की युक्ति'' की दशाएं उपस्थित करनी होंगी जिसके लिए हमें ऐसे पदार्थ या आवेश की खोज करनी होगी जो आकर्षण व प्रतिकर्षण बलों से युक्त हो।

इस प्रयोग के लिए स्थिर चुम्बक को चुना गया। स्थिर चुम्बक द्विघ्रुवीय होता है दो स्थिर चुम्बकों के विपरीत घ्रुवों में आकर्षण व समान घ्रुवों में प्रतिकर्षण पाया जाता है इन दोनो बलों की युक्ति से एक उत्प्रेक्ष्य गतिकीय बल का प्रभाव उत्पन्न किया जा सकता है इसे समझने से पहले यह जाने की यह चुम्बक क्या है?

ब्रह्माण्ड का प्रत्येक पदार्थ परमाणुओं से मिलकर बना है और प्रत्येक परमाणु एक चुम्बक होता है। परमाणु वह है जो जिसके केंद्र में एक नाभिक होता है जिसमें परमाणु के द्रव्यमान का 99 प्रतिशत केंद्रीत होता है जो धनावेशित होता है यही पर नाभिक के चारो ओर दीर्घवृत्ताकार कक्षा में इलेक्ट्रॉन तीव्र गति से परिक्रमण करते रहते है इसे इलेक्ट्रॉन की कक्षीय गति कहते हैं इलेक्ट्रॉन पर ऋणावेश होता है इस चक्रण गति के साथ–साथ इलेक्ट्रॉन अपने अक्ष पर घूर्णन करते रहते हैं यहां इलेक्ट्रॉन की गति ठीक वैसी ही होती है जिस प्रकार सूर्य के चारो ओर पृथ्वी व अन्य ग्रह अपनी–अपनी कक्षा में चक्रण करते हुए साथ में अपने अक्ष पर भी घूर्णन करती रहती है। इलेक्ट्रॉन के इन्ही गतियों के कारण परमाणु में चुम्बकत्व उत्पन्न होता है चुम्बकत्व उत्पत्ति का मूल कारण आवेशित कणों की गति है। इलेक्ट्रॉन के कक्षीय गति व अपने अक्ष पर घूर्णन दोनों ही गतिविधियों के कारण चुम्बकीय आवेश उत्पन्न होता है लेकिन इलेक्ट्रॉन के अपने अक्ष में घूर्णन से अधिक चुम्बकीय योग होता है

इस प्रकार हर परमाणु एक चुम्बक की भॉति व्यवहार करता है एवं ब्रह्माण्ड का प्रत्येक पदार्थ जो परमाणु से बना है वह एक चुम्बक है एक बड़ा चुम्बक इन्ही परमाणुओं से मिलकर बनता है।

जब पदार्थ में ऐसे परमाणु इकठ्ठा होते हैं जिनके इलेक्ट्रॉन का चक्रण एक ही दिशा में हो तो चुम्बकीय बल जुड़कर एक बड़ा प्रभावी चुम्बक बनाते हैं लेकिन इस बल का प्राथमिक यूनिट परमाणु ही होता हैं। डायग्राम से समझने का प्रयास करेगें:–

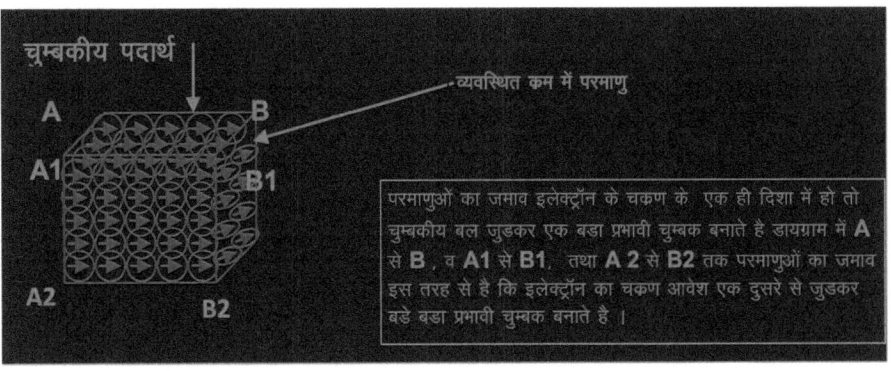

उपरोक्त डायग्राम में परमाणुओं का जमाव इलेक्ट्रॉन के चक्रण के एक ही दिशा में हो तो चुम्बकीय बल जुड़कर एक बडा प्रभावी चुम्बक बनाते है।

जबकी अधिकांश परमाणुओं का जमाव इलेक्ट्रॉन के चक्रण के विषम दिशाओं में होने से वे एक दूसरे के प्रभाव को नष्ट कर देते है और अनुचुम्बकीय हो जाते है वहां परमाणुओं का जमाव कुछ इस तरह से होता हैं। डायग्राम से समझने का प्रयास करेंगें–

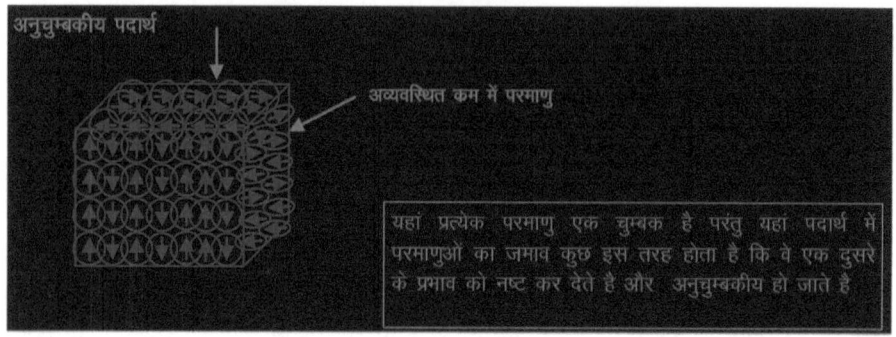

यहां प्रत्येक परमाणु एक चुम्बक है परंतु यहां पदार्थ में परमाणुओं का जमाव कुछ इस तरह होता हैं कि वे एक–दूसरे के चुम्बकीय प्रभाव को नष्ट कर देते है और अनुचुम्बकीय हो जाते हैं।

एक चुम्बकीय बल लूप की भॉति कार्य करती है और सदैव द्विध्रुवीय होती है याने एक चुम्बक में जितना आकर्षण होता है उतना ही प्रतिकर्षण। चुम्बक के दो विपरीत ध्रुवें एक–दूसरे को आकर्षित करती है जबकी समान ध्रुवें एक–दूसरे को प्रतिकर्षण। एक बड़ा चुम्बक को तोड़ने पर वे पुनः दो चुम्बक बन जाते हैं यह तो परमाणु स्तर तक तोड़े जाने पर भी चुम्बक बने रहेंगे क्योंकि परमाणु ही चुम्बकत्व का प्राथमिक इकाई है।

1. चुम्बकीय अध्ययन में यह माना जाता है की चुम्बकीय बल रेखा उत्तर ध्रुव से निकलकर दक्षिण ध्रुव में जाती है। इन बल रेखाओं को इलेक्ट्रीक मैग्नेटिक फोर्स कहा जाता है यह एक लुप की तरह होती है जिसे निम्न डायग्राम से समझ सकते हैः–

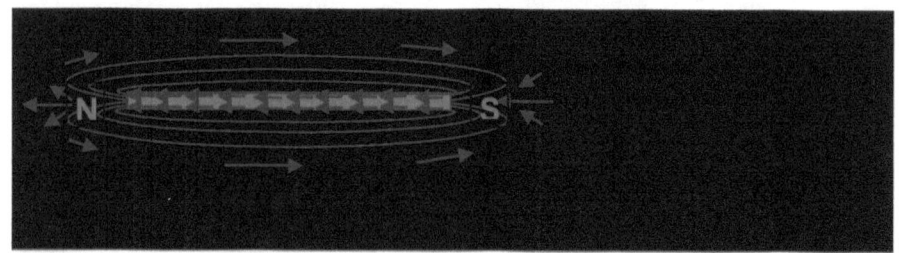

इस डायग्राम में एक छड़ चुम्बक N—S को लिया गया है जिसमें N—नार्थ पोल व S—साउथ पोल को प्रदर्शित करता है यहां बल रेखाए नार्थ पोल से साउथ पोल की ओर जाती है और एक लुप का निर्माण करती हैं चुम्बकीय बल का सबसे प्रभावी क्षेत्र ध्रुवीय क्षेत्र होता है जबकी छड़ चुम्बक के मध्य क्षेत्र में चुम्बकीय बल प्रभाव कम होता है।

2. दो चुम्बक A एवं B को देख सकते हैं यहां दो विपरीत ध्रुवों में आकर्षण होता है चुम्बक के जब दो विपरीत ध्रुवें पास आते हैं तो उनके बीच तीव्र खिंचाव बल एक दूसरे को आकर्षण करता है।

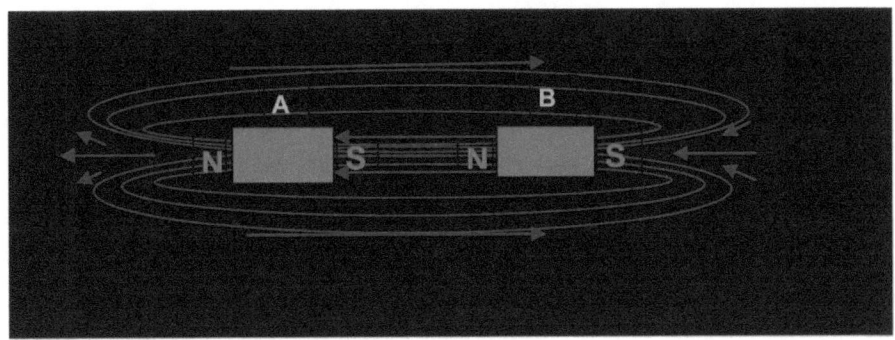

इस प्रकार A एवं B दो चुम्बक हैं जिनके विपरीत घ्रुवें S एवं N, एक–दुसरे के सम्मुख है और आकर्षित कर रहे है यहां वे एक दूसरे से जुड़कर एक बड़े चुम्बक का निर्माण होता है जिसमे अब दो विपरीत घ्रुव मिलकर एक बड़े चुम्बक N—S की तरह कार्य करता है।

3. जब दो चुम्बक A एवं B के समान घ्रुव एक दूसरे के पास आते हैं तो उनके बीच में विकर्षण होता है चुम्बक में जब दो समान घ्रुवें पास आते है तो उनके बीच तीव्र रूप से विपरीत चक्रित इलेक्ट्रॉन आवेश बल एक दूसरे को दूर ढ़केलता है।

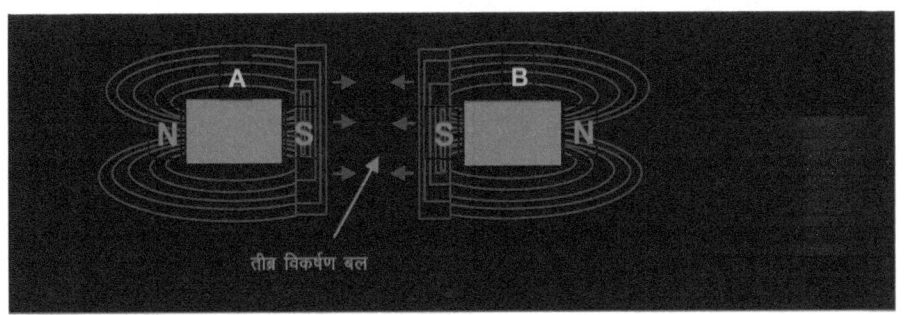

तीव्र विकर्षण बल

इस डायग्राम में हम देखते है जब दो चुम्बक A एवं B के समान घ्रुव S—S एक दूसरे के पास आते है तो उनके बीच में तीव्र प्रतिकर्षण होता है चुम्बक कें जब दो समान घ्रुवें पास आते है तो उनके बीच तीव्र रूप से विपरीत चक्रित इलेक्ट्रॉन आवेश बल एक दूसरे को दूर ढ़केलता है

इस प्रकार एक परमाणु नैसर्गिक रूप से आवेश युक्त होता है और इसमें जितना आकर्षण होता हैं उतना ही प्रतिकर्षण। अतः यह कहा जा सकता है कि एक चुम्बक में आकर्षण व प्रतिकर्षण बलों की युक्ति निहित होती है। ठीक इसी तरह खगोलीय गतिविधियों में हम देखते हैं कम गुरूत्वीय पिंड अपने से अधिक गुरूत्वीय पिंड का चक्रण करता रहता है तब यहां भी दो पिंडों के मध्य आकर्षण व आभासी प्रतिकर्षण बलों की युक्ति कार्य करती है जिससे दो पिंडों के मध्य एक संतुलन कायम रहता है अतः स्थिर चुम्बकों का प्रयोग कर हम ऐसे संतुलनकारी

स्थितियां पैदा कर सकते हैं जिससे हम जान सकते हैं कि अंतरिक्ष में गुरूत्वाकर्षण उत्प्रेक्ष्य गतिकीय बल किस प्रकार पिंडो को निरंतर चक्रण हेतु प्रेरित कर रही है।

वास्तव में, गुरूत्वीय शक्ति एवं चुम्बकीय शक्ति में भिन्नता है इसके साथ अंतरिक्ष व्यवस्था अत्यंत व्यापक जटिल हैं जो निरंतर तथा प्रभावी रूप से कार्य करती है फिर भी बल के उत्प्रेक्ष्य गति को समझने के लिए चुम्बकीय शक्ति का प्रयोग कर सकते है यह बल भी गुरूत्व बल की तरह अदृश्य होती हैं साथ ही यह मास से उत्सर्जित होती है और दोनों प्रकार के बल के कियान्वयन से उर्जा खर्च शून्य है।

आइये अब जाने गुरूत्वाकर्षण व चुम्बकीय शक्ति में क्या अंतर है:–

गुरूत्व बल	चुम्बकीय बल
1. गुरूत्व बल किसी दो पिंडों या अधिक के मध्य कार्य करता है।	1. चुम्बकत्व दो या अधिक चुम्बकीय पदार्थ के मध्य एवं चुम्बक तथा लौह पदार्थों के मध्य कार्य करता है।
2. गुरूत्व बल सदैव आकर्षण बल आरोपित करता है।	2. चुम्बकत्व में आकर्षण व प्रतिकर्षण बलों की युक्ति निहित होती है।
3. ब्रह्माण्डीय पिंडों, ग्रहों नक्षत्रों में गुरूत्व बल तो होता ही है लेकिन दो पिंडों के पास आने व आकर्षण से भारी होते व गति करते पिंडों में आभासी विकर्षण उत्पन्न हो जाता है इन पिंडों में चुम्बकत्व भी हो सकता है जैसे सूर्य, पृथ्वी।	3. पिंड उपग्रह ब्लैक होल को सुपरमॉसिव मैगनेट भी कहा जाता है।
4. गुरूत्व बल परमाणु स्तर पर क्षीण व कमजोर होता है।	4. चुम्बकीय बल परमाणु स्तर पर गुरूत्व बल से लाखो गुना बलशाली होता है।

गुरूत्वाकर्षण व चुम्बकीय शक्ति में अंतर जानने के बाद इनके बीच क्या–क्या समानता है जानने का प्रयास करेंगे :–

1. जब हम दो चक्रित पिंडों के बीच गुरूत्वाकर्षण उत्प्रेक्ष्य गतिकीय बल को देखते हैं तो यहां आकर्षण के साथ–साथ आभासी विकर्षण बल भी देखने को मिलता हैं लेकिन गुरूत्वाकर्षण बल में आकर्षण बल ही एकमात्र बल है। जबकी आभासी विकर्षण बल एक संतुलन कारी बल है अर्थात् चकित पिंडों को केंद्र की ओर से जितना आकर्षण बल लगता है उतना ही पिंड पर द्रव्यमान व गति से विकर्षण बल आरोपित होता है, इस तरह एक संतुलन बना रहता है। हम यह भी कह सकते है कि आकर्षण व आभासी प्रतिकर्षण की युक्ति उत्प्रेक्ष्य गतिकीय बल प्रभाव पैदा करती

है जो कम गुरूत्वीय पिंडों को अधिक गुरूत्वीय पिंडों के चारो ओर चक्कर लगाने के लिए विवश कर देती है।

स्थिर चुम्बक द्विध्रुवीय होता है दो स्थिर चुम्बकों के विपरीत ध्रुवों में आकर्षण व समान ध्रुवों में प्रतिकर्षण पाया जाता है इन दोनों बलों की युक्ति से एक उत्प्रेक्ष्य गतिकीय बल का प्रभाव उत्पन्न किया जा सकता है।

2. दोनो प्रकार के बल, उर्जा वाहक कणो से गमन करते है चुम्बक में बलवाहक कण फोटॉन उर्जा से संविहित होता है जो अदृश्य होता है।

गुरूत्व बल में ग्लूट्रॉनिक क्यूटॉईल्स उर्जा वाहक कण होती है जो केंद्रीयकृत आकर्षण बल से युक्त होते है साथ ही ये कण भार रहित व अत्यंत सूक्ष्म व अदृश्य होते है।

3. ये दोनो प्रकार के बल, जो उर्जा वाहक कणों से संचरित होते है इनके कार्य क्रियान्वयन से उर्जा खर्च शून्य होता है और न ही किसी प्रकार के मास का क्षय होता है। अतः इनकी क्रियाऐ कभी मंद नहीं पड़ती।

आइये चुम्बकीय बलों की युक्ति से गुरूत्वाकर्षण उत्प्रेक्ष्य गतिकीय बल को समझने का प्रयास करें कि किस तरह खगोलीय संसार में कम गुरूत्वीय पिंड, अधिक गुरूत्वीय पिंडों के चारो ओर चक्रण करने के लिए विवश कर दी जाती है।

हमने अध्ययन से जाना की चुम्बकत्व, परमाणु में इलेक्ट्रॉन के घूर्णन व चक्रण की गति के कारण होता है तब यह प्रश्न उठता है कि क्या चुम्बकत्व भी गति पैदा कर सकता है? इस संबंध में कहा जा सकता है कि–

''जब एटम में इलेक्ट्रॉन के घूर्णन व चक्रण की गति के कारण चुम्बकत्व प्राप्त होता है तो चुम्बकत्व से भी गतिज ऊर्जा की प्राप्ति होगी''

हम यहां गुरूत्वाकर्षण उत्प्रेक्ष्य गतिकीय बल के परीक्षण के लिए चुम्बक में आकर्षण व प्रतिकर्षण बलो के ऐसे संतुलन अर्थात संयुक्ति बलों का प्रयोग करेंगे और उस उत्प्रेक्ष्य गतिकीय बल का अनुभव करेंगे जिससे आज खगोलीय संसार में कम गुरूत्वीय पिंड, अधिक गुरूत्वीय पिंडों के चारो ओर चक्रण करने के लिए विवश हो रही है। आइये प्रयोग की रूपरेखा शुरू करें–प्रयोग के लिए चाहिये

1. चार डिस्क मैग्नेट।

2. चार आर्च मैग्नेट।

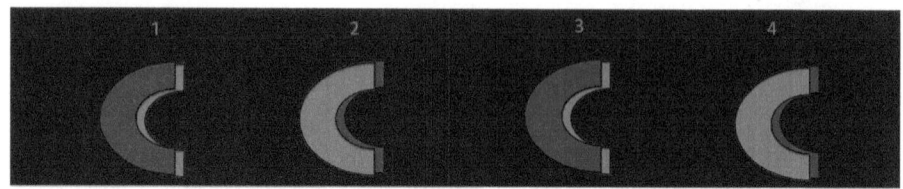

3. चारो ओर पैकप हेतु एक बेलनाकार मैग्नेट। जिसमें अंदर की दिवार में एक ध्रुव और बाहर की दिशा में अन्य ध्रुव होना चाहिए।

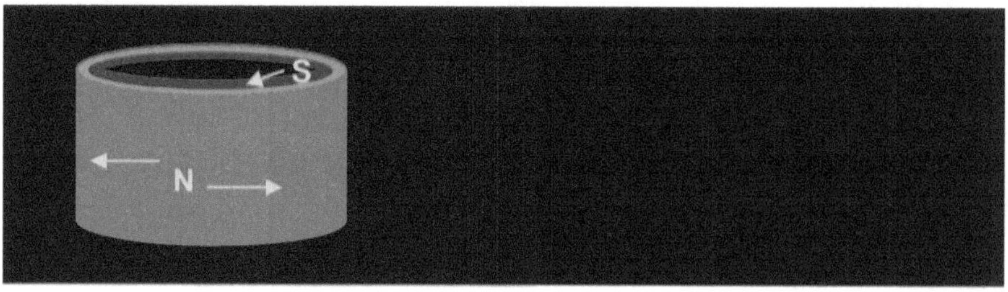

खगोलीय ब्रह्माण्ड में गुरूत्वाकर्षण उत्प्रेक्ष्य बल चारो ओर से पिंड को गति करने के लिए उत्प्रेरित करती है वैसे ही यहां चुम्बकीय आवेश आकर्षण व विकर्षण की युक्ति से क्रिया कर चुम्बकीय घूर्णी को आगे उत्प्रेक्ष्य करती है। प्रयोग करने के लिए आगे हम दो डिस्क चुम्बक को एक साथ जोड़ लेंगे जो स्वतः आकर्षित होकर जुड़ जाते हैं–

4. चारो डिस्क मैग्नेट को जोड़कर दो प्रभावी डिस्क मैग्नेट बनाना।

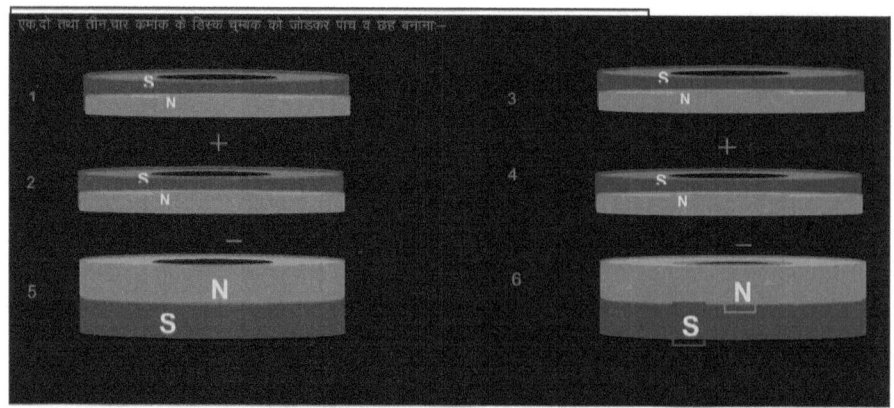

क्रमांक एक व दो डिस्क मैग्नेट को जोड़कर क्रमांक पांच बनाएंगे उसी प्रकार क्रमांक तीन और चार जोड़कर क्रमांक छः तैयार कर लें। यहा उक्त डिस्क मैग्नेट स्वतः एक दूसरे से जुड़ेंगे क्योंकि विपरीत ध्रुवों को जोड़ना होगा। इससे ये अधिक प्रभावी होंगे।

5. चार आर्च मैग्नेट को जोड़कर दो आर्च प्रभावी मैग्नेट एवं एक घूर्णी की व्यवस्था बनानी है चार आर्च मैग्नेट में एक और दो को जोड़कर a तथा तीन व चार को जोड़कर b बनाएंगे। आर्च मैग्नेट को स्वत: जुड़ने वाली स्थितियों में जोड़नी होगी याने इन्ह विपरीत ध्रुवों से जोड़नी होगी निम्न डायग्राम में इसे समझ सकते है।

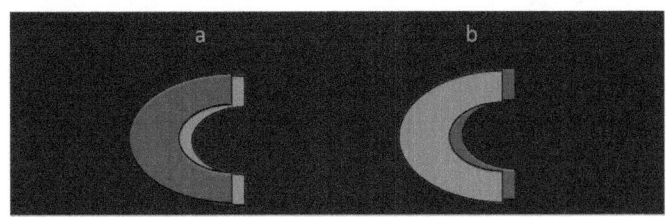

उपरोक्त आर्च को फीट करने के लिए एक घूर्णी की व्यवस्था करनी होगी जिसमें हम उपरोक्त आर्च a व b को नीचे दर्शाए गए डायग्राम के अनुसार जोड़ेगें।

6. उपरोक्त 3, 4, एवं 5 को मिलाकर निम्नानुसार व्यवस्थित करेंगे।

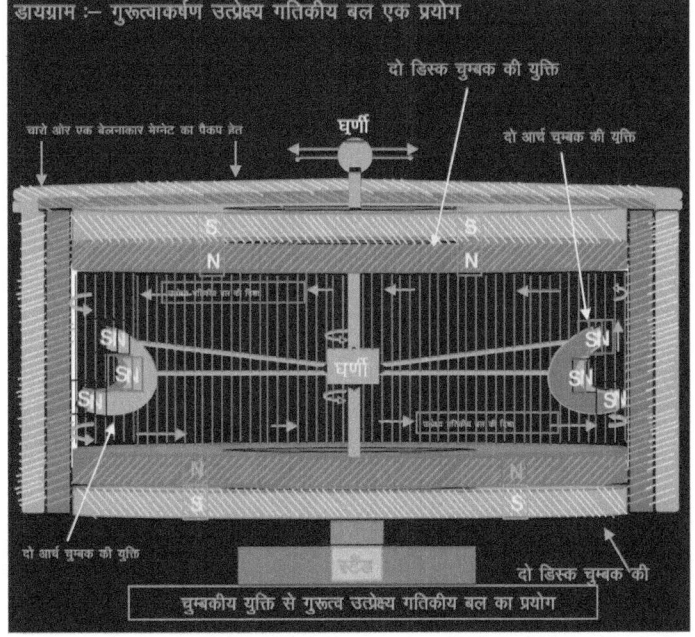

निम्न डायग्राम में हम देख सकते हैं कि एक बेलनाकार बड़ा मैग्नेट घूर्णी के चारो ओर व्याप्त है इसके टॉप और बॉटम में डिस्क मैग्नेट का सेक्शन लगा है इस डिस्क मैग्नेट के बीचोबीच घूर्णी की व्यवस्था हैं जिसमें आर्च मैग्नेट फीट किया गया है।

इस प्रयोग में, डायग्राम में देखते हैं कि युक्ति के चारो ओर भीतर भाग में N north ध्रुव का प्रभाव है इसे बेलनाकार मैग्नेट और डिस्क मैग्नेट के भीतरी भाग में देखिए।

घूर्णी में फीट आर्च मैग्नेट को जब प्रयोग के लिए तैयार मैग्नेटिक फील्ड में रखा जाता है तो हमें घूर्णी में एक जबरदस्त उत्प्रेक्ष्य गतिकीय बल का आरोपण देख सकते हैं ठीक यह वैसा ही होता है जैसे विशाल गुरूत्वाकर्षण युक्त बड़े पिंड के वातावरण में छोटे पिंड के चारो ओर चक्रण के लिए उत्प्रेक्ष्य गतिकीय बल का प्रभाव होता है।

यहां घूर्णी के चक्रण की दिशा उसमें फीट आर्च मैग्नेट के ध्रुव व उसके बाहर चारो ओर के मैग्नेट प्रभाव के घ्रुव के सदिश होता है। जैसे ही हम घूर्णी को घुमाते है हम एक प्रभावी उत्प्रेक्ष्य गतिकीय बल का अनुभव करते है यह बल ठीक उसी प्रकार होता है जैसा कि बाह्य अंतरिक्ष में चक्रित ग्रहों पर आरोपित होता रहता है। यह प्रयोग इतना महत्वपूर्ण हो सकता है कि ब्रह्माण्ड में सार्वभौमिक रूप से चक्रित पिंडों के तकनीक का इस्तेमाल कर हम अपने ऊर्जा जरूरतों को पूरा कर सकते है। और एक ऐसा तकनीक इजाद कर सकते है जिससे निरंतर गतिज ऊर्जा प्राप्त किया जा सके और जिसकी लागत शून्य हो।

8

ब्रह्माण्ड कैसे कार्य करता है "ऊर्जा ही सब कुछ है"

ब्रह्माण्ड, ऊर्जा एवं मास का अत्यधिक जटिल घालमेल है मास का ऊर्जा के रूप में तथा ऊर्जा का मास के रूप में परिवर्तन संभव है। ब्रह्माण्ड का सृजन व अंत क्रमशः ऊर्जा का मास व का मास प्योर ऊर्जा में परिवर्तन है। बिग–बैंग के बाद चारो ओर फैले असीम ऊर्जा का मास रूपान्तरण ही ब्रह्माण्ड के सृजन का कारण है तो प्रसारी ब्रह्माण्ड में असीम संग्रहित सिंगल मॉसिव पिंड का टेंसकाल में प्योर ऊर्जा में तब्दील होना एक ब्रह्माण्डीय युग का अंत है सच में ऊर्जा का निर्माण अथवा विनाश असंभव है संभव है तो मात्र, कई रूपों में रूपांतरण जिसके कारण ऊर्जा ब्रह्माण्ड का कारण और कारक दोनो है।

ब्रह्माण्ड के हर निर्माण में पदार्थ व उर्जा का घालमेल होता है स्थिर से स्थिर तथा मांढ़र पड़े पदार्थ में भी ऊर्जा निहित होती है हमारे ब्रह्माण्ड का प्रारंभ भी तो ऊर्जा रूपी–पूँज से हुआ था, कालांतर में इसी ऊर्जा से क्वॉर्क व लेप्टॉन जैसे प्राथमिक पार्टिकल्स बने, जिससे बाद में प्रोटॉन, न्यूट्रॉन, नाभिक, परमाणु, अणु, तथा पदार्थों की रचना हुई जिससे ग्रह पिंड नक्षत्र व अन्य खगोलिय संरचनाऐं अस्तित्व में आये। इन पदार्थों एवं पिंडों को "Rest of Energy" कह सकते हैं। क्योंकि यह ऊर्जा का ही परिवर्तित रूप है। ऊर्जा से ही सम्पूर्ण ब्रह्माण्ड निर्मित, संग्रहित, संचालित, व प्रसारित हो रहा है। सच में ब्रह्माण्ड में ऊर्जा ही सब कुछ है, आइये ब्रह्माण्ड एवं ऊर्जा को समझने का प्रयास करें।

वर्षों पहले महान् वैज्ञानिक आइंस्टाइन ने $E=MC^2$ का समीकरण देकर यह स्पष्ट कर दिया था कि ऊर्जा व पदार्थ (मास) एक ही हैं। अर्थात् ऊर्जा को मास में और मास को ऊर्जा में परिवर्तित किया जा सकता हैं। परमाणु विस्फोट से प्राप्त ऊर्जा इसी पर आधारित है, इस प्रकार पदार्थ से ऊर्जा का व ऊर्जा से पदार्थ का निर्माण होता हैं लेकिन यहां भी कुछ पेंच हैं। "Rest of Energy" याने पदार्थ ऊर्जा का रूप तो हैं ही पर वह मास के रूप में स्थिर या ढेर न रहकर अपनी प्रकृति नुसार, कई प्रकार के *बल वाहक ऊर्जा कणों* का उत्सर्जन करके

कार्य क्रियान्वित करती रहती है। इस प्रकार के बल वाहक ऊर्जा कणों के कार्य कियान्वयन में ऊर्जा व मास का क्षय शून्य होता हैं जैसे स्थिर चुम्बक निरंतर आकर्षण बल पैदा करने के बाद वह न तो मांद पड़ती है और न ही उसका किसी प्रकार का मास का क्षय होता हैं।

ब्रह्माण्ड में मुख्य तौर से दो प्रकार के बल वाहक कण कार्य कर रहे हैं एक तो गुरूत्वाकर्षण बल है जो सम्पूर्ण खगोलीय ब्रह्माण्ड, को निर्मित, संग्रहित व गतिवान बनाए हुए है जबकी दूसरा ब्रह्माण्डीय प्रसार बल जिससे ब्रह्माण्ड चारो ओर रैखिक विस्तार कर रही है।

इन बलों को और विस्तार से जानने के लिये उन सूक्ष्म बल वाहक कणों को जानना होगा जो ग्लू के रूप में कार्य करते हुए क्वार्क से प्रोटॉन, न्यूट्रॉन एवं नाभिक, तथा इलेक्ट्रॉन के जुड़ने से परमाणु, अणु व पदार्थ की रचना कर रहे है। ब्रह्माण्डीय रचना, क्वॉर्क स्वतंत्र नहीं रह सकते इनमें नैसर्गिक आवेश होता है और ये एक–दूसरे से कियाकर व ऊर्जा का आदान–प्रदान करते हुए मजबूत आवेश पैदा करते है। इसी आवेश बल से प्रोटॉन व न्यूट्रॉन बने। नैसर्गिक ग्लूऑन आवेश ने प्राथमिक ग्लू के रूप में कार्य कर तीन क्वॉर्को की तिकड़ी बनाये जिससे प्रोटॉन व न्यूट्रॉन जैसे पार्टिकल्स बने। ये पार्टिकल्स भी ग्लूऑन आवेश से पूर्ण थे, के आपसी आकर्षण से नाभिकीय युग का जन्म हुआ। नाभिक के अंदर चले तो दो प्रोटॉन व दो न्यूट्रॉन का युग्म प्राप्त होता है यहां दो प्रोटॉन व दो न्यूट्रॉन एक साथ रह सकते है जबकी सामान्य सी बात है कि दो समान आवेशों में प्रतिकर्षण होता है लेकिन नाभिक में दोनों प्रोटॉन व दोनों न्यूट्रॉन एक साथ होते है इतना ही नही ये इतने निकट होते है कि इनमें और अधिक विकर्षण होना चाहिए परंतु नाभिक में इतना जकड़े रहने वाला केंद्रीयकृत बल इतना शक्तिशाली होता है कि इन्हे एक संक्षिप्त बिंदु पर जकड़े रहता है परंतु इसका प्रभाव बहुत कम दूरी तक होता है। अधिक दूरी पर यह बल खत्म हो जाता है यह बल सूक्ष्म दूरी तक अत्यंत स्ट्रांग होता है और इसी कारण नाभिक से एक प्रोटॉन को दूसरे प्रोटॉन से दूर नही ले जा सकते और न ही न्यूट्रॉन को दूर ले जा सकते, यदि हम इन्हे दूर ले जाना चाहे तो बहुत अधिक बल लगाना होगा यह इस तरह होता है कि क्वॉर्को के बीच दूरी बढ़ने पर आवेश बल बढ़ जाता है और मजबूती से रबड़ की तरह खींचने लगता है स्टैंडर्ड मॉडल के अनुसार ऐसा माना जाता है कि आठ क्वार्को से आठ ग्लूऑन द्वारा आवेश बल से इनके मध्य एक मजबूत नाभिकीय बल का निर्माण होने लगता है। इन बल कणों का कोई द्रव्यमान नही होता। ये बल आवेश लगातार क्वॉर्को को आकर्षित करके केंद्रीयकृत बल प्रभाव पैदा करती है अतः कहा जा सकता है कि मजबूत नाभिकीय बल पहला ग्लू होता है जो ब्रह्माण्ड में प्रथम केंद्रीयकृत भारीत नाभिक की रचना करता है इसे ब्रह्माण्डीय रचना की प्राथमिक ईट कहा जा सकता है।

नाभिक जो घनावेश से परिपूर्ण थे कालांतर में ऋणावेश इलेक्ट्रॉनों से मिलकर परमाणु बनाए। इस प्रकार इलेक्ट्रॉनों के जुड़ने से परमाणु युग का प्रारंभ हुआ। परमाणु में इलेक्ट्रॉनों के चक्रण से कूलम्ब आवेश पैदा होता हैं यह बल ऐसा होता है कि दूर चले जाओं तो बल

नही है पास आओ तो आकर्षण बल हैं परमाणु के इस बल को आण्विक बल भी कहा जाता है जो चुम्बकत्व का कारण हैं। आण्विक बल के जुड़ने से अणु व पदार्थ बने। इस प्रकार यह कूलम्ब आवेश दूसरा ग्लू था जिसने परमाणुओ को आण्विक बल से जोडकर, अणु व पदार्थ बनाए। हमें पता हैं कि किसी परमाणु के धन आवेश व ऋण आवेश समान होता है इस कारण परमाणु उदासीन होता हैं और इलेक्ट्रॅान व प्रोटॉन की खरबों यूनिट्स होने के बाद भी वे न्यूट्रलाईज पड़े रहते हैं प्रश्न यह उठता है कि जब परमाणु एक–दूसरे से उदासीन होते है तब स्थायी अणुओं का निर्माण कैसे होता है इसका उत्तर भी महत्वपूर्ण है एक परमाणु का आवेशित हिस्सा दूसरे परमाणु के आवेशित हिस्सा से प्रतिक्रिया कर सकता है जिससे कई परमाणु एक–दूसरे के पास आकर्षित होकर जुड़ना आसान बना देते हैं। और इससे अणु व पदार्थ का निर्माण होता हैं।

यहां एक छोर पर धनावेश व दूसरे छोर पर ऋणावेश होता है अतः धन व ऋणावेश का केंद्र एक जगह नहीं होता बल्कि वे एक–दूसरे से पृथक होते है और दूर–दूर होते हैं डायग्राम से समझने का प्रयास करेंगे।

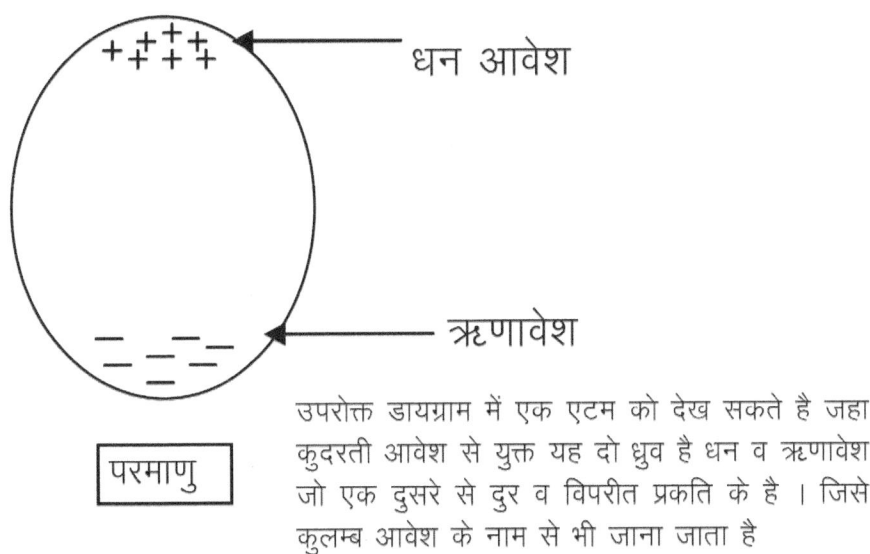

उपरोक्त डायग्राम में एक एटम को देख सकते है जहा कुदरती आवेश से युक्त यह दो ध्रुव है धन व ऋणावेश जो एक दुसरे से दुर व विपरीत प्रकति के है । जिसे कुलम्ब आवेश के नाम से भी जाना जाता है

इस प्रकार एक परमाणु में डॉयपोल की स्थिति होती है और जब दो परमाणु एक–दूसरे के पास लाया जाता है। तो उनके बीच बल लगने लगता है यहां इस बल को आण्विक बल कहा जाता है इस बल से जुड़कर दो या कई परमाणु अणु बनाते है आण्विक बल कि प्रकृति कुछ इस तरह होता है कि यह बल बहुत दूर से शून्य प्रतिक्रिया व पास आने से आकर्षण बल के रूप में होता है डॉयग्राम से समझने का प्रयास करेगें।

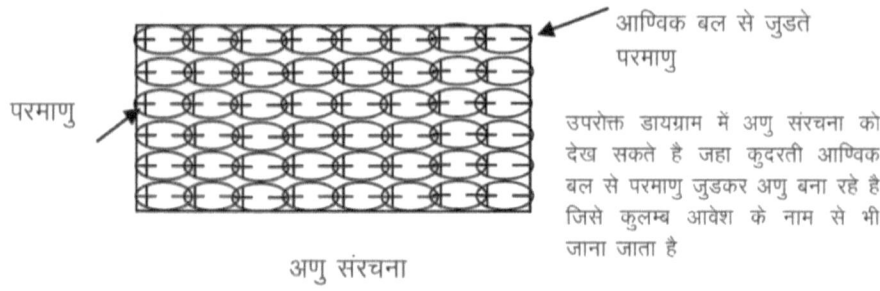

आण्विक बल से जुडते परमाणु
परमाणु

उपरोक्त डायग्राम में अणु संरचना को देख सकते है जहा कुदरती आण्विक बल से परमाणु जुडकर अणु बना रहे है जिसे कुलम्ब आवेश के नाम से भी जाना जाता है

अणु संरचना

उपरोक्त डायग्राम में अणु संरचना को देख सकते हैं जहां कुदरती आण्विक बल से परमाणु जुड़कर अणु बना रहे हैं यह कूलम्ब आवेश मजबूत नाभिकीय बल से काफी कमजोर होता है जबकी परमाणु स्तर पर यह गुरूत्व बल से हजारों गुना बलशाली होता है कूलम्ब आवेश की प्रकृति इस प्रकार होती है 1) यह आवेश एक नैसर्गिक बल है जो सभी परमाणु में पाया जाता है और परमाणु के दूर जाने पर कम होने लगता है व पास आने पर बढ़ने लगता है 2) इलेक्ट्रॉन के नाभिक के चारो ओर चक्रण व अपने अक्ष पर घूर्णन का योग कूलम्ब आवेश होता है। 3) कूलम्ब आवेश विधुत चुम्बकीय बल का वाहक होता है। 4) इसका बल वाहक कण फोटॉन होता है जिसका द्रव्यमान शून्य होता है व इसकी गति प्रकाश के गति के बराबर होता है। 5)यह कूलम्ब आवेश आकर्षण व प्रतिकर्षण द्वियुग्म बलों से युक्त होता है। 6) यहां विधुत आवेश फोटॉन के कारण होता है जब कोई इलेक्ट्रॉन अपनी कक्षा से केंद्र की ओर जाता है तो ऊर्जा उत्सर्जित करता है वह फोटॉन होता है जब कोई इलेक्ट्रॉन अपनी कक्षा से दूर कक्षा की ओर विस्थापित होता है तो ऊर्जा अवशोषित होता है वह फोटॉन होता है 7) यह कूलम्ब आवेश अदृश्य होता है जिसे अनुभव किया जा सकता है।

जबकी तीसरी पीढी के शुद्ध (फाइन) परमाणुओ के रचना हेतु कमजोर नाभिकीय बल निरंतर कार्य कर तीसरा महत्वपुर्ण योगदान देता है और हमारे आसपास दिखने वाले सभी परमाणु शुद्ध (फाइन) है और यह क्षरण किया से मुक्त है एवं यहा पार्टिकल्स नाभिक एवं परमाणु बेहतर ढंग से कार्य कर नये पदार्थ व संरचना बनाने में योग देती है जब परमाणु में भारी मूलकण होते तो वे स्थायी नहीं होते उनका क्षय होता रहता है और इस प्रकिया में ऊर्जा का आदान–प्रदान होता रहता है और अंततः हल्के तथा शुद्ध परमाणुओं का निर्माण होता रहता है। स्टैडर्ड मॉडल के अनुसार परमाणु में क्वॉर्को व लेप्टॉन के तीन–तीन पीढी हो सकते हैं जिसमें क्वॉर्को के अप–डाउन, चार्म–स्ट्रांग, टॉप–बाटम तथा लेप्टॉन के इलेक्ट्रॉन–इलेक्ट्रॉन–न्यूट्रीनों, म्यूऑन–म्यूऑन न्यूट्रीनों, टाउ–टाउन्यूट्रीनों होते हैं यहां अप–डाउन व इलेक्ट्रॉन सबसे शुद्ध फाइन व हल्के मूलभूत कण होते हैं जो अन्य पीढ़ी के पदार्थों के क्षरण से बने है अर्थात् अन्य पीढ़ी के पदार्थ वे होते है जो स्थायी नहीं होते उनका निरंतर क्षरण होते रहता है इस प्रकिया में ऊर्जा का आदान–प्रदान होता रहता है और कमजोर नाभिकीय क्रियाए भारी क्वार्क

व लेप्टॉन का क्षरण कर हल्के व फाइन क्वॉक व लेप्टॉन बनाते हैं। जब किसी मूलभूत कण का क्षय होता हैं तब वह मूलकण तो विलुप्त हो जाता हैं और उसके स्थान पर दो या ज्यादा भिन्न कण होते हैं लेकिन कुल द्रव्यमान व ऊर्जा संरक्षित रहती हैं यहां कुछ द्रव्यमान गतिज ऊर्जा में परिवर्तित होती हैं और नये बने कणों का कुल द्रव्यमान मूलकण से कम होगा। हमारे आस–पास पाये जाने वाले अधिकांश पदार्थ फाइन व शुद्ध है याने कि पहली पीढ़ी के है जिनका आगे क्षय नहीं होगा। इस प्रकार यह कमजोर नाभिकीय बल वह तीसरा बल है जो ग्लू से जुड़ने वाले प्राथमिक यूनिटों जैसे नाभिक व परमाणु को सतत् फाइन किये हुए हैं इसकी प्रकृति इस प्रकार है 1) यह कमजोर नाभिकीय बल क्षरण में रेडियों सक्रियता उत्पन्न करता हैं जिसमें अल्फा, बीटा, व गॉमा किरणें होती है 2) इसके बल वाहक कण भारी होते है स्टैंडर्ड मॉडल में बोसोन कण कहा जाता है 3) ब्रह्माण्ड रचनाओं में शुद्ध परमाणु महत्वपूर्ण है आज इसी से पिंड ग्रहों व तारों नक्षत्रों का अस्तित्व है। अन्य महत्वपूर्ण ऊर्जा गुरूत्वाकर्षण बल है यह बल सूक्ष्म व परमाणु स्तर पर कोई योग नहीं देता वही इसके बिना व्यापक स्तर पर खगोलीय ब्रह्माण्ड का अध्ययन संभव नहीं होता। यह वह चौथा व महत्वपूर्ण ग्लू है जो बड़े विशाल पिंडों, ग्रहों, नक्षत्रों व उनके क्लस्टर्स व गैलेक्सियों व उनके लोकल समूह का निर्माण कर रही है। यह गुरूत्वबल भी एक नैसर्गिक बल है जो पदार्थ की देन हैं भले ही यह परमाणु स्तर पर क्षीण होता है परंतु जैसे–जैसे पदार्थ व मास जुड़ते जाते हैं मूलकणों से उत्सर्जित ग्लूट्रॉनिक क्यूटॉईल्स कणें जुड़कर विशाल व केंद्रीयकृत गुरूत्व का निर्माण करती हैं बड़े पिंडो में यह जुड़कर एक प्रभावी बल के रूप में कार्य करने लगती हैं लेकिन ब्लैक होल में जहां अत्यधिक घनत्व होता है पदार्थ के मूलकणें अति निकट होती है तो ये बल लहरे जुड़कर अत्यंत केंद्रीयकृत, लंबवत् तथा स्ट्रांग बल का निर्माण करती है और यहां गुरूत्वबल का प्रभाव इतना बढ़ जाता है कि वह अन्य बलों पर अपना प्रभुत्व कायम कर लेता है।

इस प्रकार यूनिवर्स में स्थिर से स्थिर तथा मांढ़र पड़े पदार्थ में भी ऊर्जा निहित होती है नाभिक स्तर पर चले तो ग्लूऑन आवेश से क्वॉक एक दूसरे को आकर्षित करते हुए प्रोटॉन व न्यूट्रॉन को जकड़े रहता है यह मजबूत नाभिकीय बल कहलाता हैं वैज्ञानिकों द्वारा हाल में मेसॉन कण की खोज की गई जो तीन प्रकार के पाये गए हैं धनावेश, ऋणावेश व न्यूट्रल जब निगेटिव मेसॉन नाभिक के प्रोटॉन से जुड़ता हैं तो न्यूट्रॉन बन जाता है जब न्यूट्रॉन से निगेटिव मेसॉन अलग होता है व पॉजिटिव मेसॉन जुड़ता है तो प्रोटॉन बन जाता है अतः नाभिक में प्रोटॉन और न्यूट्रॉन निरंतर अपनी शक्ले बदलती रहती है यह एक सेकण्ड में अरबों बार हो सकता हैं लेकिन नाभिक में दो प्रोटॉन दो न्यूट्रॉन सदैव बने रहते है नाभिक के भीतर प्रति सेकण्ड होने वाले इन परिवर्तनो से नाभिकीय बल स्ट्रांग बना रहता हैं और अपना वजूद कायम रखता हैं। नाभिक से बाहर आने पर इलेक्ट्रॉन निरंतर चारो ओर चक्रण आदोलन करते रहते हैं यह कूलम्ब आवेश है इनकी चक्रण गति प्रति सेकण्ड अरबो किलोमीटर की होती है

एक इलेक्ट्रॉन की गति प्रति सेकण्ड, कई आधुनिक शहरो की गति से अधिक होती है। वही दूसरे व तीसरे पीढ़ी के क्वॉर्को से बने पदार्थों में क्षरण निरंतर जारी रहता है और वे फाईन पदार्थ बनने की प्रक्रिया में रहती है जिसे कमजोर नाभिकीय बल के नाम से जाना जाता है। इस प्रकार हम देखते है कि पदार्थ अथवा मास अपने स्थिर रूप में स्थिर नहीं रहते बल्कि कई प्रकार के बल आवेश जैसे ग्लूऑन आवेश, कूलम्ब आवेश, कमजोर नाभिकीय बल व ग्लूऑन क्यूटॉईल्स लहरों के उत्सर्जन से वे स्वयं निर्मित, क्षरणित व संचालित हो रहे हैं। इस प्रकार यह प्रश्न उठता है कि ये चार प्रकार के बल जिन्हे हम स्ट्रांग बल, कमजोर बल, कूलम्ब बल, और गुरूत्व बल कहा जाता है वह पदार्थ में कहां से आता है या हम यह कह सकते हैं कि मास इस प्रकार के ऊर्जा कणों का उत्सर्जन क्यों करती है?

वास्तव में पदार्थ ऊर्जा का ही रेस्ट रूप है ऊर्जा अपने रेस्ट रूप में मांढ़र, स्थिर अथवा ढ़ेर के रूप में पड़ा नहीं रहता बल्कि वह अपनी प्रकृति नुसार गतिवान बने रहने के लिए ऊर्जा कणो का उत्सर्जन करती है ये ऊर्जा कण ही ब्रह्माण्ड को निरंतर चलायमान बनाये हुए हैं और ब्रह्माण्ड के रचना के कारक है इनसे उर्जा खर्च शून्य है और नहीं मास का किसी प्रकार का क्षय हो रहा है। *अतः इन बल वाहक कणों, को ब्रह्माण्डीय प्योर उर्जा के पदार्थ के रूप में परिवर्तन का लागत कह सकते हैं।*

लेकिन ब्रह्माण्ड के विस्तार और संचालन में इन्ही चार प्रकार के बल कणों का योग नहीं होता बल्कि यहां एक और विशाल उर्जा है जो ब्रह्माण्ड के कुल ऊर्जा का 70 प्रतिशत से भी अधिक हैं जो ब्रह्माण्डीय विकास व विस्तार में महत्वपूर्ण योग दे रही हैं वह है रीब उर्जा। जिसकी प्रकृति अन्य बलों से पृथक होती है और यह सामान्यतः अन्य बलों से सीधे कोई प्रतिक्रिया नहीं करता, लेकिन विशाल गुरूत्वाकर्षण बलों एवं उनके समूहो के मध्य अंतराल पैदा करता है। रीब उर्जा की ऐसी प्रकृति उसके जन्म के विचित्र स्थितियों के कारण होता है। *ब्रह्माण्ड का विस्तार क्यों हो रहा है इसे जानने के लिए हमे महाविस्फोट के पूर्व के दशाओं की ओर जाना होगा और इसके लिये हमे यह जानना होगा की वह संपीड़ित पिंड कहा से आया तथा क्या इनफीनिट में और भी ब्रह्माण्डें हैं क्या हमारा ब्रह्माण्ड किसी विशाल ब्रह्माण्ड के विस्तार होते किसी भाग के संकुचन से बना है?*

1929 में हब्बल ने एक महत्वपूर्ण खोज की उन्होने अवलोकन में पाया की अंतरिक्ष में हर दिशा में आकाश गंगा व आकाशीय पिंड तेजी से एक दूसरे से दूर भाग रहे हैं और ब्रह्माण्ड विस्तारित हो रहा है इसलिए यह निष्कर्ष निकलता है कि इतिहास में सभी पदार्थ आज के तुलना में एक दूसरे के नजदीक रहे होंगे और तो और एक समय ऐसा रहा होगा जब सारे पदार्थ एक ही बिन्दु पर रहा होगा। यह बिन्दु वह संपीड़ित पिंड था जिससे हमारे ब्रह्माण्ड का सृजन हुआ यह संपीड़ित पिंड अत्यंत घनत्व का, संकीर्ण एवं खरबों सौर द्रव्यमान का था। साथ ही अत्यंत घनत्व का होने से यह अत्यधिक गर्म था और चरम गुरूत्वाकर्षण से लैस था।

आज के विस्तारित ब्रह्माण्ड को जानने के लिए पहले हमें यह जानना होगा कि यह संपीड़ित, घना, संकीर्ण, व अतिगुरूत्वीय पिंड जिससे हमारे ब्रह्माण्ड का सृजन हुआ वह कैसे बना? किस प्रकार और कहां से आया? क्या यह किसी विशाल विस्तारित होते ब्रह्माण्ड के किसी हिस्से से बना है अर्थात् अनंता में कई ब्रह्माण्ड है? इसके साथ ही इस घने व संपीड़ित, चरम गुरूत्वीय पिंड में ऐसा क्या हुआ की वह ऊर्जा पूँज में बदल गया और नये ब्रह्माण्ड का सृजन हुआ?

मेरे विचार से तो यह संपीड़ित व घना बिन्दु भी जिससे हमारे ब्रह्माण्ड का जन्म हुआ पहले किसी विशाल ब्रह्माण्ड का हिस्सा रहा होगा जो विस्तारित होते हुए संकुचन से एक संपीड़ित पिंड का आकार ले लिया होगा और द्रुत विस्तार के कारण अनंत दूरी पर स्थापित हुआ होगा।

यह ब्रह्माण्ड, ऊर्जा का चरण है इसमें पदार्थ–ऊर्जा–एवं पुनः पदार्थ की प्रक्रिया चलती रहती है लेकिन यह प्रक्रिया सरल नहीं है एक ब्रह्माण्डीय प्रक्रिया खरबो वर्ष की हो सकती है। अनंता में हमारा इकलौता ब्रह्माण्ड पनप रहा है यह कहना ज्यादा कठिन व आश्चर्यजनक है बल्कि इससे कि अनंता में कई ब्रह्माण्ड हो सकते है क्यों कि जब हम यह प्रश्न करते है कि हमारे ब्रह्माण्ड का वह संपीड़ित व घना पिंड कहां से आया जिसमें महाविस्फोट से ब्रह्माण्ड का सृजन हुआ है। मल्टी यूनिवर्स की संभावनाऐ प्रबल हो उठती है क्यो कि ब्रह्माण्ड में कोई भी घटना अकारण ही नहीं होता अर्थात् संपीड़ित व घने पिंड कहां से आया, और उसमें बिग–बैंग हुआ यह कोई दैवीय घटना नहीं है। आज हमारे ब्रह्माण्ड में कई घने पिंडों द्वारा भार संग्रहण की निरंतर प्रक्रिया, द्रुत ब्रह्माण्डीय विस्तार, एवं इनफीनिट की असीम परिक्षेत्र की स्थितियां से यह निष्कर्ष निकलता है कि इस अनंता में एक ही ब्रह्माण्ड नहीं है। बस हमे अन्य ब्रह्माण्डों की जानकारी नही है।

अज्ञानता वश पहले पृथ्वी को ही सौर मण्डल का केंद्र माना जाता था और जब दूरदर्शियों का विकास नहीं हुआ था तब मिल्की–वे को ही ब्रह्माण्ड मान लिया गया था बाद में उन्नत तकनीकों से पता चला की गैलेक्सियो की संख्या तो अरबो मे हैं तब जाकर समझ आया की यह यूनिवर्स बहुत बडा ही नहीं बल्कि हमारे सोच व कल्पना से भी आगे है। इतना ही नहीं ब्रह्माण्ड चारो ओर द्रुत गति से विस्तारित भी हो रही हैं जो उस अनंत पृष्ठभूमि में हो रहा हैं जो इतना विशाल व असीम है कि विस्तारित ब्रह्माण्ड *का अंत व सृजन* भी यहां तुच्छ प्रतीत होता है। अनंत पृष्ठभूमि वह क्षेत्र है जो विस्तारित ब्रह्माण्ड के चारो आयामों में फैला हुआ है जो काला स्याह है इसे किसी रेखा चित्र से नहीं बांधा जा सकता नही इसे किसी अंकगणित से मापा जा सकता है। अर्थात् कहने का तात्पर्य यह है कि अनंता के असीम क्षेत्र में बिंदु मात्र हमारा ब्रह्माण्ड विशेष नहीं है, इकलौता नही है। इसका विकास तो किसी अन्य विशाल ब्रह्माण्ड के विस्तार करते किसी पिंड समूह के अनंत विस्तार के बाद इसमें हुए महासंकुचन से बने संपीड़ित पिंड से हुआ है। आज भी हमारे ब्रह्माण्ड में ऐसे करोड़ों पिंड है जो भार

संग्रहण के एक सूत्री कार्य में लगे है यही नहीं ये भविष्य के ब्रह्माण्ड के सृजन की ओर एक कदम हैं इसमे से विस्तारित पिंड समूह आगे बढ़ते हुए महासंकुचन से अपेक्षित द्रव्यमान या इससे अधिक द्रव्यमान ग्रहण कर लेता हैं तो वह ब्रह्माण्ड के सृजन के लिए टेंसकाल की शुरूआत कर सकता है शेष ऐसे पिंड जो संकुचन में अपेक्षित द्रव्यमान ग्रहण नहीं कर पाता वह अनंता में गमन करते हुए अंतर–ब्रह्माण्डीय प्रगमन कर सकते है आज हमारे पास इतने उन्नत तकनीके नहीं हैं की हम अंतर–ब्रह्माण्डीय प्रक्रियाओं को देख सके अथवा पर–ब्रह्माण्ड के बारे में स्पष्ट रूप से कह सके। हमारे ब्रह्माण्ड के प्रारंभ काल में जिसे बेबी यूनिवर्स काल कहा जाता है जो 2 से 3 अरब साल का था में अरबो सौर द्रव्यमान के ब्लैक होल की उपस्थिति अंतर–ब्रह्माण्डीय प्रगमन के संभावनाओं की ओर इशारा करते है अतः यूनिवर्स के प्रारंभिक काल में 20 अरब सौर द्रव्यमान के घने पिंडों की विद्‌यमानता असहज हैं इसे क्या कहेगें। अतः हमें प्रारंभिक यूनिवर्स में ऐसे बडे व संघनित पिंडों की खोज करना होगा जो अंतर–ब्रह्माण्डीय प्रगमन को साबित कर सके। इससे हमें यूनिवर्स के विकास व चरणों के बारे में प्रमाणिकता से जानकारी हासिल होगा।

हमारे अनंता के विशाल संभावनाओं में करोड़ों ब्रह्माण्ड हो सकते है और इनके बीच अंतर–ब्रह्माण्डीय प्रगमन से भी इन्कार नहीं किया जा सकता है।

आज हमारे ब्रह्माण्डीय सिद्धांत में कई खामियां हैं। अनंता और ब्रह्माण्डीय व्यापकता ने इसे और भी अधिक जटिल व असंभव–सा बना दिया है अनंता तो अपने आप में बड़ा रहस्य है इसकी व्यापकता हमारे अवलोकन व परीक्षण की परिधि से बाहर है।

विकसित होते ब्रह्माण्ड में नए ब्रह्माण्ड के बीज छुपे रहते हैं जिसका विकास दो प्रमुख बल एक तो गुरूत्वाकर्षण बल एवं दूसरा रैबिक उर्जा (विस्तार ऊर्जा) के संयोजन से हो रहा हैं। जिस प्रकार काले पिंड, श्याम विवर में निरंतर मास ग्रहण कर है। विशालतम गैलेक्सियों का निर्माण हो रहा है ये गैलेक्सियां भी एक–दूसरे को आकर्षित कर अपना लोकल समूह बना रखे है इन लोकल समूहो में हजारो गैलेक्सियां है ये गैलेक्सियां एक–दूसरे का चक्रण करते हुए धीरे–धीरे एक–दूसरे के निकट आ रहे है और इनमें आपसी विलयन हो रहा है आज देखे जाने वाले विकसित व विशाल गैलेक्सियां छोटे–छोटे गैलेक्सियों के आपसी विलयन से बने हैं स्वजाती भक्षण की प्रक्रिया इनमें सहज हैं। जब गैलेक्सियों तथा इनके लोकल समूह का निर्माण होने लगा तो विशाल मात्रा में निष्क्रीय पड़े रैबिक कणें टेस्टोस्टेरॉन हारमोंस की तरह सक्रिय होकर विशाल गुरूत्व बल समूहो के बीच अंतराल पैदा कर अंतरिक्ष निर्माण प्रारंभ कर दिया। इन प्रसार बलों से जहां गैलेक्सी व इनके समूह निरंतर दूर जा रहे है पर वे अपना समूह बनाए हुए है ब्रह्माण्डीय विस्तार में ये अत्यंत वेग से रैखिक आगे बढ़ रही है जिसे अंतरिक्षीय विस्तार कहा जाना उचित होगा। जैसे–जैसे गुरूत्वाकर्षण युक्त पिंडों और उनके समूहो का निर्माण होता है वैसे ही जबरदस्त आकर्षण के कारण सक्रिय होता रैबिक ऊर्जा बल

अंतरिक्षीय विस्तार को जन्म देती है। लेकिन पिंडों के आगे बढ़ने की चाल उनके बीच के दूरी के अनुक्रमानुपाती होती है। कालांतर मे गैलेक्सियो के लोकल समूहो (सुपर क्लस्टर्स) अनंता में आगे बढ़ते हुए भारी, घने व काले स्याह होते जाऐंगे, जो अंत में महासंकुचन से गुरूत्वीय सिंगल पाईंट के रूप में नए तथा एकल पिंडों का निर्माण करेंगे। जो ब्रह्माण्डीय रैखिक विस्तार में आगे बढ़ते हुए अनंता में अनंत दूरी में स्थापित होते जाऐंगे। इस प्रकार विशाल ब्रह्माण्ड के अंत में उसके विस्तारित समूहो के आपसी संकुचन से ऐसे करोड़ो संपीड़ित पिंडों का निर्माण होगा जो एक दूसरे से अनंत दूरी तक जा चुके होगे इनमें से कुछ संपीड़ित पिंड ऐसे होगे जो अपेक्षित द्रव्यमान अर्थात पॉच लाख खरब सौर द्रव्यमान अथवा इससे अधिक मास ग्रहण करने पर वे टेंसकाल की प्रक्रिया शुरू कर नये ब्रह्माण्ड के सृजन कर सकते है। *इस प्रकार दो प्रमुख ब्रह्माण्डीय ऊर्जा मिलकर ब्रह्माण्ड को न सिर्फ संग्रहित, निर्मित, संचालित व विस्तारित कर रही है बल्कि साथ में ब्रह्माण्डीय बीज के निर्माण के लिए भी पृष्ठभूमी तैयार कर रही है। जहां गुरूत्वाकर्षण अपने चरम अवस्था में अन्य बलो पर प्रभुत्व कायम कर निरंतर मास ग्रहण के एक सूत्रीय कार्य में लगे है वही ऊर्जा के रैबिक कणें इन विशाल गुरूत्वीय पिंडों समूहों को अंतरिक्षीय अंतराल पैदा कर अनंता में दूर विस्थापित करते जा रही है।* नये ब्रह्माण्डीय बीज में ही ऊर्जा की रैबिक कणें निहित होती हैं। लेकिन इसका जन्म उस समय होता है जब अपेक्षित द्रव्यमान या अधिक होने पर ब्रह्माण्डीय बीज टेंसकाल प्रारंभ कर नए ब्रह्माण्ड का सृजन करती है।

ब्रह्माण्डीय विस्तार के अंत में, संपीड़ित पिंड गुरूत्वीय सिंगल बिंदू का निर्माण कर लेती है अनंत दूरी पर इन पिंडों में काल व अंतराल का कोई महत्व नहीं रह जाता वहां किसी बाह्य पिंड की आकर्षण भी नहीं रह जाता और यदि इनका मास पांच लाख सौर द्रव्यमान या अधिक हो तो वह इतना गुरूत्वाकर्षण पैदा कर लेता है कि टेंसकाल प्रारंभ हो सकता है जहां गुरूत्वाकर्षण बल अपने चरमोत्कर्ष तक बढ़ने लगता है जिससे गुरूत्वीय सिंगल पिंड में अत्यधिक गुरूत्वीय दबाव उत्तरोत्तर बढ़ने लगता है। जिसके फलस्वरूप इन पिंडों का आकार निरंतर छोटे होने लगता है संपीड़ित पिंड का आकार छोटे होते जाने से गुरूत्वाकर्षण लाखो गुना बढ़ती जाती है इन बढ़ते दबाव से संपीड़ित पिंड का ताप भी उच्चतम होने लगता है टेंसकाल में जब सम्पूर्ण पदार्थ व ऊर्जा एक बिंदू पर निरंतर संपीड़ित किया जाता हैं तो आकार शून्यवत् होने लगता हैं तो अनंत चरमोत्कर्ष गुरूत्वीय दबाव से प्रतिक्रिया स्वरूप विरोधी ऊर्जा रीब–कणों का जन्म होने लगता है यह संपीड़ित पाईंट के मध्य उच्चतम दाब व उच्चतम ताप के कारण इतने व्यापक स्तर से होने लगता है कि कुल मास का 70 प्रतिशत या अधिक रैबिक ऊर्जा में बदल जाती है जबकी शेष मास जो रैबिक ऊर्जा के चारो ओर होता है उच्चतम दाब व उच्चतम ताप के कारण वह भी फोटॉनिक ऊर्जा में विखण्डित हो जाती है। इस प्रकार गुरूत्वाकर्षण के चरमोत्कर्ष अवस्था में संपीड़ित पिंड उच्चतम दाब व उच्चतम ताप

से वह न्यून आकार अर्थात् शून्यवत् होते हुए दो विपरीत प्रकृति के ऊर्जा पूँज मे विखण्डित हो जाती है और जब संपीड़ित गुरूत्वीय सिंगल पाईंट का सम्पूर्ण मास फोटॉनिक व रैबिक ऊर्जा में परिवर्तित हो जाती है तब गुरूत्वाकर्षण बल शून्य हो जाता है क्यों की गुरूत्वाकर्षण बल की वजूद के लिए तीन बातों का होना जरूरी है 1) पदार्थ या द्रव्यमान का होना, 2) उसका पॉकिट का ऑकार तथा 3) पदार्थ या द्रव्यमान से केंद्रीयकृत बल मिलता है और इससे पॉकिट का निर्माण होता है। मास का ऊर्जा पूँज में परिवर्तित होने से पॉकिट आकार समाप्त हो जाता है जिससे केंद्रीयकृत गुरूत्व का भी अंत हो जाता है और सम्पूर्ण ऊर्जा मुक्त कर दी जाती है जिसे बिग–बैंग या बिग–रिलीज कह सकते है यह ऊर्जा पूँज वह होता है जहां मास व बल कणों का एकाकार हो जाता है। और इस ऊर्जा पूँज से नए ब्रह्माण्ड का सृजन प्रारंभ होता हैं। जिसमें फोटॉनिक ऊर्जा ब्रह्माण्डीय मास के निर्माण का कारक होता है जबकी रैबिक/रीब ऊर्जा कणें निर्मित ब्रह्माण्ड के अंतरिक्ष विस्तार का कारक होता है

रैबिक ऊर्जा की प्रकृति गुरूत्वाकर्षण बल के ठीक विपरीत होता है गुरूत्वाकर्षण बल जहां आकर्षण से ग्रहों, पिंडों, नक्षत्रों, धूल बादलों, गैसों, निहारिकाओं, नेबुलाओं को आकार प्रदान कर रही है वही साथ ही इनका समूह जैसे तारा क्लस्टर्स, गैलेक्सियां व इनके लोकल समूह का निर्माण हो रहा हैं और ब्रह्माण्डीय पिंडे गुरूत्वीय मकड़जाल में फंसते जा रही हैं जबकी रैबिक ऊर्जा ब्रह्माण्डीय पिंडों व समूहो के मध्य अंतराल पैदा कर उनके रैखिक विस्तार के लिए जिम्मेदार होता है लेकिन इस विस्तार बल से छोटे गुरूत्वीय पिंडों के निर्माण व रचना में बाधा नहीं पड़ता क्यों की रैबिक ऊर्जा कणें अपने जन्म के बाद लंबे समय तक निष्क्रीय पड़ी रहती है, ब्रह्माण्ड में जब विशाल गुरूत्वीय बल समूहो का निर्माण होने लगा। याने तीन से चार अरब साल में जब प्रोटो गैलेक्सियां अस्तित्व में आयी तब रैबिक ऊर्जा कणे सक्रिय होने लगी थी और धीरे–धीरे ब्रह्माण्ड का विस्तार प्रारंभ हुआ। यह कुछ इस तरह हुआ जैसे मानव के शरीर व्यस्क होने पर हार्मोन सक्रिय होने लगता है ये रैबिक ऊर्जा कणें इतनी अधिक मात्रा में है कि ब्रह्माण्ड का विस्तार इसी ऊर्जा में व्याप्त है और गुरूत्वाकर्षण के बढ़ने पर यहां सकिय होती रैबिक कणें अंतरिक्षीय विस्तार को जन्म देती है जिससे पिंड समूह एक–दूसरे से दूर विस्थापित होती रहती है यह ऊर्जा ब्रह्माण्ड के विस्तार का कारक है और, ब्रह्माण्डीय विस्तार ऊर्जा के बराबर होता है।

इस प्रकार ब्रह्माण्ड, ऊर्जा से निर्मित हुआ है ऊर्जा से संचालित हो रहा है और अंत में ऊर्जा के रूप में ही विनाश को प्राप्त होगा।

9

ब्रह्माण्ड
समय, गति एवं काल यात्राएं

ब्रह्माण्ड में हमने समय का माप निश्चित कर लिया है, हमें लगता है कि समय एक निश्चित दर से चलता है, और जब समय नियत रूप से चलती हो तब कैसे हम काल यात्रा कर सकते है लेकिन ऐसा नहीं हैं सिर्फ गति ही धीमी या तेज नहीं हो सकती बल्कि समय भी धीमा या तेज हो सकता है। याने हम अपने गति को अत्यधिक तेज कर समय को धीमा कर सकते हैं और जब हमारे लिए समय धीमा हो जाएगा तब हम भविष्य की यात्रा पर होंगे।

यह माना जाता है कि बिग–बैंग के पहले समय नहीं था और न ही अंतरिक्ष। परंतु मैं इससे सहमत नहीं हूं समय तो अंतरिक्ष के समतुल्य होता है और अंतरिक्ष की भॉति अनंत भी। लेकिन बिग–बैंग के समय उस घने ब्लैक होल की बात करे तो वह समय और अंतरिक्ष का अंतिम बिंदु है जहां पर समय और अंतरिक्ष का अस्तित्व समाप्त हो जाता है वास्तव मे हम विशाल समुद्र को समय और अंतरिक्ष मान लें तो उसमें उभरा कोई टापू या आइलैण्ड ब्लैकहोल है। अब हम टापू से समुद्र की ओर आगे बढ़ते है तो पानी गहरा होता जाता है ठीक इसी तरह सघन ब्लैक होल के पास होता होगा। समय, ब्लैक होल के आस–पास कम तथा अंदर में समाप्त हो जाता है और अंतरिक्ष भी अस्तित्वहीन हो जाता है। जब ब्रह्माण्ड की शुरूआती घटना घटी होगी तब भी समय होगा लेकिन बिग–बैंग के समय उस सघन पिंड ब्लैक होल के अंदर समय का कोई अस्तित्व नहीं था आसपास भी समय का प्रभाव न्यून था लेकिन जैसे ही बिग–बैंग की असाधारण घटना घटी होगी तब ब्रह्माण्ड अस्तित्व में आया होगा और इस अंतरिक्ष में समय फैल गया होगा।

अंतरिक्ष और समय जहां एक सकारात्मक ऊर्जा के रूप में है वही ब्लैक होल एक नकारात्मक ऊर्जा हैं जहां समय और अंतरिक्ष का खात्मा हो जाता हैं हम कह सकते है जितना

बड़ा अंतरिक्ष हैं उतना ही बड़ा समय हैं। जहां ये दोनों नहीं हैं वहां ब्लैक होल है और जहां भी अंतरिक्ष है वहां समय विद्यमान है समय और अंतरिक्ष कि विशालता हमारे कल्पना से भी परे हैं। बिग–बैंग के पहले समय का अपार भंडार था और समय आज भी अंतरिक्ष में अंतहीन है। बिग–बैंग के पहले समय को मापने के लिए वो तीन आयाम नहीं थे और बिना तीनों आयाम के समय की कोई गणना नहीं की जा सकती थी।

समय क्यो है और क्या है?

समय एक काल्पनिक वस्तु है जिसका प्रयोग गति के मापन की इकाई के रूप में किया जाता है ब्रह्माण्ड में सतत् परिर्वतन का अवलोकन में इसका प्रयोग जरूरी हो जाता है समय से गति का आभास होता है और इसका मापन गति से तुलना के द्वारा होता है हमारे जीवन में भी गति को समय के रूप में मापा जाता है। अतः जीवन में यात्राएं करना, उठना, बैठना, खाना, सोना, मौसम बदलना, दिन रात का होना, माह बदलना, घड़ी का चलना, सूर्योदय–सूर्यास्त होना, खगोलीय पिंडों के चाल में गति है और जहां गति है वहां समय का अस्तित्व है। ब्रह्माण्ड में गति वहां है जहां दो भौतिक पिंडों या चीजों का अस्तित्व है क्योंकि गति की तुलना के लिए दो भौतिक वस्तु का होना जरूरी है यहां गति के मापन के लिए एक मापक यूनिट की आवश्यकता ने ही समय को जन्म दिया। और वह वर्तमान, भूत व भविष्य से जुड़ गया।

समय एक आकस्मिक व तात्कालिक अवधारणा है यहां समय का व्यतीत होना एक भ्रम मात्र है वास्तव में केवल वर्तमान ही यथार्थ है लेकिन हमारे सोचने की प्रवृति जैसे बीते हुए कल व आने वाले कल की घटनाओं की कल्पना को जोड़कर अर्थात् हमारें वातावरण के सतत् परिवर्तन को एक क्रम में देखने से यह भ्रम होता है। किसी भी घटना वृतांत के वर्णन में भी समयकाल के क्रम का सहारा लेना पड़ता है। इस प्रकार समयकाल क्रम किसी व्याख्या का आधार हो सकता है लेकिन वैज्ञानिक दृष्टि से वर्तमान ही यथार्थ है। जो क्षणिक होता है और क्षण भर में ही वह भूतकाल में चला जाता है वर्तमान क्षण भंगुर होता है और अति संक्षिप्त लधु बिंदु पर स्थित होता है तथा निरंतर प्रवाह से वह नष्ट होते रहता है।

जिसे हम समय मानते हैं वह एक मृग मरीचिका है हमारें जीवन व बीते अनुभवों की दिमागी रिकार्ड हमें भूतकाल का भ्रम उत्पन्न करती है। घटित होती घटनाएं वर्तमान का आभास कराती है वही हमारी आशाए सपने व निराशा मानसिक संरचना मात्र है जो भविष्य की कल्पनांए कराती है। इस प्रकार वर्तमान समय ही वास्तविक है समय के पहले व बाद का विचार काल्पनिक है लेकिन ऐसा प्रतीत होता है कि समय, सतत् परिवर्तनशील है कि मानो भविष्य की घटनांऐ चलते हुए वर्तमान में आती है व भूतकाल में गमन करती है और धाराप्रवाह का अनुभव कराती है इसे हम डायग्राम से समझने का प्रयास करेंगें:

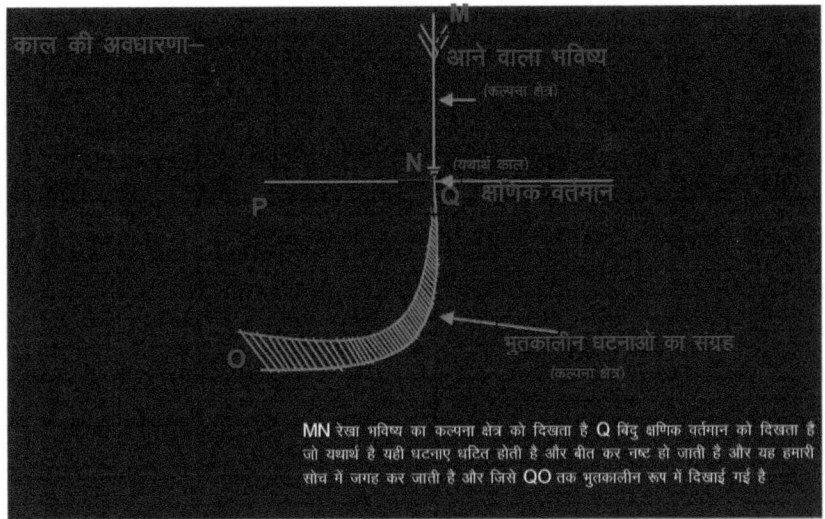

इस डायग्राम से हम देख सकते हैं कि आने वाला पल वर्तमान से लगा है जो गति के साथ आ रही है और वर्तमान में घटनाऐ घटित होकर भूतकाल में गमन करती है। वर्तमान में घटना का घटित होना ही उसके यथार्थ का परिचायक है जबकी कोई घटना भूतकाल व भविष्य में घटित नहीं होता क्यों की वह मात्र कल्पना है M से N तक भविष्य का कल्पना क्षेत्र है Q बिंदु क्षणिक वर्तमान को दिखाता है जहां घटनाऐ घटित होती है और बीत जाती है और यह हमारी सोच में जगह कर जाती है और जिसे QO तक भूतकालीन रूप में दिखाई गई है जो व्यतीत होने के उपरांत स्टॉक के रूप में संग्रहित होती रहती है।

समय की परिभाषा क्या होनी चाहिए?

समय हमारे मानसिक कल्पना का उत्पाद हैं दो गतिवान वस्तुओं की तुलनात्मक मापन समय हैं यदि हमें कहीं यात्रा करनी हैं और सुबह 10 बजे तक पहुंचनी हैं अभी समय प्रातः 9 बजे हैं गंतव्य स्थान तक जाने में पैदल एक घण्टे लगेंगे हमारे पास कोई साधन नहीं है पैदल हम वहां एक घण्टे में पहुंच सकते हैं अतः हम कह सकते हैं कि हमारे पास समय है लेकिन यदि किसी कारण से 25 मिनट घर में ही खर्च हो गये तो अब हम गंतव्य स्थान तक पैदल 35 मिनट में नहीं पहुंच सकते है और तब हम कहेंगे की समय नहीं हैं क्यों कि उस तक पैदल नहीं पहुंच सकते। परंतु एक गतिशील साधन मिल जावे जो हमें 5 मिनट में ही गंतव्य स्थान पहुंचा दे तो हम कहेंगें की हमारे पास 30 मिनट शेष बच गये। इस प्रकार समय गति के सापेक्ष होता है गति में ऊर्जा का विशेष महत्व होता है और समय, गति व ऊर्जा पर निर्भर करती है यदि गति अत्यधिक होती है तो वहा समय कम लगता है। इस संबंध में महान् खगोलविद् आइंस्टाइन ने हमें बताया की अनंत गति पर समय जड़त्व हो जाता है। इस प्रकार *''ब्रह्माण्ड में समय की स्थिति गति व बल के रूप में है।''*

समय की उत्पत्ती क्यों और किस तरह होती है?

हमने अभी जाना की ब्रह्माण्ड में समय कि स्थिति गति व बल के रूप में है अर्थात् समय गति व बल की उपस्थिति मात्र है जहां गति व बल उपस्थित होता है वहां समय उत्पन्न होता है और हम गति की तुलना कर अवलोकन करते हैं क्या गति है कितना समय लगेगा अथवा क्या कब कितने अवधि में घटित होगा, गणना की आवश्यकता पड़ती है। किसी भी वस्तु की गति व बल के लिये अंतराल की विद्यमानता अनिवार्य है क्योंकि गति व बल दूरी तय करता है यदि अंतराल बढ़ा दी जाए तो दूरी बढ़ने से अधिक समय लगेगा।

"ब्रह्माण्ड में किसी पिंड के गति में परिवर्तन का कारण मात्र अंतराल न होकर गुरूत्व बलों का प्रभावी जाल होता है।" गुरूत्व बल गति को बढ़ा सकता है या कम कर सकता है अति गुरूत्वीय बल क्षेत्र तीव्र गति बल का क्षेत्र होता है यहां अनंत गति में समय जड़ हो जाता है अर्थात् स्थिर हो जाता है। इस बल क्षेत्र में कोई भी पिंड अनंतकाल तक यात्रा करता प्रतीत होगा जबकी तीव्र गति से चलता पिंड जब कम गुरूत्व गति बल क्षेत्र में जाता है तो वहां गति कम होने से समय अधिक लगता है। यहां भी गुरूत्वबल उसे आकर्षित करती है परंतु यहां गति इतना नहीं होता की अपनी गति पूर्ववत बनाए रख सके। अधिक गतिबल, कमगति बल क्षेत्र में समाकर कम गति को प्राप्त करता है इसके ठीक विपरीत कम गति बल, अधिक गति क्षेत्र में समाकर अधिक गति को प्राप्त करती है इस प्रकार समय पर *गति व बल* का प्रभाव पड़ता है।

समय एक मापन मानक है

भौतिक जीवन में हम द्रव्यमान के लिए किलोग्राम या पौंड, दूरी के लिए किलोमीटर, मील, या प्रकाशवर्ष, वही गति के लिए समय का प्रयोग करते हैं। याने कितना दूरी कितने समय में तय करता है यह गति को व्यक्त करता है अर्थात् मीटर/प्रति सेंकण्ड या किलोमीटर/प्रतिघंटा आदि इससे यह पता चलता हैं कि जब हम समय की बात करते है तो वहां हम गति के किसी मानक की बात कर रह होते हैं।

समय विभिन्न प्रकार की गतियों की तुलना के लिये इकाई के रूप में प्रयुक्त होता है चाहे पृथ्वी का अपने अक्ष पर घूर्णन व सूर्य के चकण हो अन्य ग्रहो के चक्रण के लिये समय का प्रयोग करते है पृथ्वी का सूर्य का परिक्रमा काल 30 किमी/सेंकण्ड है जिसे पूर्ण करने में 365 दिन लगते है इस तरह हमने समय मापन में गति को माप लिया है और माप रहे है। समय हर तरह की गति को समावेश करती हैं और एक ही मापन ईकाई का प्रयोग होने से विभिन्न प्रकार के गतियों की तुलना में सुविधा होती है।

समय यात्रा कल्पना या हकीकत

हमारे बीच एक ऐसे साइंटिस्ट ने जन्म लिया जो शायद अब तक का सबसे बुद्धिमान साइंटिस्ट था और इस महान् वैज्ञानिक अल्बर्ट आइंस्टाइन का, समय के जड़त्व होने के क्रांतिकारी विचार

ने समय की धारणा ही बदल कर रख दी। इससे यह समझ में आया की गति की तरह समय भी कम या ज्यादा हो सकती है। समय भी गति के सापेक्ष होता है अत्यधिक गति समय को स्थिर कर देता है और यहीं से समय–यात्रा जैसे आश्चर्यजनक जादुई विचार सामने आए।

आइये समय–यात्रा को सरल शब्दों मे जानने का प्रयास करें। कई फिल्मों में हमने देखा है कि एक *टॉइम मशीन* होती है जिसमें कई बटन होते है जिसमें कुछ जलते–बुझते बल्ब लगें होते है इसमें कुछ टाईप या डायल होते है जिसमें नायक कुछ बटन दबाकर अपने आपको भविष्य के हजारों वर्षों बाद पाता हैं और वह अपने इच्छानुसार भूत व भविष्य में यात्राएं कर सकता है वह चाहे तो समय यात्रा कर अपने पूर्वजो से प्रत्यक्ष मुलाकात कर सकता है अपने दादा अथवा पिता को अपने गोद में खिला सकता हैं वही वह भविष्य की यात्रा कर अपने आपको बूढ़ा अवस्था में देख सकता है और अपने शवयात्रा में भी शामिल हो सकता है आदि। आगे इस पर पड़ताल करेंगे।

भूत एवं भविष्य की काल यात्रा असंभव लगती है क्योंकि ब्रह्माण्ड में हमने समय का माप निश्चित कर लिया है, हमें लगता है कि समय एक निश्चित दर से चलता हैं, और जब समय नियत रूप से चलती हो तब कैसे हम काल यात्रा कर सकते है लेकिन ऐसा नहीं हैं सिर्फ गति ही धीमी या तेज नहीं हो सकती बल्कि समय भी धीमा या तेज हो सकता है। याने हम अपने गति को अत्यधिक तेज कर समय को धीमा कर सकते है और जब हमारे लिए समय धीमा हो जाएगा तब हम भविष्य की यात्रा पर होंगे। आइंस्टाइन ने अपने *स्पेशल रिलेटिविटी थ्योरी* में यह विचार दिया था कि जब गति अनंत होती है तो समय जड़ होने लगता है। सरल रूप में कह सकते हैं कि अत्यधिक तेज रफ्तार चलने से आप भविष्य में पहुंच जाएंगे लेकिन यह यात्रा एक दिशा में ही होगी यदि आप कुछ दिनों से समय यात्रा पर होगे तो आप वापस अपने पुराने समय में लौट नहीं सकते आपकी एक दिन की समय यात्रा से पृथ्वी में एक वर्ष बीत चुका होगा वही 10 दिन की समय यात्रा से पृथ्वी पर 10 वर्ष बीत चुके होंगे और इस यात्रा में आप अपने जीवन साथी को वैसे नहीं पाएंगे हो सकता है कि वह आपसे उम्र में बहुत अधिक हो जाए अथवा आपके पुत्र आपसे अधिक उम्र के हो।

गति का समय पर प्रभाव तीन स्थितियों का हो सकता है शून्य गति, न्यून गति, चरम गतियां। शून्य गति में सब शून्य होता है पिंडों के अति सघन अवस्था में शून्य गति व शून्य काल–अंतराल पाया जाता है पृथ्वी पर हम न्यून गति में जीवन यापन कर रहे है जहां पिंडीय गति के हिसाब से न्यून गति लागू हो रहे हैं। यदि किसी प्रकार से हमारे पृथ्वी की गति प्रकाश के बराबर या उसके 99 प्रतिशत तक ले जाए तो वह गति के चरम अवस्था में पहुंच जाएगी तब यहां समय जड़ होने लगेगा और समय खर्च अल्प हो जाएगा। इस स्थिति में हमारा जीवनकाल भी कई गुणा बढ़ जाएगा। *क्योंकि चरम गतियों में परमाण्विक गतिविधि जड़ हो जाती है और जीवनकाल बढ़ जाता है।* लेकिन किसी भौतिक संसार में कोई मास

या पिंड इतना गति प्राप्त नहीं कर सकता। लेकिन ब्लैक होल के लंबवत् गुरूत्व क्षेत्र में गिरते पार्टिकल्स की गति प्रकाश की गति से भी सैकड़ों गुना ज्यादा हो सकती है। सामान्य स्थितियों में मास की गति चरम अवस्था में पहुंचना संभव नहीं है। और यहां न्यून गति में समय विरोधाभास प्रभाव नहीं होता।

चरम गति में समय विरोधाभास होगा जिसमें समय जड़ होने लगेगा और समय का खर्च अल्प हो जाएगा। इस स्थिति में जीवनकाल भी कई गुणा बढ़ जाएगा। क्योंकि चरम गतियों में परमाण्विक गतिविधि जड़ हो जाती है और जीवनकाल बढ़ जाता है। यदि हमारा मित्र प्रकाश की गति से एक वर्ष यात्रा कर पृथ्वी पर लौटे तो वह हमारे पृथ्वी में अगले शदी में पहुंचेगा। आइए जाने ऐसा क्यों होता है। ''वास्तव में समय गति है और गति को ही समझने, समय को प्रतिमान माना गया है'' चरम गति में समय जड़ हो जाता है और समय गुजरना रूक जाता है।

आइए एक उदाहरण से इसे जानने का प्रयास करे पृथ्वी से दो यान M व N एक नजदीकी नक्षत्र (तारा) के यात्रा के लिए उड़ान भरते हैं। यह तारा एक प्रकाश वर्ष की दूरी पर स्थित है दोनो विमान जिसमें M की अधिकतम रफ्तार एक लाख किलोमीटर प्रतिघण्टा है जबकी N का जो एक अत्याधुनिक विमान हैं यह प्रकाश की गति याने तीन लाख किलोमीटर प्रतिसेकण्ड की गति प्राप्त कर सकता है। दो दोस्तों में रमेश विमान M में एवं मुकेश विमान N में उस तारा के यात्रा के लिए एक साथ 1 जनवरी 2015 को उड़ान भरते है थोड़े ही समय में दोनों विमान उड़ान भरते हुए अपने अधिकतम गति को प्राप्त कर पृथ्वी की कक्षा से बाहर निकल जाते है और उस तारा की ओर यात्रा प्रारंभ कर देते है। विमान N तीव्र गति से आगे बढ़ते हुए विमान M से बहुत आगे निकल जाता है इस तरह प्रकाश की गति से उड़ान भरते हुए विमान N एक वर्ष में तारा में पहुंच जाती है जबकी सामान्य गति से उड़ान भरते विमान M एक वर्ष में कुल दूरी का मात्र 0,000099 प्रतिशत ही तय कर पाया है इस प्रकार रमेश विमान M यात्रा करते हुए अपने औसत जीवन के 100 वर्ष में भी वह तारा तक नहीं पहुंच पाएगा। इस प्रकार हम देखते हैं कि विमान M जब उड़ान भर रहा है तो न जाने पृथ्वी पर कितने वर्ष बीत गये होंगें। जबकी विमान N और उसमें बैठा मुकेश प्रकाश की गति से चलने के कारण एक वर्ष में ही यात्रा कर लिया है इस प्रकार सामान्य गति से चलने पर सैकड़ों वर्ष लगेंगे। जिसे प्रकाश की गति से एक वर्ष में ही तय कर लेता है। परंतु प्रेक्षक को चरम गति से यात्रा करता हुआ विमान, अनंत काल तक यात्रा करता दिखाई देगा यहा चरम गति में समय जड़ हो जाता है इसलिये चरम गति में यात्रा करता व्यक्ति को समय का आभास नहीं होता इस प्रकार उसके द्वारा लंबे समय को कुछ ही समय में तय कर लिया गया है और मुकेश जब पृथ्वी पर वापस लौटेगा तो कई दशक बीत चुके होंगे। जबकी उसके लिये महस एक वर्ष ही बीता है।

डायग्राम से समझने का प्रयास करेगें:—

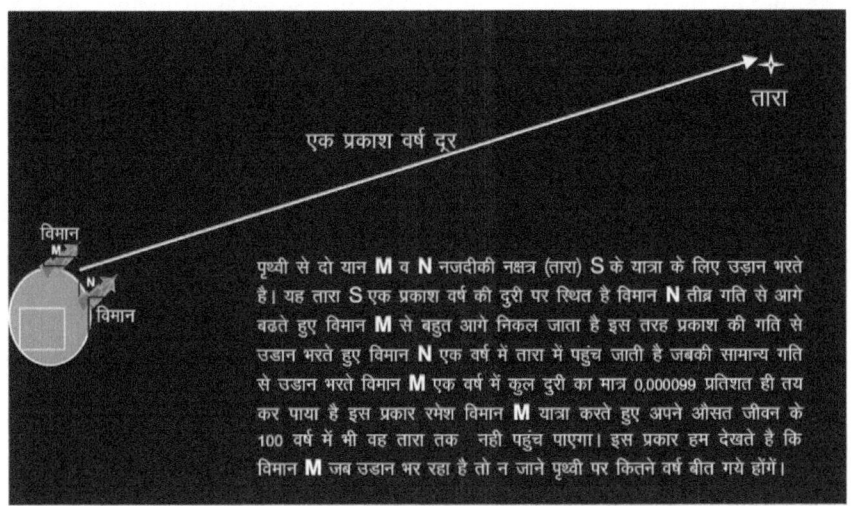

इस प्रकार चरम गति, समय को बदल देती है और हम कम समय में अधिक समय को व्यतीत कर लेते है यह समय का विरोधाभास कहलाता है इसके पीछे वैज्ञानिक कारण क्या है? वास्तव में चरम गति में यात्रा करता व्यक्ति के जिस्म के परमाणु व पार्टिकल्स जड़ हो जाने से स्थिर हो जाते है जिससे अधिक समय तक विद्यमान रहता है इसी वजह से समय—यात्रा में व्यक्ति को समय का आभास नहीं होता और उसके द्वारा लंबे समय को कुछ ही समय में तय कर लिया जाता है।

आइंस्टाइन के समीकरणों का एक ऐसा हल निकला जो समय यात्रा को संभव बनाता था लेकिन मजेदार बात यह है कि स्टीफन हॉकिन्स ने समय यात्रा का विरोध किया था और उन्होने यह कहा था कि यदि समय यात्रा संभव है तो भविष्य से आने वाले काल—यात्री कहां है भविष्य से कोई यात्री नहीं है इसका अर्थ है की समय यात्रा संभव नहीं है। लेकिन पिछले कई वर्षों से भौतिकी में नयी खोजों से प्रभावित होकर स्टीफन हॉकिन्स ने अपना मत बदल दिया है और अब उनके अनुसार समय यात्रा संभव है परंतु प्रायोगिक नहीं।

कल कोई आपके दरवाजे पर दस्तक दे और कहें कि वह भविष्य से आया है और आपके पोते के बेटे का बेटा है तो दरवाजा बंद मत करीए हो सकता है कि वह सच बोल रहा हो।

समय यात्रा में सबसे प्रमुख समस्या है ऊर्जा की कमी, एक वाहन के लिए जिस तरह पेट्रोल चाहिए उसी तरह समययान के लिए काफी सारी मात्रा में ऊर्जा की जरूरत होगी इसके लिए हमें किसी तारे की संपूर्ण ऊर्जा का उपयोग करने के तरीके सीखने होंगे साथ ही हमें एण्टी मैटर जैसे असाधारण पदार्थो के निर्माण का कार्य सरल व सस्ता बनाना होगा। हमें ऐसे

ऋणात्मक ऊर्जा का स्त्रोत खोजना होगा जो गुरूत्वाकर्षण के विपरीत कार्य करता हो। ऊर्जा उपलब्ध हो जाए तब भी अत्यधिक ऊर्जा के नियंत्रित प्रयोग की टेक्नालॉजी आज हमारे सभ्यता के पास नहीं हैं इसमें सैकड़ों वर्ष लग सकते हैं। फिलहाल हमारे लिए वर्तमान में समय–यात्रा संभव नहीं हैं। लेकिन अंतरिक्ष में जहां हमसे विकसित लाखों सभ्यताएं हो सकते है जो तारों गैलेक्सियों के तक के ऊर्जा का प्रयोग करने में सक्षम है वहां ऐसे यान हो सकते है।

इस रोमांचक प्रतीत होने वाले समय यात्रा में हम भविष्य की ओर यात्रा कर सकते है जिसमें हम कुछ माह के यात्रा में ही अगले शदी में पहुंच जाएंगे लेकिन हम काल यात्रा में भूतकाल में नहीं जा सकते क्यों की समय का प्रवाह एक ही दिशा में होता है काल यात्रा अवधारणा में भूतकाल की ओर यात्रा के राह में सबसे बड़ा रोड़ा इससे जुडे विरोधाभास को माना जाता रहा है। जैसे एक व्यक्ति बिना माता पिता के भी हो सकता है क्या होगा जब एक व्यक्ति भूतकाल में जाकर अपने पैदा होने से पहले ही अपने माता पिता की हत्या कर दे तो विरोधाभास यह हैं कि उसके माता पिता उसके जन्म से पहले मर गये तो उनकी हत्या करने के लिए वह कैसे पैदा हुआ।

यदि कोई व्यक्ति टाइम ट्रेवल कर आधे घण्टे बीते भूतकाल में जाकर अपने ही को गोली मार ले तब क्या होगा क्या उसका अस्तित्व बचा रहेगा।

गुरूत्वाकर्षण से समय प्रभावित क्यों होता है?

मेरे ब्रह्माण्ड में गुरूत्वाकर्षण एक बल व गति है और गुरूत्वाकर्षण बल, प्योर ऊर्जा के मास में परिर्वतन की ब्रह्माण्डीय लागत है। ब्रह्माण्ड में किसी भी पिंड के चारों आयामों में गुरूत्वीय बल लहरें विद्यमान रहती है घने पिंड में ये गुरूत्व लहरे केंद्र की ओर लंबवत् व स्ट्रांग होता है जिससे इस क्षेत्र में सपाट काल–अंतराल पाया जाता है इस क्षेत्र के ठीक बाद चारों आयामों में लहरदार गुरूत्वीय बल लहरें विद्यमान रहती है जो अत्यंत व्यापक दूरी तक प्रभावी होता है और यहां काल–अंतराल असमान गुरूत्व के कारण कर्व हो जाता है। ब्रह्माण्ड में घने पिंडों ब्लैक होल के आसपास ऐसे बल क्षेत्र होते है जहा स्ट्रांग गुरूत्व होने से समय को भी प्रभावित करने लगती है। गुरूत्वाकर्षण में भी गति होता हैं घने पिंडों मे यह गुरूत्वाकर्षण बल की गति बहुत अधिक होती हैं, ब्लैक होल मे लंबवत् क्षेत्र में कोई पदार्थ, वस्तु, गैस को प्रकाश की गति से भी तेज गति से खींचा जाता हैं, यह क्षेत्र इतना बलशाली व स्ट्रांग होता है, कि प्रकाश की किरणे, फोटॉन भी खींच ली जाती है, और परावर्तित नहीं होती। यहां किसी वस्तु के गिरने की गति प्रकाश की गति से भी सैकड़ो गुना ज्यादा हो सकता है, यदि एक पिंड़ आकर्षित होकर (घटना क्षितिज) पर स्पर्श करते ही, चरम लम्बवत् गुरूत्व तीव्र बल से पिंड अथवा पदार्थ के अतिभारित होते हुए पार्टिकल्स के रूप में तोड़कर केंन्द्र द्वारा खींच लिया जाता है, और पार्टिकल्स चरम गति को प्राप्त करते है और यहा समय स्थिर हो जाता है तथा ये ब्लैक होल में अनंतकाल तक गिरते दिखाई देंगे।

जब कोई गतिवान पिंड अति गुरूत्वाकर्षण क्षेत्र में आता हैं तो वह खींचा जाता हैं इसकी गति और बढ़ जाती है।

वोर्म होल

क्या है वोर्म होल? वोर्म होल समय का शॉर्ट कट है इसके द्वारा किसी भी समय में प्रवेश किया जा सकता हैं इसलिए वोर्म होल को अंतरिक्ष का शॉर्ट कट भी कहा जाता है भौतिकीय नियम के अनुसार हर वस्तु में दरार या छिद्र होता अवश्य होता है चाहे वह कितनी ही सूक्ष्म व चिकनी क्यों न नजर आये यही भौतिकी का नियम समय भी पर लागू होता है समय में भी ऐसी ही कई दरारें और छिद्र होते है पर वे इतने सूक्ष्म होते हैं कि दिखाई नहीं देते पर यदि इन वोर्म होल को बड़ा कर दे तो हम समय में भूत और भविष्य की यात्रा कर सकते हैं पर नामुमकिन सा लगने वाला वह वोर्म होल कहां मिलेगा ऐसा कहा जाता हैं कि यह वोर्म होल ब्रह्माण्ड में सर्वत्र हैं पर हमें दिखाई नहीं देता क्यों–कि यह बहुत सूक्ष्म है आवश्यकता है इन वोर्म होलो को खोलने की जिसके लिए जरूरी हैं अनंत ऊर्जा। कहीं पर भी छिद्र या होल बनाने के लिए ऊर्जा की जरूरत होती हैं इसी प्रकार समय पर छेद करने कि लिए चरम ऊर्जा की जरूरत पड़ेगी। यदि चरम ऊर्जा से कोई वोर्म होल बना लिया जाता है तो वह कितने समय तक बना रहेगा कह नहीं सकते क्यों कि समय हमेशा गतिवान होता है और जल की तरह एक प्रवाह में बहता जाता है अतः इस दशा में चरम ऊर्जा की निरंतर आवश्यकता होगी मैं तो कहता हूं कि एक ऐसी मशीन बनाने की आवश्यकता हैं जो चरम ऊर्जा से लैस हो और वह अपने आस–पास के अंतरिक्ष और काल को प्रकाश की गति से भी अधिक गति से घूमा सके तो उसके चारो ओर काल–अंतराल में वोर्म होल आकार लेने लगेगा और जब हम आगे बढ़ेगे तो निरंतर यह वोर्म होल में छिद्र करता जाएगा। ब्रह्माण्ड के अनंत ऊर्जा में ऐसे कई वोर्म होल बनते और मिटते होंगे जिसका हमें पता भी नहीं चलता होगा अगर हम इन वोर्म होलो को तैयार कर लें तो वक्त हमारे मुठ्ठी में होगा और हम शॉटकट से भूत और भविष्य की यात्रा कर सकेंगे सच में यह भविष्य में जाने का दरवाजा खोल देगा।

काल भ्रम क्या है?

यह ब्रह्माण्ड हमारे सोच व कल्पना से भी बड़ा हैं इसकी व्यापकता इतनी अधिक हैं कि यहां घटित होने वाली घटनांऐ जो आज दिखाई दे रहे है वे कई वर्षों पूर्व घटित हो चुके है याने वर्तमान में भूतकाल की घटनांऐ दिखाई देती है क्योंकि घटना–प्रकाश की किरणें हम तक पहुंचने में वर्षों–सदियों तक लग जाते है। आज भी हम उस ब्रह्माण्ड को नहीं देख रहे है जो वास्तव में हैं हम तों ऐसे ब्रह्माण्ड का अवलोकन कर रहे है जो वर्षों पहले ही बीत चुका हैं, पुराना पड़ चुका है। साथ ही हम कई ऐसे तारों, नक्षत्रों को देख रहें हैं जो आज विद्यमान

नहीं है ठीक वैसे ही कई ऐसे खरबो तारें जन्म ले चुके है पर अज्ञात है जिन्हे हम नहीं जानते क्योंकि इनका घटना प्रकाश हम तक नहीं पहुंच पाया है। सच में ब्रह्माण्ड इतना व्यापक है कि स्मृति भ्रम होने लगती है इतना ही नहीं इसके व्याख्या के लिये शब्दों और भावों की कमी होने लगती है।

आज हम भूतकाल के ब्रह्माण्ड का निरीक्षण व अवलोकन कर रहे है। जबकि भूतकाल नष्ट हो चुका है लेकिन हमें आज वर्तमान के घटना के रूप में घटित होते प्रतीत हो रहा है जबकी जो घटना कई वर्ष पूर्व ही नष्ट हो चुका है। ब्रह्माण्ड की विशालता समय का भ्रम पैदा करता है भूतकाल की घटनाए वर्तमान में आती है उदाहरण के लिए यदि 138 प्रकाश वर्ष दूर दो आकाशगंगाए एक दूसरे से टकराकर नवीन आकाश गंगा का निर्माण कर रहें है ऐसा आज हमें उन्नत टेलीस्कोप से दिखाई दे रहा है लेकिन वहा आज कुछ और हो रहा है हम अत्यंत दूरी के कारण वर्तमान को देख नहीं पाते और आज जो घटना देख रहे हैं वह 138 वर्ष पहले घट चुका है इसी प्रकार आज जो घटना वहां हो रहा है वह 138 वर्ष बाद हमें दिखाइ देगा अर्थात् वहां की घटना प्रकाश हम तक यात्रा कर पहुचने में 138 वर्ष लगेंगे। इस प्रकार ब्रह्माण्ड ही विशालता समय का भ्रम पैदा करता हैं और अंतराल अत्यधिक होने से वहां की भूतकाल की घटना हमारे वर्तमान में आते है इसी प्रकार आज ब्रह्माण्डीय अवलोकन में जब हम 4 प्रकाश वर्ष दूर एक तारा को देख रहे होते है और यदि वह तारा एकाएक नष्ट हो जाता है तब भी वह वैसा ही दिखाई देता रहेगा क्यों कि नष्ट होने वाली घटना–प्रकाश हम तक पहुंचने में चार प्रकाश वर्ष लगेंगे अर्थात् आज हम जो देख रहें है वह भूतकाल की घटना है यहां समय कालभ्रम पैदा करता हैं और जिसका अस्तित्व ही नहीं हैं वह भी मूर्तरूप में विद्यमान दिखाई देता हैं इस प्रकार ब्रह्माण्ड में व्यतीत हो गये घटनाओं, और नष्ट हो गये पिंडो की विद्यमानता इस बात का भ्रम पैदा करता है कि क्या ब्रह्माण्ड में हर वस्तु का मूर्तरूप भूतकाल में विद्यमान है और हम टाइम ट्रेवल कर उस तक पहुंच सकते है और उसे वहां पा सकते हैं जैसे हम आज ब्रह्माण्ड में देख रहें होते है।

जब हम अत्यंत दूरी से किसी घटना को देखते हैं तो वहां के समय और हमारे समय में अंतर होता है वहा का भूतकाल हमारे वर्तमान में आता रहता है। यहां भी यथार्थ वर्तमान ही होता है लेकिन ब्रह्माण्ड की व्यापकता से ऐसा कुछ होता हैं कि जो घटना घटित होता है कि प्रकाश तरंगे निरंतर चारो दिशाओं में प्लेट्स के रूप में यात्रा करती रहती है इस तरह प्रकाश के रूप में कई फोटो–प्रतियां निरंतर सभी दिशाओं में प्रगमन करती रहती है और इनकी गति प्रकाश के गति के बराबर होती है। जब ये प्रकाशीय फोटो प्लेट्स हमारी आखों तक पहुंचती है तब ऐसा लगता हैं कि देखों यह घटना घट रही है जबकी यह कई वर्षों पहले घट चुका होता है। लेकिन अत्यंत दूरी के कारण यह आज हम तक पहुंचा हैं। इसी प्रकार यदि कोई नक्षत्र जन्म लेता है तब वह हमें दिखाई नहीं देता जब तक उसकी किरणें हम तक पहुंच नही जाती जिसमें कई वर्ष लग सकते है। निम्न डायग्राम से समझा जा सकता है।

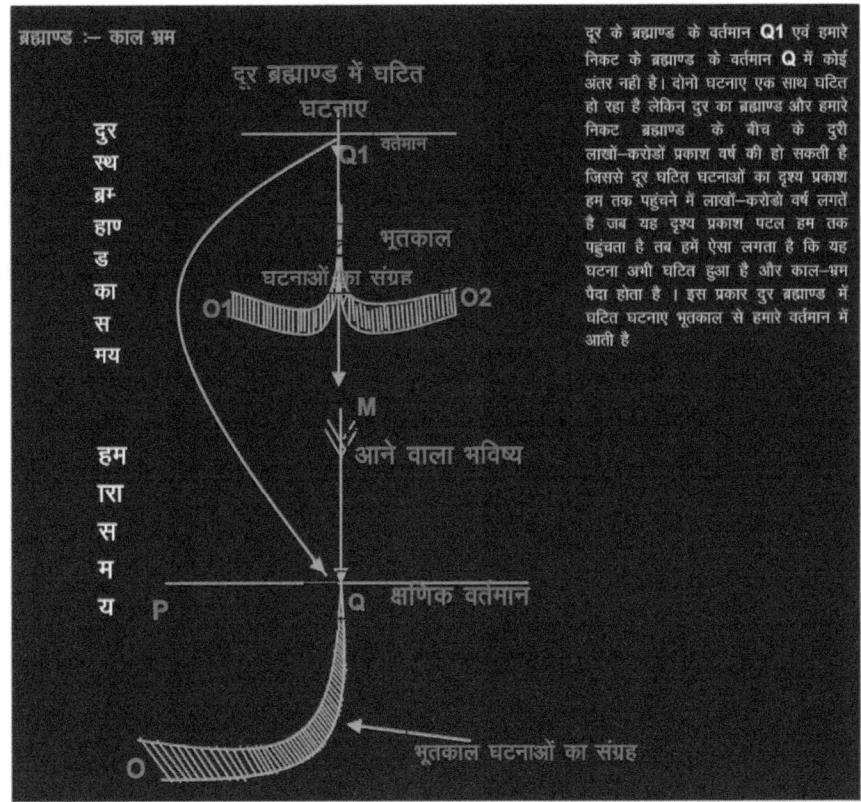

संसार में वर्तमान ही यर्थात हैं लेकिन ब्रह्माण्डीय व्यापकता ने यहां भी भ्रम पैदा कर दिया है यहां जो दिखाई दे रहा है वह वर्तमान की घटना नहीं हैं यहां हम जो दृश्य घटना देखते है वह एक भ्रम मात्र है क्योंकि आज वास्तव में ऐसा हैं ही नहीं, सच में ब्रह्माण्ड में भूतकाल की घटनाए हमारे वर्तमान में आती है।

समय एक ही दिशा में क्यों प्रवाह करता है

ब्रह्माण्ड में समय वहां हैं जहां गति हैं गति के मापन के लिए एक मापक यूनिट की आवश्यकता ने ही समय को जन्म दिया हैं जिसमें समय का प्रवाह एक ही दिशा में बढ़ती है ऐसा क्यों होता है।

ब्रह्माण्ड में घटनाऐ एक ही दिशा में चलती है जैसे ब्रह्माण्ड धीरे-धीरे प्रौढ़ हो रहा है तारे जन्म लेकर अपने खात्मे की ओर बढ़ रहे हैं छोटे गैलेक्सियां अपने अस्तित्व में आने के बाद निरंतर अपने विकास कर रही हैं और भारी, विशाल, व जटिल होते जा रही है ब्लैक होल निरंतर अपना मास बढ़ाने में लगे हैं नदियों का प्रवाह हमेश आगे की ओर होती है पेड़ पौधे भी अपना विकास एक ही दिशा में कर रहें है याने प्रौढ़ हो रहे है और मृत्यु को प्राप्त हो रहे

है यहां तक की ब्रह्माण्ड का प्रत्येक कण अपने सृजन के बाद अपने खात्मे की ओर बढ़ रहा हैं भले ही इसमें अरबो वर्ष लगे। वही एक बालक जन्म लेने के बाद किशोर युवा, जवान, तथा बुढ़ापे की ओर अग्रसर हो जाता है इस तरह हमारा जीवन भी एक ही दिशा में अग्रसर हो रहा है जब ब्रह्माण्ड में घटनांए और गतियां एक ही दिशा में प्रगमन कर रहे हैं तो समय भी एक ही दिशा में प्रवाह करेगा। भौतिक संसार में समय के उल्टा चलने की बात भी कही जाती हैं जैसे किसी घटना को रिकार्ड कर लिया जाए तो उसे उल्टा चलाया जा सकता है जिसमें हम घटना को पीछे जाते देख सकते है याने किसी शव यात्री को वापस घर लाते, जिंदा होते, काम करते, और जवान से किशोर तथा बालक के अवस्था मे पहुंचते हुए देख सकते है पर यह किसी घटना का रिकार्ड होता है जिसे किसी भी तरीके से आपरेट किया जा सकता है लेकिन वास्तव में ब्रह्माण्ड में घटनांऐ व समय एक ही दिशा में प्रवाह करता है।

10

ब्रह्माण्ड गुरूत्वाकर्षण जन्म, चरम एवं विनाश

गुरूत्वाकर्षण एक विचित्र व महान् बल है खगोलीय पिंडों के निर्माण तथा उनके गोलाकार आकार व पिंडों के समूह का निर्माण तथा छोटे पिंडों द्वारा बड़े भारी पिंडों का निरंतर चक्रण किया जाना इसी बल के कारण ही होता हैं। लेकिन आज भी गुरूत्वाकर्षण बल ब्रह्माण्ड का सबसे ज्यादा भ्रामक व अनसुलझा रहस्य बना हुआ है जिससे सूक्ष्म ब्रह्माण्ड व व्यापक खगोलीय ब्रह्माण्ड की बीच की दूरी और बढ़ा दी है तथा उनका एकीकरण नामुमकीन हो गया।

हम यहां जानने का प्रयास करेंगे की गुरूत्वाकर्षण क्या है और क्यों है? वैसे तो गुरूत्वाकर्षण कोई नया या आज का विचार नहीं है। सबसे पहले भारतीय वैज्ञानिक भास्कराचार्य ने गुरूत्वाकर्षण के संबंघ में अपने विचार दिये थे और उन्होंने अपनी पुत्री को उसके प्रश्न की "*बब्बू जिस पर हम निवास करते है वह किस पर टिकी है*" का उत्तर देते हुए कहा था की बेटा जो लोग यह कहते हैं कि यह पृथ्वी कछुआ या शेषनांग के उपर टीका हैं तो वह गलत हैं यदि यह मान ले की पृथ्वी किसी आधार पर टिका हैं तो शून्य यह उठता हैं कि वह किस पर टिका हैं। वह आगे कहते हैं कि पृथ्वी अपने ही बल से टिकी है और इन पिंडों की वस्तुओं की अपनी बड़ी विचित्र शक्ति होती है।

जब सर आईजक न्यूटन सेव के पेड के नीचे बैठे थे तब अचानक एक सेव उनके सिर पर आ गिरा तब उन्होने सोचा की सेव नीचे क्यों गिरा और उसने अपने पुस्तक Philosopheo Naturals Principia Mathematica जिसे 1687 में प्रकाशित कराया जिसमें यूनिवर्सल ग्रेविटेश्नल फोर्स के बारे में विस्तृत व्याख्या करते हुए अपने खोजों से बताया की केवल पृथ्वी ही नहीं अपितु विश्व का प्रत्येक कण एक–दूसरे को आकर्षित करता रहता है। दो कणों के मध्य कार्य करने वाला यह आकर्षण बल उनके भार के गुणनफल का समानुपाती व उनके

बीच के दूरी के व्युत्क्रमानुपाती होता है। कणों के मध्य पारस्परिक आकर्षण को ग्रेविटेश्नल बल कहा जाता है।

न्यूटन के सार्वत्रिक गुरूत्वाकर्षण नियम के बाद 1905 में अल्बर्ट आइंस्टाइन ने ''जनरल थ्योरी आफ रिलेटीविटी'' में गुरूत्वाकर्षण को एक भ्रम मात्र बताया। उनका विचार था कि ब्रह्माण्ड में किसी वस्तु की तरफ जो गुरूत्वाकर्षण का खिंचाव देखा जाता है। उसका कारण हर वस्तु का मान (द्रव्यमान) या उसके आकार के अनुसार अपने इर्द–गिर्द चारो ओर स्पेस–टाईम (दि्ककाल) में एक मरोड़ पैदा करता है पृथ्वी का गुरूत्वाकर्षण का कारण दिक्‌काल का झुकाव है जैसे एक चादर के बीच में भारी वस्तु रख दी जाए तो चारों ओर से चादर बीच में झुक जाता है जो उसके द्रव्यमान व आकार के आधार पर होता हैं आइये डायग्राम से समझने का प्रयास करगें।

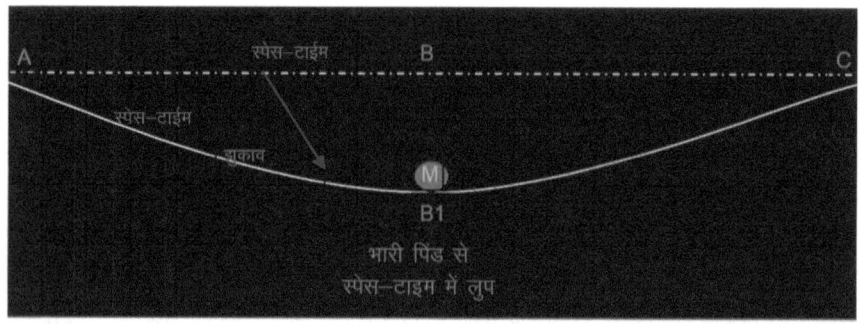

उपरोक्त डायग्राम में A B C सपाट दिक्‌काल को दिखाता है लेकिन जब भारी पिंड M यहां आता है तो इसके द्रव्यमान व आकार के कारण लूप बनाती है। इस तरह सपाट काल–अंतराल A B C झुककर A B1 C कर्व काल–अंतराल का निर्माण करता हैं जिसे लूप के रूप में देख सकतें है यह लूप पिंड के चारों ओर सभी आयामों में फैला होता है। गुरूत्वाकर्षण का कारण दिक्‌काल का झुकाव है। प्रत्येक पिंड अथवा वस्तु अपने मास व आकार तथा द्रव्यमान के आधार पर काल–अंतराल में मरोंड़ पैदा करती है यह लूप अथवा मरोड़ ही अन्य पिंडों व वस्तु को आकर्षित करता है। इस प्रकार आइंस्टाइन ने बताया की गुरूत्वाकर्षण कोई बल नहीं है बल्कि यह पिंडों के द्रव्यमान के कारण काल–अंतराल में मरोड़ के कारण खिंचाव है। और साथ ही उनका कहना था कि काल–अंतराल में लूप के कारण ही पिंड अपने से भारी पिंड का चारों ओर चक्रण करती रहती है। आइंस्टाइन के इस सिद्धांत ने विज्ञान की दुनिया में तहलका मचा दिया और सैकड़ों वर्षों से कायम आइजक न्यूटन के ब्रह्माण्ड का नजरिया बदल गया।

लेकिन आज भी गुरूत्वाकर्षण ब्रह्माण्ड का सबसे ज्यादा भ्रामक व अनसुलझा रहस्य बना हुआ है और विभिन्न विचारों ने सूक्ष्म ब्रह्माण्ड व व्यापक खगोलीय ब्रह्माण्ड की बीच की दूरी और बढ़ा दी तथा उनका एकीकरण नामुमकीन हो गया है।

वास्तव में सूक्ष्म परमाणु युग से वृहद खगोलीय युग का मार्ग गुरूत्वाकर्षण बल से होकर जाता है और गुरूत्वाकर्षण ही सूक्ष्म व व्यापक ब्रह्माण्डीय अध्ययन का पुल है।

गुरूत्वाकर्षण एक विचित्र व महान् बल है बडें खगोलीय पिंडों के निर्माण, उनके गोलाकार आकार व पिंडों के समूह का निर्माण तथा छोटे पिंडों द्वारा बड़े भारी पिंडों का निरंतर चक्रण किया जाना इसी बल के कारण ही होता है। सच कहा जाए तो गुरूत्वाकर्षण एक भ्रम नहीं, बल्कि एक बल है जिसका जन्म पदार्थ अथवा मास के अस्तित्व में आने के बाद होता है यह बल मास के न्यूनतम इकाई में निहित होता हैं परंतु इस अवस्था में वह अत्यंत क्षीण व विरल होता है इस कारण नाभिक या परमाणु स्तर पर इस बल का कोई महत्व नहीं होता और नहीं वह यहां कोई योग देता हैं और गुरूत्व बल अपने प्रारंभिक अवस्था में नितांत कमजोर होता है।

जहां सूक्ष्म तथा परमाणु स्तर पर गुरूत्वाकर्षण को कोई महत्व नहीं होता वहीं बड़े तथा घने खगोलीय पिंडों का अध्ययन इसके बिना संभव नहीं हैं। और तो और ब्रह्माण्ड के अंत में, कई गुरूत्वीय सिंगल पाईंट में अपेक्षित द्रव्यमान होने पर टेंसकाल प्रारंभ होता है वहां चरम गुरूत्व बल अपने चरमोत्कर्ष अवस्था कि ओर बढ़ते हुए अपने स्वयं के अस्तित्व–आधार मास को उच्चतम दाब से उत्तरोत्तर संपीड़ित करते जाते है जिससे संपीड़ित मास का पॉकिट आकार निरंतर छोटा होकर शून्यवत् होते जाता है बढ़ते घनत्व व छोटे होते आकार से गुरूत्व बले कई गुना बढ़ जाती है निरंतर बढ़ते दाब से ताप भी उच्चतम व विनाशकारी होने लगता है। इस प्रकार अंत में सम्पूर्ण मास ऊर्जा रूप में विखण्डित हो जाती है जिससे संपीड़ित ऊर्जा विमुक्त होने लगती है और नये ब्रह्माण्ड का सृजन शुरू होता है वास्तव में गुरूत्वाकर्षण बल के प्रभाव के लिए तीन स्थितियों का होना जरूरी है। गुरूत्वाकर्षण ऊर्जा वहां पर कार्य करती है, एवं उत्पन्न होती है, जहाँ तीन बातो का समावेश होता है, एक तो मास/द्रव्यमान का होना, दूसरा उसका पॉकिट आकार एवं तीसरा द्रव्यमान से केन्द्रीयकृत बल मिलता है, ब्रह्माण्ड के सृजन काल मे जब सम्पूर्ण पदार्थ प्योर ऊर्जा के रूप मे होता है, तब गुरूत्वाकर्षण बल शून्य होता है, यहां पर फोटॉनिक एवं रैबिक ऊर्जा का अस्तित्व होता है, ऊर्जा वह हैं, जो कोई स्थान नहीं घेरती, न ही यह कोई वस्तु है, इसे हम देख नहीं सकते इसकी कोई छाया नहीं होती हैं, साथ ही यह द्रव्य नहीं है, परन्तु इसका द्रव्य से घनिष्ट संबंध होता है, इस प्रकार शुद्ध ऊर्जा वह होता हैं, जिसमें न तो कोई भार होता हैं, न ही स्थान घेरता है, और न ही उसका आकार होता हैं, इसलिए यहां गुरूत्वाकर्षण भी शून्य होता है, लेकिन कालांतर मे ऊर्जा के पदार्थ के मूल कणों जैसे–क्वॉर्क, लेप्टॉन मे परिवर्तित होने से जिसे *रेस्ट ऑफ एनर्जी* कहा जाता है, नैसर्गिक बलो जैसे–ग्लूऑन आवेश से जुड़कर नाभिक, कूलम्ब आवेश से जुड़कर परमाणु एवं अणु का निर्माण होने लगा और मास के जुड़ते जाने से पदार्थ में निहित नैसर्गिक बल *ग्लूट्रॉन क्यूटॉईल्स* भी जुड़ते गए, जिससे गुरूत्व बल प्रभावी होने लगा।

सामान्य अवस्था में परमाणु का पॉकिट आकार व उसके मास की प्रमात्रा गुरूत्वाकर्षण के विपरीत होता है, यहा परमाणु का पॉकिट आकार बड़ा व मास न्यून होने से गुरूत्वाकर्षण क्षीण होता है, यहां तक की परमाणु स्तर पर इसे गणना मे न लिया जाये, तब भी गणितीय आधार पर भी कोई फर्क नहीं पड़ता, लेकिन घने और बड़े पिंडों मे खरबो–खरब टन परमाणुओ के एक स्थान पर होने से उनके उत्सर्जित ग्लूट्रॉनिक क्यूटॉईल्स लहरे जुड़कर विशाल व मजबूत गुरूत्वाकर्षण बल का निर्माण करते है, यहा पिंडों का आकार बड़ा व अपेक्षाकृत मास के घनत्व कम होने से गुरूत्वाकर्षण बल कम केन्द्रीयकृत होता है जिससे यह बल कम दूरी तक लम्बवत् व कमजोर होता है, इस बल को हम पृथ्वी मे अनुभव करते है, जहाँ लगभग 100 किलोमीटर तक कमजोर लम्बवत् गुरूत्व बल पाया जाता है, जो हर वस्तु को पृथ्वी की केन्द्र की ओर ले जाना चाहता है, ठीक इसके विपरीत जब पिंड़ का आकार छोटा व अत्यधिक मास की उपस्थिति होने पर पदार्थों के उत्पन्न ये लहरे पास–पास होने से जुड़कर अतिकेन्द्रीयकृत बल अत्यधिक दूरी तक लम्बवत् व स्ट्रांग होती है, का निर्माण करती है, जैसे–व्हाईट ड्रॉफ्ट अथवा ब्लैक होल। इस प्रकार गुरूत्वाकर्षण मास के प्रमात्रा व उसके पॉकिट आकार पर निर्भर करती है।

पदार्थ में गुरूत्व बल कहां से आया

हमारा ब्रह्माण्ड जो एक ऊर्जा पूँज से निर्मित हुआ है, अर्थात् सारे दृश्य, अदृश्य पदार्थ, ऊर्जा से ही निर्मित है, जिसे रेस्ट ऑफ एनर्जी कहां जाता है, पदार्थ, ग्रह, उपग्रह, गैलेक्सी, निहारिकांए आदि ऊर्जा का ही स्थिर, रेस्ट रूप है, यहां यह जानना जरुरी है कि ऊर्जा क्या हैं और इसकी प्रकृति क्या हैं वास्तव मे, ऊर्जा कोई वस्तु नहीं हैं यह स्थान नहीं घेरती, इसे हम देख नहीं सकते, इसकी कोई छाया नहीं होती, अन्य वस्तु की तरह यह द्रव्य नहीं है परंतु द्रव्य से घनिष्ट संबंघ होता है, ऊर्जा पदार्थ में और पदार्थ ऊर्जा में परिवर्तित होती रहती है इतना ही नहीं हर पदार्थ में ऊर्जा निहित होती है साथ ही ऊर्जा स्थिर नहीं रहती, सदैव गतिशील प्रकृति की होती है, व अपने रेस्ट रूप पदार्थ (मास) के रूप में भी अपने प्रकृति अनुसार ऊर्जा कणों को उत्सर्जित कर गतिवान बने रहते हैं, इन ऊर्जा कणों मे मुख्यतः कूलम्ब आवेश *फोटॉन* 'मजबूत नाभिकीय बल *ग्लूऑन* तथा कमजोर नाभिकीय बल *बोसोन*' एवं गुरूत्वाकर्षण बल *ग्लूट्रॉनिक क्यूटॉईल्स* का उत्सर्जन करते रहते हैं ये बल कणें, ऊर्जा का वह रुप है जो ब्रह्माण्डीय ऊर्जा के पदार्थ (द्रव्यमान) रूप बनने के कारण सृजित हुए है व सक्रीय है। ये निरंतर कार्य कर ब्रह्माण्ड को संग्रहित, निर्मित तथा संचालित कर रही है और घीरे–घीरे प्रौढ़ता की ओर ले जा रही है जो अंत में संग्रहित अपेक्षित मास को प्योर ऊर्जा के रूप में विखण्डित कर देगी जिससे ब्रह्माण्डीय सृजन की प्रक्रिया पुनः आरंभ होगी।

गुरूत्वाकर्षण बल की कुछ विशेषताएं

1) गुरूत्वाकर्षण बल सदैव आकर्षित करती है, प्रति व गुरूत्वाकर्षण कोरी कल्पना है

गुरूत्वाकर्षण बल सदैव आकर्षित करती है यह इस बल की मूल प्रकृति है। ब्रह्माण्ड में प्रति–गुरूत्वाकर्षण एक भ्रम मात्र है ब्रह्माण्डीय पिंडो से निकलने वाली गुरूत्वीय बल रेखाएं दो प्रकार की होती है, पहला लम्बवत् गुरूत्व बल रेखाएं, दूसरा लहरदार गुरूत्व उत्प्रेक्ष्य गतिकीय बल रेखाएं। यदि पिंड छोटे पॉकिट आकार का और अत्यधिक मास का होता है तो गुरूत्व बल रेखाएं अतिकेन्द्रीयकृत होकर अधिक दूर तक लम्बवत् व स्ट्रांग होती है, शेष क्षेत्र लहरदार गुरूत्व बल का होता है। लेकिन यदि खगोलीय पिंड़ का पॉकिट आकार बड़ा तथा कम मास का होता है, तो लम्बवत् गुरूत्व बल क्षेत्र छोटा व क्षीण होता है, शेष क्षेत्र लहरदार गुरूत्व बल का होता है। लहरदार गुरूत्व बल क्षेत्र, लंबवत् गुरूत्व बल प्रक्षेत्र के ठीक बाद चारो आयामों में फैला होता है, गुरूत्व उत्प्रेक्ष्य गतिकीय बल प्रेक्षत्र कहलाता है। यहां गुरूत्वीय बलो का ऐसा जाल होता है जो पिंड के पास आने पर मजबूत एवं दूर जाने पर कमजोर होते जाता है इस क्षेत्र में अन्य पिंडें अपने अक्ष में घूर्णन के साथ–साथ उस पिंड का चक्रण करती रहती है जो अधिक गुरूत्व की होती है यहां गुरूत्वाकर्षण बल इतना स्ट्रांग नहीं होता कि वह किसी पिंड को खींचकर अपने में मिला सके। बल्कि यहां उपस्थित दो पिंडों के गुरूत्वीय खींचतान एवं इनके द्रव्यमान व भार के प्रतिरोध से आकर्षण एवं विकर्षण के संयुक्ति बल का जन्म होता है जिसे लहरदार गुरूत्वीय उत्प्रेक्ष्य गतिकीय बल कहा जाता हैं यहां आकर्षण बल ही प्रमुख हैं परंन्तु उसके बराबर व विपरीत विकर्षण बल का आभास होता है, जो गुरूत्वाकर्षण खिंचाव का पिंडीय द्रव्यमान व भार के विरोघ के कारण होता है जिससे पिंड संतुलन बनाये हुए अपने कक्षा में निरंतर चक्रण करती रहती है चक्रित पिंड इस क्षेत्र मे आकर्षण–विकर्षर्ण से एक संतुलन का निर्माण कर लेती है इसी कारण चक्रित पिंड जब केंद्रीय अधिक गुरूत्वीय पिंड के पास आती है तो गुरूत्व खिंचाव के कारण भार बढ़ते जाता है और संतुलन कारी बल उसकी गति इतनी बढ़ा देती है कि वह केंद्रीय पिंड मे समा जाने से बचा रहता है ठीक उसी प्रकार जब चक्रित पिंड केंद्रीय पिंड से दूर होती जाती है तो कम गुरूत्व खिंचाव के कारण भार घटने लगता है और पिंड कि गति भी कम होने लगती है, जिससे चक्रित पिंड कक्षा से बाहर नहीं जा पाती। परंतु यह संतुलन कारी बलें सदैव कायम रहने वाली नहीं है और नही ब्रह्माण्ड पूर्व में आज के जैसा था और नहीं ऐसा आगे बना रहने वाला है क्यों कि ब्रह्माण्ड एक परिवर्तनशील जगह है और यहां चकित पिंड चक्रण के साथ–साथ केंद्रीय पिंड की ओर सरकते जा रहे है, जैसे हमारी पृथ्वी सूर्य के चक्रण के साथ प्रति वर्ष कुछ मिलीमीटर उसके ओर सरक रही है इतना ही नहीं हमारी मिल्की–वे गैलेक्सी, पड़ोसी एवं बड़े गैलेक्सी एण्ड्रोमिडा का चक्रण करते हुए निरंतर उसके ओर सरक रही है। और कालांतर में चक्रित पिंड केंद्र की ओर आकर्षित होते हुए विलय कर जाऐंगे। इस तरह ब्रह्माण्डीय स्थिरांक एक समय विशेष की घटना हो सकती है क्योंकि ब्रह्माण्डीय परिवर्तन करोड़ों वर्षों में दृश्य होते हैं।

2) गुरूत्वाकर्षण एक बल है न की भ्रम है

गुरूत्वाकर्षण एक बल है न की भ्रम जब सारे पदार्थ ऊर्जा रूप में था, जिसमें न तो कोई भार होता है, न ही स्थान घेरता है, और न ही उसका आकार होता है, इसलिए यहां गुरूत्वाकर्षण भी शून्य होता है, लेकिन कालांतर मे ऊर्जा के पदार्थ के मूल कणों जैसे–क्वॉर्क, लेप्टॉन मे परिवर्तित होने से जिसे रेस्ट ऑफ एनर्जी कहा जाता है, मे नैसर्गिक बलो जैसे–ग्लूऑन आवेश से जुड़कर नाभिक, कूलम्ब आवेश से जुड़कर परमाणु एवं अणु का निर्माण होने लगा और मास के जुड़ते जाने से पदार्थ मे निहित नैसर्गिक बल *ग्लूट्रॉन क्यूटॉईल्स* भी जुड़ते गए, और गुरूत्व बल प्रभावी होने लगा। गुरूत्वीय पतन के कारण चरमगुरूत्वीय पिंडों का निर्माण होने लगा। गुरूत्वाकर्षण एक विचित्र तथा महान् बल है *बडें खगोलीय पिंडो के निर्माण, उनके गोलाकार आकार व पिंडो के समूह का निर्माण तथा छोटे पिंडो द्वारा बड़े भारी पिंडो का निरंतर चक्रण किया जाना इसी बल के कारण ही होता है।* सच कहा जाए तो गुरूत्वाकर्षण एक भ्रम नहीं, बल्कि एक बल हैं जिसका जन्म पदार्थ अथवा मास के अस्तित्व में आने के बाद होता है यह बल तो मास के न्यूनतम इकाई में निहित होता हैं परंतु इस अवस्था में वह अत्यंत क्षीण व विरल होता हैं इस कारण नाभिक या परमाणु स्तर पर इस बल का कोई योग एवं महत्व नहीं होता।

3) गुरूत्वाकर्षण एक केंद्रीय बल है

केंद्रीय बल से आशय उस बल से है जो पदार्थ अथवा अन्य पिंडों, चीजों को अपनी ओर खींचकर ले जाना चाहती है ब्रह्माण्ड के प्रत्येक पिंड एक केंद्रीय बल के रूप में कार्य करता है जैसे ब्लैक होल, नक्षत्र, तारे, ग्रह आदि। वृहस्पति एक ग्रह है यह अपने आस–पास के पिंडो चंद्रमाओं पर केंद्रीय बल आरोपित करता है। उसी प्रकार ब्लैक होल अपने आस–पास प्रक्षेत्र में केंद्रीय बल आरोपित करता है जिससे गैलेक्सी का निर्माण होता है। पृथ्वी में गुरूत्वाकर्षण बल किसी वस्तु पिंडों तथा चीजों को खींचकर केंद्र में ले जाना चाहती है लेकिन ठोस धरातल के कारण हम व वस्तुए यही पर रूक जाते हैं यदि अचानक भूस्खलन आ जाए तो हम धरातल के नीचे चले जाऐंगे। *इस प्रकार ग्लूट्रॉन क्यूटॉईल्स लहरे जुड़कर केंद्रीयकृत गुरूत्वबलों को जन्म देती है* जिनका एक केंद्र होता है जैसे हमने पहले जाना की गुरूत्व बल कुछ दूरी तक लंबवत् व उसके बाद लहरदार होती है गुरूत्व बल रेखाए केंद्र से प्रारंभ होकर धरातल के उपर आती है और व्यापक दूर तक जाती हैं इस बल का प्रभाव पदार्थ की प्रमात्रा व उसके पॉकिट आकार पर निर्भर करता है। यह बल किसी भी पिंड से निकलने व केंद्रीयकृत होने के कारण पिंडीय रचना गोलाकार होता है। और जो गोलाकार नहीं है वह गोलाकार बनने की प्रकिया में होता है क्योंकि गुरूत्वाकर्षण लगातार कार्य कर उसे केंद्रीय पृष्ठभूमि में सिकोड़ रही है इसके कारण ही आज ग्रह, उपग्रह, नक्षत्र, ब्लैक होल व अन्य ब्रह्माण्डीय पिंड गोलाकार है। गुरूत्वीय बल पिंडो के केंद्र से निकलकर चारो ओर से खिंचाव पैदा करती है जिससे पिंडो को आकार मिलता है पिंडो से निकलने वाला यह बल अत्यंत दूरी तक प्रभावी होता है और कुछ

दूरी तक लंबवत् व शेष लहरदार होता है जिससे केंद्रीयकृत बलें आकर्षण बनाए रखती है। इन दों प्रकृति के बल से सपाट व कर्व काल–अंतराल का निर्माण होता है। सपाट काल–अंतराल द्रव्यमान शोषण क्षेत्र के रूप में कार्य करता है जबकी कर्व काल–अंतराल गुरूत्वाकर्षण उत्प्रेक्ष्य गतिकीय बल के रूप में कार्य करता है जिससे पिंड निरंतर अधिक गुरूत्वीय पिंड का निरंतर चक्रण करता रहता है। ब्लैक होल के चारों ओर चक्रित अरबो पिंडों का जमावड़ा इसी केंद्रीय आकर्षण बल के कारण होता है।

4) गुरूत्वाकर्षण बल लम्बवत् व लहरदार होती है

गुरूत्वीय बल रेखाएं दो प्रकार की होती है, पहला लम्बवत् दूसरा लहरदार गुरूत्व उत्प्रेक्ष्य गतिकीय बल रेखाएं। यदि पिंड़ छोटे पॉकिट आकार का और अत्यधिक मास का होता है, तो गुरूत्व बल रेखाएं अतिकेन्द्रीयकृत होकर अधिक दूर तक लम्बवत् व स्ट्रांग होती है, शेष क्षेत्र लहरदार गुरूत्व बल का होता है। लेकिन यदि खगोलीय पिंड का पॉकिट आकार बड़ा तथा कम मास का होता है, तो लम्बवत् गुरूत्व बल क्षेत्र छोटा व क्षीण होता है, शेष क्षेत्र लहरदार गुरूत्व बल का होता है। लंबवत् गुरूत्व क्षेत्र द्रव्यमान शोशण क्षेत्र कहलाता है। यहां आने वाले हर पदार्थ व चीज को धरातल की ओर खींच लिया जाता है यह इस बात की तस्दीक करता है कि गुरूत्व बल लहरें पिंड के भीतर से उत्सर्जित होती है। हम इसी लंबवत् बल क्षेत्र में निवास करते है यहां हर वस्तु धरातल की ओर खींच लिया जाता है इतना ही नहीं हम निरंतर केंद्र की ओर खींचे जा रहे है। लहरदार गुरूत्व बल क्षेत्र, लंबवत् गुरूत्व बल प्रक्षेत्र के ठीक बाद चारों आयामों में फैला होता है, गुरूत्व उत्प्रेक्ष्य गतिकीय बल प्रेक्षत्र कहलाता है यहां गुरूत्वीय बलो का ऐसा जाल होता है जो पिंड के पास आने पर मजबूत एवं दूर जाने पर कमजोर होते जाता है इस क्षेत्र में अन्य पिंड अपने अक्ष में घूर्णन के साथ–साथ उस पिंड का चक्रण करती रहती है जो अधिक गुरूत्व की होती है यहां गुरूत्वाकर्षण बल इतना स्ट्रांग नहीं होता कि वह किसी पिंड को खींचकर अपने में मिला सके।

5) पिंड के केंद्र में गुरूत्व बल शून्य होता है

गुरूत्वाकर्षण बल एक केंद्रीयकृत बल है जिसका प्रभाव केंद्र की ओर स्ट्रांग होता है जिससे यह केंद्र की तरफ लंबवत् हो जाता है। वास्तव में गुरूत्वाकर्षण पदार्थ के मूलकणों मे नैसर्गिक रूप से पाऐ जाने वाले ग्लूट्रॉन क्यूटॉईल्स के जुड़ने के कारण होता है यदि पिंड़ छोटे पॉकिट आकार का और अत्यधिक मास का होता है, मास अति निकट होने से गुरूत्व बल रेखाएं जुड़कर अतिकेन्द्रीयकृत होकर अधिक दूर तक लम्बवत् व स्ट्रांग होती है शेष क्षेत्र लहरदार गुरूत्व बल का होता है लेकिन केंद्र में गुरूत्व बल शून्य होता है। इस प्रकार ग्रेवीटी के सेंटर में जीरो ग्रेवीटी पाया जाता है।

6) गुरूत्वाकर्षण, किसी पिंड का, भार का कारण होता है

ब्रह्माण्ड में भार एक महत्वपुर्ण विषय है यहां प्रत्येक वस्तु का द्रव्यमान तो नियत रहता है परंतु भार किसी वस्तु अथवा पिंड के द्रव्यमान तथा उसे बाह्य रूप से खींचे जाने वाले बल या गुरूत्वाकर्षण खिंचाव पर निर्भर करता है अर्थात् ब्रह्माण्ड में किसी वस्तु के गुरूत्वीय खिंचाव व उसके द्रव्यमान के अनुपात में भार होता है। अधिक द्रव्यमान व अधिक गुरूत्वीय खिंचाव से पिंड का भार अधिक तथा कम द्रव्यमान व कम गुरूत्वीय खिंचाव से कम भार होता है शून्य गुरूत्व से भार शून्य होता है।

7) गुरूत्वाकर्षण बल उत्प्रेक्ष्य गतिकीय बल प्रभाव पैदा करती है जो पिंडों के घूर्णन व चक्रण का कारण होता है जिससे ब्रह्माण्ड चलायमान बनी हुई है

दूसरे शब्दों में कह सकते है कि कोई पिंड अपने अक्ष पर घूर्णन एवं किसी दूसरे पिंड के चारो ओर चक्कर क्यों काटती रहती है इसके पीछे तर्क क्या है? पिंडों का अपने अक्ष मे घूर्णन व किसी अधिक भारी पिंड के चारो ओर चक्रण, गुरूत्वाकर्षण उत्प्रेक्ष्य गतिकीय बल के बिना संभव नहीं हैं। इस गुरूत्वाकर्षण उत्प्रेक्ष्य गतिकीय बल को अपने सौर मण्डल, मिल्की–वे तथा गैलेक्सियो के समूह के मध्य तथा ब्रह्माण्ड के हर रचनाओं में देखा जा सकता है यह एक सार्वभौमिक रूप से पाये जाने वाली जटिल व्यवस्था है जिसमें एक कम भारी व कम गुरूत्वीय पॉकेट अपने से भारी व अधिक गुरूत्वीय पॉकेट का चक्कर लगाता रहता है और पिंड अपने अक्ष पर घूर्णन करती रहती है। जब से ब्रह्माण्डीय पिंड अस्तित्व में आयी है तब से यह घटित हो रहा है इस प्रक्रिया की एक और मजेदार रोचक पहलू यह है कि इस घूर्णन एवं चक्रण क्रिया में कोई ऊर्जा खर्च नहीं होता और न ही मास का क्षय होता है न तो इनकी गति मंद पड़ती हैं। आइये जानने का प्रयास करे इसके पीछे कौन सा सिस्टम कार्य कर रहा है इस प्रकार गुरूत्वाकर्षण उत्प्रेक्ष्य गतिकीय बल मे *आकर्षण व आभासी प्रतिकर्षण का संयुक्ति बल निहित होता है,* इस *युक्ति* से एक सन्तुलन का निर्माण होता है, और गुरूत्वाकर्षण उत्प्रेक्ष्य गतिकीय बल अपने क्षेत्र के पिंडों को उत्प्रेक्ष्य गति प्रदान करती है, यहाँ गुरूत्वाकर्षण उत्प्रेक्ष्य गतिकीय बल, पास के पिंडों पर अधिक और दूर के पिंडों पर कम होते जाता है, जबकि लम्बवत् गुरूत्वाकर्षण क्षेत्र मे सपाट काल–अंतराल पाये जाने से यहाँ पदार्थ समान रूप से भारित होते हुए, केन्द्रीय पिंड़ के धरातल में गिर जाते है, जबकि लहरदार गुरूत्व क्षेत्र में नजदीक के पिंड पर अधिक गतिकीय बल अधिक प्रभावी होता है, जिससे इनकी चक्रण गति अधिक होती है, परन्तु दूर जाने पर पिंडों की चक्रण गति कम होती जाती है। यहां भी गुरूत्वीय क्षेत्र पिंड़ को अपनी ओर आकर्षित करते रहता है, परन्तु यहा गुरूत्वाकर्षण बल इतना मजबूत नहीं होता की वह पिंड, को खींचकर केन्द्र मे ले जा सके, यहा दोनो पिंड एक–दूसरे को आपस मे खींचते रहते है, जिससे गुरूत्व बल से पिंडों को भार मिलता है, और अधिक गुरूत्वीय पिंड कम गुरूत्वीय पिंडों को अपनी ओर आकर्षित करता है, कम गुरूत्वीय पिंड भी अपने गुरूत्व

बल से अधिक गुरूत्वीय पिंड़ को आकर्षित करता है, दोनों पिंडों के गुरूत्व बलो का योग इतना अधिक नहीं होता की वे एक–दूसरे को खिंचकर विलय कर जाए। चकित पिंड केंद्रीय पिंड के निकट होने पर अधिक गुरूत्व खिंचाव से चक्रित पिंड का भार बढ़ता जाता है जिससे उसकी गति भी बढती जाती है बढता हुआ भार उसे केंद्रीय पिंड के ओर आकर्षित करती है जबकी बढता गति केंद्र में समा जाने से रोकता है उसी प्रकार चकित पिंड यदि केंद्रीय पिंड से दूर जाने पर कम गुरूत्व से भार कम होगा और उसकी गति भी कम हो जाती है जिससे वह कक्षा से बाहर नही जा पाता। इस खीचतान मे छोटे गुरूत्वीय पिंड पर उत्प्रेक्ष्य गतिकीय बल लगने लगता है, और छोटे गुरूत्वीय पिंड़ बड़े गुरूत्वीय पिंड के चारों ओर गति करने लगता है, इस प्रकार चकित पिंडो में एक संतुलन बन जाता है। और पिंडे निरंतर चक्रण व घूर्णन करते रहते है।

इस प्रकार गुरूत्वाकर्षण बल प्रधान बल है। और प्रतिकर्षण बल एक संतुलन कारी बल है। चक्रण करते हुए पिंड आकर्षण बल व आभासी प्रतिकर्षण बल के बीच बना रहता है अतः यह कहा जा सकता है कि *गुरूत्वाकर्षण उत्प्रेक्ष्य गतिकीय बल क्षेत्र में चकित पिंडों में आकर्षण व आभासी प्रतिकर्षण का संयुक्ति बल निहित होता है* यहां बड़े व छोटे गुरूत्वीय पिंड के मध्य एक प्रकार का अभिकेंद्रक बल का निर्माण होता है। और पिंडे निरंतर चक्रण घूर्णन करते रहते है।

8) गुरूत्वाकर्षण बल खगोलीय पिंडो का आकार तय करती है और वह स्वयं पिंडों के पॉकिट आकार तथा मास प्रमात्रा पर निर्भर करता है

गुरूत्वीय बल ब्रह्माण्डीय पिंडों जैसे ग्रहों, उपग्रहों, नक्षत्रों, तारों का आकार तय करता हैं और गोलाकार स्वरूप प्रदान करता है ब्रह्माण्ड में जो गोलाकार नहीं हैं वह भी गोलाकार बनने की प्रकिया में हैं यहा मास प्रमात्रा जितना अधिक होगा उसका आकार उतना ही छोटा होगा और गुरूत्व बल उतना प्रचण्ड होगा। आज जो हम डिस्क नुमा गैलेक्सी व उनके समूह देख रहे हैं ब्रह्माण्ड विस्तार के साथ आगे बढ़ते हुए वे महासंकुचन कर अंत में गोलाकार रूप ग्रहण कर छोटे होते जाऐंगे।

9) गुरूत्वाकर्षण बल, बल वाहक कण *ग्लूट्रॉनिक क्यूटाइल्स* के कारण होता है जो नैसर्गिक बल है और मास के मूल कणों के अस्तित्व में आने के साथ ही उसमें विद्यमान होता है। मास के सूक्ष्म रूपों में यह क्षीण व कमजोर होता है। एक स्थान पर मास प्रमात्रा जितना अधिक होता है उसका आकार उतना ही छोटा होता है जो बल वाहक कण के पास–पास आने पर जुडकर स्ट्रांग, गुरूत्व बल का निर्माण करते हैं।

10) गुरूत्वाकर्षण बल वाहक कणों की प्रकृति अत्यंत महीन, अदृश्य, अत्यंत क्षीण व द्रव्यमान रहित होता है जिसके कारण इसका प्रभाव अत्यंत व्यापक होता है।

11) गुरूत्वाकर्षण बल, की गति क्या होगी

गुरूत्वाकर्षण की गति, गुरूत्व बल की स्थिति पर निर्भर करती है सूक्ष्म स्तर पर जहां गुरूत्व बल क्षीण होता है वहां इनकी गति भी क्षीण होती है पृथ्वी में गुरूत्वबल की गति 9.8 मीटर/सेकण्ड^2 है लेकिन जब गुरूत्व बल अपने चरम अवस्था में होता है तो वहां उनकी गति भी चरम अवस्था में होती है जैसे सक्रिय ब्लैक होलों में द्रव्यमान शोशण सीमा में पदार्थ को खींचे जाने की गति प्रकाश से भी सैकड़ों गुना ज्यादा होती है यहां तो प्रकाश की किरणें तक बाहर नहीं निकल पाती यहां पलायन वेग अनंत हो जाता है जिससे किसी वस्तु का यहां से बाहर निकलना संभव नहीं है।

12) गुरूत्वाकर्षण बल, का प्रभाव समय पर पडता है

स्ट्रांग गुरूत्वीय बलों का प्रभाव समय पर पड़ता है क्योंकि समय का अर्थ गति व ऊर्जा से है गतिवान पिंड जब कम गुरूत्वबल क्षेत्र में जाता है तो वे कम गति को प्राप्त करती है उसी प्रकार कम गति पिंड जब चरम गुरूत्व क्षेत्र में जाता है तो उसकी गति अनंत हो जाती है और समय का गुजरना रूक जाता है जब गुरूत्व उत्प्रेक्ष्य गतिकीय बल क्षेत्र पिंडों पर चक्रण व धूर्णन हेतु उत्प्रेक्ष्य बल आरोपित करते हैं यहां असमान गुरूत्व क्षेत्र कर्व काल–अंतराल का निर्माण करती है और पिंडों का चलन अंडाकार या गोलाकार होता है।

इस प्रकार चरम गुरूत्वाकर्षण में जहां तीव्र गति होता है वहां गति करते पिंडों का समय का गुजरना रूक जाता है।

13) गुरूत्वाकर्षण बल, योगकारी प्रभाव का होता है

गुरूत्वाकर्षण, बल वाहक कणें योगकारी प्रभाव का होता है। मास के जुड़ते जाने से ये बलकणें भी जुड़ते जाते है और केंद्रीयकृत बल प्रभाव पैदा करते हैं सूक्ष्म स्तर पर प्रभाव क्षीण होता हैं लेकिन अत्यधिक मास के जुड़ने से ये बलकण जुड़कर इतने प्रभावी हो जाते है कि ब्रह्माण्डीय मास को आकार देना प्रारंभ कर देते है। इसी कारण आज हर ब्रह्माण्डीय पिंड गोलाकार हैं और जो गोलाकार नहीं है वे गोलाकार बनने की प्रक्रिया में है।

गुरूत्वाकर्षण बलों का योग व विकास की स्थितियां

गुरूत्वाकर्षण, बल वाहक कण *ग्लूट्रॉन क्यूटॉईल्स* के कारण होता हैं ये बल वाहक कण अत्यंत महीन, अदृश्य, क्षीण व द्रव्यमान रहित होता हैं जो योगकारी प्रभाव का होता हैं मास के जुड़ते जाने से ये बलकण भी जुड़ते जाते हैं और केंद्रीयकृत बल प्रभाव पैदा करते हैं सूक्ष्म स्तर पर जहां इनका प्रभाव क्षीण होता हैं वहीं अत्यधिक मास के जुड़ते से ये बलकण जुड़कर इतने प्रभावी हो जाते हैं कि ब्रह्माण्डीय मास को आकार देना प्रारंभ कर देते है। और इस

तरह उनका निर्माण होता है अतः बड़े पिंडों जैसे ग्रहो, नक्षत्रों, गैलेक्सियों व श्याम विवरों का अध्ययन बिना गुरूत्वाकर्षण के संभव नहीं है। बड़े खगोलीय पिंडों के निर्माण में बड़े व व्यापक प्रभाव वाले बल गुरूत्व बलों ने योगदान दिया। यह बल जो परमाणु स्तर पर निष्क्रीय था यहां पदार्थो के जुड़ते जाने से सूक्ष्म स्तर पर कमजोर व क्षीण *ग्लूट्रॉन क्यूटॉईल्स* भी जुड़कर सक्रीय होने लगा व केंद्रीय आकर्षण से मास का पुर्नगठन होने लगा। अब यहां गुरूत्वाकर्षण ने अपना पर्याप्त विकास कर लिया जिससे गैसीय बादलों तारों नक्षत्रों का जन्म होने लगा। *तारों नक्षत्रों ने ब्रह्माण्डीय टर्निंग पाईंट के रूप में कार्य करते हुए निरंतर हल्के व सरल तत्वो व पदार्थों को जटिल व भारी पदार्थो में बदलने लगे* जिससे सरल हाइड्रोजन संलयन प्रक्रिया से जटिल व भारी एलीमेंट्स जैसे हीलियम, कार्बन, ड्यूटेरियम, ऑक्सीजन लोहा, आदि का निर्माण होने लगा। तारों नक्षत्रों में इन भारी पदार्थों के जमावड़ा होने से वहां ठोस केंद्र का निर्माण होने लगा। ठोस केंद्रो में पदार्थ के और पास आने से बल वाहक कणे ग्लूट्रॉन क्यूटॉईल्स जुड़कर अत्यधिक प्रभावी गुरूत्व लहरों को जन्म देती है जिससे केंद्र में मास का पुर्नसंयोजन होने लगता है अंत में संकुचित व संपीड़ित केंद्र से गैसीय उत्सर्जन होता है और तारों का आकार फूलकर बढ़ने लगता है व विस्तारित होते तारे के बाह्य आकार में और अतिरिक्त दाब से वहां जबरदस्त विस्फोट होता है जिसे सुपरनोवा के नाम से जाना जाता है। विस्फोटक प्रतिकियात्मक दाब से तारा केंद्र में और अतिरिक्त संपीड़ित दाब प्राप्त होता है और शेष बचा तारा केंद्र द्रव्यमान के आधार पर व्हाईट होल या ब्लैक होल में परिवर्तित होने लगता है इस प्रकार ठोस होते केंद्रो में जहां पदार्थ अत्यंत निकट आते जाते है तब वहां बल वाहक कण ग्लूट्रॉन क्यूटॉईल्स के खरबो–खरब कणों के जुड़ने से चरम गुरूत्वीय लहरों का जन्म होने लगता है

गुरूत्वाकर्षण बलों का अनंत योग व चरम अवस्था की ओर प्रगमन

ग्लूट्रॉन क्यूटॉईल्स के खरबो–खरब कणों के जुड़ने से गुरूत्वाकर्षण चरम स्थितियों को प्राप्त कर लेता है और अब अति केंद्रीयकृत गुरूत्वबल इतना विध्वंशकारी हो जाता है कि अपनी लंबवत् गुरूत्व क्षेत्र में आने वाले हर पदार्थ पिंडों यहां तक की नक्षत्रों तक को फाड़कर पलक झपकते ही निगल जाता है। यह क्षेत्र तो इतना प्रभावी होता है की प्रकाश की किरणों तक को खींचकर भक्षण कर जाता है। और कोई प्रकाश किरणें यहां से परावर्तित नहीं हो पाने से यह कालास्याह होता है इस कारण इसे श्याम विवर भी कहा जाता हैं इस तरह गुरूत्वाकर्षण अब चरम अवस्था को प्राप्त कर लिया हैं। वास्तव में ब्लैक होल अन्य पिंडों के मुकाबले अतिगुरूत्वाकर्षण के कारण अतिशक्तिशाली होते है, और एक बार ब्लैक होल बनने के बाद वह निरंतर भक्षण व परस्पर विलय से और द्रव्यमान ग्रहण करते जाता है, और यह निरंतर भयावह व शक्तिशाली होते जाते है मुख्यतः सक्रिय ब्लैक होल जो गैलेक्सी के मध्य पाया जाता

हैं अति सुपर मॉसिव व प्रभावी होता हैं, जिसका एक सूत्रीय कार्य मास ग्रहण करना होता है। चरम गुरूत्वाकर्षण से लैस ये पिंड अत्यधिक स्ट्रांग व मजबूत होते जाते है। इस प्रकार घने पिंडों में गुरूत्वाकर्षण बलों का योग व चरम स्थितियां पाई जाती है। श्याम विवर में छोटे से पॉकिट में अत्यधिक द्रव्यमान को संपीड़ित किये हुए होता है, जो अरबो सौर द्रव्यमान का हो सकता है, यहां मास के बीच में किसी प्रकार का कोई स्थान शेष नहीं रहता, यहां न तो चक्रित इलेक्ट्रॉन का अस्तित्व होता हैं, न ही नाभिक अपना संरचना कायम रख पाता है

इस प्रकार श्याम विवर एक महागुरूत्व पिंड होता है, समान्यतः वह निरंतर मास ग्रहण करने के एक सूत्रीय कार्य में लगा रहता है, इसी का परिमाण है, कि आज अरबो गैलेक्सियों में इस प्रकार के सुपर मॉसिव श्याम विवर निरंतर मास ग्रहण करते रहते है, और मुख्यतः गैलेक्सी के केन्द्र में पाये जाते है, साथ ही इस प्रकार के गैलेक्सी के आस–पास अन्य गैलेक्सियो का विशाल समूह होता है, जिसे गैलेक्सियो का लोकल समूह कहा जा सकता है, निरंतर रैखिक ब्रह्माण्डीय विस्तार मे ये गैलेक्सी समूह अपने समूह के साथ ही विस्तार मे प्रगमन करते रहते है। ये लोकल समूह के अंदर गैलेक्सियां आकर्षण से ही एक दूसरे के चक्कर काटते रहते है, और साथ ही एक–दूसरे के निकट भी आते रहते है, *कई गैलेक्सियों के टक्कर अथवा विलय से बड़े गैलेक्सियों का और साथ ही अत्यधिक सुपरमॉसिव ब्लैक होल का निर्माण होता है,* कालांतर मे ब्रह्माण्डीय विस्तार मे आगे बढ़ते व ऊर्जा कम होते जाने से ये गैलेक्सी अथवा गैलेक्सी समूह प्रकाश खोते जाऐंगे, और भारी अथवा काले पदार्थों में तब्दील होते जाएंगे अंत में गैलेक्सियों के लोकल समूह के भीतर महासंकुचन होगा, यह तब होगा जब सारे गैलेक्सी के पदार्थ भारी होकर अपना गुरूत्व बढ़ने से केन्द्र की ओर आकर्षित होते जाएंगें, अंत में गुरूत्वीय सिंगल पाईंट का जन्म होगा, *इस प्रकार हमारे ब्रह्माण्ड मे कालांतर मे हजारो गैलेक्सी क्लस्टर्स के महासंकुचन से हजारों गुरूत्वीय सिंगल बिंदुओं का जन्म होगा, जो रैखिक ब्रह्माण्डीय विस्तार में प्रगमन करते हुए एक–दूसरे से अनंत दूरियो पर स्थापित होते जाएगे, इनमें से कई पिंड होगें, जो अपेक्षित द्रव्यमान जो पांच लाख खरब सौर द्रव्यमान के अथवा अधिक होंगे,* साथ ही कई ऐसे पिंड होंगे जो अपेक्षित द्रव्यमान से कम होंगे। सुपर मॉसिव गुरूत्वीय सिंगल पॉईंट में अपेक्षित द्रव्यमान होने पर या अधिक होने पर गुरूत्वाकर्षण चरमोत्कर्ष अवस्था की ओर बढ़ने लगता है। यहां चरमोत्कर्ष अवस्था वह होता हैं जहां गुरूत्वबल इतना बलशाली हो जाता है की वह उच्चतम दबाव पैदा करता हैं और संपीड़ित पिंड का आकार उत्तरोत्तर घटने लगता है जिससे गुरूत्वाकर्षण उत्तरोत्तर बढ़ने लगता हैं बढ़ते दबाव से उच्चतम ताप का निर्माण होने लगता है अंततः उच्चतम दाब व उच्चतम ताप से टेंसकाल प्रारंभ हो जाता है।

गुरूत्वाकर्षण बलों का चरमोत्कर्ष अवस्था व विनाश–टेंसकाल प्रारंभ

ब्रह्माण्ड के अंत में महासंकुचन से बने ऐसे हजारो संपीड़ित पिंड होंगे जो अपेक्षित द्रव्यमान अथवा इससे अधिक मास ग्रहण कर चुके होंगे तो वे गुरूत्वाकर्षण के चरमोत्कर्ष अवस्था की ओर बढ़ेगें और टेंसकाल प्रारंभ कर सकेगें।

महासंकुचन काल में ही गुरूत्वाकर्षण इतना बढ़ चुका होता है कि संपीड़ित पिंड में तापीय विकीरण का उत्सर्जन तक रूक जाता है जब विस्तारित होते लोकल समूह के सारे मास महासंकुचन से एक संकीर्ण बिन्दु में समा जाते है। इस बिन्दु पर संपीड़ित, मास का प्रमात्रा अपेक्षित द्रव्यमान या उससे अधिक होने पर टेंसकाल प्रारंभ होता है। संपीड़ित पिंडे, अपेक्षित द्रव्यमान होने पर ही इतना गुरूत्वाकर्षण पैदा कर लेता है कि चरमोत्कर्ष अवस्था में वह स्वयं के अस्तित्व को नष्ट कर डालता है अथवा अंत में प्योर ऊर्जा का ही अस्तित्व शेष बचता है। और गुरूत्वाकर्षण का अंत हो जाता है

11

डार्क एनर्जी
ब्रह्माण्डीय प्रसार ऊर्जा कणें

हम एक विस्तार करते ब्रह्माण्ड में रहते हैं। सबसे पहले 1929 में हब्बल ने एक महत्वपूर्ण खोज की और अवलोकन में पाया की अंतरिक्ष में हर दिशा में आकाश गंगा व अन्य आकाशीय पिंड तेजी से एक–दूसरे से दूर भाग रहें है और हमारा ब्रह्माण्ड विस्तारित हो रहा है इससे यह निष्कर्ष निकलता है कि इतिहास में सभी पदार्थ आज के तुलना में एक–दूसरे के नजदीक रहे होंगे। और तो और एक समय ऐसा भी होगा जब सारे पिंड व मास एक ही बिंदु पर होगा। और यह पिंड अनंता के अनंत विस्तार में अत्यंत संकीर्ण परंतु खरबो–खरब सौर द्रव्यमान व ऊर्जा को संपीड़ित किये हुए एक अत्यंत घनत्व का छोटा पिंड था। यह अत्यंत घनत्व का होने से अत्यंत गर्म था यहां चरम गुरूत्वाकर्षण से सारे मास व ऊर्जा छोटे बिन्दु पर समाए हुए थे। यह बिन्दु वह संपीड़ित पिंड था जिससे हमारे ब्रह्माण्ड का सृजन हुआ है और निरंतर प्रसार हो रहा है।

श्याम ऊर्जा एक रहस्यमयी बल है जिसे आज तक पूर्ण रूप से कोई समझ नहीं पाया है लेकिन यह ऐसा बल है जिसके प्रभाव से ब्रह्माण्ड के पिंडों के बीच अंतराल बढ़ता जा रहा है जिससे पिंड एक–दूसरे से दूर होते जा रहे है। डॉ. हब्बल ने 1930 के दशक में नक्षत्रों तथा मंदाकिनियों का बारिकी से अवलोकन कर उनसे उत्सर्जित प्रकाशीय वर्णक्रम का परीक्षण कर रहे थे तभी पिण्डों के वर्णक्रम में भिन्न मात्राओं में अवरक्त विस्थापन पाया जिस तरह से आती हुई ट्रेन की सीटी की आवाज बढ़ती जाती हैं याने ध्वनि की आवृति बढ़ती जाती है और ठीक विपरीत जाती हुई रेल की आवाज की आवृति कम होती जाती है उसी प्रकार जब प्रकाश का स्त्रोत जब मंदाकिनी हमसे तेजी से दूर भागती है तब प्रकाश तरंगे की आवृति कम होती जाती है अर्थात् वह लाल रंग की तरह विस्थापित होती है और यदि वह पास आ रही हो तो नीले रंग की तरफ विस्थापित होती है। डॉप्लर के इसी सिद्धांत के आधार पर अवरक्त विस्थापन का अर्थ उन्होने निकाला कि ब्रह्माण्ड में सभी पिंड तेजी से एक दूसरे

से दूर भाग रहे है और यह खोज 20वीं शदी की सर्वाधिक क्रांतिकारी खोज थी कि ब्रह्माण्ड का विस्तार हो रहा है पर इस खोज ने एक और प्रश्न खड़ा कर दिया कि ब्रह्माण्ड का यह विस्तार किस बल से हो रहा है?

यह बल एक ऋणात्मक बल है और सारे ब्रह्माण्ड में फैला हुआ है जो गुरूत्वाकर्षण के विपरीत कार्य करता है *डार्क एनर्जी* 1998 में उस समय प्रकाश में आया जब वैज्ञानिको के दो टोलियों ने विभिन्न गैलेक्सियों में सुपरनोवा तारो के चमक (दिप्ती) पर अध्ययन में पाया की इनका अपेक्षित प्रकाश दिप्ती के तुलना में प्राप्त दिप्ती काफी कम है इसका मतलब ये हमसे दूर जा रहे है। पहले तो यह माना जाता था कि ब्रह्माण्ड के विस्तार की गति धीरे–धीरे गुरूत्वाकर्षण के कारण मंद पड़ते जा रही है लेकिन इन विस्फोटित तारों के चमक के विश्लेषण से ज्ञात हुआ कि कोई रहस्यमय बल गुरूत्वाकर्षण बल से विपरीत कार्य कर ब्रह्माण्ड के विस्तार को गति दे रहा है यह एक महान् खोज थी। कई वैज्ञानिकों ने इस खोज की विश्वनियता पर ही प्रश्न चिन्ह लगा दिया कि सुपरनोवा की प्रकाश दिप्ती किसी गैस या धूल के अवरोध के कारण कम हो सकती है कुछ का तो यह भी कहना था कि इसकी गणना ही गलत हो सकती हैं पर सावधानी से किए गए अध्ययन से यह स्पष्ट हो गया की इस रहस्यमयी बल का अस्तित्व जरूर है पर यह बल क्या है इसका स्त्रोत क्या है अभी भी रहस्यों के गर्त में समाया हुआ था।

डार्क एनर्जी के मात्रा व उसके प्रभाव को देखते हुए यह कह सकते है यह कोई साधारण बल नहीं है मैं तो कहता हूं कि ब्रह्माण्ड के सृजन व अंत में सक्रिय रोल अदा कर रहा है। सधन संपीड़ित पिंड जिससे हमारे ब्रह्माण्ड का सृजन हुआ है वह कैसे बना, किस प्रकार व कहां से आया? तथा उस घने, पिंड में ऐसा क्या हुआ कि बिग–बैंग होने से नये ब्रह्माण्ड का सृजन हुआ इन ब्रह्माण्डीय प्रकियाओं में डार्क एनर्जी की भूमिका बहुत बड़ी है सच कहा जाए तो *डार्क एनर्जी सृष्टि की रचना प्रक्रिया में महत्वपूर्ण भूमिका अदा कर रहा है*

आज हम जिस ब्रह्माण्ड में रह रहे हैं यहां प्रत्येक घटना बिना किसी कारण के नहीं होता हर घटना के पीछे भौतिक कारण व प्रक्रियागत चरणों का होना जरूरी है। इस प्रकार हमारे ब्रह्माण्ड का विकास जिस ऊर्जा पूँज से हुआ हैं उसकी उपस्थिति कोई दैवीय घटना नहीं है क्योंकि ब्रह्माण्ड भौतिक नियमों व प्रक्रियाओं से संचालित है न की दैवीय अनुकंपा से।

हमारा खगोलीय ब्रह्माण्ड मुख्यतः दो प्रकार के बलों से निर्मित, समूहित संचालित व विस्तारित हो रही है इनमें से एक है गुरूत्व बल कणें व दूसरा रैबिक बल कणें। ब्रह्माण्ड में ये दोनो प्रकार के बल कणें सर्वव्यापी है इनमें से गुरूत्वाकर्षण बल का अनुभव तो हम रोज करते है लेकिन आज भी यह बल ब्रह्माण्ड का सबसे ज्यादा भ्रामक व रहस्य मयी बनी हुई है

ठीक इसी प्रकार रीब ऊर्जा कणें भी पर्दे के पीछे बनी हुई हैं। सच कहा जाए तो व्यापक और योगकारी प्रभाव वाली ये बलकणें ब्रह्माण्ड में सर्वत्र व्याप्त होती है और ये बल कणें अत्यंत सूक्ष्म, क्षीण, व पूर्णतः द्रव्यमान रहित होती है इसलिये ये विशाल दूरी तक याने व्यापक परिप्रेक्ष्य में कार्य करने योग्य होती है।

यहां गुरूत्व बल अपने विकास के साथ ही पिंडों का निर्माण करने लगा आगे इनसे ही ग्रह उपग्रह नक्षत्र व ब्लैक होलो जैसे पिंडों का निर्माण हुआ और जैसे–जैसे बड़ें व घने पिंडों का निर्माण होने लगा गुरूत्वाकर्षण बल कणें भी योग कारी प्रभाव होने के कारण जुड़कर प्रभावी बल के रूप में सामने आने लगे जिससे पिंड के निकट लंबवत् गुरूत्वबल व उसके बाद लहरदार गुरूत्वबल कार्य करने लगते है इसमें लंबवत् क्षेत्र द्रव्यमान शोषण के रूप में कार्य करता है और यहा आने वाले सभी पदार्थ खींच कर केंद्र में मिला लिया जाता है जबकी लहरदार गुरूत्वक्षेत्र में गुरूत्वबल इतना स्ट्रांग नहीं होता की वह पिंडों पदार्थों को खींचकर अपने में विलय कर सके यहां गुरूत्वाकर्षण उत्प्रेक्ष्य गतिकीय बल कार्य करता है और वह इस क्षेत्र में पिंडों को चलायमान बनाए रखती है जिससे ये पिंड निरंतर एक–दूसरे का चक्रण करते हुए आकर्षण पाश में बंधे रहते है। और चकित व घूर्णित पिंडें धीरे–धीरे केंद्रीय पिंड की ओर सरकती रहती है। इन सब प्रकिया के साथ ही जब ब्रह्माण्ड में बडे पिंड समूह बनता है जैसे तारों का समूह अथवा क्लस्टर, गैलेक्सी व गैलेक्सी क्लस्टर, तब रैबिक ऊर्जा कणें सकिय होकर इन पिंड समूहो को दूर धकेलती है यह रैबिक ऊर्जा कणें छोटे गुरूत्वबलों पर तो कोई प्रतिकिया नहीं करती परंतु यह बड़े गुरूत्व समूहो जैसे गैलेक्सी, व उनके समूहो को तीव्र प्रतिकिया करती है अर्थात् इनके मध्य अंतराल का निर्माण करती है जिससे ये एक–दूसरे से दूर हो जाते है। इस प्रकार ब्रह्माण्डीय सृजन के समय पदार्थ व ऊर्जा का एकाकार रूप था जहां गुरूत्वाकर्षण व रैबिक ऊर्जा कणें दोनो ही निष्कीय अवस्था में थे और मूलभूत कणों के अस्तित्व में आने के बाद गुरूत्व बल का अस्तित्व आया परंतु अपने प्रारंभिक रूप में वह अत्यंत क्षीण था कालांतर में अन्य सूक्ष्म बलों जैसे ग्लूऑन आवेश, कूलम्ब आवेश, कमजोर नाभिकीय बलों के योग से नाभिक, एटम तथा अणु व पदार्थ जैसे संरचना का निर्माण होने लगा यहां पदार्थों के जुड़ने से ग्लूट्रॉन क्यूटॉईल्स योग से गुरूत्व बल प्रभावी होने लगा। आगे पिंड रचना होने लगी इतना ही नहीं गुरूत्व आकर्षण से इनका समूह भी बनने लगा अतः जैसे–जैसे गुरूत्वपिंडों का प्रभावी समूह कार्य करने लगा तब निष्क्रीय पड़ा रैबिक ऊर्जा कणें सकिय होने लगी। इसे हम हमारे शरीर में टेस्टोस्टेरॉन हार्मोन की कियाविधि से समझ सकते है जैसे हमारे जीवन में एक निश्चित उम्र के बाद टेस्टोस्टेरॉन हार्मोन सकिय होने लगता है। समय के साथ इसका प्रभाव बढ़ता है आगे जीवन भर इसका प्रभाव बना रहता है ठीक उसी प्रकार एक अनुमान के अनुसार हमारे ब्रह्माण्ड में यह 3 से 3.5 अरब वर्ष में यह धीरे–धीरे सकिय होकर निर्मित ब्रह्माण्ड को विस्तारित करने लगा। समय के साथ इस बल का प्रभाव

बढ़ता जा रहा है और ब्रह्माण्ड आज द्रुतगति से विस्तारित होने लगी है यह गति अनिश्चित काल के लिए बढ़ती जायेगी इसका तात्पर्य यह है कि आज की तुलना में अरबो वर्ष बाद हर आकाशिय पिंड एक दूसरे से और तेजी से दूर होते जाएंगे तथा आकाशगंगाए ब्रह्माण्डीय क्षितिज के पार चली जाएंगी तथा दिखाई देना बंद हो जाएंगी समय के साथ इसकी गति प्रकाश गति से भी अधिक हो जाएगी। और हम अकेले रह जाएंगे।

ब्रह्माण्ड में गुरूत्वाकर्षण व रैबिक ऊर्जा बलों का रस्सा–कस्सी चलता रहता है गुरूत्वाकर्षण जहां पदार्थों पिंडों को आकर्षित कर ब्रह्माण्ड को निर्मित संग्रहित व संचालित कर रही हैं वही रैबिक ऊर्जा कणें इन्हें विस्तारित करते हुए दूर ले जा रही हैं वह भी अत्यंत द्रुत गति से, विस्तार ऐसा कि सारा ब्रह्माण्ड बिखर जाए और अंततः कण कण हो जाए। वही निर्मित व संग्रहित ब्रह्माण्ड में बढ़त गुरूत्वाकर्षण बल बिना विस्तार बल के ब्रह्माण्ड को जकड़ कर रख देगी और इससे विकास तथा संचालन में कठिनाई होगी। यह भी कह सकते है कि ब्रह्माण्ड अल्पावधि में ही सिकुड़ कर नष्ट होने लगेगा। इस प्रकार ब्रह्माण्ड के निर्माण के लिये दोनो ऊर्जा का होना महत्वपूर्ण है ये विपरीत प्रकृति के ऊर्जा एक–दूसरे के विरोधी नहीं है और रैबिक ऊर्जा कणें गुरूत्वाकर्षण बल को नष्ट नही करती है बल्कि वह बड़े सामूहिक गुरूत्वीय बलों के मध्य निरंतर अंतराल पैदा करती रहती है इस तरह यहां सारे निर्मित पिंडें दूर धकेली जा रही है परंतु जिन पिंडों ने अपने समूह बना रखे है इनके समूह में आपसी आकर्षण बना हुआ है और वे समूह बनाए हुए है वे समूह में एक–दूसरे का चक्रण करते रहते है और आकर्षण पाश में बंधकर केंद्रीय पिंड के ओर आकर्षित होते रहते है और धीरे–धीरे केंद्र की ओर सरकते रहते है

ब्रह्माण्ड के विकास व उसके चरम अवस्था में पहुंचने के लिए जितना गुरूत्वाकर्षण बल आवश्यक है उतना ही ऋणात्मक दाब युक्त रैबिक ऊर्जा कणें है। इतना ही नहीं इन बलों में आपसी संतुलन का होना भी उतना ही आवश्यक है यदि ऋणात्मक दाब युक्त रैबिक ऊर्जा कणें समय से पहले ही सक्रिय हो जाए तो ब्रह्माण्ड निर्माण से पहले ही बिखर जाएगा और कचरा का विस्तार होगा।

जिस संकीर्ण घने व संपीड़ित पिंड से ब्रह्माण्ड का सृजन होता है ब्रह्माण्डीय बीज कहा जा सकता है इस बीज में ही ब्रह्माण्ड के सृजन व विस्तार की ऊर्जा निहित होती है टेंसकाल में गुरूत्व की चरमोत्कर्ष अवस्था में उत्तरोत्तर बढ़ते दबाव से संपीड़ित सुपर मॉसिव पिंड में उच्चतम दाब व उच्चतम ताप से सम्पूर्ण मास (पदार्थ) फोटॉनिक एवं रैबिक ऊर्जा में विखण्डीत हो जाती है गुरूत्वबल का अंत हो जाता है और अत्यधिक उच्च ताप पर प्योर ऊर्जा का संकीर्ण बिन्दु से बिग रिलीज होता है और नये ब्रह्माण्ड के सृजन का मार्ग प्रशस्त होता है बिग–रिलीज में फोटॉनिक व रैबिक ऊर्जा चारों ओर विस्तारित होते है यहां इनका ताप उच्चतम होता है समय के साथ इनका ताप कम होने पर फोटॉनिक ऊर्जा मास के मूल कणों क्वॉर्क, लेप्टॉन, एण्टी क्वॉर्क, एण्टी लेप्टॉन कणों का निर्माण करने लगता है।

ब्रह्माण्डीय सृजन काल में रैबिक ऊर्जा का जन्म

हम जानते है कि किसी ब्रह्माण्ड का जन्म अत्यंत संपीड़ित अति घनत्व सुपर मॉसिव एवं सुपर ग्रेविटेशनल बिंदु से होता है ऐसे पिंडों को ब्रह्माण्डीय बीज कहा जा सकता है। यह ब्रह्माण्डीय बीज कैसे बना कहां से आया और किस प्रकार आया? इन बातो पर विश्लेषण करने के साथ रैबिक ऊर्जा के जन्म के बारे में जाननें का प्रयास करें।

हम अपने ब्रह्माण्ड में ऐसे करोड़ों पिंड देख सकते है जो निरंतर मास ग्रहण का कार्य कर रहें है ये सक्रिय पिंड ब्लैक होल के नाम से जाना जाता है ये पिंड न सिर्फ अपना मास बढ़ा रहे हैं बल्कि अपने आकर्षण से बहुत बड़े व विशाल मात्रा में पिंडों के भीड को इकठ्ठा कर रहें है जिसे हम गैलेक्सी के नाम से जानते है। थोड़ा और आगे जाए तो ये विशाल गुरूत्व समूह *गैलेक्सी* ने अपने आकर्षण से हजारो गैलेक्सी का समूह बना रखे हैं जिसे हम गैलेक्सी क्लस्टर के रूप में जानते है और इस प्रकार के समूह पूरे ब्रह्माण्ड में व्याप्त है जो अपने समूह बनाए हुए ब्रह्माण्डीय विस्तार में प्रगमन कर रहे है। यहां प्रत्येक पिंड अपने से भारी पिंड का चक्रण करता रहता है इतना ही नहीं हर गैलेक्सी भी अपने से बडे गैलेक्सी का चक्रण करते रहते है जबकी कुछ गैलेक्सियां मिलकर अपने से बड़े समूह का चक्कर काटती रहती है एवं सैकड़ों गैलेक्सी मिलकर सुपर क्लस्टर का चक्रण करती है इस तरह यहां गुरूत्वाकर्षण ने अपना व्यापक जाल बना रखा है जहां हजारों गैलेक्सियां मिलकर एक विशाल समूह का निर्माण करती है और इन समूहो में गुरूत्व बल इतना मजबूत हैं कि द्रुतगति से विस्तार करते ब्रह्माण्ड में भी इन पिंडों ने अपना समूह बना रखा है और वे समूह के साथ ही विस्तार से आगे बढ़ रहे है। इन समूहो मे पिंडों कें मध्य गुरूत्वबल (आकर्षण) मजबूती से कार्य कर रहा है और प्रत्येक पिंड अपने केंद्र का चक्रण करते हुए और चक्रित पिंडे अपने केंद्र की ओर घीरे–घीरे सरकते रहते है यहां ब्रह्माण्ड में जो कॉस्मोलोजिकल–कांस्टेण्ट परिलक्षित हो रहा है वह एक भ्रम मात्र है यहां कोई भी संरचना सदैव स्थिर नहीं बना रहने वाला। *ब्रह्माण्ड एक परिर्वनशील जगह है यह न तो पूर्व में ऐसा था न ही आगे ऐसा बना रहने वाला है।* हमारे सौर मण्डल में भी पिंड चक्रण करते हुए धीरे–धीरे केंद्रीय पिंड की ओर आकर्षित हो रहे है। इतना ही नहीं हमारी गैलेक्सी भी पड़ोसी गैलेक्सी एण्ड्रोमिडा का चक्रण करते हुए धीरे–धीरे उसके ओर सरक रही है और कालांतर में उसमें विलय कर लेगी। आज विद्यमान विशाल गैलेक्सियां ऐसी ही गैलेक्सियों के आपसी विलयन से बने है और यह प्रक्रिया आज भी अनवरत जारी है हमारा ग्रह पृथ्वी भी सूर्य के चारों चक्रण करते हुए उसके ओर सरक रही है भविष्य में यह सूर्य में समा कर नष्ट हो जाएगी। लेकिन इससे पहले ही सूर्य अपने अंत समय आ जाने से लाल दानव तारा बनने पर फूलकर पृथ्वी व अन्य नजदीकी ग्रहों को खींच लेगा। यही नही सम्पूर्ण ब्रह्माण्ड में गैलेक्सियों ने अपने लोकल समूह बना रखे है और जो ब्रह्माण्डीय विस्तार में अपना समूह बनाये रखेंगे वे कालांतर में प्रौढ़ होते हुए आपस में महासंकुचन से विलयन कर लेगें

और ब्रह्माण्ड के अंत में ऐसे करोड़ों संपीड़ित पिंड निर्मित होंगे। चुंकि ब्रह्माण्डीय आयु खरबो वर्ष की होती है इस कारण हमें यह हजारों वर्षों तक ऐसा ही दिखाई देता रहता है, और ब्रह्माण्डीय स्थिरांक का भ्रम पैदा होता है।

ब्रह्माण्ड के अंत में विस्तार से अनंत विस्थापित होते व महासंकुचन से बने हजारो ऐसे पिंड होगें जो गुरूत्वीय सिंगल पाईंट का निर्माण करेंगे और वे रैखिक विस्तार में आगे बढ़ते हुए एक दूसरे से अनंत दूरी पर होंगे। और वे सुपर मॉसिव, अति संकीर्ण व चरम गुरूत्व से परिपूर्ण होते है अनंत दूरी तक वह एक मात्र पिंड होने से काल–अंतराल का मान शून्य होता है। इन संपीड़ित पिंडों को, सुपर मॉसिव ग्रेविटेशनल सिंगल पाईंट **SMGSP** कहा जा सकता है। इन **SMGSP** में कुछ अपेक्षित द्रव्यमान के तो कुछ इससे अधिक तो कुछ न्यून द्रव्यमान के हो सकते है जो पिंड अपेक्षित द्रव्यमान अर्थात पांच लाख खरब सौर द्रव्यमान अथवा अधिक द्रव्यमान के हैं तो वे इतना गुरूत्वबल पैदा करते है की टेंसकाल प्रारंभ कर नए ब्रह्माण्ड का सृजन कर सकती हैं जबकी न्यून मास के संपीड़ित पिंड विस्तारित होते हुए अंतर ब्रह्माण्डीय प्रगमन कर सकते है।

टेंसकाल वह काल होता है जिसमें सुपर मॉसिव ग्रेविटशनल सिंगल पाईंट में ग्रेविटेशनल स्थितियां अपने चरमोत्कर्ष तक पहुंच कर स्वयं के अस्तित्व को ही नष्ट कर देती हैं इसकी प्रक्रिया कुछ इस तरह होती हैंअपेक्षित या अधिक द्रव्यमान होने पर गुरूत्व बल अपने चरमोत्कर्ष अवस्था में संपीड़ित मास आकार को अत्यधिक दाब से उत्तरोत्तर और न्यून आकार प्रदान करती जाती है मास के अत्यंत संकीर्ण होते जाने से गुरूत्व बल अपने चरमोत्कर्ष की ओर बढ़ता जाता है मास का पॉकिट आकार के न्यून होते जाने से घनत्व लगातार बढ़ता जाता है अत्यघिक दबाव से तापमान भी उच्चतम होने लगता है उच्चतम दाब व उच्चतम ताप पर सम्पूर्ण मास (पदार्थ) ब्रह्माण्डीय ऊर्जा में विखण्डित हो जाती है। और शुद्ध ऊर्जा अत्यधिक मात्रा में रिलीज होने लगती है जो नवीन ब्रह्माण्ड के सृजन का कच्चा पदार्थ है। लेकिन यहां एक पेच हैं अत्यधिक गुरूत्वीय दाब में संपीड़ित मास दो प्रकार के ऊर्जा प्रतिरूपों में परिवर्तित होते है एक तो फोटॉनिक ऊर्जा, दूसरा रैबिक ऊर्जा। संपीड़ित मास के केंद्रीय भाग में जहां प्रेशर अधिकतम होता है जबरदस्त विखण्डीय दाब, उच्चतम तापमान व ग्लूट्रॉनिक तरंगों के रगड़ से रैबिक ऊर्जा में परिवर्तित होता हैं जबकी संपीड़ित मॉसिव पिंड का शेष बाहरी परत फोटॉनिक ऊर्जा में तब्दील होती है। इन ऊर्जा के विस्तारित होते जाने व ठंडे होने से नये यूनिवर्स का सृजन होता हैं। और फोटॉनिक ऊर्जा मास में परिवर्तित होने लगती हैं यह मास *(द्रव्यमान) कई बल कणों को जन्म देता है इस बल वाहक कणों को, उर्जा के पदार्थ रूप में परिवर्तन का लागत कह सकते है।* पदार्थ *(द्रव्यमान)* की उपस्थिति से कई कणों जैसे ग्लूऑन बल कण, कूलम्ब आवेश, बोसोन कणें व ग्लूट्रॉन क्यूटॉईल्स कणें उत्पन्न होती है और इन बल कणों से अब ब्रह्माण्ड संग्रहित, समूहित व संचालित होने लगती है। प्रारंभिक अवस्था में

जब बड़े पिंडों व उनके समूहो का निर्माण नहीं होता और विशाल गुरूत्व बलों की उपस्थिति नहीं होती तब तक रैबिक बल कणें निष्क्रीय बनी रहती हैं और ब्रह्माण्ड में रैबिक ऊर्जा व्याप्त होने के बाद भी क्रियाए नहीं करती है और प्रारंभ में यह ऊर्जा भी गुरूत्वाकर्षण ऊर्जा की तरह अत्यंत क्षीण, शून्य द्रव्यमान का व आभासी होता है। यह लेकिन जैसे ही बड़े पिंडों व उनके समूहो का निर्माण होने लगता है रैबिक ऊर्जा से प्रतिक्रिया करने लगता है और इन गुरूत्वीय समूह को विस्थापित कर निरंतर चारो ओर ब्रह्माण्ड का विस्तार करता रहता है शुरू में विस्थापन दर जहां कम होती है वही समय के साथ इसकी गति बढ़ती जाती हैं। और यहां विस्थापन दर प्रकाश की गति से भी अधिक हो जाती है ठीक उसी तरह जैसे गुरूत्वाकर्षण बल सक्रिय व चकित श्याम विवरों के लंबवत् गुरूत्व बल क्षेत्र में किसी पदार्थ के खींचे जाने की गति प्रकाश की गति से भी सैकड़ों गुना अधिक होती है। और इस तरह ब्रह्माण्ड गुरूत्वाकर्षण व रैबिक ऊर्जा जैसे प्रचण्ड शक्तियों से निर्मित व संग्रहित होने के साथ विस्तारित हो रहा है। सुपर मॉसिव ग्रेविटशनल सिंगल पाईंट में टेंसकाल में रैबिक ऊर्जा का जन्म होता है जिसे डायग्राम से समझने का प्रयास करेंगे।

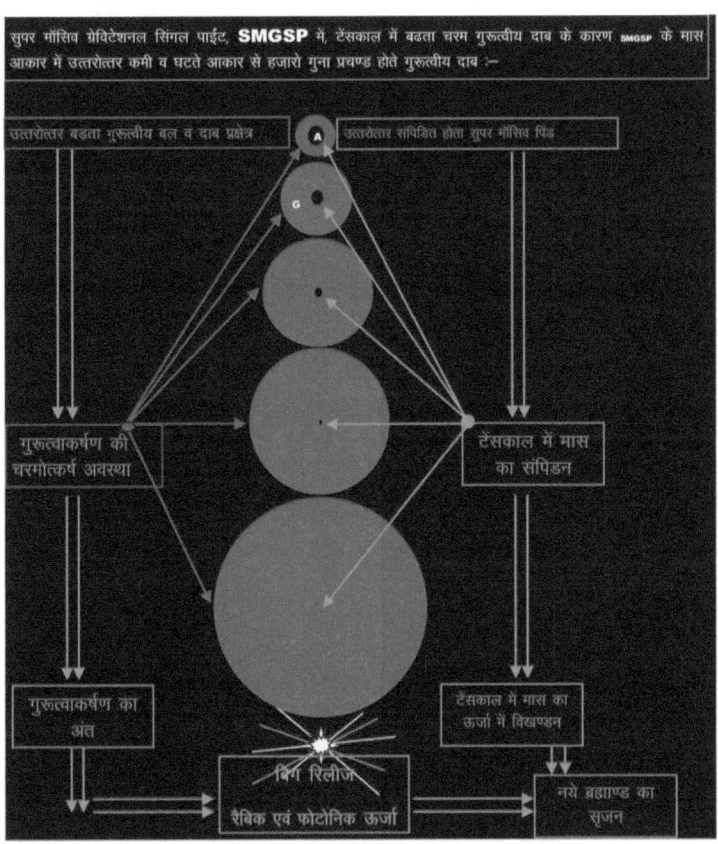

उपरोक्त डायग्राम में हम देखते है कि A एक सुपर मॉसिव ग्रेविटेशनल सिंगल पाईंट है जबकी G उसका ग्रेविटेशनल क्षेत्र है। टेंसकाल में ग्रेविटी अपने चरम अवस्था में मॉसिव पाईट A को निरंतर संपीड़ित करते हुए न्यून पॉकिट आकार की ओर धकेल रही है एवं मास के उत्तरोतर अति संकीर्ण न्यून पॉकिट की ओर अग्रसर होने से ग्रेविटी चरमोंत्कर्ष अवस्था की ओर बढ़ रही हैं जिसे नीले रंग के बढ़ते हुए क्षेत्र से देख सकते हैं। यह बढ़ता गुरूत्व क्षेत्र मास को आगे और संपीड़ित करते जाता है। मास पर पड़ते अत्यधिक गुरूत्वीय दबाव से पॉकिट के मध्य पड़ते अति दाब व *प्रतिकियात्मक विरोध बल से विरोधी ऊर्जा लहरें सकिय होने लगती है* अंततः मास का ऊर्जा रूप में विखण्डन हो जाता है हम जानते है कि ऊर्जा को मास में एवं मास को ऊर्जा में परिवर्तित किया जा सकता है इस तरह मास के ऊर्जा रूप में तब्दील होने से एकाएक चरम गुरूत्वाकर्षण का अंत हो जाता है और संपूर्ण संपीड़ित ऊर्जा अति संकीर्ण बिन्दु से रिलीज होने लगती है टेंसकाल में चरम गुरूत्व के कारण, विरोधी मास प्रकृति ऊर्जा SMGSP का अधिकांश मॉसिव भाग रैबिक ऊर्जा में तब्दील होता है जबकी शेष बचे मास फोटॉनिक ऊर्जा में। ऊर्जा के बिग रिलीज से नये ब्रह्माण्ड का सृजन होता है और पिंडों ग्रहों नक्षत्रों यहां तक ही ब्लैक होलो का जन्म होने लगता है बढ़ते गुरूत्वाकर्षण व इन सामूहिक पिंडों के विशाल गुरूत्व से, ऋणात्मक दाब वाली विरोधी, रैबिक ऊर्जा कणें सक्रिय होने लगती है। जिससे निर्मित ब्रह्माण्ड का विस्तार होने लगता है रैबिक ऊर्जा प्रारंभ में इन्हें धीरे–धीरे विस्थापित करती है जबकी समय के साथ इसका प्रभाव बढ़ता जाता है और विस्थापन गति प्रकाश के वेग से सैकड़ों गुना अधिक हो सकती है।

टेंसकाल में SMGSP का कितना मॉस रैबिक ऊर्जा में तब्दील होगा यह गुरूत्वीय दाब शक्तियों पर निर्भर करता है अर्थात् अधिक गुरूत्वीय दाब शक्तियों से अधिक रैबिक ऊर्जा व कम दाब गुरूत्वीय शक्तियों से कम रैबिक ऊर्जा में तब्दील होता है क्योंकि अधिक गुरूत्वीय दाब अधिक विरोधी ऊर्जा को जन्म देती है जैसे एक बारूदी बम मजबूत कवच से पैक होने पर वह जोर धमाके के साथ फटता हैं जबकी खुले बारूद को जलाने पर धमाका न्यून होता है। अतः अधिक दबाव से विरोधी ऊर्जा प्रबल होती है इसी कारण SMGSP में टेंसकाल में चरमोंत्कर्ष गुरूत्वीय दाब में ऋणात्मक दाब वाली विरोधी रैबिक ऊर्जा कणों का जन्म होने लगता है जिसकी मात्रा अत्यधिक हो सकता है और यह कुल ब्रह्माण्डीय ऊर्जा के 65 से 70 प्रतिशत तक हो सकता है।

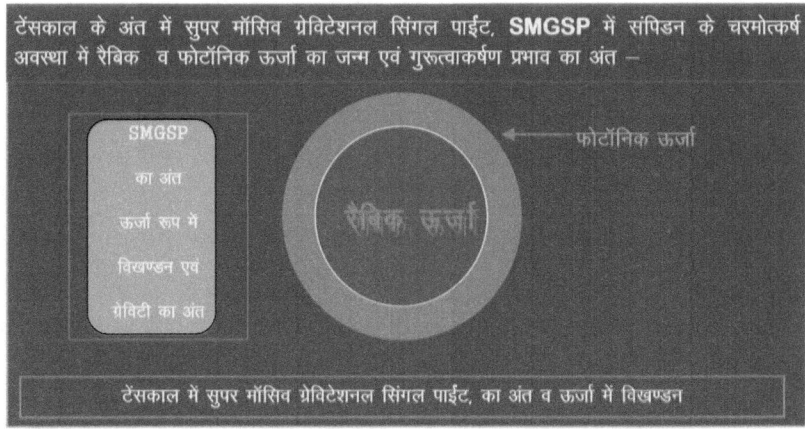

उपरोक्त डायग्राम में हम सिर्फ उस पाईंट को देख रहे हैं जो टेंसकाल के अंत में रैबिक तथा फोटॉनिक ऊर्जा रूप में परिवर्तित हुए है और मास का ऊर्जा में विखण्डन होने से गुरूत्वाकर्षण प्रभाव का अंत हो जाता है जिससे ऊर्जा का बिग–रिलीज होता है और नये ब्रह्माण्ड का सृजन होता है। इस प्रकार चरमोंत्कर्ष अवस्था में गुरूत्वाकर्षण अपने ही वजूद को नष्ट कर नए ब्रह्माण्ड का सृजन करता है।

रैबिक ऊर्जा की प्रकृति

1) रैबिक ऊर्जा कणें गुरूत्वाकर्षण ऊर्जा की तरह अत्यंत सूक्ष्म, क्षीण व द्रव्यमान रहित होता है और यह गुरूत्वाकर्षण ऊर्जा की तरह व्यापक प्रभाव वाली होती है। लेकिन इसकी प्रकृति गुरूत्वाकर्षण के विपरीत होता है और जहां गुरूत्वाकर्षण ऊर्जा खगोलीय पिंडों के निर्माण में जैसे नक्षत्रों का निर्माण, ब्लैक होल व गैलेक्सियों का जैसे वृहद् ब्रह्माण्डीय संरचनाओं का निर्माण करती है वही रैबिक ऊर्जा इन वृहद संरचनाओं के मध्य निरंतर अंतराल पैदा करती जाती है यहां विस्थापन की दर जहां प्रारंभ में धीमा होता है लेकिन कालांतर में विस्थापन की गति प्रकाश की गति से भी सैकड़ों गुना अधिक हो सकती है ठीक उसी तरह जैसे चक्रित ब्लैक होलो के द्रव्यमान शोषण क्षेत्र में पदार्थो के गिरने की गति प्रकाश की गति से भी सैकड़ों गुना ज्यादा होती है।

2) रैबिक ऊर्जा का जन्म सुपर मॉसिव ग्रेविटेशनल सिंगल पाईंट में टेंसकाल में होता है जो सम्पूर्ण मास का 65 से 70 प्रतिशत या अधिक हो सकता है। जिसका मान ब्रह्माण्ड के विस्तार ऊर्जा के बराबर होता है और यह संपूर्ण ब्रह्माण्ड में व्याप्त होता है तथा निर्मित व समूहित बड़े संरचनाओं के मध्य निरंतर अंतराल पैदा करती है जिससे पिंड समूहें रैखिक गति से विस्तारित होती रहती है जिससे ब्रह्माण्ड बबल की तरह फूलता जाता है।

3) रैबिक ऊर्जा, टेस्टोस्टेरॉन हार्मोस की तरह कार्य करती है यह रैबिक ऊर्जा ब्रह्माण्डीय सृजन के साथ ही उत्पन्न होता है लेकिन यहां शुरूआती क्वॉर्क, नाभिकीय, परमाणु युग व नक्षत्र युग

में निष्क्रीय पड़ा रहता है जैसे ही नक्षत्रों का समूह, ब्लैक होल व गैलेक्सी तथा उनके समूह बनते जाते है याने बडे गुरूत्वीय पिंडों का निर्माण व उनके समूह का निर्माण होता जाता है तब यह सक्रिय होने लगता हैं। बड़े गुरूत्वीय बल समूह रैबिक ऊर्जा को उत्तेजित करती हैं, जिसे हमारे शरीर में टेस्टोस्टेरॉन हॉर्मोन की क्रियाविधि से समझ सकते हैं जैसे हमारे जीवन में एक निश्चित उम्र के बाद टेस्टोस्टेरॉन हॉर्मोन सक्रिय होने लगता है। समय के साथ इसका प्रभाव बढ़ता है आगे जीवन भर इसका प्रभाव बना रहता हैं ठीक उसी प्रकार एक अनुमान के अनुसार हमारे ब्रह्माण्ड में यह 3.5 से 4 अरब वर्ष में धीरे–धीरे सक्रिय होकर निर्मित ब्रह्माण्ड को विस्तारित करने लगा। समय के साथ इस बल का प्रभाव बढ़ता जा रहा है और ब्रह्माण्ड आज द्रुतगति से विस्तारित होने लगी है ब्रह्माण्ड के जीवन काल में इसकी प्रभाव शीलता बनी रहने वाली है लेकिन ब्रह्माण्ड के अंत में जब विस्तारित समूह महासंकुचन से लाखों सुपर मॉसिव गुरूत्वीय सिंगल पाईंट का निर्माण होगा जो अनंता असीम क्षेत्र में विस्तारित होते जाऐंगे।

4) रैबिक ऊर्जा व गुरूत्वाकर्षण ऊर्जा एक दूसरे के विपरीत जान पडते हैं। जहां गुरूत्वाकर्षण पदार्थो व ऊर्जा को जोड़कर बडे खगोलीय पिंडों ग्रहों उपग्रहों नक्षत्रों गैलेक्सियों का निर्माण करने लगता है इतना ही नही इनके बीच विशाल क्षेत्र में गुरूत्वाकर्षण बल लगने लगता है जिससे पिंड–समूह का निर्माण होने लगता है और सारे निर्मित खगोलिय पिंड एक–दूसरे के इर्द–गिर्द चक्कर काटते रहते है वही रैबिक ऊर्जा इन समूहों के मध्य अंतराल पैदा करती है और ब्रह्माण्ड का विस्तार होने लगता है। इस प्रकार गुरूत्वाकर्षण नित्य पिंडों के निर्माण व समूहन का कार्य कर रही है वही रैबिक ऊर्जा इन समूहो को धकेल कर दूर विस्थापित करती जाती है इस प्रकार ब्रह्माण्ड आकर्षण व विकर्षण बलों के खींचतान से निर्मित संग्रहित व विस्तारित हो रहा हैं इनकी प्रकृति विपरीत होते हुए भी ये एक दूसरे को नष्ट नहीं करते। रैबिक ऊर्जा वहां कार्य प्रारंभ करता है जहां पिंडों के बडें गुरूत्व समूह प्रभावी होने लगता है और यह पिंडो के रचना व उनके समूह बनने का विरोध नहीं करता लेकिन जैसे ही बडें गुरूत्व समूह का निर्माण होने लगता है प्रक्षेप बल विस्थापित करने लगता है यह बल यदि छोटे पिंडों को ही विस्थापित करने लगता तो ब्रह्माण्ड में कचरे का ही विस्तार होने लगता और यदि बड़े गुरूत्व समूहो का विस्थापन नहीं होता तो ब्रह्माण्ड जकड़ कर नष्ट होने लगता। इस प्रकार इन दोनों बलों के संतुलन से ही ब्रह्माण्ड का निर्माण व विस्तार हो पा रहा है।

5) जैसे ही रैबिक कणों का अस्तित्व आया यह प्रकाश की गति से प्रवाह करते मौलिक कणों (क्वॉर्क व लेप्टॉन) को स्टेरलाइज करने लगे जिससे इन छोटे–छोटे एनर्जी पॉकेटो के स्वयं के गति व रैबिक कणों के प्रतिरोध से द्रव्यमान मिलने लगा और वे एक खोल में बंद होने लगे। लेकिन फोटॉनिक कणें इनसे अछूते रहे। ये रैबिक कणें सम्पूर्ण ब्रह्माण्ड में व्याप्त रहती है और सामान्यतः निष्क्रीय रहती है लेकीन क्वॉर्क व लेप्टॉन जैसे पार्टिकल्स को स्टेरलाइज करती है जिससे द्रव्यमान का जन्म होता है। द्रव्यमान क्यों जरूरी है–अगर द्रव्यमान नहीं

होगा तो किसी भी पदार्थ को बनाने वाले सारे सूक्ष्म कण प्रकाश की रफ्तार से घूमते रहेंगे और दुनिया जिस रूप में आज मौजूद है वैसा कुछ नहीं होता वास्तव में पूरा ब्रह्माण्ड एक ऐसा क्षेत्र है जिसके जरिए पार्टिकल्स मास या द्रव्यमान ग्रहण करते है किसी पानी के भरे टब में हाथ लहरा कर हम इसका अनुभव प्राप्त कर सकते है। वास्तव में सबसे महत्वपूर्ण प्रश्न है कि कैसे ऊर्जा मास में तब्दील हो जाती है वास्तव में प्योर ऊर्जा ब्रह्माण्ड में रैबिक कणों से स्टेरलाइजन के परिणाम स्वरूप अपने गति खोकर एक ऐसे खोल में पैक हो जाती जाती है वही प्रौढ़ होते ब्रह्माण्ड में जब विशाल गुरूत्वीय पिंडो का जमावड़ा होते जाता है जैसे गैलेक्सियों व उनके क्लस्टर्स आदि तो ये कॉस्मिक त्वरण पैदा करती है और दूसरे शब्दों में यह ब्रह्माण्डीय पिंडो के मध्य अंतराल व अंतरिक्ष का निर्माण करती है। जो ब्रह्माण्ड के भविष्य व अंत के लिए जिम्मेदार होती है।

6) रैबिक ऊर्जा व ब्रह्माण्डीय स्थिरांक–पहले यह माना जाता था ब्रह्माण्डीय स्थिरांक व्याप्त है परंतु यह धारणा भ्रामक थी क्योंकि यह ब्रह्माण्ड न तो पूर्व में ऐसा था और न–हीं भविष्य में ऐसा बना रहने वाला हैं। यहां गुरूत्वाकर्षण ऊर्जा व रैबिक ऊर्जा खींचतान कर पूरे ब्रह्माण्ड को निर्मित व विस्तारित कर रहे है यहां कोई भी स्थिर नहीं है हर पिंड कंपित, दोलित, चक्रित, व गतिज तथा विस्तार ऊर्जा से प्रेरित है।

रैबिक ऊर्जा व विस्तार ब्रह्माण्ड का अंत क्या होगा?

विस्तारित ब्रह्माण्ड एक कटु सत्य है और वैज्ञानिकों के मन में भ्रम पैदा कर रहा है कि यह बिग क्रंच को पैदा करेगा और अंत में सब बिखर टूट जाएगा। पदार्थों के बिखर जाने से गुरूत्वाकर्षण भी न्यून होकर समाप्त हो जाएगा। क्या इस तरह ब्रह्माण्ड का अंत होगा? वास्तव में विस्तार ऊर्जा ब्रह्माण्ड का सृजन कारी ऊर्जा है और यह ब्रह्माण्ड के समूहित मास को विस्थापित करते हुए अनंता के स्वतंत्र अंतरिक्ष की ओर ले जाता है लेकिन विस्तारित पिंडें अपना समूह बनाए हुए है और कालांतर में भी बनाए रखेंगे और धीरे–धीरे प्रौढ़ होते हुए महासंकुचन को जन्म देंगे। जहां अपेक्षित द्रव्यमान होने पर वह टेंसकाल प्रारंभ कर सकता है अथवा अनंता में आगे बढ़ते हुए अंतर ब्रह्माण्डीय प्रगमन या युग्म ब्रह्माण्ड की स्थितियां जन्म ले सकती है।

अंततः ब्रह्माण्ड दो ऊर्जाओं से मिलकर बना है एक संग्रहकारी सकारात्मक ऊर्जा व दूसरा विस्तारकारी नकारात्मक ऊर्जा। दोनों प्रकार के ऊर्जा व उनका संतुलन ब्रह्माण्ड के लिए बेहद जरूरी है अन्यथा कोई एक ऊर्जा भी प्रभावी हो ताए तो ब्रह्माण्ड या तो जकड़ कर नष्ट कर देगा अथवा मात्र यहां कचरे का विस्तार होगा।

12

गैलेक्सियां—महान् ब्रह्माण्डीय संरचनाएं

गैलेक्सियां, निहारिकाओं, घूलकणों, बादलों, ग्रहों—उपग्रहों, अरबो नक्षत्रों, ब्लैक होलों, व्हाइट ड्रॉफ्टो, पुच्छल तारों तथा घुमक्कड छोटे पिंडों से मिलकर बना होता। आकर्षण पाश में बंधे दो गैलेक्सियां आपस में स्वजाती भक्षण कर विशाल गैलेक्सी का निर्माण करती रहती है कई गैलेक्सियां मिलकर स्थानीय समूह (लोकल क्लस्टर) बनाती है ऐसे कुछ समूह मिलकर विशाल गुच्छ (बिग कलस्टर) बनाते है और कुछ विशाल गुच्छ मिलकर गैलेक्सी शीट का निर्माण करते हैं और ऐसी शीटें मिलकर ब्रह्माण्ड का निर्माण करती हैं।

ब्रह्माण्ड की महत्वपूर्ण एवं वृहद् संरचना गैलेक्सी है। ब्रह्माण्ड अपने गैलेक्सियों में बसता है जो निहारिकाओं, घूलकणों, बादलों, ग्रहों—उपग्रहों, अरबो नक्षत्रों, ब्लैक होलों, व्हाइट ड्रॉफ्ट, पुच्छल तारों तथा घुमक्कड छोटे पिंडो से मिलकर बना होता है या यों कहें की इनका मिला—जुला रूप गैलेक्सी कहा जाता है ये गैलेक्सियां ब्रह्माण्ड में अरबो की संख्या में व्याप्त है। बड़े गैलेक्सियों एवं छोटे उपग्रही गैलेक्सियों को मिलाकर ये 100—120 अरब से भी अधिक हो सकते हैं।

ये गैलेक्सियां मिलकर *स्थानीय समूह* (लोकल क्लस्टर) बनाती हैं ऐसे कुछ समूह मिलकर विशाल गुच्छ (बिग कलस्टर) बनाते हैं और कुछ विशाल गुच्छ मिलकर गैलेक्सी शीट का निर्माण करते हैं और ऐसी शीटें मिलकर ब्रह्माण्ड का निर्माण करती हैं। हमारी आकाश गंगा मंदाकनी, पड़ोसन आकाश गंगा एण्ड्रोमिडा तथा कोई पंद्रह पड़ोसन छोटी गैलेक्सियां व सैकड़ों उपग्रही गैलेक्सियों से मिलकर स्थानीय समूह बनाती है जो कन्या (*वर्गों*) नामक विशाल क्लस्टर के किनारे स्थित है।

प्रारंभ में गैलेक्सियों का निर्माण प्रोटो गैलेक्सी के रूप में हुआ था। जिसे गैलेक्सी का प्रारंभिक अवस्था कहा जा सकता है। जब निहारिकाएं, गैसीय बादले, व धूलकणें किसी घने पिंड जैसे व्हाइट ड्रॉफ्ट, ब्लैक होल, के चारो ओर इकठ्ठा होकर चक्रण कर रहे थे। और यह एक अव्यवस्थित तथा धूलकणों, निहारिकाओं का छोटा सा धुंध मात्र था जों समय के साथ

गुरूत्वीय लहरों से एकीकृत होते बादलों व निहारिकाओं से गैसीय पिंडों में तब्दील होने लगें जो कालांतर में प्रज्वलित होकर नक्षत्र कहलाए। इस प्रकार ये प्रोटो गैलेक्सियां प्रदीप्तमान होते हुए एक–दूसरे का चक्कर काटते व आकर्षित होते हुए एक–दूसरे का भक्षण भी करने लगे और वे अपना आकार बढ़ाने लगें इतना ही नहीं यहां गैलेक्सियों के मध्य केंद्रीय ब्लैक होल भी अपने आकार बढाने लगे। जिसके फलस्वरूप आज यहां विशाल गैलेक्सियां का अस्तित्व मौजूद है इनका विलयन अथवा स्वजाती भक्षण आज भी जारी है।

गैलेक्सियों में जहां नक्षत्र अरबो की संख्या में थे ब्रह्माण्डीय टर्निंग पाईंट के रूप में कार्य करते हुए निरंतर ब्रह्माण्ड के सरल व प्राथमिक एलीमेंट्स को जटिल व भारी पदार्थों में परिवर्तित कर रहे है जिससे ब्रह्माण्ड में काले व भारी पदार्थों का निर्माण हो रहा है। और निष्क्रीय व सक्रीय श्याम विवरो का संख्या बढ़ता जा रहा है। एक अनुमान के अनुसार प्रत्येक सेकण्ड एक श्याम विवर का जन्म हो रहा है और सक्रिय ब्लैक होल भी प्रतिपल करोड़ों टन ब्रह्माण्डीय मास को निगल रहे है सच कहें तो हम एक प्रौढ़ होते ब्रह्माण्ड में रह रहें है और ब्रह्माण्ड समय के साथ भारी व काले स्याह होते जाएंगें।

आज गैलेक्सियों ने उनके प्रारंभिक छोटे धुंधले स्वरूप से काफी विकास कर लिया है और इनमें अरबो तारें, ग्रह, उपग्रह, व करोड़ों श्याम विवर है जैसे हमारे मिल्की–वे को ही ले तो इसका आकार इतना बड़ा है कि एक छोर से दूसरे छोर तक प्रकाश की गति से यात्रा करने में हमें एक लाख प्रकाश वर्ष से अधिक लगेंगे जबकी इसकी चौड़ाई 3000 से 6000 हजार प्रकाश वर्ष से भी अधिक है केंद्र में तो यह 15000 प्रकाश वर्ष तक है। यहां 400 अरब से भी ज्यादा तारों की संभावना है यहां अरबो ग्रह उपग्रह व पिंड ही नहीं बल्कि करोड़ों ब्लैक होल भी है जो विशाल तारों के विनाश के साथ जन्म ले रहे है इस तरह गैलेक्सी अपने प्रारंभ काल से परिपक्व होते जा रही है। निहारिकांए निरंतर नए नक्षत्र तारे बना रहें है स्टार–ब्रस्र्ट हो रहे है वहीं तारे अपने ऊर्जा समाप्त होने तक भारी पदार्थों को इकठ्ठा कर अपेक्षित द्रव्यमान होने पर इतना गुरूत्वाकर्षण पैदा कर लेता है की श्याम विवर अथवा कम द्रव्यमान होने पर व्हाइट ड्रॉफ्ट जैसे घने पिंडों में तब्दील हो जाते है वही नक्षत्रों के अंत में सुपरनोवा विस्फोट से अंतरिक्ष में फेके गए गैसीय बादलों, घूलकणों व नेबुलाओं से भारी पिंडों जैसे पृथ्वी, मंगल जैसे भारी व ठोस ग्रहों का निर्माण हो रहा है। इस तरह गैलेक्सी समय के साथ–साथ भारी ठोस तथा गुरूत्वयुक्त होने से पुर्नंगठित होते जा रहे है यही नहीं बढ़ते ठोस पदार्थों व संग्रहित मॉसिव पदार्थों तथा गुरूत्वाकर्षण बलों के योग से यह एक पिंडीय व्यवहार कर रही है मानों पूरा गैलेक्सी ही एक पिंड हों।

हमारे गैलेक्सी का वातावरण–हमारी गैलेक्सी फूली हुई एक पूड़ी के समान है केंद्र के पास इसकी मोटाई 15,000 प्रकाश वर्ष है हमारी गैलेक्सी में तारे समान रूप से तारे वितरित नहीं है इसके बीच में सैकड़ों तारों समूह है इन तारों समूह में लाखों तारे गोलाकार गेंद के रूप में है हमारे गैलेक्सी में केंद्र की ओर तारों की संख्या अधिक है और किनारे की ओर अपेक्षाकृत

बिखरे हुए है सभी तारे केंद्र की ओर चक्रण कर रहे है केंद्र के अति निकट तारे तेज रफ्तार से और दूर के तारे कम रफ्तार से परिक्रमा कर रहें है हमारा सूर्य केंद्र से 35000 प्रकाश वर्ष दूर है और यह गैलेक्सी के मध्य तल में एक शांत जगह पर स्थित हैं और यह गैलेक्सी के केंद्र का परिक्रमा करता रहता है इसकी गति 150 मील प्रति रफ्तार है और पूरे गैलेक्सी का चक्रण करने में 20 करोड़ वर्ष लग जाते हैं।

गैलेक्सी में तारो के बीच सूक्ष्म धूलि और गैस फैली हुई हैं धूलि और गैस का घनत्व मध्यतल में अधिक हैं ये बादल जहां अधिक है वहां निहारिकांए का अस्तित्व होता हैं हमारी गैलेक्सी का द्रव्यमान सूर्य का लगभग 150 खरब गुना हैं इसमें प्रायः तारो ग्रहों व ब्लैक होलों का द्रव्यमान है शेष गैसों व धूल कणों का हैं।

आइए प्रोटो गैलेक्सी के जन्म व उनके स्वजाती भक्षण को जानने का प्रयास करें। प्रोटो गैलेक्सियां उस समय आकार लेने लगा जब विशाल तारों के नष्ट होने से घने मॉसिव पिंडों का जन्म होने लगा अथवा सुपर मॉसिव ग्रेविटेशनल सिंगल पाईंट के अंतर ब्रह्माण्डीय प्रगमन से कोई पिंड ब्रह्माण्ड में आया हो जो अपने चरम गुरूत्व बलों से ब्रह्माण्ड में अपने चारों ओर फैले प्राथमिक व सरल एलीमेंट्स जैसे निहारिकाओं, घूलकणों, गैसीय बादलों, को इकठ्ठा करने लगा जिससे आस—पास के प्रदीप्त कुछ तारें भी आकर्षित होकर इकठ्ठा होने लगे इस तरह प्रारंभिक अवस्था में गैलेक्सी कुछ तारों, निहारिकाओं, घूलकणों, गैसीय बादलों का एक छोटे व घने पिंड के चारों ओर अव्यवस्थित जमाव मात्र था। जिसे डायग्राम से समझने का प्रयास करेंगे।

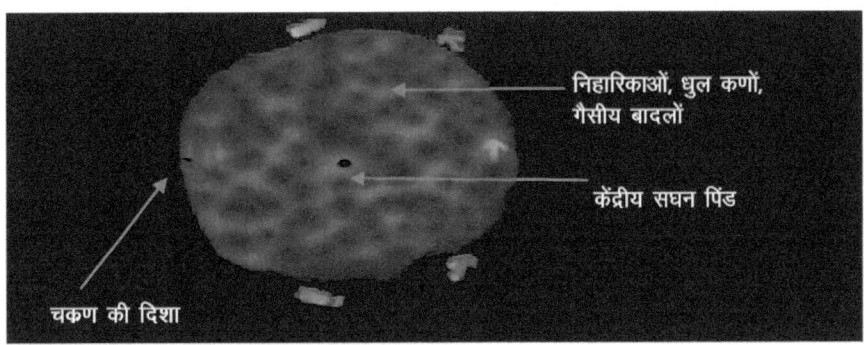

फोटो—प्रोटो गैलेक्सी इमेज

डायग्रामः—उपरोक्त डायग्राम में हम देखते हैं कि एक घना पिंड श्याम विवर केंद्र में है जो अंतर—ब्रह्माण्डीय प्रगमन से आए हुए सिंगल घने पिंड भी हो सकते है। जो चरम गुरूत्वाकर्षण से अपने चारों ओर निहारिकाओं, घूलकणों, गैसीय बादलों यहां तक की नजदीकी तारों को भी आकर्षित करने लगा है और कई चीजें घने पिंड के चारों ओर इकठ्ठा होने लगें और केंद्रीय घने पिंड का चक्रण करने लगे। इस प्रकार प्रोटो—गैलेक्सी का निर्माण होने लगा जो

गैलेक्सी का प्रारंभिक अवस्था था। लेकिन यह ऐसा ही बना रहने वाला नही था गुरूत्वीय प्रभाव व चक्रण से संग्रहित निहारिकांए, बादले, गैसीय पिंडों का रूप ग्रहण करने लगतें है जो कालांतर में प्रदीप्तमान होकर गैलेक्सी को प्रकाशित करने लगें। अब गैलेक्सी प्रकाशवान व चमकीला प्रतीत होने लगा। स्टार–ब्रर्स्ट होने लगे करोड़ों–अरबो तारें प्राथमिक व हल्के ब्रह्माण्डीय पदार्थो को भारी व जटिल यौगिको में बदलने लगा जिसमें लोहा, मैग्नीशियम बेरिलियम, हीलियम, कार्बन, ऑक्सीजन आदी प्रमुख थे। बड़े स्टार नष्ट होकर काले पदार्थो जैसे श्याम विवरो मे तब्दील होने लग। और विस्फोट से अंतरिक्ष में फैले भारी पदार्थों गैसों तत्वों लोहा सोना आदी से ठोस पिंडों का निर्माण होने लगा। काले पदार्थो व घने तथा ठोस पिंडों के अधिकता से बढ़ते गुरूत्व से गैलेक्सियो का पुर्नगठन होने लगा और करोड़ों नक्षत्रों, पिंड़ों, ठंडे श्याम विवरो, ने मिलकर अपने आर्कषण से गोलाकार स्पाइरल भुजाओं का निर्माण करने लगे जहां न सिर्फ करोड़ों गैसीय पिंडों का निर्माण हो रहा है बल्की वे स्टार–ब्रर्स्ट कर दीप्तमान होकर गैलेक्सी को प्रकाशित कर रहें है। और यहां बढ़ते पिंडों व गुरूत्व बलों से गैलेक्सी का आकार पुर्नगठन को प्राप्त कर रहा है। हम पुर्नगठित होते गैलेक्सी को देख सकते हैं जहां निरंतर जन्म लेते व बढ़ते गुरूत्वीय पिंडों के प्रभाव से वह चक्रण करते हुए फ्लैट रूप ग्रहण करते जा रहा है इसके साथ हम देख सकते है कि गैलेक्सी और प्रकाशित होते जा रही है क्योंकि करोड़ों–अरबो नक्षत्र अस्तित्व में आ चुके है और वे एक–दूसरे का चक्रण कर रहे है केंद्र के तरफ अत्यधिक नक्षत्र इकठ्ठा होते जाने से चमकदार होते जाते है आगे तारों के जीवन का अंत होते जाने से घने व भारी पिंडों का निर्माण होने लगता है जैसे व्हाइट ड्रॉफ्ट, श्याम विवर व ठोस पिंड आदी। इस प्रकार गैलेक्सी में अरबो तारे करोड़ों व्हाइट ड्रॉफ्ट, एवं ठंडे श्याम विवर का अस्तित्व ने इसके आकार को और पुर्नगठित करने लगा जिससे स्पाइरल भुजाए उभरने लगी इन भुजाओं में नक्षत्रों निहारिकाओं, अप्रकाशिय पिंडों, गैसो, नेबुलाओं, के साथ भारी मात्रा में निष्क्रीय श्याम विवर उपस्थिति होती है आगे डायग्राम से गैलेक्सी के नये स्वरूप को देख सकते हैं। इस प्रकार हम विकसित होते गैलेक्सी को देख सकते हैं जो आगे ऐसा ही बना रहने वाला नही है कालांतर में यहां ऊर्जा समाप्त होते जाने से ये काले स्याह होते जाऐंगे। अनंत ब्रह्माण्डीय विस्तार में आगे बढ़ते हुए यहां भारी, घने व जटिल पदार्थों पिंडों के जमावड़े होते जाएंगे। आकर्षण के अनंत प्रकिया में सारे पिंड चकण के साथ–साथ एवं धीरे–धीरे केंद्रीय प्रभावी पिंड की ओर आकर्षित होते रहते है और अंत में महासंकुचन से सारे पदार्थ एक पाईंट में समाकर सुपर मॉसिव ग्रेविटेशनल सिंगल पाईंट में तब्दील होंगे। *यह बात सिर्फ एक गैलेक्सी पर लागू नहीं होती है बल्कि गैलेक्सियों के समूह पर भी लागू होती है।*

गैलेक्सी में असामान्य गतिशिलता–स्वजाती भक्षण

यहां महत्वपूर्ण बात यह है कि गैलेक्सियों में स्वजाती भक्षण के कार्य स्वभाविक है गैलेक्सियां, प्रोटो गैलेक्सी काल से ही एक–दूसरे का चकण करते हुए आकर्षित होते हुए सरक रहे है और

विलय कर रहे है। छोटे उपग्रही गैलेक्सी भी किसी बड़े गैलेक्सी के चक्रण करते हुए उसके ओर सरकते रहते है और अंत में उसमें विलय कर जाते है यह प्रक्रिया आज भी जारी है हमें पता है कि गैलेक्सियां लोकल समूह बना रखी हैं। इन समूहो में हजारो गैलेक्सियां हैं और इन समूहो में निरंतर ब्रह्माण्डीय रैखिक विस्तार में भी ये एक साथ आगे बढ़ रहे है और एक–दूसरे का चक्रण करते हुए छोटे गैलेक्सी अपने से बड़े गैलेक्सी की ओर सरक रहे है जैसे हमारी गैलेक्सी मिल्की–वे अपने पड़ोसी व विशाल गैलेक्सी एण्ड्रोमिडा का न सिर्फ चक्रण कर रही है बल्की निरंतर आकर्षित होते हुए उसके ओर सरक रही है मिल्की–वे जिस दर से निरंतर सरक रही हैं एक अनुमान के अनुसार 450 करोड़ वर्ष में वह एण्ड्रोमिडा के साथ विलय कर जाएगी

विकसित होते गैलेक्सी का स्वजाती भक्षण

प्रोटो गैलेक्सी में स्वजाती भक्षण सामान्य बात है आज दिखाई देने वाली बड़ी–बड़ी गैलेक्सियां इसी की देन हैं लेकिन विशाल गैलेक्सियों में भी यह अनवरत जारी है हम दो विकसित होते गैलेक्सियों को देख सकते है कुछ उपग्रही गैलेक्सियां भी है यहा गैलेक्सियां अपने से बड़े व विशाल गैलेक्सी का चक्रण कर रही है चक्रण के साथ उसके ओर सरक रही है जो कालांतर में उसमें विलय कर जाएंगी। और एक विशाल व नए गैलेक्सी का जन्म होगा। इस प्रकार गैलेक्सियां अपने प्रारंभिक काल से ही एक–दूसरे मे विलय करते हुए आकार बढा़ रहे है। स्वजाती भक्षण ब्रह्माण्ड निर्माण की सहज प्रक्रिया जान पडता है। गैलेक्सियों का बढ़ता आकार सक्रिय व चक्रित ब्लैक होल के निर्माण का आधार बनती है।

ब्रह्माण्ड में ऐसे लाखों गैलेक्सियां हैं जो एक–दूसरे का चक्रण करते हुए धीरे–धीरे विलय में क्रियारत है नासा के अध्ययनों से सुदूर ब्रह्माण्ड में दो स्पाइरल आकाशगंगाए NGC 2207 और IC 2163 को देख सकते है जो धीरे–धीरे एक–दूसरे को खींचते हुए, पदार्थ की लहरें गैस की चादरें और धूल के बादलों और बाहर फेंके जाने वाले तारों की धाराओं का निर्माण करेंगी और कालांतर में बड़ी आकाशगंगा NGC 2207 अपनी से छोटी IC 2163 को अपने में समाहित कर लेगी। दोनो आकाशगंगा के मध्य दूरी काफी ज्यादा होने से इनके बीच ब्रह्माण्डीय टकराव की प्रक्रिया धीमी गति से हो रही है और यह प्रक्रिया लाखों वर्षों से जारी है और अभी छोटी आकाश गंगा बडी आकाश गंगा के चारों ओर चक्कर लगाते हुए व सरकते हुए समाहित होते जा रही है इन आकाशगंगाओं में तारों का टकराव सामान्यतः नहीं होता क्योंकि आकाशगंगा में तारों के बीच काफी खाली जगह होती है।

उसी प्रकार हमारी गैलेक्सी मंदाकिनी अपने पड़ोसी व बड़े गैलेक्सी एण्ड्रोमिडा का निरंतर चक्रण कर उसके ओर सरक रही है जो कालांतर में एक–दूसरे में विलयन कर लेंगें और एक बड़े गैलेक्सी का निर्माण होगा। *इतना ही नहीं अपना लोकल समूह भी, विशाल कन्या क्लस्टर के केंद्र की ओर गतिमान है और पूरा कन्या कलस्टर एक अन्य बड़े क्लस्टर समूह के ओर तीव्र*

गति से अग्रसर है और यह समस्त गतियां ब्रह्माण्डीय प्रसार नहीं है बल्कि एक बड़े समूह का आपसी विलयन है जो अंत में किसी ब्लैक होल में समाकर सुपर मॉसिव ग्रेविटेशनल सिंगल पाईंट का निर्माण करेंगें।

एक अनुमान के अनुसार ब्रह्माण्ड मे 100 अरब से भी ज्यादा गैलेक्सियां है पर वे स्वतंत्र नहीं है इनके कुछ समूह/क्लस्टर्स अथवा सुपर क्लस्टर्स के रूप में मौजूद है। इन समूहो, में लोकल समूह, कन्या समूह, कोमा सुपर कलस्टर, हाइड्रा–सेंटाउरस सुपरक्लस्टर, हरक्यूलस सुपर क्लस्टर, लियो सुपर क्लस्टर, पावो–इण्डस सुपरक्लस्टर, स्कुपटर सुपरक्लस्टर, ओहीयुकस सुपरक्लस्टर, आदि है। ब्रह्माण्डीय विस्तार में ये अपना समूह पर आकर्षण बनाए हुए है। और समूह के साथ रैखिक गति से आगे बढ़ रहे हैं।

लोकल समूह क्या है

ब्रह्माण्ड में गुरूत्वाकर्षण के कारण न सिर्फ पिंड आकार ले रही है बल्कि उनके समूहो का निर्माण भी हो रहा है जिसमें तारा मण्डल, तारों का समूह, गैलेक्सियां व उनके क्लस्टर समूह को देखा जा सकता है ब्रह्माण्ड में विशाल व छोटे गैलेक्सियो ने आकर्षण से अपना ग्रुप बना रखे हैं जिसमें सैकड़ों से हजारों गैलेक्सियां होती है जो एक दूसरे का चक्रण करते रहते है इसे ही लोकल समूह कहा जाता है। हमारे लोकल समूह में एण्ड्रोमिडा, मिल्की–वे व ट्राएंगुलम गैलेक्सी मुख्य है इसके अलावा 30 अन्य गैलेक्सियां भी हैं कुल मिलाकर स्थानीय समूह का व्यास एक करोड़ प्रकाश वर्ष तक फैला हुआ हैं इसके प्रमुख गैलेक्सियां इस प्रकार के हैं।

लोकल समूह के महत्वपूर्ण संरचनाएं

एण्ड्रोमेडा गैलेक्सी–एण्ड्रोमिडा स्थानीय समूह का सबसे बड़ा गैलेक्सी है इसे वैज्ञानिक M 31 के नाम से भी जानते है यह पृथ्वी से 25,00,000 प्रकाश वर्ष दूर स्थित सर्पिलाकार आकार का है तथा ब्रह्माण्ड में अपने सबसे निकटतम तारासमूह है जिसे अमावस की रात धब्बे के रूप में नग्न आँखों से देखा जा सकता है एण्ड्रोमिडा गैलेक्सी के आस–पास 14 अन्य उपग्रही याने छोटे गैलेक्सियों का समूह हैं जो एण्ड्रोमिडा का चक्रण करते रहते हैं एक अनुमान के अनुसार एण्ड्रेमिडा गैलेक्सी में लगभग 1000 अरब तारें है और इसका आकार इतना विशाल हैं कि लगभग इसके एक छोर से दूसरे छोर तक प्रकाश की किरणें यात्रा करने में 2,20,000 प्रकाश वर्ष लगते हैं।

मिल्की–वें गैलेक्सी–हमारी गैलेक्सी जिसमें हमारी पृथ्वी हैं जो समतल वृत्ताकार पहिए के समान हैं। इसका व्यास लगभग 1,00,000 प्रकाश वर्ष है और इसकी मोटाई 3000–6000 प्रकाश वर्ष है केंद्र के पास की मोटाई 15000 प्रकाश वर्ष है यहा तारो का समान वितरण नही हैं, कई तारा समूह हैं एक अध्ययन के अनुसार यहां 400 अरब से भी अधिक तारें हैं।

एण्ड्रोमिडा गैलेक्सी से हमारे आकाशगंगा मंदाकिनी का भविष्य में टकराव–एंड्रोमिडा गैलेक्सी, हमारे आकाशगंगा मंदाकिनी की तरफ 100–140 किलोमीटर प्रति सेकण्ड की दर से तेजी से बढ़ रही है इसलिए नीला विस्थापन देखा जा सकता है वैज्ञानिकों के अनुमान के अनुसार एण्ड्रोमिडा हमारे आकाशगंगा मंदाकिनी आपस में 4 अरब वर्ष के बाद टकराएगी इस टक्कर के परिणाम स्वरूप ये आकाशगंगाए मिलकर धीरे–धीरे एक विशालकाय अंडाकार आकाशगंगा रूप में परिवर्तित हो जाएंगी इस घटना में भी 2 अरब वर्ष लगेंगे। इन 2 अरब वर्षो में दोनो आकाशगंगा के केंद्र में स्थित महाकाय श्याम विवर भी आपस में विलीन हो जाएंगे और वृह्द आकाशगंगा को स्थायित्व देंगे। मंदाकिनी आकाशगंगा और देव्यानी आकाशगंगा दोनो के तारों के मध्य अत्याधिक रिक्त स्थान हैं, इसलिए इनके तारो के मध्य वास्तविक टकराव की संभावना न के बराबर होगी। आकाशगंगाओं के समूह में इस तरह की टकराव आम बात है बड़े गैलेक्सियों का निर्माण इसी तरह छोटे गैलेक्सियों के आपसी विलयन से बने हैं।

ट्राऐन्गुलम गैलेक्सी–यह पृथ्वी से 30 लाख प्रकाश वर्ष दूर स्थित एक सर्पिलाकार गैलेक्सी हैं इसकी व्यास लगभग 50,000 प्रकाश वर्ष हैं और एक अनुमान के अनुसार यहां लगभग 40–50 अरब तारें हैं यह आकार में हमारे गैलेक्सी से छोटा हैं।

कन्या सुपर क्लस्टर–कन्या कलस्टर आकाशगंगाओं की एक बड़ी समूह है इससे 180 बड़े एवं छोटे उपग्रही गैलेक्सियों को मिलाकर लगभग 2000 तक छोटे–बड़े गैलेक्सियां है हमारा स्थानीय समूह भी कन्या तारा मण्डल की दूरस्थ सदस्या है और उसका चक्रण कर रहा है कन्या समूह के कोर में बड़े और अत्यधिक घनत्व के अण्डाकार गैलेक्सियां मौजूद है जिसमें M84, M86, एवं M87 गैलेक्सियां प्रमुख है। यह कन्या कलस्टर भी अपने से बड़े किसी कलस्टर का चक्रण कर रहे है।

कोमा सुपर क्लस्टर–कोमा समूह सबसे अधिक आबादी वाले आकाशगंगा समूह में से एक है। अनुमानों के अनुसार यहां 10,000 से भी अधिक गैलेक्सियां सदस्य शामिल हैं यह ज्ञात आकाशगंगाओं के समूह में सबसे बड़ी और घनी आबादी वाले समूहो में से एक है

गैलेक्सियों के प्रकार

ब्रह्माण्ड के विस्तार में कई प्रकार के गैलेक्सी पाए जाते हैं स्पाइरल गैलेक्सी, गोलाकार गैलेक्सियां, अनियमित या अधूरा गैलेक्सियां एवं उपग्रही गैलेक्सियां इसके उदाहरण हैं।

1) स्पाइरल गैलेक्सी–इसे एक डिस्क के रूप मे देखा जा सकता है यहां केंद्रीय सुपर मॉसिव ब्लैक होल के अलावा अरबो नक्षत्र, करोड़ों अप्रकाशिय पिंड, निहारिकाए, गैसीय बादले पुच्छलतारें व घूलकणों व अन्य घुमक्कड पिंडों से अटे पड़े है। ये पिंड आपसी आकर्षण से गोलाकार स्पाइरल भुजाएं बना लेते है जो डिस्क रूप में चारों ओर से केंद्रीय पिंड को घेर

रखे हैं और चक्रण करते रहते है। ये स्पाइरल गैलेक्सियां गोलाकार, चपटा, और हंसियाकार आकार के हो सकते है।

अ–गोलाकार स्पाइरल गैलेक्सियां–इसमें केंद्र की ओर श्याम विवर होता हैं। और पूरा गैलेक्सी गोलाकार एवं स्पाइरल होता हैं।

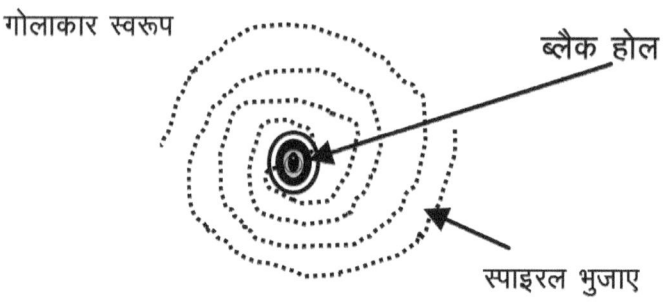

ब–चपटा स्पाइरल गैलेक्सियां–इसमें स्पाइरल गैलेक्सियां गोलाकार न होकर चपटा होता है।

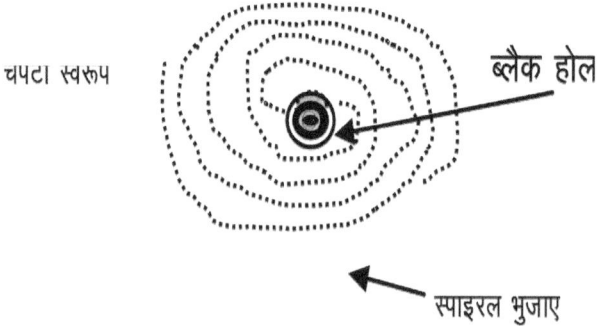

स–हंसियाकार स्पाइरल गैलेक्सियां–यह गैलेक्सी हंसिया के रूप में होता है।

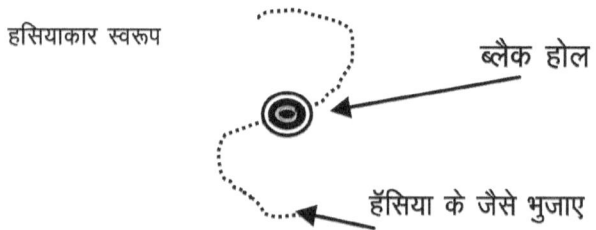

यह हंसिया कार आकार दो गैलेक्सियों के एक दूसरे से विलय करने के कारण उत्पन्न होते हैं जो कुछ करोड़ वर्षों में स्पाइरल भुजाओं का रूप ग्रहण कर लेते है।

2) गोलाकार गैलेक्सी–इस प्रकार के गैलेक्सी में नक्षत्र, तारे, पिंड नेबुलाए, अन्य पदार्थ केंद्रीय सुपर मॉसिव ब्लैक होल के चारो ओर एक वृत नुमा सर्कल में होते है इस प्रकार के गैलेक्सी का निर्माण किसी मध्यम आकार के गैलेक्सी के टक्कर के कारण हो सकता हैं।

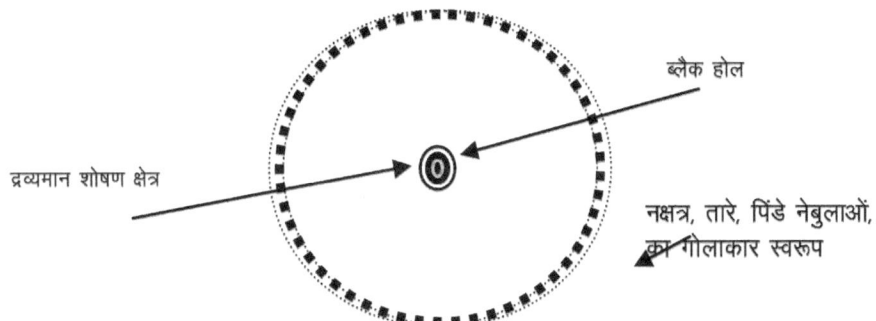

3) अनियमित अथवा अस्पष्ट गैलेक्सियां–ये वे गैलेक्सियां हैं जो आधे अधूरे व अस्पष्ट होते हैं इसका मुख्य कारण किसी गैलेक्सी का अन्य किसी गैलेक्सी से विलयन न कर पाना हैं और ब्रह्माण्डीय विस्तार में आगे बढ़ना है इस प्रकार के गैलेक्सियों में पर्याप्त गैसों निहारिकाओं पिंडों व नक्षत्र तुलनात्मक रूप से कम पाये जाते है।

4) उपग्रही गैलेक्सी–ये वे गैलेक्सी होते है जो अपेक्षाकृत छोटे आकार के होते है और विशाल गैलेक्सी के आसपास रहकर उसके चारों ओर चक्कर लगाते रहते है हमारे गैलेक्सी मिल्की–वे के चारों ओर ऐसे ही सैकड़ों उपग्रही गैलेक्सी है जो आकर्षण में पड़कर चक्कर काट रहे हैं। जो कालांतर में ये अपने मूल गैलेक्सी में विलयन कर लेंगें।

गैलेक्सियों का आकार किस प्रकार तय होता है

हमने देखा की गैलेक्सियां कई प्रकार के आकार ग्रहण किये होते है। इनका विभिन्न आकार यहां उपस्थित निहारिकाओं गैसीय बादलो, अरबो पिंडो, नक्षत्रों और करोड़ों निष्क्रीय श्याम विवरो के गुरूत्वाकर्षण जाल व उनके सामूहिक योग तथा उनके चक्रण आंदोलन से तय होता है आस–पास के विशाल गैलेक्सियों के खिंचाव का भी असर इनके आकार पर पड़ता रहता है। गैलेक्सियां आपस में विलय कर नये आकार को ग्रहण करती रहती है समय के साथ परिपक्व होते गैलेक्सियों में गुरूत्व बढ़ने से आकार भी पुर्नगठित होता जाता है। आज हम जिन गैलेक्सियों का अवलोकन कर रहें है वे भविष्य में ऐसा नहीं बने रहने वाले है क्योंकि इनका आकार नित्य पुर्नगठित हो रहा है मेरे विचार से तो गैलेक्सी के सारे पिंड व पदार्थ कालांतर में एक सुपर मॉसिव सिंगल पाईंट में समा जाऐगें इतना ही नहीं गैलेक्सियों के समूह का भी अंत इसी प्रकार होगा।

वास्तव में गैलेक्सियों के निर्माण व उसके आकार में बदलाव का आधारभूत बल गुरूत्व–आकर्षण होता है पहले तो यह गैलेक्सी किसी छोटे घने व मॉसिव पिंड के चारों आयामों में फैला गैसीय बादलो निहारिकाओ व धूल कणों का एक धुंध मात्र था। जो उस घने व मॉसिव पिंड के गुरूत्वाकर्षण के कारण उसके चारो ओर इकठ्ठा हुए थे। जिसे प्रोटो गैलेक्सी के नाम से जाना जाता है। लेकिन समय के साथ इसके आकार में बदलाव होते गये जिसे आगे हम गैलेक्सी विकास के मॉडल रूप में विस्तार से अध्ययन करेंगें।

गैलेक्सी विकास का मॉडल

ब्रह्माण्ड में गैलेक्सियों का विकास किस तरह हुआ यह अभी भी एक रहस्य बना हुआ हैं लेकिन यदि ब्रह्माण्ड बिग–बैंग से जन्मा है और उसका पुर्ननिर्माण हो रहा है अर्थात् बिग–बैंग कालीन प्रारंभिक शुद्ध प्योर ऊर्जा जटिल व भारी पदार्थों में तब्दील हो रहा है या वह निरंतर प्रौढ़ अवस्था की ओर बढ़ रहा है तो इस कार्य में महत्वपूर्ण योग (तारा) नक्षत्र दे रहे है ब्रह्माण्ड में यह तारा वह मैकेनिज्म है जो विशाल मात्रा में काले, भारी, तथा जटिल पदार्थों की रचना कर रहे है। आज ज्ञात स्त्रोतो में तारा जीवन चक्र ही ब्लैक होल के जन्म का एक मात्र कारण है ब्रह्माण्ड में गैलेक्सियों का जन्म व विकास किस तरह हुआ का अवलोकन करते है।

- ब्लैक होल की उपस्थिति ने गैलेक्सी निर्माण में महत्वपूर्ण भूमिका अदा किये है। विशाल तारो के जीवन चक्र ने सुपर मॉसिव घने व छोटे पिंडों को जन्म दिया, जिसे श्याम विवर या ब्लैक होल के नाम से जाना जाता है। ब्लैक होल के निर्माण के बाद चरम गुरूत्वाकर्षण ने प्रोटो गैलेक्सी के निर्माण में अह्म भूमिका निभाई हैं यह गैलेक्सी किसी छोटे घने व मॉसिव पिंड के चारो आयामों में फैला गैसीय बादलो निहारिकाओ व धूल कणों का एक धुंध मात्र था जो उस घने व मॉसिव छोटे पिंड के गुरूत्वाकर्षण के कारण उसके चारों ओर इकठ्ठा थे। प्रारंभ में इसका आकार विशाल गैसीय गेंद के रूप में था जो श्याम विवर के चारों ओर चक्रण कर रहा था। यहां गैसे निहारिकाएं व नेबुला, कच्चे माल की तरह होते है जो तारो–नक्षत्रों के जन्म का कारक होता है इन्हे तारो–नक्षत्रों का नर्सरी भी कहा जाता है ये तीव्र गुरूत्वीय खिंचाव व घुमाव के कारण करोड़ों बिंदुओ पर सघन होकर तारों को जन्म देती है नए गैलेक्सी धुंध में बढ़ते तारें उन्हे न सिर्फ प्रकाशित करते है बल्कि इनके कारण बढ़ते गुरूत्वाकर्षण से गैलेक्सियां पुर्नगठन होने लगती है। इससे बढ़ते पिंडीय रचनाओं व गुरूत्वाकर्षण से स्टार–ब्रर्स्ट की अवस्थांए भी जन्म लेने लगती है और लाखों तारों का जन्म होने लगता हैं जिससे पुर्नगठन शक्तियां और सकिय होने लगती है और गैलेक्सी अब गोलाकार आकार से ओवल रूप ग्रहण करने लगता हैं। इन सब प्रक्रिया के साथ केंद्रीय ब्लैक होल भी गर्म गैसों, नक्षत्रों का भक्षण कर निरंतर अपना मास बढ़ाता जाता है।

- सुपरनोवा विस्फोट एवं ब्लैक होलों का जन्म–प्रारंभिक ब्रह्माण्ड में जन्में शुरूआती तारें विशाल आकार के थे जो जल्दी ही अपनी ऊर्जा को जला कर सुपरनोवा विस्फोट से अपने वजूद का अंत कर रहे थे इसी प्रक्रिया में ब्लैक होल का भी जन्म हो रहा था। ये जन्में ब्लैक होल बेबी यूनिवर्स काल में ब्रह्माण्डीय निर्माण में नींव साबित हुआ और यह अपने चरम गुरूत्वाकर्षण से छोटे ब्रह्माण्डीय पिंडों, गैसों धूल कणों निहारिकाओं के बादलों को इकठ्ठा करना प्रारंभ कर दिया जिससे कालांतर में प्रोटो–गैलेक्सियों का निर्माण होने लगा ये प्रोटो गैलेक्सी ही कालांतर में विकसित रूप और आकार ग्रहण करते जाते है।
- सुपर मॉसिव घने व सिंगल पाईंटों की उपस्थिति अंतर–ब्रह्माण्डीय प्रगमन भी हो सकता है सुपर मॉसिव घने व सिंगल पाईंटों की उपस्थिति जिसके आकर्षण से गैलेक्सियों का विकास हुआ है अंतर–ब्रह्माण्डीय प्रगमन भी हो सकता हैं। हमें पता है हमारे ब्रह्माण्ड का विकास भी ऐसे ही अत्यधिक घनत्व वाले किसी प्रगमन करते सुपर मॉसिव सिंगल पिंड में महाविस्फोट से हुआ था इस प्रकार अपेक्षित द्रव्यमान से कम, ऐसे कई घने पिंडों क उपस्थिति से इंकार नहीं किया जा सकता जो अन्य ब्रह्माण्डों से विस्तारित होते हुए आए हैं और हमारे शुरूआती शिशु ब्रह्माण्ड को पुर्नगठन करने में महत्वपूर्ण भूमिका अदा किए हो और ऐसे घने पिंडे ब्रह्माण्ड को आकार देने में महत्वपूर्ण भूमिका अदा कर रहें हों।
- स्टार ब्रर्स्ट–तारों के जन्म में इन सघन पिंडो याने ब्लैक होंलों के गुरूत्व प्रभाव का काफी प्रभावी योगदान रहा है। गैसीय पिंडा के निर्माण के बाद तारों का जन्म होने लगा गैलेक्सियों में तो स्टारब्रर्स्ट की स्थिति उत्पन्न हो गई और निहारिकाओं में लाखों तारों व नक्षत्रों का जन्म होने लगा आज भी कई ऐसे गैलेक्सियां है जहां प्रतिदिन करोड़ों नक्षत्रों का जन्म हो रहा है। स्टार ब्रर्स्ट से गैलेक्सियां प्रकाशमान होते जा रही है वहीं तारो के निर्माण से ब्रह्माण्ड प्रौढ़ता की ओर बढ़ रही है और प्राथमिक पदार्थ जटिल व भारी होते जा रही हैं।
- स्वजाती भक्षण से बढ़ता आकार–गैलेक्सियों का आकार प्रारंभ से बड़ा नहीं था गैलेक्सी का निर्माण में उनके आपसी विलयन का विशेष भूमिका रही है और यह स्वजाती भक्षण स्वभाविक रूप से पाए जाने एक ब्रह्माण्डीय क्रिया रही हैं जो प्रारंभ से आज तक अनवरत जारी हैं।
- बौनी अंडाकार गैलेक्सियां–छोटी और अण्डाकार बौनी गैलेक्सियां गुरूत्वाकर्षण के प्रभाव से एकत्रित होने से बनती है और बाद में यही बौनी गैलेक्सियां आपस में मिलकर फिर बड़ी गैलेक्सियां बनती हैं। आज ब्रह्माण्ड में यही चल रहा है सैकड़ों

गैलेक्सियों को आपस में समूह बनाते देखा जा सकता हैं जिसमें कई गैलेक्सियां एक दूसरे का चक्कर काटते हुए धीरे–धीरे विलयन भी कर रहें हैं। जब दो गैलेक्सियां आपस में विलयन करती हैं तो वे एक नये आकार को ग्रहण करते जाते है भले ही इसमें करोड़ों वर्ष लगेंगे। बौनी गैलेक्सियां आम तौर पर अन्य बड़े गैलेक्सियों की उपग्रहीय गैलेक्सियों के रूप में मिलती है अथवा गैलेक्सियों के झुण्डों में पाई जाती हैं।

ब्रह्माण्ड का पहला तारा–आस्ट्रेलिया के वैज्ञानिको ने ब्रह्माण्ड का पहला तारा ढूंढा है इस खोज से उस वक्त की स्थिति के बारे में पर्दा उठती रहेगी। यह तारा बिग–बैंग के ठीक बाद यानि 13.2 अरब साल पहले बना था। आस्ट्रेलियन नेशनल यूनिवर्सिटी रिसर्च स्कूल के प्रमुख रिसर्चर डॉ स्टीफन केलर कहते हैं। इससे हमें ब्रह्माण्ड में अपनी मूलभूत स्थिति के बारे में जानकारी मिलती है हम जो देख रहे है उससे पता चलेगा कि हमारे चारो ओर मौजूद सारी चीजें और वह सब जो हमारे जिंदा रहने के लिए जरूरी है वो कहां से आये हैं। यह प्राचीनतम तारा धरती से 6000 प्रकाश वर्ष की दूरी पर है और यह उन 6 करोड़ तारो में से एक है जिसकी तस्वीर स्काई मैपर ने शुरू आती दिनो में खींची थी। इन तारों से ब्रह्माण्ड के पहली पीढ़ी के तारों के बारे में जानकारी मिलती है

शुरूआती तारें हमारे सुरज से 60 गुना से भी अधिक भारी होते थे केलर बताते हैं की पहले यह माना जाता था की शुरूआती तारे अत्यधिक भीषण विस्फोट के साथ नष्ट हो गये होंगे और इससे अंतरिक्ष में भारी मात्रा में लोहा फैल गया था। लेकिन इस सबसे पुराने तारें के खोज से यह पता चलता हैं कि अंतरिक्ष में फैला हुआ तत्व लोहा नहीं बल्कि कार्बन और मैग्नीशियम जैसा हल्का तत्व था केलर का कहना यह भी था पहले तारें बहुत भारी हुआ करते थे। और वे शुद्ध हाइड्रोजन और हीलियम से बने हुए थे। एक तारें की रचना एक प्याज की तरह होती हैं। उसकी कई परतें होती हैं और लोहा जैसे भारी तत्व इसके केंद्र की ओर होती है सुपरनोवा विस्फोट में हल्के पदार्थ ही बाहर आ पाते हैं जिसमें गैसे, कार्बन, मैग्नीशियम अन्य पदार्थ शामिल होते हैं।

विशालतम गैलेक्सी की खोज–नासा के वैज्ञानिकों ने अब तक की सबसे विशाल गैलेक्सी फीनिक्स की खोज कर ली है। यह गैलेक्सी प्रतिदिन इतने सितारो को जन्म देती हैं जितने की हमारी मिल्की–वे एक साल में भी नहीं देती हैं एक अनुमान के अनुसार यहां प्रतिवर्ष सात सौ सितारों को जन्म देती हैं जबकी हमारे आकाशगंगा में एक या दो ही सितारे जन्म लेते हैं यह फीनिक्स गैलेक्सी हमारी मिल्की–वे से 5.7 अरब प्रकाश वर्ष दूर है फीनिक्स आकाशगंगाओं के गुच्छों के बीच मिला हैं। वैज्ञानिकों का कहना हैं कि इस गैलेक्सी ने अब तक के सबसे बड़े सितारों को जन्म दिया है यह गैलेक्सी कई अन्य गैलेक्सी के मध्य स्थित है और यह एक

केंद्रीय गैलेक्सी है यह गैलेक्सी लम्बे अर्से तक शांत रहने के बाद अचानक नए सितारों को जन्म देने का काम कर रही हैं और यह गैलेक्सी अपने समूह बनाए हुए हैं।

हमारे आकाशगंगा में नये ब्लैक होल की खोज–नासा के सैटेलाइट ने आकाशगंगा में एक नए ब्लैकहोल की खोज की है यह ब्लैक होल गैलेक्सी के आंतरिक क्षेत्र से लगभग 30,000 प्रकाशवर्ष दूर होना चाहिए इसकी पहचान इसके आस–पास निकलते भयंकर एक्स–रे तूफान से किया गया जहां से यह निकल रहा था उसे ब्लैकहोल माना गया है नासा के गोगार्ड अंतरिक्ष उड़ान केंद्र में अभियान के प्रधान अनुसंधानकर्ता नील गेरेल्स ने बताया कि चमकदार एक्स–रे देखना काफी अनोखा है यह एक्स रें कुछ दिनो के अंदर अपने चरम पर पहुंचने के बाद अगले कुछ महीनो में क्षीण होती जाती है जैसे ही क्षीण होगा ब्लैकहोल पर से पर्दा उठेगा। इस तरह विशाल गैलेक्सियों में करोड़ों ब्लैक होल की उपस्थिति होती है।

धरती से सबसे दूर गैलेक्सी समूह–जापानी एस्ट्रोनॉमर्स ने दावा किया है कि उन्हे धरती से 12.72 करोड़ प्रकाश वर्ष दूर आकाशगंगाओं का एक समूह मिला है यह अब तक की सबसे ज्यादा दूर मिलने वाली आकाशगंगा हैं। वैज्ञानिकों ने हवाई में तैनात एक ताकतवर टेलिस्कोप के जरिए की है इस खोजो से इस बात की पुष्टि होती है कि ब्रह्माण्डीय विस्तार में गैलेक्सियां अपने समूह बनाए हुए हैं।

आकाशगंगाओं के निर्माण तथा उनके आपसी विलयन ने, ब्रह्माण्ड को आधारभूत मजबूती प्रदान किया हैं यह अरबो तारों व ब्लैकहोलों का न सिर्फ जन्म स्थली है बल्कि यह जटिल जीवन को भी संभव बना रही है। हमें यह जानना होगा कि ब्रह्माण्ड कोई निश्चित जगह नहीं है और यहां विशाल गैलेक्सियां व उनके समूह संरचना ऐसे ही नहीं बने रहने वाली हैं कालांतर में ये एकल तथा सघन पिंड के रूप में तब्दील होंगें जिससे सारे तारे व जीवन का खात्मा निश्चित है।

13

मल्टी यूनिवर्स एवं अंतर–ब्रह्माण्डीय प्रगमन

जब हम अपने ब्रह्माण्ड के जन्म, विकास, व उसके विशालता व स्थिति को सही ढ़ग से नहीं जान पाये है तो पर–ब्रह्माण्ड के वजूद को कैसे नकार सकते है। पर–ब्रह्माण्डों के विद्यमानता को जानने के लिए, ब्रह्माण्ड के पार झॉकने की आवश्यकता नहीं बल्कि अपने ही ब्रह्माण्ड के जन्म विकास तथा अंत के रहस्यों में इसका राज छुपा हुआ है।

यदि हम मल्टी–यूनिवर्स की अवधारणा पर लोगो से उनके विचार पुछे तो अधिकांश इसे सिरे से नकार देंगे और कहेंगे ऐसा नहीं हो सकता, हमारा ब्रह्माण्ड ही इकलौता है लेकिन ऐसा कहना किसी तर्क पर आधारित नहीं है तर्क इतना ही है कि अब तक नये ब्रह्माण्ड का कोई प्रमाण नहीं मिला है।

वास्तव में हमारे ब्रह्माण्ड व अनंता की पृष्ठभूमि इतना विशाल, व्यापक, अद्‌भुत, और अनुपम है साथ ही यह प्राकृतिक विचित्रताओं से अटा पड़ा है कि हमारी कल्पनांए भी कार्य करना बंद कर देती है इतना ही नहीं इनकी विशेषताओं को बताने व वर्णन करने के लिये शब्दों और तर्को की कमी होने लगती है ब्रह्माण्ड के अनंत व्यापकता और विशालता के कारण हम पर ब्रह्माण्ड के बारे में स्पष्ट रूप से नही कह सकते। 19 वी शदी में तो हमारी गैलेक्सी मिल्की–वे को ही यूनिवर्स कहा जाता था इससे पीछे चले तो हमारे सौर मण्डल एवं उसका ग्रह पृथ्वी ही ब्रह्माण्ड का केंद्र माना जाता रहा, जब तक कोपरनिकस ने यह स्पष्ट नहीं कर दिया की सौरमण्डल के केंद्र में सूर्य स्थित है और सारे ग्रह उसके चारो ओर चक्कर काट रहे है इस प्रकार कालांतर में उन्नत तकनीको व नये रिसर्च से पता चला कि हमारी आकाशगंगा ही एकमात्र गैलेक्सी नहीं है बल्कि ऐसे तो अरबो धुंध नजर आ रहे है जो अनंत दूरी तक फैले हुए है और तो इसमें से अधिकांश गैलेक्सियां विशाल आकार के है जो मिल्की–वे से भी कई गुना बड़े है यही नहीं यह भी पता चला की ये अरबो गैलेक्सियां एक–दूसरे से निरंतर दूर जा रहे है तब हमें पता चला की हमारा ब्रह्माण्ड अरबो गैलेक्सी से मिलकर बना है और द्रुत गति से फैल रहा है जैसे एक गुब्बारा हवा भरने पर फैलते जाता है और उसमें उभरे बिंदु या डॉट्स एक–दूसरे से दूर होते जाते है। आज भी हमारे पास ऐसा कोई तकनीक नहीं है की

हम अपने ब्रह्माण्ड के जन्म, आकार, विकास के चरणो व स्थितियों के बारे में स्पष्ट रूप से जान सके। *जब हम अपने ब्रह्माण्ड के जन्म, विकास, व उसके विशालता व स्थिति को सही ढंग से नहीं जान पाये है तो पर ब्रह्माण्डों को कैसे नकार सकते है।*

सबसे पहले तो हम यह जान ले कि जिस पृष्ठभूमी में हमारा ब्रह्माण्ड पनप रहा है वह अनंत है असीम है जिसे अंग्रेजी में इनफिनीट कहा जाता है जो अनंत है और जिसकी कोई सीमा ही नहीं है। हमारा ब्रह्माण्ड तो इस इनफीनिट का एक बिंदु मात्र भी नहीं है तब यह प्रश्न उठता है कि क्या इस अनंता में हमारा ही एकमात्र ब्रह्माण्ड है? और विकास कर रहा है?

मेरे मत से अनंता के अनंत प्रक्षेत्र में कई ब्रह्माण्ड है जिसकी संख्या हजारों में हो सकता है यहां हमारा ब्रह्माण्ड तो छोटा व मघ्यम आकार का है इससे भी करोड़ों गुना विशाल ब्रह्माण्ड का विकास हो रहा है और युग्म ब्रह्माण्ड की अवस्थाएं भी यहां मौजूद हो सकते है लेकिन अनंता में विकसित होते इन ब्रह्माण्ड को देख पाना व जान पाना अभी संभव नहीं है। लेकिन हम जिस ब्रह्माण्ड में रह रहे है उसका जन्म किस तरह हुआ और उसके विकास के प्रक्रिया को जान कर अन्य ब्रह्माण्डो के विद्यमानता उनके विकास तथा उनके अंतर ब्रह्माण्डीय प्रगमन को समझ सकते है।

हमारे ब्रह्माण्ड का विकास किसी विकास करते विशाल ब्रह्माण्ड के विस्तार होते किसी समूह के महासंकुचन से बने संकीर्ण व घने पिंड से हुआ जान पडता है क्योकि हमारे ब्रह्माण्ड का सृजन एक भौतिक घटना है न कि दैवीय। यहां घटने वाले हर घटना के पीछे निश्चित रूप से कारण होते है इस प्रकार मुख्य तौर से दो प्रश्न उठते है–पहला प्रश्न तो यह उठता है कि हमारे ब्रह्माण्ड का विकास जिस अति संपीड़ित संकीर्ण व चरम गुरूत्वीय सिंगल पाईंट से हुआ है वह मास कहां से आया? और किस प्रकार से आया? और ऐसा क्या हुआ कि उसमें महा विस्फोट हुआ? तथा नये ब्रह्माण्ड का सृजन हुआ? दूसरा प्रश्न यह उठता है कि हमारे ब्रह्माण्ड के प्रारंभिक काल में जिसे बेबी यूनिवर्स काल कहा जाता है में विशालकाय सुपर मॉसिव घने पिंडों कि उपस्थिति क्या इन पिंडों के अंतर ब्रह्माण्डीय प्रगमन के कारण है?

आज हमें, पर–ब्रह्माण्डों के विद्यमानता को जानने के लिए ब्रह्माण्ड के पार झॉकने की आवश्यकता नहीं बल्कि अपने ही ब्रह्माण्ड के जन्म विकास तथा अंत के रहस्यों में इसका राज छुपा हुआ है और हम आगे यहां इसकी पड़ताल निम्न बिंदूओं पर करेंगे।

1) हमारे ब्रह्माण्ड का सृजन व विकास–

2) मल्टी–यूनिवर्स की स्थिति–

3) मल्टी–यूनिवर्स व अंतर–ब्रह्माण्डीय प्रगमन–

4) युग्म ब्रह्माण्ड–

5) ब्रह्माण्डों की संख्या–

6) ब्रह्माण्ड का अंत व करोड़ों संपीड़ित घने पिंडों का निर्माण–

7) सृजनात्मक ब्रह्माण्डीय बीज–

उपरोक्त बिंदूओं पर विश्लेषण करके हम मल्टीयूनिवर्स एवं अंतर ब्रह्माण्डीय प्रगमन के संभावनाओं पर नजर डालेंगें।

1) हमारे ब्रह्माण्ड का सृजन व विकास–निरंतर ब्रह्माण्डीय अध्ययन तथा ब्रह्माण्डीय विस्तार के हब्बल थ्योरी तथा बिग–बैंग के माइक्रोवेव थ्योरी से यह स्पष्ट हो चुका है कि हमारे ब्रह्माण्ड का निरंतर विस्तार हो रहा है इसका तात्पर्य यह है कि इससे पहले जाएं तो यह इससे कम स्थान पर केंद्रीत रहा होगा व समय से पीछे जाते जाए तो यह किसी एक बिन्दु पर ही सिमटा रहा होगा जो अत्यंत संपीड़ित घना व सुपर मॉसिव होगा और जिसमें बिग–बैंग के बाद सारे तत्व व पदार्थ ऊर्जा के रूप में मुक्त होकर नये ब्रह्माण्ड के सृजन का आधार बने।

लेकिन यहां पर यह यक्ष प्रश्न उठता है कि वह अत्यंत संपीड़ित घना व सुपर मॉसिव पिंड कहां से आया जो अत्यंत गर्म चरम गुरूत्वाकर्षण से लैस था जिससे हमारे ब्रह्माण्ड का सृजन हुआ चुंकि हमें पता है ब्रह्माण्ड में कोई भी घटना एकाएक नहीं होती बल्कि हर घटना के पीछे भौतिक कारण होते है यहां तो हर पल घटते घटनाओं का चरण बद्ध कारण हो सकते है कहने का तात्पर्य है कि हमारे ब्रह्माण्ड का जन्म एकाएक नहीं हुआ है यह तो खरबो वर्ष के घटित होते घटनाओं का अंतिम परिणाम है। या यह कह सकते है कि नये घटनाओं का प्रारंभ बिन्दु।

इस प्रश्न का सबसे संभावित व सीधा अर्थ यह निकलता है कि यहां सिर्फ एक ही ब्रह्माण्ड नहीं है बल्कि इनकी संख्या बहुत अधिक है अथवा हजारों में है और इन ब्रह्माण्डों में ही नये ब्रह्माण्ड के बीज छुपे रहते है

ब्रह्माण्ड अपने जीवन काल में नये ब्रह्माण्डों के बीज निर्माण व विकास में लगे रहते है और ब्रह्माण्ड के अंत में ऐसे करोड़ों समूह होते है जो ब्रह्माण्डीय विस्तार में विस्थापित होते हुए महासंकुचन से करोड़ों सिंगल व सुपर मॉसिव पिंडों का निर्माण करते है जो ब्रह्माण्डीय जीवन काल में एक–दूसरे से रैखिक विस्तार करते हुए अनंत दूरी तक फैलते जाते है। इन विस्तारित सुपरमॉसिव पिंडों में कई ऐसे पिंड हो सकते है जो अपेक्षित द्रव्यमान से कम अथवा अधिक हो सकते है। यहा जिन पिंडों का द्रव्यमान अपेक्षित द्रव्यमान से कम होता है वह नये ब्रह्माण्ड के सृजन के लिए टेंसकाल प्रारंभ नहीं कर सकते और ऐसे पिंड रैखिक विस्तार में आगे बढ़ते हुए अंतर–ब्रह्माण्डीय प्रगमन कर सकते है अर्थात् ब्रह्माण्डीय विस्तार में निरंतर आगे बढ़ते हुए ये इतने दूर चले जाते है कि निर्मित व विस्तारित किसी अन्य ब्रह्माण्ड में प्रवेश कर जाते है।

ब्रह्माण्ड का निर्माण दो प्रकार के ऊर्जा, फोटॉनिक ऊर्जा एवं रैबिक ऊर्जा से होता है बिग–बैंग के बाद ये दोनो प्रकार के ऊर्जाएं मुक्त होकर ब्रह्माण्ड के निर्माण में सक्रिय योगदान दे रहे है।

ब्रह्माण्ड दो प्रकार के बल कणों के रस्सा–कस्सी से निर्मित हो रहा तो एक फोटॉनिक ऊर्जा एवं दूसरा रैबिक ऊर्जा। फोटॉनिक ऊर्जा समय के साथ ताप कम होने पर वे पदार्थ के मौलिक कणों जैसे क्वार्क, एण्टी–क्वार्क, व लेप्टॉन, एण्टी–लेप्टॉन जैसे विपरीत गुणो वाले कणों में परिवर्तित होते गये जहां अधिकांश मूल कणें एक–दूसरे से टकराकर नष्ट हुए और पुनः फोटॉनिक ऊर्जा में परिवर्तित होने लगे ये मुक्त ऊर्जा पुनः मूलकणों में परिवर्तित हुए होंगें। मूलकणों में क्वॉर्क स्वतंत्र नहीं सकते थे अंततः वे एक दूसरे के आवेशित बल से जुड़कर प्रोटॉन व न्यूट्रॉन जैसे पार्टिकल्स बने। आगे ये पार्टिकल्स भी स्वतंत्र नहीं रह पाते और ग्लूऑन आवेश से दो प्रोटॉन व दो न्यूट्रॉन जुड़कर नाभिक की रचना की जिससे नाभिकीय युग का प्रारंभ हुआ। इस तरह ब्रह्माण्ड के निर्माण के लिए प्राथमिक ईट *नाभिक* का निर्माण हुआ। कालांतर में नाभिक से इलेक्ट्रॉन जुड़कर एटम बनाए। एटम आण्विक बल से युक्त था इस कारण वह अन्य एटम से क्रिया कर अणु व मोलेक्यूल का निर्माण करने लगें और इस तरह एक ही परमाणु से विभिन्न प्रकार के पदार्थ का निर्माण होने लगा जैसे अंग्रेजी 26 अक्षरो से कई पुस्तकें यहां तक की लाईब्रेरी भरा जा सकता है ठीक वैसे ही कुछ एलीमेंट्स से कई प्रकार के पदार्थ बनने लगें जिसमें प्रारंभ में हाइड्रोजन व हीलियम जैसे गैसो की बहुतायत थी साथ ही धूल कणों जैसे छोटे पदार्थो का भी निर्माण होने लगा था लेकिन अब तक ब्रह्माण्ड में नक्षत्र का निर्माण नहीं होने से वह प्रकाश विहीन था इसे डार्क–युग भी कहा जाता है आगे वैक्युम में आण्विक बल से आकर्षित होकर गैसो के विशाल बादल बने होंगे गैसो के बादलों के इकठ्ठा होने से इनके एटमों से उत्सर्जित ग्लूट्रॉनिक क्यूटॉईल्स बल जुड़कर बडे केंद्रीयकृत बल प्रभाव पैदा करने लगे जिससे आगे और बड़े खगोलीय गैसीय बादलो का निर्माण होने लगा इन बड़े गैसीय बादलें जो गुरूत्वीय आकर्षण बलों से परिपूर्ण थे खगोलीय गैसीय पिंडो का आकार में बदलने लगें इन गैसीय पिंडों का अपेक्षित मास अथवा अधिक होने पर वे इतना दाब उत्पन्न कर लेते कि संपीड़ित दाब लगाती है, भारी गुरूत्वीय दवाब से यहां उष्मीय ताप उत्पन्न होने लगता है। जिसके फलस्वरूप हाइड्रोजन गैसों में नाभिकीय संलयन की प्रक्रिया शुरू हो जाती है, जिससे भभककर तारा जल उठता है,

तारे अपने ऊर्जा समाप्त होने तक भारी पदार्थो को इकठ्ठा कर अपेक्षित द्रव्यमान होने पर इतना गुरूत्वाकर्षण पैदा कर लेता है की श्याम विवर अथवा कम द्रव्यमान होने पर व्हाइट ड्रॉफ्ट जैसे घने पिंडों में तब्दील हो जाते है वहीं नक्षत्रों के अंत में सुपरनोवा विस्फोट से अंतरिक्ष में फेके गए गैसीय बादलों, धूलकणों व नेबुलाओं से भारी पिंडों जैसे पृथ्वी, मंगल जैसे भारी व ठोस ग्रहों का निर्माण हो रहा है। इस तरह गैलेक्सी समय के साथ–साथ भारी ठोस तथा

गुरूत्वयुक्त होने से पुर्नगठित होते जा रहे है यही नहीं बढ़ते ठोस पदार्थो व संग्रहित मॉसिव पदार्थो तथा गुरूत्वाकर्षण बलों के योग से यह एक पिंडीय व्यवहार कर रही है मानों पूरा गैलेक्सी ही एक पिंड हों। इस प्रकार ये गैलेक्सियां प्रदीप्तमान होते हुए एक–दूसरे का चक्कर काटते व आकर्षित होते हुए एक–दूसरे का भक्षण भी करने लगे और वे अपना आकार बढ़ाने लगें इतना ही नहीं यहां गैलेक्सियों के मध्य केंद्रीय ब्लैक होल भी अपने आकार बढ़ाने लगे। इतना ही नहीं इसके साथ ब्रह्माण्ड निरंतर फैल रहा है, हर पदार्थ गैलेक्सियां एक–दूसरे से दूर जा रहे है, जो गैलेक्सी व ब्लैक होल के विकास मे बाधक साबित हुआ है, लेकिन गैलेक्सियो ने अपने आकर्षण से लोकल समूह (क्लस्टर) बना रखे है, जिसमे हजारो गैलेक्सियां है, ये गैलेक्सी समूह क्लस्टर अथवा सुपर क्लस्टर कहलाते है और गैलेक्सियां एक–दूसरे का चक्रण करते हुए, अपने से अधिक गुरूत्व वाले गैलेक्सी की ओर धीरे–धीरे आकर्षित होकर उसमे अपना विलय भी कर रहे है *गैलेक्सी क्लस्टर मे चक्रित हजारों गैलेक्सियों की स्थिति ऐसा ही नहीं बना रहने वाला सच तो यह है, कालांतर मे ऊर्जा समाप्त होने पर वे काले–स्याह होते हुए भारी होते जाएंगे व इन समूह मे महासंकुचन होगा, जिससे इन लोकल समूह के संपूर्ण मास व ऊर्जा एक ही पिंड मे संपीड़ित कर दिये जाएगें। इस प्रकार आज की गैलेक्सियां व उसका होता हुआ पुर्नगठन गुरूत्वीय सिंगल मॉसिव पाईंट की पूर्व अवस्था है* महासंकुचन से सघन *सिंगल पाईंटों* का जन्म होगा, जो रैखिक ब्रह्माण्डीय विस्तार मे प्रगमन करते हुए एक–दूसरे से अनंत दूरियो पर स्थापित होते जाएगे, इनमे से कई पिंड़ ऐसे होगें, जिसका अपेक्षित द्रव्यमान पाँच लाख खरब सौर द्रव्यमान के अथवा अधिक होगें, साथ ही कई ऐसे पिंड हो सकते है जो अपेक्षित द्रव्यमान से कम होगे। उपरोक्त अपेक्षित द्रव्यमान अथवा अधिक होने पर गुरूत्वीय सिंगल पाईंट इतना गुरूत्वाकर्षण पैदाकर लेता है, कि वह टेन्स काल प्रारंभ कर सके।

टेन्स काल से आशय उस सुपर फोर्स अवस्था से है, जहां सारे पदार्थ (मास), ऊर्जा मे परिवर्तित हो जाते है, और ब्रह्माण्ड सृजन का मार्ग प्रशस्त होता है, टेन्स काल की प्रक्रिया उसी दशा मे प्रारंभ हो सकती है, जब गुरूत्वीय सिंगल पाईंट मे इतना गुरूत्वीय दाब उत्पन्न हो जिससे उच्चतम तापमान पर मास का विखण्डन ऊर्जा के रूप मे कर सके, और मास के ऊर्जा के रूप मे रूपांतरण होने से एकाएक गुरूत्व आकर्षण समाप्त हो जाते है, और शुद्ध ऊर्जा की विमुक्ति होती है। जिससे नये ब्रह्माण्ड के सृजन का मार्ग प्रशस्त होता है।

2) मल्टी–यूनिवर्स की स्थिति–

हमने अपने ब्रह्माण्ड के अध्ययन से जाना की इसका विकास किसी घने व संपीड़ित पिंड से हुआ है और निरंतर आज तक विकास करते हुए यह विस्तारित हो रहा है लेकिन यह संपीड़ित व घना पिंड कहां से आया इस प्रश्न का उत्तर हमें मल्टी यूनिवर्स की असीम संभावनाओं की ओर ले जाता है।

अनंता में 10 करोड़ से भी ज्यादा ब्रह्माण्डें हैं जिसमें से कई सृजन के अवस्था में होगे तो कई विकास कर रहें होंगे तो कई अपने अंत की घड़िया गिन रहें होंगे।

हमारे ब्रह्माण्ड का सृजन, किसी विशाल आकार के ब्रह्माण्ड के विस्तार होते किसी समूह के महासंकुचन से बने किसी *गुरूत्वीय सिंगल पाईंट* में टेंसकाल के विघटन से होने से इंकार नहीं किया जा सकता। किसी भी ब्रह्माण्ड के अंत में उसके निर्मित विस्तारित व संगठित होते हिस्सो से लाखो सुपर मॉसिव घने पिंडों का निर्माण होंगे जो ब्रह्माण्डीय विस्तार ऊर्जा से विस्थापित होते हुए अनंत के असीम क्षेत्र में स्थापित होते जाएंगे और इन पिंडों में ऐसे हजारों संपीड़ित पिंड होंगे जो नये ब्रह्माण्ड के सृजन के लिए अपेक्षित मास लिए हुए होंगे। हमारा ब्रह्माण्ड अनंता में एक मात्र नहीं हो सकता और तो और यहां लाखों पिंड ऐसे है जो मास ग्रहण के एक सूत्री कार्य में लगे रहतें है और इसी तारतम्य में यह निहारिकाओं, गैसो, पिंडों, नक्षत्रों, को एकत्र कर गैलेक्सियों का निर्माण कर रहें है आगें गुरूत्वाकर्षण से युक्त ये गैलेक्सियों के समूह का निर्माण कर रहें है जो सुपर क्लस्टर के रूप में जाना जाता है ये समूह ब्रह्माण्डीय विस्तार में आगे बढ़ते हुए स्वतंत्र तथा अनंत अंतरिक्ष में महासंकुचन से हजारों संपीड़ित गुरूत्वीय सिंगल पाईटों का निर्माण होगा। जिसमें कई ऐसे पिंड होंगे जो अपेक्षित द्रव्यमान से अधिक होंगे तब वे स्वतंत्र अंतरिक्ष में टेंसकाल प्रारंभ कर नये ब्रह्माण्ड का सृजन करेंगे।

3) अंतर–ब्रह्माण्डीय प्रगमन–

अंतर–ब्रह्माण्डीय प्रगमन को इंटर–यूनिवर्स मोशन भी कहा जा सकता है जिसका संबध दो ब्रह्माण्डों के बीच पिंडों के प्रगमन से है।

हम अपने ब्रह्माण्ड के अवलोकन में पाते है कि यहां अरबो सौर द्रव्यमान के श्यामविवर उपस्थित है। इतना ही नहीं वेबी यूनिवर्स काल में भी जिसे ब्रह्माण्ड का प्रारंभिक काल भी कहा जा सकता है करोड़ों, अरबो सौर द्रव्यमान के श्याम विवर कि उपस्थिति अंतर–ब्रह्माण्डीय प्रगमन की संभावनाओं की ओर इशारा करता है अर्थात् जब एक ब्रह्माण्ड का अंत होता है तो करोड़ों ऐसे संपीड़ित व घने पिंडों का निर्माण होता है जो टेंसकाल के लिए अपेक्षित द्रव्यमान नहीं होने से नये ब्रह्माण्ड का सृजन नहीं कर पाते और अनंत पृष्ठभूमि में रैखिक आगे बढ़ते हुए किसी अन्य ब्रह्माण्ड में समा सकते है जहां ये अपने असीम गुरूत्वाकर्षण से वहां विशालतम गैलेक्सी का निर्माण करेंगे और मास ग्रहण के एकसूत्री कार्य में लग जाते है यहां इस प्रकार विशाल गैलेक्सी अथवा उनके क्लस्टर्स का निर्माण होने से इंकार नहीं कर सकते। *इतना ही नहीं रैखिक विस्तार करते दो संपीड़ित व घने पिंडे युग्म–ब्रह्माण्ड के रूप में विकास कर सकते है।*

4) युग्म ब्रह्माण्ड–जब किसी विकसित होते ब्रह्माण्ड के पास ही कोई अन्य ब्रह्माण्ड विकास कर रहा हो और कालांतर में वे विकास करते हुए एक–दूसरे में समा सकते है और ऐसे दो

ब्रह्माण्डों को जो एक साथ जुड़े होते है युग्म ब्रह्माण्ड कहेंगे। ऐसे ब्रह्माण्डों के होने से, इंकार नही किया जा सकता। यदि हमारे ब्रह्माण्ड के साथ यदि कोई अन्य ब्रह्माण्ड भी विकास कर रहा हो तो हमें इसके बारे में पता चलना आसान नही है ऐसे स्थान पर जहां दो ब्रह्माण्ड एक–दूसरे से समा रहें है वहां पिंडों की गतिशिलता पर प्रभाव पड़ेगा और अब यहा पिंड एक–दूसरे को आकर्षित करते हुए धीरे–धीरे समूहित होते जाएंगे वहीं पिंडों के विस्तार की गति उस ब्रह्माण्ड के आकार पर निर्भर करेगी जिसका आकार व प्रभाव अधिक है।

5) ब्रह्माण्ड की संख्या–हमारा ब्रह्माण्ड, इनफीनिट के परिक्षेत्र में विकसित हो रहा है यह इनफीनिट इतना विशाल है कि यहां कितने ब्रह्माण्ड हो सकते है का अनुमान लगाना असंभव है लेकिन यह निश्चित तौर पर कहा जा सकता है कि यहां कई ब्रह्माण्डें है और साथ ही निरंतर नये ब्रह्माण्डों का सृजन विकास तथा अंत हो रहा है ये ब्रह्माण्डें कई आकार के हो सकते है विशालतम, मध्यम, या छोटा। इस बात की संभावना से इंकार नहीं किया जा सकता हमारे ब्रह्माण्ड का विकास किसी विशालतम ब्रह्माण्ड के अंत में बने किसी घने संपीड़ित व सिंगल पिंड से हुआ है। आज हमारा ब्रह्माण्ड मध्यम आकार का प्रतीत होता है और आज यहां भी लाखो पिंड समूह ऐसे है जो मास ग्रहण की एकसूत्री कार्य में लगे हुए है जो ब्रह्माण्डीय प्रसार ऊर्जा के साथ विस्तार में रैखिक रूप से आगे बढ़ते जा रहे है। जो आगे बढ़ते हुए अरबो बर्ष बाद कई संकीर्ण व सिंगल पिंडों के रूप में अनंत दूरी तक फैलते जाएंगे। ये पिंडे अपेक्षित द्रव्यमान अथवा अधिक होने पर टेंसकाल प्रारंभ कर सकते है जिससे नये ब्रह्माण्ड का सृजन होगा।

6) ब्रह्माण्डीय बीज–आज हमारे ब्रह्माण्ड में कई ऐसे घने संपीड़ित पिंड है जो निरंतर मास ग्रहण के एकसूत्री कार्यक्रम में लगे हुए है इसी का परिणाम है कि आज वृह्द गैलेक्सियों का निर्माण हुआ है इतना ही नहीं गैलेक्सियों का विशाल समूह भी बने है आगे ये अपने समूहो में महासंकुचन कर सिंगल संपीड़ित पिंडों में बदल जाएंगे। ब्रह्माण्डीय विस्तार में इनके बीच अंतराल बढ़ता जाएगा और व अनंत दूरी तक फैल जाएंगे कालांतर में ये अपेक्षित द्रव्यमान 5 लाख खरब सौर द्रव्यमान अथवा इससे अधिक होने पर वे टेंसकाल प्रारंभ कर सकेगे और बिग–रिलीज कर नये ब्रह्माण्ड का सृजन करेंगे।

ब्रह्माण्ड का सृजन एक दैवीय घटना है? क्या यह नथिंग से बना है? क्या इसका जन्म परम शून्य से एकाएक हो गया अथवा ब्रह्माण्ड का जन्म किसी वृहद ब्रह्माण्ड के विस्तारित होते किसी विशाल हिस्से के महासंकुचन के परिणाम स्वरूप बने किसी सघन पिंड से हुआ है? अथवा इसका अंत कैसे होगा? इन प्रश्नों का उतर ही पर–ब्रह्माण्डो की स्थिति से पर्दा हटाएगा।

14

एन्टी मैटर, एन्टी ब्लैकहोल, एवं एन्टी यूनिवर्स

प्रतिपदार्थ की खोज ने शताब्दियों पूर्व पुरानी धारणा जो पदार्थ और ऊर्जा को भिन्न–भिन्न मानती थी की चूले हिला दी थी अब हम जानते है कि पदार्थ और ऊर्जा दोनो एक ही है ऊर्जा के विखण्डन से पदार्थ व प्रतिपदार्थ का जन्म हो सकता है इतना ही नहीं प्रति पदार्थ की उपस्थिति ने प्रति ब्रह्माण्डों का प्रश्न खड़ा कर दिया जो हमारे ब्रह्माण्ड के ठीक विपरीत होगा।

एण्टीमैटर, पदार्थ के एण्टीपार्टिकल्स से मिलकर बना होता है उदाहरण के लिए मैटर में हाइड्रोजन परमाणु एक इलेक्ट्रॉन ऋणावेशित व एक प्रोटॉन धनावेशित से मिलकर बना होता है वही एण्टीमैटर जैसे एण्टीहाइड्रोजन, प्रति–इलेक्ट्रॉन धनावेशित व प्रोटॉन ऋणावेशित से मिलकर बना होता है इस प्रकार एण्टीमैटर का अस्तित्व एक काल्पनिक तत्व नहीं है बल्कि यह प्रायोगिक रूप ये साबित हो चुका है जो मैटर के बराबर व विपरीत चार्ज का होता है और इस कारण एण्टी मैटर को मैटर का विपरीत पदार्थ भी कहा जाता है जो एक–दूसरे के सम्पर्क में आने पर जबरदस्त विस्फोट के साथ ऊर्जा, गामा किरणों में परिवर्तित हो जाते है।

जिस तरह सभी भौतिक वस्तुए मैटर यानी पदार्थ से बने होते है और ये पदार्थ प्रोटॉन, न्यूट्रॉन व इलेक्ट्रॉन होते है उसी प्रकार एण्टीमैटर में एण्टीप्रोटॉन, पोजिट्रॉन, और एण्टीन्यूट्रॉन होते है। और यहां इन पार्टिकल्स व एण्टीपार्टिकल्स का आकार एक बराबर किन्तु आवेश विपरीत होते है।

आवेश विपरीत व समान प्रभाव के होने के कारण वे एक–दूसरे को नष्ट कर देते है हम मैटर के पार्टिकल्स को विपरीत चार्ज कर एण्टी मैटर में परिवर्तित कर सकते है यह एण्टी मैटर हमारे उर्जा संबंधी जरूरतो के लिए महत्वपूर्ण है क्योंकि ये पार्टिकल्स जब मैटर के सम्पर्क में आते है तो टकराकर भारी मात्रा में गामा किरणों में परिवर्तित हो जाती है और इसका प्रयोग

अंतरिक्ष कार्यो जैसे राकेट विज्ञान, सुदूर अंतरिक्षीय यात्रा, व टाइम ट्रेवल जैसे अभिनव कार्यो को पूरा किया जा सकता है क्योंकि 100 ग्रम एण्टीमैटर इतना ऊर्जा पैदा करता है जितना करोड़ों टन जैविक ऊर्जा नहीं कर सकती। लेकिन इस एण्टी मैटर का निर्माण बहुत जटिल व खर्चिला है और उससे भी ज्यादा कठिन उसे सुरक्षित रख पाना है आज तक 1 ग्राम भी एण्टी मैटर बनाया नहीं जा सका है परंतु सुदूर ब्रह्माण्ड इसे प्राप्त करने का अच्छा स्त्रोत हो सकता है और यह एण्टी मैटर मुख्यतः सुपर मॉसिव ब्लैक होलों के जबरदस्त घर्षण व घुमावदार क्षेत्र में मैटर के घर्षण व चिड़फाड़ से एकाएक उत्पन्न होते रहते है इन एण्टी मैटर को अंतरिक्ष में खोजने का सबसे कारगर तरीका है अत्यधिक रेंज वाली गामा किरणों की खोज करना ये किरणे उस समय पैदा होती है जब ये एण्टी मैटर व मैटर में टक्कर होती है। आकाशगंगा के मध्य में दिखने वाले बादल असल में गामा रे किरणें है जो मुख्यतः तारो के चिरफाड़ व मैटर तथा एण्टीमैटर के टक्कर से उत्पन्न होते है।

एण्टीमैटर का निर्माण किस तरह होता है

एण्टीमैटर एक प्रकार का मैटर ही है जिसके पार्टिकल्स विपरीत चार्ज्जड़ होते है ये मैटर के, अति गतिवान क्षेत्र में जबरदस्त रगड़ व घर्षण के कारण बनते है इस कारण इन्हे सक्रिय ब्लैक होलों के आसपास देखा जा सकता है जहां पदार्थो को चरम गति से खींचा जाता है जिससे तारो, ग्रहो, पदार्थो को ही नहीं बल्कि उनके एटॉमिक संरचना तक को तहस नहस कर दिया जाता है। लेकिन इस प्रकार से निर्मित एण्टीमैटर की संख्या बहुत अधिक नहीं होती फिर भी गैलेक्सी के सेंटर में इन एण्टी मैटरों के निर्माण व पदार्थ के सम्पर्क में आने पर नष्ट होने से हजारो सूर्य के बराबर ऊर्जा विमुक्त होती रहती है। और रचित ब्रह्माण्ड में इस प्रकार के विपरीत आवेशित कणें बनते व नष्ट होते रहते है।

लेकिन ब्रह्माण्ड के सृजन काल में प्योर ऊर्जा का मैटर या एण्टीमैटर के रूप में विखण्डन सहज होता है। टेंसकाल के बाद प्योर ऊर्जा का रूपांतरण मैटर अथवा एण्टी मैटर का रूप हो सकता है यह तो इस बात पर निर्भर करता है कि प्योर ऊर्जा का रूपांतरण किस रूप में प्रारंभ होता है जब ऊर्जा मैटर के रूप में परिवर्तित होने लगती है तो मैटर का अस्तित्व ही सामने आता है। अथवा एण्टी मैटर के रूप में परिवर्तित होने पर एण्टीमैटर का अस्तित्व सामने आता है हमारे ब्रह्माण्ड *के सृजनकाल में जिस आवेशित पदार्थो का निर्माण हुआ उसे हम मैटर के नाम से जानते है। हमारा व हमारे ब्रह्माण्ड का निर्माण भी इसी पदार्थ से हुआ है। अपने से विपरीत आवेशित पदार्थ को, एण्टीमैटर कहते है। इसका अर्थ यह है कि यदि हम एण्टीमैटर के बने है तो अन्य विपरीत आवेश के पदार्थ मैटर के बने होंगें।* मैटर अथवा एण्टीमैटर से बने सम्पूर्ण ब्रह्माण्ड में घटित होते प्रचण्ड व अकल्पनीय घटनाओं में जबरदस्त खींचतान, चरम गतियों, व घर्षण के कारण कुछ मैटर विपरीत रूप से आवेशित अथवा चार्जज्ड

हो जाती है जो एण्टीमैटर का कार्य करती है जो मैटर के साथ टकराकर ऊर्जा में परिवर्तित होती रहती है।

एण्टी मैटर की उपयोगिता

एण्टीमैटर मानव सभ्यता के लिए वरदान साबित हो सकता है आज हमारा अस्तित्व ऊर्जा पर निर्भर करता है और यदि हम इससे ऊर्जा बनाने में सफल हो गये तो ऊर्जा समस्या कल की बात हो जाएगी। ऊर्जा की अत्यधिक और विशाल मात्रा की आवश्यकता महत्वाकांक्षी अंतरिक्षीय कार्यक्रमों में होती है। एण्टीमैटर के मामले में यह और महत्वपूर्ण तब हो जाता है जब पदार्थ की न्यूनतम इकाई पर पूर्णतम ऊर्जा रिलीज होती है। वर्तमान में अंतरिक्षीय कार्यक्रमों में जैसे काल यात्रा, परग्रही जीवन की खोज, आदि में ऊर्जा का अत्यधिक मात्रा की आवश्यकता होती और जैविक ईधन में उसका भार एक बड़ी समस्या है क्यों की पृथ्वी के गुरूत्वाकर्षण क्षेत्र से बाहर निकलने में ही सारी ऊर्जा खर्च हो जाती है।

एण्टी मैटर से निर्मित ऊर्जा इतनी अधिक कैसे होती है?

ऊर्जा का मूलभूत सिद्धांत है अविनाशिता का सिद्धांत इसका अर्थ यह है कि ऊर्जा का निर्माण व विनाश असंभव है बल्कि सच तो यह है कि एक तरह की ऊर्जा का परिवर्तन दूसरी तरह के ऊर्जा में किया जा सकता है जब हम कोयला या लकड़ी जलाते है जो जैविक या कार्बनिक ऊर्जा का न्यून प्रतिशत का ही रूपांतरण तापीय एवं उष्मीय ऊर्जा में हो पाता है। और इस प्रक्रिया मे ऊर्जा रासायनिक बंध से मुक्त होकर नये रासायनिक बंध बनाती है। नाभिकीय संलयन व विखण्डन में भी पदार्थ की कुछ मात्रा ही ऊर्जा में परिवर्तित होती है और पदार्थ के अवशेष भी बचे रह जाते है यहां पर ऊर्जा में परिवर्तन एक प्रतिशत से भी कम होता है जबकी एण्टी मैटर व मैटर के टकराव से कुल ऊर्जा, कुल मास मात्रा का सौ प्रतिशत भाग में परिवर्तित होता है जिससे उत्पन्न ऊर्जा जैविक व नाभिकीय ऊर्जा से हजारो गुना अधिक होता है क्योंकि यहा सम्पूर्ण मास का ऊर्जा में रूपांतरण हो जाता है और इसे इस प्रकार से जाना जा सकता है ऊर्जा = मैटर + एण्टीमैटर, का पूर्ण रूपांतरण।

एण्टी मैटर का अस्तित्व क्यों है

यह विचित्र बात है कि प्रकृति ने प्रत्येक कण का विपरीत कण बनाया है और तो और प्रकृति के प्रत्येक कार्य के पीछे कोई कारण होता है, नेचर के द्वारा निर्मित कोई भी वस्तु व्यर्थ नहीं होता है और एण्टी मैटर के निर्माण का अस्तित्व क्यों है यह एण्टी ब्रह्माण्डों का प्रश्न भी खड़ा करती है। सच तो यह है कि ब्रह्माण्ड में ऊर्जा ही सब कुछ है और ब्रह्माण्ड, ऊर्जा–मास–व पुनः ऊर्जा के चरणों में आबद्ध होती है। हमें यह भी जानना चाहिए की नेचर एवं ब्रह्माण्ड जिन चीजों का निर्माण करती है उनके विनाश का साधन भी उसमें निहित होती है। एण्टीमैटर

एवं मैटर एक–दूसरे को नष्ट कर देते है मल्टीयूनिवर्स के अध्ययन से हम जान चुके है कि हमारा ब्रह्माण्ड इकलौता नहीं है यहां अनगिनत मल्टी बबल यूनिवर्स हो सकते है। जो मैटर अथवा एण्टीमैटर से बने हो सकते है सामान्यतः जहां ब्रह्माण्डों का अंत टेंसकाल में होता है यदि मैटर एवं एण्टीमैटर से बने दो अलग–अलग ब्रह्माण्डें एक–दूसरे के निकट सम्पर्क में आए तो जबरदस्त चमक के साथ वे नष्ट हो जाएंगे और प्योर ऊर्जा में तब्दील हो जाएंगे मास के इतने अधिक मात्रा के ऊर्जा में तब्दील हो जाने से नये ब्रह्माण्ड के लिए सृजनकारी प्रभाव उत्पन्न हो सकता है।

क्या एण्टी ब्रह्माण्ड संभव है और एण्टी ब्रह्माण्ड की संरचना क्या होगी

एण्टीमैटर से क्या ब्रह्माण्ड का निर्माण हो सकता है और ऐसा ब्रह्माण्ड किस तरह कार्य करेगा।

हमने यह देखा कि किसी भी आवेश वाले मैटर का एक विपरीत आवेश वाला एण्टीमैटर होता है प्रश्न यह है कि यह विपरीत आवेश वाले मैटर का समूह क्या एण्टी ब्रह्माण्ड का निर्माण कर सकता है अथवा बिग–रिलीज के बाद बने एण्टीमैटर मिलकर क्या एण्टी ब्रह्माण्ड का निर्माण करते है। एक एण्टी हाइड्रोजन परमाणु एवं हाइड्रोजन परमाणु की संरचना को जानने का प्रयास करेंगें।

एण्टीमैटर हाइड्रोजन एटम में नाभिक एक प्रोटॉन से बना है जो तीन क्वॉर्को से मिलकर बना होता है और ऋणात्मक आवेश युक्त है उसके चारो ओर घनात्मक आवेश युक्त पोजीट्रॉन रिवाल्विंग कर रहा है इस तरह यहां विपरीत आवेश कार्य कर रही है परंतु महत्वपूर्ण बात यह है कि क्वॉर्को के मध्य मजबूत ग्लूऑन आवेश कार्य कर रहा है जिससे प्राथमिक एण्टी ब्रह्माण्डीय ईट नाभिक का निर्माण हो रहा है आगे पोजीट्रॉन के नाभिकीय रिवाल्विंग से परमाणु रचित हो रहे है यहा भी कूलम्ब आवेश का निर्माण होगा। और कूलम्ब आवेश में धनायन व ऋणायन की दिशा पलट जाएगी लेकिन परमाणुओ को आकर्षित कर बड़े झुण्डों पदार्थो का निर्माण होगा। कूलम्ब बड़े उलट जाने से दिशांए पलट जांएगी और दिशा भ्रम पैदा होगा।

पदार्थो के समूहित होने से गुरूत्वाकर्षण बल कणें *ग्लूट्रॉन क्यूटॉईल्स* जुड़कर प्रभावी होंगी अब यह पश्न उठता है कि इसका विपरीत कण क्या होगा। वास्तव में ये बल वाहक कण है और गुरूत्वाकर्षण व प्रतिगुरूत्वाकर्षण एक ही होता है याने यह स्वयं का, प्रतिकण भी होता है इस कारण गुरूत्वाकर्षण के प्रभाव से नीचे गिरना चाहिए जिस तरह से पदार्थ के कणों में आकषर्ण होता है उसी तरह से एण्टी गुरूत्वाकर्षण से एण्टीपदार्थ कणों का आकर्षण ही होगा याने गुरूत्वाकर्षण व प्रतिगुरूत्वाकर्षण दोनो में आकर्षण बल है इस तरह से अब एण्टीमैटर से युक्त सृजित ब्रह्माण्ड में प्रतिपदार्थ बड़े गैसीय पिंडो, बादलों, निहारिकाओ घूलकणों का निर्माण करेंगे। और तारों नक्षत्रों ग्रहो ब्लैक होलों का आकार ग्रहण करते जाएंगे। यहां भी प्रश्न उठता है कि फोटॉन प्रकाश जैसे कण का प्रतिकण क्या होगा। फोटोन के प्रतिकण भी फोटॉन की

तरह ही सादृश्य होगा। लेकिन ये एक-दूसरे के सम्पर्क में आने पर स्वतः नष्ट हो जाएंगे। इस प्रकार एण्टी मैटर से बने, तारो नक्षत्रों ब्लैक होलों गैलेक्सी ब्रह्माण्डों की निर्माण व उपस्थिती से इंकार नहीं किया जा सकता।

एक सामानांतर ब्रह्माण्ड ऐसा भी है जिसकी मौजूदगी में सभी वैज्ञानिक यकीन रखते है वो दुनिया एण्टी मैटर की बनी हो सकती है लेकिन हमारी दुनिया से वह मिल जाए तो जबरदस्त तबाही निश्चित है।

कई वैज्ञानिक ऐसा मानते है कि एक बेहद खतरनाक चीज हमारे ब्रह्माण्ड में छिपकर बैठी हुई है यदि उसका एक बूंद भी आम मैटर के सम्पर्क में आ जाये तो लाखों परमाणु बमो के विस्फोट से भी अधिक विनाशक होगा। और तो और यह माना जाता है कि बिग-बैंग के बाद समान मात्रा में मैटर व एण्टी मैटर बना होगा जिससे हमारे ब्रह्माण्ड का एक दूसरा जुड़वा एण्टी ब्रह्माण्ड भी मौजूद है जो सब चीज को खत्म करने का ताकत रखता है और यह ब्रह्माण्ड कहीं खो चुका है यह डरा देनी वाली हकीकत है और यह ब्रह्माण्ड का सबसे बडा रहस्य है कि वह एण्टी मैटर कहां गायब है। थ्योरीकल फिजिक्स के खोजकर्ता जुएन फ्लुएट इस गुमशुदा एण्टी मैटर को तलाशने में लगी है उनके विचार से हर एक कण के साथ उनका विरोधी कण भी जुड़ा होता है उसका कुल परिमाण, कण के ठीक बराबर होता है लेकिन उसके गुण बिल्कुल उलट होते है जैसे एक इलेक्ट्रॉन के साथ इलेक्ट्रीक चार्ज जुड़ा होता है तो एण्टी इलेक्ट्रॉन के साथ जो पोजीट्रॉन कहलाता है विरोधी इलेक्ट्रॉन जुड़ा होता है जब एण्टी मैटर व मैटर आपस में टकराते है तो ऊर्जा का एक बेहद जबरदस्त विस्फोट पैदा होता है।

यदि बिग-बैंग के बाद एण्टी मैटर व मैटर बराबर मात्रा में बने होंगे तो मैटर व एण्टी मैटर के जो भी कण आपस में टकराए वे एक-दूसरे को बिलकुल नष्ट कर दिये होंगे लेकिन इसके बाद भी कई ऐसे एण्टी मैटर बचे होंगे जो मैटर के सम्पर्क में नहीं आये वे मौजूद है और कभी भी टकरा सकते है।

आगे प्रयोगो में बी-मेसॉन व एण्टी बी-मेसॉन के बराबर व विरोधी कणो को टकराकर उसके नष्ट होने वाले समय के अध्ययन के बाद बताया गया की एण्टी बी-मेसॉन थोडा जल्दी व अलग तरीके से नष्ट होता है मैटर व एण्टी मैटर के बीच इस थोड़े से असंतुलन के कारण ही मैटर बचा रह गया और इससे हमारा ब्रह्माण्ड बना लेकिन इससे ब्रह्माण्ड में गुम हुए एण्टी मेटर का हिसाब नहीं मिलता और जो आज भी खोजा जाना बाकी है।

एण्टी ब्रह्माण्डों के विकल्प के रूप में यह प्रस्तावित किया गया कि ज्ञात भौतिकी के अनुसार CPT ब्रह्माण्ड ही संभव है यहां C आवेश, कण व प्रतिकण के लिए नियम समान है वही P सादृश्यता को दर्शाता है किसी अवस्था तथा उसकी दर्पण अवस्था के लिए नियम समान है याने दाँया दिशा में घूर्णन करते कणें अपने दर्पण अवस्था बाँया घूर्णन करती होगी। T समय, को इंगित करता है यदि आप सभी कण गति की दिशा पलट दे तो सारी प्रणाली भूतकाल में

चली जाएंगी। भौतिक के नियम अनुसार ऐसा एण्टी यूनिवर्स संभव है जो विचित्र है क्यों कि हम आवश को विपरीत कर दे और दिशा विपरीत कर दें और साथ में समय की दिशा पलट दें तब यह ब्रह्माण्ड भौतिक के नियम से कार्य करता है लेकिन समय की दिशा पलटना विचित्र प्रतीत होता है और यह सामान्य जीवन तथा समझ के विपरीत जान पडता है इस विपरीत ब्रह्माण्ड में सब कुछ उल्टा होने लगता है लाशें जिंदा हो जाऐंगें, बुढ़े जवान होते जाऐंगे और छोटे व नन्हें बच्चों में बदल जाऐंगें। नदियां वापस बहते हुए समाप्त हो जाएंगी। तैयार रोटी आटे में बदल जाएंगी। *सामान्यतः यह सही प्रतीत नहीं होता और विपरीत समय का ब्रह्माण्ड संभव नहीं लगता लेकिन परमाण्विक कणों के प्रभावी गणितीय समीकरण इसे संभव बनाते है जैसे रिकार्ड किए एक फिल्म कहानी में मुख्य किरदार में कार्य करते हुए रमेश बचपन से पढ़ते क्रिकेट खेलते हुए, व सफल होते कैरियर बनाते 25 वर्ष काट लिये है अब विवाह के बाद वह अमेरिका चला जाता है। भौतिक के नियम से इस विडियो को उलटा चलाने पर यह कहानी विपरीत चलने लगती है और रमेश पुनः बचपन में पहुंच जाता है*

क्वांटम भौतिकी में स्थिति जटिल है विपरीत समय क्वांटम भौतिकी के बिल्कुल उलट है लेकिन विपरीत CPT ब्रह्माण्ड क्वांटम भौतिकी के नियमों के अनुरूप है अर्थात् यदि मैटर को एण्टीमैटर में बदलनें व दाँया व बाँया की अदला–बदली के पश्चात् यदि समय को भविष्य से भूतकाल की ओर चलाए तब यह एण्टी ब्रह्माण्ड नियमों का पालन करती है। याने CPT *ब्रह्माण्ड भले ही क्वांटम भौतिकी के नियमों के अनुरूप लगता है लेकिन ऐसा ब्रह्माण्ड जहां समय उलटा चलता हो संभव नहीं है।*

CPT ब्रह्माण्ड संभव नहीं है तो क्या विपरीत C ब्रह्माण्ड, या विपरीत P ब्रह्माण्ड, अथवा विपरीत CP ब्रह्माण्ड, जो भौतिक के नियमों के अनुरूप नहीं है तो क्या यह संभव है? अभी भी ज्ञात भौतिकी से हम अपने ब्रह्माण्ड को समझ नहीं पाये है तो किस प्रकार से यह तर्क दिया जा सकता है कि भौतिक नियमानुसार ये ब्रह्माण्ड संभव नहीं है इस प्रकार विपरीत C ब्रह्माण्ड या विपरीत P ब्रह्माण्ड अथवा CP ब्रह्माण्ड का अस्तित्व हो सकता है भौतिक विज्ञान में इन प्रश्नों को गंभीरता से लिया जाता है आइंस्टाइन व न्यूटन के विचारो के अनुसार परमाण्विक कणों के आवेश बदलने से अथवा परमाण्विक कणों के दाँया या बाँया दिशा के अदला–बदली से कोई फर्क नहीं पड़ता और वे इसी तरह विद्यमान रहते है। और इनके प्रतिरसायन शास्त्र तथा रसायन शास्त्र के नियम समान है केवल आवेश बदल गये है और एण्टी ब्रह्माण्ड के एण्टी मानव को यह आभास नहीं हो पाता कि वे विपरीत पदार्थ के बने है बल्कि उनकी दृष्टी से हम एण्टी पदार्थ से निर्मित है यहां मात्र धन आवेश व ऋणआवेश में अदला–बदली हो गयी है और बाकी सब समान है यदि हमें इनफीनिट में ऐसा ब्रह्माण्ड मिले जहां पृथ्वी जैसे कोई जुड़वा ग्रह है जो पृथ्वी के दर्पण सादृश्य है इस ग्रह में हर वस्तु का बाँया भाग दाँया तथा दाँया भाग बाँया में बदला हुआ है और यहां सभी मानवों के हृदय भी विपरीत दिशा में है और

अधिकांश व्यक्ति उल्टे हाथ से कार्य करने वाले है लेकिन कभी इस बात को नहीं जान पाएंगे की वे विपरीत व दर्पण सादृश्य ब्रह्माण्ड में रहते है। इसका अर्थ यह है कि यदि हम और दर्पण सादृश्य पृथ्वी के बीच सम्पर्क होने पर हम मात्र अपने शरीर के आकार, उंगली के मात्राए, अपनी पसंदे, अपना रंग, हाथ पैरो कि संख्या, रसायन शास्त्र व जीवशास्त्र के नियम समझा सकते है लेकिन हम दाँया–बाँया के अंतर समझाने का प्रयास करें तो हम सफल नहीं हो पाऐंगे। अर्थात् यह नहीं समझा सकते कि हम किस हाथ का प्रयोग ज्यादा करते है हमारा हृदय किस दिशा में है हमारा दाँया या बाँया क्या है।

दो अमेरिकी वैज्ञानिको दाओ ली तथा चेन लिंग यांग ने 1956 में अपने खोजो से बताया की परमाणु मे कमजोर नाभिकीय बल, सादृश्य सममिती को नहीं मानता याने कमजोर नाभिकीय बल के कारण यह ब्रह्माण्ड अपने दर्पण प्रतिकृति ये भिन्न होगा और इससे यह साबित होता था कि एण्टी पदार्थ से बना ब्रह्माण्ड एक सामान्य ब्रह्माण्ड से भिन्न कार्य करेगा। इसका अर्थ यह है कि यदि हम और दर्पण सादृश्य पृथ्वी के बीच सम्पर्क होने पर हम मात्र अपने शरीर के आकार, उंगली के मात्राए, अपनी पसंदे, अपना रंग, हाथ पैरो कि संख्या, रसायन शास्त्र व जीवशास्त्र के नियम समझा सकते है साथ ही दायें–बायें के अंतर समझाने का प्रयास करें तो समझा सकते है। और हम बता सकते है कि किस दिशा में हमारा दायाँ या बायाँ है।

आज मल्टीवर्स तथा लाखो बिग–बैंग वाले इनफीनिट में ऐसे कई ब्रह्माण्ड हो सकते है जो एण्टीमैटर के बने होंगे जो हमारे ब्रह्माण्ड से भिन्न कार्य करेगा। जिन्हे हम देखकर पहचान सकते है मान लीजिए किसी दूरस्थ एण्टी ब्रह्माण्ड से यात्रा करते कुछ एण्टी परग्रही हमारे सम्पर्क में आये तो हमें यह पहचान लेना बेहतर होगा की वे परग्रही एण्टी मैटर के बने है अन्यथा मिलते ही हमने हाथ आगे कर दिये तो हमने भयानक गलती कर दी है और इसका बुरा अर्थ यह होगा कि यदि परग्रही एण्टी पदार्थ से बने है तब हाथ स्पर्श करते ही दोनो एक विस्फोट के साथ नष्ट होकर ऊर्जा में परिवर्तित हो जाएंगे।

क्या एण्टी ब्लैक होल का अस्तित्व संभव है

हमारे ब्रह्माण्ड में एण्टीमैटर से बने ब्लैक होल अभी तक खोजा नहीं जा सका है अभी तक ज्ञात ब्रह्माण्ड मैटर से बना है जहां एण्टी मैटर की उपस्थिति तो महस कुछ औंस ही होगी, वह भी जबरदस्त खींचतान व घर्षण के परिणाम स्वरूप मैटर के विपरीत चार्ज्जंड़ होने का परिणाम है। जो बनता मिटता रहता और इस क्रिया में गामा किरणें मुक्त होती है। इनफीनिट में जहां अरबो ब्रह्माण्ड हो सकते है वहां एण्टीयूनिवर्स एवं एण्टी ब्लैकहोल की उपस्थिति से इंकार नहीं किया जा सकता है। कोई एण्टी ब्लैक होल किसी एण्टीयूनिवर्स के देन हो सकती है। ऐसे एण्टी ब्लैक होल ब्रह्माण्डीय विस्तार में आगे बढ़ते हुए हमारे ब्रह्माण्ड

में भी प्रवेश कर सकते है क्योंकि किसी एण्टीयूनिवर्स के अंत में करोड़ों ऐसे संपीड़ित एण्टी पिंडें होंगे जो इनफीनिट में प्रगमन करते हुए अन्य ब्रह्माण्डों में प्रवेश कर सकते है इस प्रकार हम इस बात से इंकार नही कर सकते कि हमारा ब्रह्माण्ड एण्टी ब्लैकहोलों व पिंडों से पूर्णतः मुक्त है।

किसी एण्टी मैटर ब्लैकहोल के हमारे ब्रह्माण्ड में प्रवेश कर जाने से क्या होगा

आज हमारे ब्रह्माण्ड में एण्टी मैटर बहुत कम मात्रा में उपलब्ध है और कोई एण्टी ब्लैक होल भी खोजा नहीं जा सका है लेकिन यदि अंतर ब्रह्माण्ड से कोई एण्टी ब्लैक होल हमारे ब्रह्माण्ड में प्रवेश करता है तो यह ब्लैक होल अपने प्रमात्रा के आधार पर हमारे ब्रह्माण्ड में विनाशकारी स्थितियां पैदा कर सकता है और यह अपने सम्पर्क में आने वाले अन्य सामान्य मैटर के पिंडों का खात्मा कर देगा जब तक की यह एण्टी ब्लैक होल स्वयं समाप्त नही हो जाता। यहां एण्टी मास, ऑडनरी मास को खाता नहीं है बल्कि मास व एण्टी मास के विपरीत चार्ज्जड़ एक दूसरे को नष्ट कर प्योर ऊर्जा में तब्दील हो जाते है।

क्या होगा? जब एण्टी मैटर ब्लैकहोल, मैटर के ब्लैकहोल के सम्पर्क में आयेगा

एक ब्लैक होल अत्यधिक कठोर, स्ट्रांग, व चरम गुरूत्वाकर्षण से युक्त सघन पिंड होता है लेकिन इसका खात्मा एक एण्टी ब्लैक होल कर सकता है एण्टी ब्लैक होल भी रेगुलर प्रोटॉन इलेक्ट्रॉन से बने होते है लेकिन वे विपरीत चार्जज्ड होते है जिसे हम एण्टी प्रोटॉन व एण्टी इलेक्ट्रॉन कहते है लेकिन दोनो घने पिंडों में गुरूत्वाकर्षण समान रूप से कार्य करेंगे अतः पदार्थो के विपरीत चार्जज्ड होने पर भी *एण्टी ग्रेविटी* की स्थिति मौजूद नहीं होगी याने ग्रेविटी, मैटर व एण्टीमैटर दोनो ही अवस्था में समान रूप से कार्य करेंगे और जैसे ही ये दोनो ब्लैक होल एक–दूसरे के संम्पर्क में आएंगे ये गुरूत्वाकर्षण बल में बंध जाएंगे और एक–दूसरे का चक्रण करते हुए धीरे–धीर पास आते जाएंगे इस समय इन घने पिंडों का चरम गुरूत्वाकर्षण लहरे अंतरिक्षीय काल व अंतराल को मरोड़ कर रख देंगी यह चक्रण करोड़ों वर्ष चलेंगे लेकिन अंत में ये एक–दूसरे के इतने निकट आएंगे की विपरीत चार्जज्ड पार्टिकल्स जैसे ही एक–दूसरे के सम्पर्क में आएंगे वे एक जोरदार धमाके के साथ विस्फोट करके गामा किरणों के साथ ऊर्जा में विलीन हो जाएंगे।

यदि 10 अरब सौर द्रव्यमान के कोई ऑडनरी ब्लैक होल, किसी 10 अरब सौर द्रव्यमान के एण्टी ब्लैकहोल के सम्पर्क में आए तो पूरा 100 प्रतिशत मास ऊर्जा में तब्दील होगा और अत्यधिक चमक वाली गामा–रे किरणों याने प्योर ऊर्जा में बदल जाएगा।

किसी एण्टी यूनिवर्स के हमारे यूनिवर्स के पास आ जाने पर क्या होगा?

यदि समान आकार के दो निर्मित व विस्तारित परंतु एक दूसरे से विपरीत चार्जज्ड ब्रह्माण्डें यदि एक दूसरे के सम्पर्क में आये तो यह दोनो ब्रह्माण्ड में लिए भयावह स्थिति होगी और जैसे जैसे ब्रह्माण्डीय पिंडे एक दूसरे के सम्पर्क में आते जाएंगी वे गामा किरणों में तब्दील होकर क्षय होती जाएंगी गुरूत्वाकर्षण से बंधे होने से ब्रह्माण्ड एक दूसरे में समाते व नष्ट होते जाएगें। इस प्रकिया में अरबो वर्ष लग सकते है लेकिन ऐसी स्थितियां दोनो ब्रह्माण्ड के लिए क्षय रोग से कम नहीं होंगी।

हमारा ब्रह्माण्ड तथा उसके बाहर व्याप्त असीम अनंता रहस्यों से भरा पड़ा है यह इतना विशाल है कि यहां विपरीत श्याम विवरों, विपरीत ब्रह्माण्डों, के अस्तित्व होने तथा इनके अंतर-ब्रह्माण्डीय प्रगमन से इंकार नहीं किया जा सकता है।

15

पैरेरल यूनिवर्स, ज्वांईट यूनिवर्स, ब्रेन अथवा बबल यूनिवर्स

आप कौन से ब्रह्माण्ड में रहते है समानांतर ब्रह्माण्ड में, किसी झिल्ली नूमा ब्रह्माण्ड में, किसी बबल यूनिवर्स में अथवा किसी युग्म ब्रह्माण्ड में, आप कैसे जानेंगे कि आप का ब्रह्माण्ड कैसा है?

क्या यहां समानांतर ब्रह्माण्डें मौजूद है? क्या हमारे पास अन्य ब्रह्माण्डों के विकल्प है? जिसमें हम चयन कर अपने ब्रह्माण्ड को जी रहें है या हम कई मेंमबरेन जैसे परतदार ब्रह्माण्ड में रह रहें है? क्या हमारे पास नाक के नीचे ही कोई अन्य ब्रह्माण्ड विकसित हो रही है जिसका हमें पता ही नहीं हो? अथवा हम ऐसे बबल यूनिवर्स में जी रहे है जहां करोड़ों बबल यूनिवर्स न सिर्फ सृजित हो रहे है साथ में विस्तारित होते विकास कर रहे हो? अथवा हम एक ऐसे युग्म ब्रह्माण्ड़ में रह रहे हो जहां दो ब्रह्माण्डों का साथ–साथ विकास हो रहा हो? आइये जानने का प्रयास करें?

समानांतर ब्रह्माण्ड

सामानांतर ब्रह्माण्ड के बारे में विचार देते हुए *फैंक टिपलर ने श्रोडिंगल समीकरण को आधार बनाते हुए बताया कि सब एटामिक पार्टिकल्स एक ही वक्त में कई जगह मौजूद हो सकते है और एक से ज्यादा पार्टिकल्स अंतरिक्ष में एक ही जगह काबिज भी हो सकते है।* कोई भी, अति सूक्ष्म सब एटॉमिक संसार पर गौर से ध्यान नहीं देता तब तक यह संभावना धुंधली रहती है गौर करने पर एक ठोस शक्ल अक्तियार कर लेती है सूक्ष्म ब्रह्माण्ड में सब एटॉमिक पार्टिकल्स की स्थिति श्रोंडीगर तरंग से की जा सकती है यह तरंग किसी कण की उस बिंदु पर होने की मात्र संभावना व्यक्त करती है यह थोड़ा अजीब लगता है लेकिन गतिशील ब्रह्माण्ड में ऐसा होता है और इस स्तर पर किसी भी कण की निश्चित अवस्था ज्ञात करना असंभव है, हम उस कण के किसी बिंदु पर होने की संभावना ही ज्ञात कर सकते है यह संभावना एक तरंग के रूप में

व्यक्त की जाती है अर्थात् यह कण उस तरंग द्वारा दर्शाये गये पथ में कहीं भी हो सकता है। फैंक टिपलर के अनुसार हम सब यह सोचते है कि अंतरिक्ष में इस क्वांटम मैकेनिज्म का होना संभव नहीं है लेकिन यह परमाणु में ही नहीं बल्कि इमारतो, ग्रहो पिंडों और ब्रह्माण्डों पर लागू होता है। जैसे हमारे पास किसी भी कार्य करने के लिए कई विकल्प मौजूद होते है उदाहरण के लिए जब हम रेस्तरा जाते है तो हमे मेनू कार्ड में कई विकल्प मिलते है और हम उस समय हमारे मन में चल रही इच्छानुसार खाने का आर्डर दे देते है तभी एक वास्तविकता स्थिर होती है लेकिन यही खाना क्यों और दूसरा क्यों नहीं। भले ही यह अजीब लगता है लेकिन हर विकल्प संभव हो सकता था हमारी निगाहें कुदरत को फैसला लेने को मजबूर किया और पलक झपकते ही अन्य विकल्प नष्ट हो गये और बहुत सारे संभावित ब्रह्माण्ड होते है जो ढ़ह कर असलियत में तब्दील हो गये इस ब्रह्माण्ड में हम चिकन खा रहें है तो कहीं केक खा रहे होंगे। फैंक टिपलर बताते है कि वैकल्पिक ब्रह्माण्डों की उपस्थिति हमसे अनंत प्रकाश दूरी पर ही नहीं बल्कि ठीक हमारे नाक के नीचे हो सकते है और हमारे कई प्रतिरूप हो सकते है जिसमें से एक चकमा देकर हमें सुझाता है कि वहीं एक वास्तविकता है ना दिखने वाली चीजें कई जगह मौजूद हो सकती है जैसे हमे एक पक्षी नजर आता है यह तो कई सेल्स का बना होता है यह पक्षी एक ही समय पर कई जगह हो सकती है लेकिन वही स्थिति यथार्थ में तब्दील होती है जिसका चयन उसने किया हों। और वह हमें एक ही जगह दिखाई देती है और यह एक ब्रह्माण्ड बन जाता है। एक ब्रह्माण्ड को दर्शाने के लिए आप एक ट्रांसपेरेंसी का प्रयोग कर सकते है असल में कई ब्रह्माण्ड एक–दूसरे के आस–पास होते है और ना दिखने वाले कई प्रतिरूप, कई जगह मौजूद हो सकते है और हरेक प्रतिरूप अपने समानांतर ब्रह्माण्ड में हकीकत में बदल जाएंगी। समानांतर ब्रह्माण्ड में हमारे बेहिसाब प्रतिरूप मौजूद होते है ना दिखने वाली प्रतिरूप एक ही वक्त कई जगह उपस्थित हो सकती है हमारे ब्रह्माण्ड में चीजो को सिर्फ एक ही जगह देखा जा सकता है और नाप लेने पर ये एक नतीजें से जुड़ जाते है और लगता है कि संभावनाए खत्म हो गयी है लेकिन हमें संभावनाओं को सिर्फ संभावनाओं की तरह नहीं देखना चाहिए यह बाकी के साथ इसलिए खत्म नहीं होता कि किसी एक को चुन लिया गया है तब भी वे उस जगह बने रहते है यदि हम सब ब्रह्माण्डों को एक साथ देख सके तो कई प्रतिरूप थोडे अलग–अलग दूरी पर दिखाई देंगे। और वे हमे वास्तविक ब्रह्माण्ड में इसलिए दिखाई नहीं देते क्यों कि हम यहां सभी चीजों की माप लेते रहते है हमारी समझ व नजरें उनकी माप लेते रहते है लेकिन हम कैसे पता लगायें की समानंतार ब्रह्माण्ड वास्तविकतांए मौजूद है क्योंकि ये तो नजर पड़ते ही गायब हो जाते है और हम एक ही वक्त में दो जगहो में मौजूद क्वांटम मैकेनिज्म को कभी देख नहीं पाते क्योकि हम हमेशा मापते रहते है और तो और गतिशिलता, हवा के अणुओं का टकराना व परमाणुओं का वस्तुओं का दबाव भी एक तरह का माप लेना है। छोटे कण से बड़ी–बड़ी आकाशगंगा तक हर चीज क्वांटम मैकेनिज्म के अनजान नियमों से नियंत्रित होती रहती है और आकार चाहे कुछ भी हो एक चीज कई जगह मौजूद हो सकती है।

ब्रह्माण्ड अनंत है और विचित्रताओं से भरा है क्या यहां हमारे एक से अधिक प्रतिरूप हो सकते है क्या आपके एक से अधिक प्रतिरूप है आप ऐसे प्रतिरूप से मिलना चाहेंगे। लेकिन हमारे कई प्रतिरूप होने पर भी हम एक जैसे नहीं होंगे हो सकता है कि हमारे मिलने पर खालिस ऊर्जा में बदल जाए। दोनो का भविष्य व दिमाग अलग–अलग हो सकता है। क्वांटम भौतिकी के माने तो हम सभी के अलग प्रतिरूप वास्तव में मौजूद है लेकिन ये प्रतिरूप हमारे जानकारी के ब्रह्माण्ड से बहुत दूर मौजुद है चूंकि यह ब्रह्माण्ड बहुत बड़ा ही नहीं ज्ञात सिद्धांतो के अनुसार यह ब्रह्माण्ड अनंत है और निरंतर हमसे अनंत दूर जा रहा है यहां अनंत ब्रह्माण्ड में नामुमकीन घटनाओं का होना भी मुमकीन है ब्रह्माण्ड हर चीज को दोहराता है सरल चीजों का दोहराव हमें निकट में ही मिल जाएगा और बडे चीजों का दोहराव का मिलना दूरी बढ़ा देता है और जैसे जैसे चीजें जटिल व बड़ी होती जाती है ब्रह्माण्ड में वैसी चीज की खोज के लिए हमें और दूर जाना पड़ेगा हमारा जिस्म कई परमाणुओ का ढ़ेर है और ब्रह्माण्ड में परमाणु का पैटर्न यह तय करता है कि हम कौन है और क्या है कैसे दिखते है कैसे व्यवहार करते है परमाणु का यह पैटर्न पुनः रिपीड होगा लेकिन जैसे ही पैटर्न बड़ा व जटिल होता जाता है यह अनंत दूरी पर होगा जो लाखो करोड़ों अथवा अरबो प्रकाश वर्ष की दूरी पर भी हो सकती है।

हम अपने किसी प्रतिरूप से मिलना चाहे तो यह समस्या आयेगी यह ब्रह्माण्ड व्यापक है और स्थिर भी नहीं है हब्बल ने पता लगाया था कि यह ब्रह्माण्ड फैल रहा है इसलिए हम किसी तक पहुंचने के लिए आगे बढ़ते है तो वह हमसे और दूर जा चुका होता है ब्रह्माण्ड तो कुछ जगहो पर प्रकाश की गति से भी अधिक गति से दूर जा रहा है। इस प्रकार ब्रह्माण्ड इस गति से आगे बढ़ रहा है देख पाना मुश्किल है।

ब्रेन–वर्ल्ड, अथवा झिल्ली दार यूनिवर्स

ब्रेन वर्ल्ड का अर्थ है परत दार यूनिवर्स जैसे प्याज के परते, कई साइंसदानो का विचार है कि ब्रह्माण्ड में सामानांतर ब्रेन यूनिवर्स का अस्तित्व मौजूद है जिस प्रकार एक मछली अपने चारो ओर फैले पानी को अपनी दुनिया समझने कि भूल करता है और बाहर की दुनिया उसके समझ से परे होता है अपने दायरे व समझ से परे होने का यह अर्थ यह तो नही कि वो दुनिया है ही नहीं और यह माना जाता है कि हमारे ब्रह्माण्ड के ठीक उपर हमारे पास ही समानांतर अन्य ब्रह्माण्ड का विकास हो रहा है पॉल टाइन हार्ट विज्ञान के प्रोफेसर है अंतरिक्ष के छुपे चौथे आयाम की बात करते है वे कहते है कि उस आयाम के पार मौजूद है समानांतर ब्रह्माण्डें, ब्रह्माण्ड का हर वह पदार्थ जिसे हम छू सकते है देख सकते है महसूस करते है सिर्फ एक अकेले ब्रेन पर टिका है वह है हमारा ब्रेन वर्ल्ड, लेकिन कुछ ही दूरी पर ठीक ऐसा ही और त्रिआयामी ब्रेन वर्ल्ड मौजूद है जिसमें पदार्थ मौजूद हो सकता है जिसे हम छू नहीं सकते देख नहीं सकते लेकिन उसके गुरूत्वबल को जरूर महसूस कर सकते है हमारी त्रिआयामी दुनिया

जैसी पतली झिल्ली है जो ऐसे अंतरिक्ष में जड़ी है जहां एक खास चौथे आयाम मौजूद है जैसे दो कागजो को एक साथ रखे तो वे साथ व बेहद करीब होते हुए भी पृथक है हमारे ब्रह्माण्ड में हर चीज एक पतली लचीली झिल्ली नुमा त्रिआयामी ब्रेन वर्ल्ड पर टिका है दूसरा ब्रेन बर्ल्ड भले ही हमारे पास है लेकिन वो एक अलग ही ब्रह्माण्ड है उससे हमारा कोई सम्पर्क नहीं अब यदि उससे हमारा सम्पर्क होता तो क्या होगा तो पॉल कहते है कि ये ब्रेन वर्ल्ड हमेशा एक ही जगह पर ठहरे नहीं होते हो सकता है कि वे एक–दूसरे की ओर बढ़े और करीब आते आते टकरा सकते है और इस जबरदस्त टक्कर से जो उर्जा पैदा होगी ब्रेन्स के गति की उर्जा से पदार्थ व विकिरण में बदल जाएंगे और वे जब अलग होंगे तो वे गरम पदार्थ व विकिरण से भरे होंगे जैसे बिग–बैंग के समय था हम कह सकते है यह भी एक बिग–बैंग होगा जो समय व अंतरिक्ष के शुरूआत के बजाए एक बड़ा टक्कर होगा। यह अन्जान ब्रह्माण्ड हमारे ब्रह्माण्ड से एक परमाणु की बराबर की दूरी पर स्थित हो सकता है वह एक अनजान जगह जिसके भौतिकी के नियम एकदम अलग होंगे, पॉल का कहना है कि हमें इसका सबूत मिलने लगे है भले ही हम उस दूसरे ब्रेन के पदार्थ को छू और देख नहीं सकते फिर भी हम उसके अस्तित्व को महसूस कर सकते है क्यों कि हम उसके गुरूत्व को महसूस करते है आज वैज्ञानिको का यह मानना है कि गैलेक्सियों को जबरदस्त गुरूत्वाकर्षण के किसी अदृश्य ताकत ने घेर रखा है वह क्या है कोई नहीं जानता इसे ही डार्क मैटर कहां जाता है और वह हमारे मैटर व प्रकाश से कोई किया नहीं करता तो क्या डार्क मैटर समानांतर ब्रह्माण्ड का मैटर हो सकता है। पॉल मानते है कि इसका जवाब ब्लैक होल से मिल सकता है वह अंतरिक्ष में मौजूद ऐसा इलाका होता है जिसके ताकतवर गुरूत्वक्षेत्र से छुटकर कोई अलग नहीं हो सकता अगर बहुत सारा पदार्थ जुड़कर किसी एक या दूसरे ब्रेन पर इकठ्ठा हो जाए तो वहां गुरूत्वाकर्षण इतना ताकतवर होता है कि वह दूसरे ब्रेन को भी अपने ओर खींचने लगता है और तब कुछ ऐसा होगा कि वे कुछ बिंदु पर जुड़े होगे भले ही वे अन्य बिंदुओं पर अलग होंगे और जहां वे जुड़े होंगे वहा ब्लैक होल होगा और ब्लैक होल क्या हमें समानांतर ब्रह्माण्ड से जोड़ते है याने ब्लैक होल में पदार्थ समाकर अन्य सिरे से निकलकर दूसरे समानांतर ब्रह्माण्ड में चला जाता है अगर यह तथ्य सही है तो ब्लैक होल मे गिरे पदार्थ अन्य समानांतर ब्रह्माण्डों मे चला जाता है ऐसा है तो हरेक ब्लैक होल नये ब्रह्माण्ड का जनक है और हमारा ब्रह्माण्ड भी किसी अन्य ब्रह्माण्ड के किसी तारे के विस्फोट बिग–बैंग के बाद बने ब्लैक होल का परिणाम है तब तो दोनो ब्रह्माण्ड के बीच एक जुड़ाव या गर्भनाल उपस्थित होनी चाहिए।

बबल–यूनिवर्स

बबल का अर्थ है गुब्बारे से है, फूलता और बड़ा होता गुब्बारा, कुछ वैज्ञानिक हमारे ब्रह्माण्ड को भी एक गुब्बारे कि तरह मानते है जो बिग–बैंग के बाद से सृजित होकर निरंतर विस्तारित होता जा रहा है आज यह माने जाने लगा है कि हमारे ब्रह्माण्ड का सृजन कुछ

नहीं से, नहीं हुआ है याने बिग–बैंग से पहले कुछ था यहां और भी ब्रह्माण्डें अस्तित्व में रहीं है। हमारा ब्रह्माण्ड किसी ऐसे ही अन्य विस्तारित विशाल ब्रह्माण्ड से अलग होते किसी बडे समूह के महासंकुचन व अंततः उसके महाविनाश से बना है। इसका अर्थ यह भी है कि विशाल ब्रह्माण्डों से कई अन्य ऐसे समानांतर ब्रह्माण्डों का जन्म हुआ होगा जिनका अस्तित्व मौजूद होगा। याने बिग–बैंग होना कोई इकलौता घटना नहीं है बल्कि यहां करोड़ों बिग–बैंग हो रहे है और तो और हमारे ब्रह्माण्ड में भी करोड़ों ऐसे पिंडे है जो निरंतर मास ग्रहण के कार्य में लगें है उनका एक सूत्रीय कार्यक्रम ही मास ग्रहण करना है ऐसे पिंड ब्रह्माण्डीय विस्तार के साथ निरंतर दूर धकेले जा रहे है जो अंतकाल में संपीड़ित होकर अपेक्षित द्रव्यमान होने पर टेंसकाल शुरू कर नये ब्रह्माण्ड का सृजन करेंगें। याने किसी एक विशालतम ब्रह्माण्ड का अंत कैसे होगा? इसका उत्तर है कई बबल यूनिवर्स के सृजन के रूप में हो सकता है। वास्तव में ब्रह्माण्ड कोई गुब्बारा नहीं है उसे समझाने के लिए दिये जाने वाला एक उदाहरण मात्र है इसके बाह्य परत को समझने के लिए हम पृथ्वी को लेते है पृथ्वी का बाह्य परत किसे मानेंगे? ठोस धरती को या उसके वायुमण्डल की बाह्य परत को या वह भाग जहां वायुमण्डल खत्म होकर अंतरिक्ष प्रारंभ होता है वैसे ही सौर मण्डल की सीमा को हेलिओस्फियर कहते है यह एक बुलबुले जैसा है इस बुलबुले की बाहरी सीमा तक सौर वायु से उत्सर्जित आवेशित कण पहुंचती है इस सीमा के बाहर वह नहीं पहुंच पाती है सौर मण्डल के इस बुलबुले की बाह्य परत जैसा कुछ नहीं है बस कुछ सीमा है इसके बाहर सौर वायु का प्रभाव नहीं है ऐसा ही ब्रह्माण्ड के साथ है ब्रह्माण्ड की बाहरी परत जैसा कुछ नहीं है ब्रह्माण्डीय कास्मिक किरणें जहां तक पहुंचती है वहां तक ब्रह्माण्ड है और इसकी कोई भौतिक सीमा या परत नही है।

ज्वाईंट यूनिवर्स

इसे युग्म ब्रह्माण्ड भी कह सकते है–आज हमारे ब्रह्माण्ड का विकास एवं विस्तार रैखिक गति से हो रहा है जिसमें पिंड समूह आगे बढ़ते हुए अपना समूह बनाए हुए है ब्रह्माण्डीय विस्तार में कई ब्रह्माण्डें एक साथ भी विस्तार कर सकते है। जब किसी विकसित होते ब्रह्माण्ड के पास ही कोई अन्य ब्रह्माण्ड विकास कर रहा हो और कालांतर में वे विकास करते हुए एक–दूसरे में समा सकते है और ऐसे दो ब्रह्माण्डो को जो एक साथ जुड़े होते है युग्म ब्रह्माण्ड कहेंगे। ऐसे ब्रह्माण्डों के होने से, इंकार नहीं किया जा सकता। यदि हमारे ब्रह्माण्ड के साथ यदि कोई अन्य ब्रह्माण्ड भी विकास कर रहा हो तो हमें इसके बारे में पता चलना आसान नहीं है ऐसे स्थान पर जहां दो ब्रह्माण्ड एक–दूसरे से समा रहें है वहां पिंडों की गतिशिलता पर प्रभाव पड़ेगा और अब यहा पिंड एक दूसरे को आकर्षित करते हुए धीरे–धीरे समूहित होते जाएंगे वही पिंडों के विस्तार की गति उस ब्रह्माण्ड के आकार पर निर्भर करेगी जिसका आकार व प्रभाव अधिक है। युग्म ब्रह्माण्ड को निम्न डायग्राम से समझने का प्रयास करेंगे।

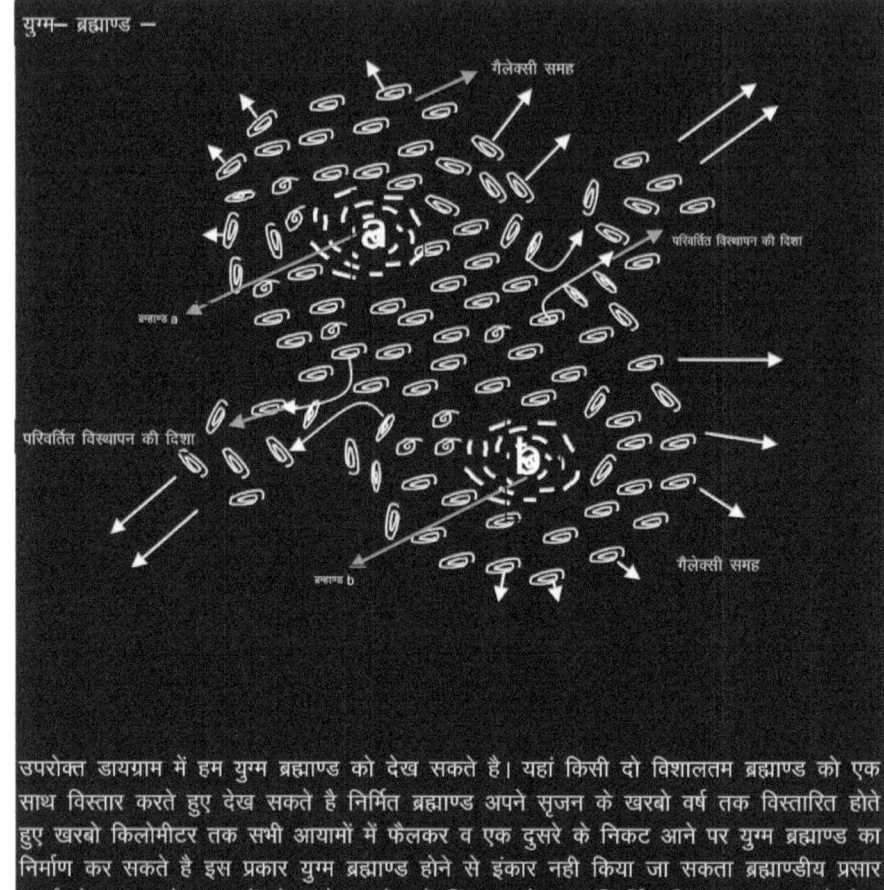

उपरोक्त डायग्राम में हम युग्म ब्रह्माण्ड को देख सकते है। यहां किसी दो विशालतम ब्रह्माण्ड को एक साथ विस्तार करते हुए देख सकते है निर्मित ब्रह्माण्ड अपने सृजन के खरबो वर्ष तक विस्तारित होते हुए खरबो किलोमीटर तक सभी आयामों में फैलकर व एक दुसरे के निकट आने पर युग्म ब्रह्माण्ड का निर्माण कर सकते है इस प्रकार युग्म ब्रह्माण्ड होने से इंकार नही किया जा सकता ब्रह्माण्डीय प्रसार ऊर्जा के कारण दो ब्रह्माण्डों के संयोजन क्षेत्र में पिंड समुहो का परिवर्तित विस्थापन प्रभाव को देख सकते है

अनंत जिसमें हमारा ब्रह्माण्ड है इतना असीम व अनंत है व रहस्यों से भरा पड़ा है यहां कई ब्रह्माण्ड हो सकते है। पर ब्रह्माण्ड लब्ज का अर्थ उस संदर्भ में होना चाहिए की कहीं न कहीं कुछ और मौजूद है हमारा ब्रह्माण्ड ही सब कुछ नहीं है इतना ही नहीं यहां समानांतर ब्रह्माण्डें, एण्टी ब्रह्माण्डें और बबल यूनिवर्स में समानांतर पृथ्वी, समानांतर प्रतिरूपों में आप और हम मौजूद हो सकते है और हमें इन बातों को गंभीरता से लेना चाहिए।

16

क्या ब्रह्माण्ड, नथिंग से बना है

सृष्टि से पहले सत नहीं था, असत भी नहीं, अंतरिक्ष भी नहीं, आकाश भी नहीं था छिपा था क्या कहा, किसने देखा था उस पल तो अगम, अटल जल भी कहां था।। लगभग 5000 हजार वर्ष पुरानी ऋग्वेद की यह श्रुति आज भी प्रासंगिक है

वो शक्तियां जो यूनिवर्स को विस्फोट करके वजूद में लाई और उसे निर्मित संचालित व विस्तारित करते हुए उसे कभी भी खत्म कर सकती है आखिर क्या है यह शून्य अथवा नथिंगनेस जहां यह सब कुछ रचित हो रहा है।

नथिंगनेस के इस कांसेप्ट को समझना भौतिक साइंस में सबसे ज्यादा उलझा हुआ पहेली है और आज यह नथिंगनेस ब्रह्माण्ड का सबसे बडा रहस्य है की कैसे कुछ नहीं दिखने वाले खाली स्पेश सम्पूर्ण ब्रह्माण्ड को संचालित व नियंत्रित कर रहा है। ऐसा नहीं कह सकते की स्पेस में कुछ नहीं है कुछ तो है जो इस बात पर असर डालता है कि मैटर कैसे मूव करे। धर्म ग्रंथों में लिखा है ईश्वर ने यहीं से पृथ्वी व आकाश को पैदा किया था। वैज्ञानिको ने इसे बिग–बैंग का नाम दिया और कोई भी चीज वहां से कैसे पैदा हो सकता है जहां लगता है कुछ है ही नहीं। यह नथिंगनेस ब्रह्माण्ड के सारे कोने में फैला है यह कुछ ऊर्जा लहरों और छोटे पॉकेट की तरह है जो उसके भीतर के हर मैटर के साथ लगातार खींचतान का खेल खेलता रहता है। और यह खाली स्पेस (*नथिंगनेस*) ठोस मैटर को इम्पलोएड करने से भी ज्यादा प्रभावी है व मैटर के हर काम में हस्तक्षेप करता है। यही तय करता है कि मैटर का आकार क्या होगा और ब्रह्माण्ड का भी। हमें यह भी समझ लेना होगा की यह नथिंगनेस की शक्तियां ही ब्रह्माण्ड का खात्मा करेंगी।

हम उस नथिंगनेस की कल्पना ही नहीं कर पाते है जहा वास्तव में कुछ भी न हो, क्यों कि हमारे सोच व कल्पना में भी, कुछ न हो हो नहीं सकता आँख बंद कर हम नथिंगनेस का अनुभव नहीं कर सकते वहां भी हमारे धड़कन व श्वास कुछ मौजूदगी का एहसास करा देती है लेकिन नथिंग की कल्पना कैसे होगा? हम उस स्थान पर जाए तो वहां पर क्या होगा? जहा पर नथिंग है कोई स्पेस नही है। क्या है यह नथिंगनेस।

न्यूटन ये साबित नहीं कर पाये कि स्पेस का कुछ नहीं से, कुछ है कैसे हो जाता है आइंस्टाइन ने अपने थ्योरी में साबित किया था कि *न्यूटन का आइडिया* की ब्रह्माण्ड में खाली दिखने वाले जगह खाली नहीं है बल्कि हर जगह स्पेस–टाइम एक कपड़े की तरह है जिसमें यूनिवर्स का सारा का सारा मैटर बुना हुआ है। यहां ब्रह्माण्ड में सब जगह अंतरिक्ष व्याप्त है खाली जगहो में भी ब्रह्माण्ड है जो मैटर के साथ रस्सा–कस्सी करता रहता है उसका प्रमाण सर्वत्र है और हर मैटर चाहे वह एटम हो ग्रह, नक्षत्र पदार्थ हो इसी में मूवमेंट करते है। नथिंग के पावर को कम करके नही आँकना चाहिए। क्योंकि सम्पूर्ण ब्रह्माण्डीय शक्तियां इन खाली दिखने वाली जगहो में मौजूद होती है।

मै तो कहता हूं कि यह नथिंगनेस, स्पेस टाइम में व्याप्त ऊर्जा के समझ न आने वाले अत्यंत प्रचण्ड प्रक्षेत्र है जिसमें ब्रह्माण्ड को संग्रहित व विस्तार देने वाली दो विपरीत ऊर्जा में आपसी खींचतान चलता रहता है और संतुलन भी कायम रहता है इन्ही बलों से खगोलीय पिंड, ग्रह, पदार्थ, मूवमेंट करते है नथिंगनेस में अज्ञात रूप से व्याप्त ये विशाल ऊर्जा पॉकेट है जिन्हे हमें हल्के में नहीं लेना चाहिए क्यों कि नथिंग जैसे लगने वाले ये ऊर्जा लहरें ही खालिस ब्रह्माण्ड को निर्मित और विस्तारित कर रहीं है।

सूक्ष्म स्तर पर भी खाली स्पेस नेचर के बुनियादी ताकतों से भरा है नेचर के बुनियादी ताकतों को समझने के कोशिश में क्वांटम फिजीसिस्ट फैंक रोज बताते है *खाली स्पेस नथिंग है तो क्या* है वे कहते है कि यह माना जाता रहा है कि किसी चीज में से हवा निकाल देने से सिर्फ वैक्युम ही बचा रहता है यहां क्वांटम थ्योरी के कई रहस्यों में एक रहस्य यह भी है कि आप कभी भी किसी भी पल पूरी तरह नहीं जान सकते की वहां कितनी उर्जा है उसे बहुत कम समय में लाया और एक्सचेंज भी किया जा सकता है और यह वैक्युम एक वायलेंट जगह है उनके विचार में खाली स्पेस उबलती उर्जा का झाग है ये एनर्जी यूनिवर्स के बुनियादी ताकत के असली शक्ति के मार से हमें बचाती है जैसे चार्ज पार्टिकल्स के इलेक्ट्रीकल रिपल्सन की ताकत से बचा रहे है। एक ऐसे इलेक्ट्रॉन की कल्पना करे जो आसपास के वातावरण में रिर्टटिकल्स फैला रहा है तो हम दूसरे इलेक्ट्रॉन को पास लाकर इसके ताकत को माप सकते है लेकिन वहां बैठा इलेक्ट्रॉन पूरी तरह से ऑइसोलेटेड नहीं है वह चारो तरफ से क्वांटम वैक्युम से घिरा है अर्थात् वह एक खोल में बंद है जिससे उसका प्रभाव कम हो जाता है और इलेक्ट्रीकल फोर्स का ताकत कमजोर पड़ जाता है। इस तरह अब तक लिए गए इलेक्ट्रॉन फोर्स की सभी माप गलत है इलेक्ट्रॉन के शक्तियों को सही ढंग से समझने के लिए हमें जेनेवा मे स्थापित लार्ड कोलाइडर हेड्रॉन की मदद लेनी पडेगी जहां प्रकाश की गति से चलते दो इलेक्ट्रॉन एक–दूसरे के इतने करीब आ जाते है इनके इलेक्ट्रीक फोर्स के बादल एक–दूसरे में समा जाते है और खोलों को तोड़ डालते है और हमें बिना खोल वाले इलेक्ट्रॉन दिखाई देता है और वे इस तरह से फैलते है तो पता चलता है कि इनका एनर्जी हमारे उम्मीद

से कहीं अधिक है। जिस तरह कलर चश्मा वेल्डर को तेज रोशनी से बचाता है उसी तरह खाली स्पेस अपने आप ही यूनिवर्स को कुदरती ताकतों से बचाता है। यदि हम इलेक्ट्रॉनो के इर्द–गिर्द बने खोल को तोड़ पाना संभव हो जाता तो हम वैक्यूम के हर असर को खत्म कर देगा और पूरा यूनिवर्स भी खत्म हो जाता तो क्वांटम थ्योरी के बिना एटम व मोलेक्यूल के स्टक्चर का कोई वजूद नहीं रह जाता और पूरा यूनिवर्स टूटकर बिखर जाता।

ब्रह्माण्ड में ठोस से ठोस दिखने वाले मैटर में भी खाली जगहे व्याप्त है नील वायर फिजीकल फिजीसिस्ट कहते है खाली स्पेस में इतनी एनर्जी है जो ब्रह्माण्ड को खत्म कर सकती है, कुछ तो है पर करती नहीं है खाली जगह को काबू में रखे हुए है। ठोस मैटर के सबसे छोटे बिल्डिंग ब्लाग बिल्कुल भी ठोस नहीं है और जब क्वांटम के दुनिया में पार्टिकल्स बनते है तो वह एक पार्टिकल्स के बजाए एक लहर लगती है और ये किसी खास दिशा में नहीं जाती और पार्टिकल्स के लहरे स्पेस में फैल जाती है और यूनिवर्स में इन पार्टिकल्स के कई लाखों करोड़ों लहरें मौजूद रहती है पार्टिकल्स लहरे पैदा करती है जो पूरे स्पेस में फैलती रहती है से लहरे अपने व्यापक प्रभाव में पूरे ब्रह्माण्ड को फैला रही है ब्रह्माण्ड में कई गैलेक्सी व गैलेक्सी क्लस्टर्स दिखाई देते है यूनिवर्स में एनर्जी डेंसिटी जैसी कोई चीज है जो यूनिवर्स को फैलाती रहती है जिससे उसकी गति आगे बढ़ती जाएगी। यह एनर्जी डेंसिटी कुल ब्रह्माण्ड मास का सत्तर प्रतिशत से भी अधिक है जो नथिंग लगने वाले स्पेस में व्याप्त है।

ब्रह्माण्ड के फैलाव की दर से माप सकते है कि खाली स्पेस में क्वांटम इफेक्ट से कितनी फैलाव होनी चाहिए जब इस की गणना की गई तो पाया गया की ब्रह्माण्ड की विस्तार की गति बहुत अधिक होनी चाहिए। इस बारे नील वायर ने यह तर्क दिया की कई ऐसे लहरें होती है जो एक दूसरे के विपरीत होने से केंसल आउट कर देती है और उनका प्रभाव समाप्त हो जाता है।

हैराल्ड हुक जो पार्टिकल फिजिक्स के बुनियाद रखने वाले साइंटिस्ट में से थे मानते थे कि कोई भी चीज जिसका अस्तित्व है ब्रह्माण्ड से हटाया नहीं जा सकता वह किसी न किसी रूप में सदैव मौजूद रहेगा इसे कंजरवेशन ऑफ इन्फोर्मेशन कहते है याने किसी भी वस्तु को किसी भी तरीके इम्प्लोयड किया जाए पूरी जानकारी उपलब्ध रहेगा पर कास्मोस में एक जगह ऐसी भी है जहां यह थ्योरी छोटी पड़ जाती है ब्लैक होल में जानकारी की धज्जियां उड़ जाती है बल्कि गायब ही हो जाती है जो पास आने वाली हर चीज को हड़प लेती है 1970 के दशक में स्टीफन हॉकिंस ने माना की ब्लैक होल जानकारी व चीजों को दृश्य यूनिवर्स से हटा देते है और जो चीजें निगलते है वे गायब ही हो जाते है हैराल्ड ने इस पर कार्य किया और थ्योरी पेश किया कि एक एस्टरॉयड यदि ब्लैक होल मे गिरता है तो ब्लैक होल बिना प्रभावित हुए नहीं रह सकता और इससे ब्लैक होल का सरफेस एरिया बढ़ जाएगा और ब्लैक होल का सरफेस एरिया उतना बढ़ेगा जितना की एस्टरॉयड का सरफेस एरिया होगा और

एस्टरॉयड की पूरे जानकारी ब्लैक होल के सरफेस एरिया में छपा होगा और यह ब्लैक होल में ही नहीं बल्कि अन्य चीजो पर भी लागू होगा आगे हैराल्ड का कहना है कि पूरे यूनिवर्स के साईज का बाक्स बना दे तो उसके भीतर पूरी जानकारी पूरे सरफेस में फीट होगी उसके भीतर की जानकारी भीतर का स्पेस सरफेस के लिए न के बराबर होगी हम सिर्फ सरफेस को देख सकते है पूरा वॉलयुम का अनुमान नहीं लगा सकते जब बीच के वॉलयूम की कोई भी जानकारी नहीं मिलती और वहा कुछ भी नहीं है तो स्पेस की बहुत बड़ी बरबादी हुई है

पदार्थ ठोस क्यों होते है क्या चीज है जो उन्हे ठोस बनाती है वे ठोस लगते ही नहीं दिखते भी है लेकिन उनके बीच खाली जगहें व्याप्त होती है जैसे एक एटम को ही ले यदि उसका नाभिक राई के दाने के बराबर है तो उसके इलेक्ट्रॉन के चक्रण फूटबाल के मैदान के बराबर गोलाकार क्षेत्र में फैला होगा। यह पूरा आकार एटम है इस प्रकार ठोस दुनिया एक भ्रम है गैलेक्सी के बीच में ऐसी ही फैले हुए विशाल मास को देख सकते है जो खाली स्पेस से भरा पडा है।

क्या ब्रह्माण्ड नथिंग से बना है तो हर चीज नथिंग से कैसे आया। बिग–बैंग के पहले कभी भी कुछ नहीं, नहीं था। बिग–बैंग अचानक शुरूआत नहीं था कुछ न कुछ कहीं पर अवश्य होता है यूनिवर्स में कभी भी कुछ नहीं, नहीं होता। कुछ नहीं में वो सब कुछ था जिसे हम आज ब्रह्माण्ड में देख भी पाते है और नहीं भी। टेंसकाल किसी ब्रह्माण्ड का अंतकाल व नये ब्रह्माण्ड का सृजन काल हो सकता है।

17

ब्रह्माण्ड एवं काल–अंतराल

अंतराल, ब्रह्माण्ड में पिंडों के मध्य की दूरी है। दूरी के साथ समय को जोड़ दे तो काल–अंतराल कहलाता है गतिशील ब्रह्माण्ड में न तो अंतराल स्थिर है और न ही काल। काल–अंतराल वह सम्पूर्ण क्षेत्र है जहां भौतिक घटनाऐ घटित हो रही होती है।

ब्रह्माण्ड में व्याप्त काल–अंतराल एक काल्पनिक रेखा है। यह एक मापक यंत्र की तरह है जिसका ब्रह्माण्डीय पिंडों के मध्य दूरी व उनके गति, के अध्ययन के लिए सहारा लिया जाता है जब ब्रह्माण्ड के सारे मास संपीड़ित व घने सुपर मॉसिव सिंगल पाईट में समाए रहते है तो उन दशाओं में Space-Time का कोई महत्व नहीं होता याने एक शून्य ब्रह्माण्ड में काल–अंतराल शून्य होता है वही सृजित व विस्तारित ब्रह्माण्डीय पिंडों के मध्य गुरूत्वाकर्षण बल के कारण काल–अंतराल अत्यंत घुमावदार व लंबवत् दोनो प्रकार के हो जाते है

ब्रह्माण्ड में दो प्रधान ऊर्जा प्रमुख रूप से कार्य कर रही है एक तो गुरूत्वाकर्षण ऊर्जा एवं दूसरा ब्रह्माण्डीय प्रसार ऊर्जा। इन दोनो प्रकार के ऊर्जा से ब्रह्माण्ड सृजित निर्मित, संचालित व विस्तारित हो रही है। काल–अंतराल भी इन ऊर्जा से प्रभावित होती रहती है

गुरूत्वाकर्षण अपने आकर्षण से ब्रह्माण्ड में विशाल पिंडो का न सिर्फ निर्माण कर रही है बल्कि व्यापक प्रभाव से पिंडों के चक्रण घूर्णन अर्थात् मोशन के लिए भी जिम्मेदार होती है। *गुरूत्वाकर्षण ऊर्जा, "प्योर ऊर्जा" के मास रूप में रूपांतरण का लागत है।* गुरूत्व बल लहरे सम्पूर्ण ब्रह्माण्ड में व्याप्त है और यह अपने आकर्षण बल से काल–अंतराल को प्रभावित करता है इससे जानने के लिए हमे गुरूत्वाकर्षण बल रेखाओं की प्रकृति को जानना होगा। गुरूत्व बल रेखाए अपने चरम स्थितियों में लंबवत् व सामान्य दशा में लहरदार होती है। कम घने व विरल पिंडों में जैसे पृथ्वी, चंद्रमा, वृहस्पति, जैसे ग्रहों में कुछ दूरी तक लंबवत् लेकिन कमजोर होता है इसके बाद वह लहरदार हो जाती है जबकी सुपर मॉसिव घने पिंडों, जैसे श्याम विवरो में गुरूत्वाकर्षण बल लहरे अत्यधिक दूरी तक लंबबत् व अति स्ट्रांग होती है तथा शेष लहरदार व मजबूत होता है जिसे डायग्राम से समझने का प्रयास करेंगे।

पहले हम अपेक्षाकृत विशाल आकार तथा कम मास वाले पिंडों से उत्सर्जित बल वाहक कणो के कारण परिवर्तित होता Space-Time को जानने का प्रयास करेंगे। डायग्राम

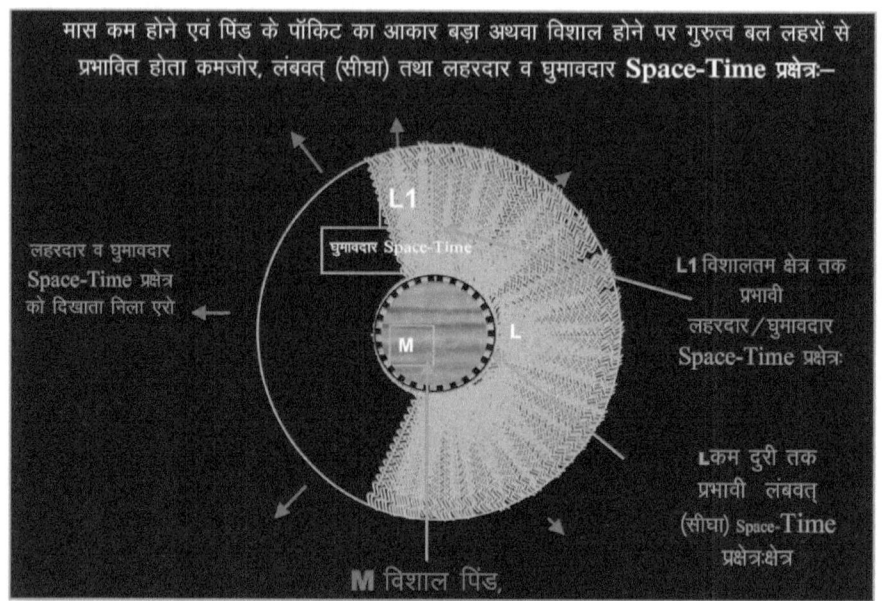

उपरोक्त डायग्राम में विशाल आकार के पिंड को M के रुप में दिखाया गया है यहां पॉकिट आकार अपेक्षाकृत बड़ा है परंतु मास प्रमात्रा कम है। मास के कम प्रमात्रा एवं बड़े पॉकिट होने अर्थात् अल्प केन्द्रीयकृत होने से गुरुत्वाकर्षण बल लहरे यहां कम दूरी तक लंबवत् व कमजोर है इसे **L1** क्षेत्र से देखा जा सकता है। जिस प्रकार पृथ्वी मे यह 100 किलोमीटर दूरी तक होता है यहां गुरुत्व बल इतना मजबूत अवश्य होता है कि इस क्षेत्र में आने वाले हर पदार्थ, वस्तु को सीधे खींचकर केंद्र के ओर ले जाना चाहती है और यहां Space-Time सीधा व सपाट होता है इस लम्बवत् गुरुत्व लहरो के ठीक बाद चारो ओर लहरदार व घुमावदार गुरुत्व का विशालतम् क्षेत्र होता है जिससे Space-Time लहरदार व घुमावदार हो जाता है यहां गुरुत्व बल लहरे इतना स्ट्रांग नही होता है कि किसी वस्तु एवं पिंड को खींचकर अपने केंद्र के ओर ले जा सके, साथ ही *यहां गुरुत्व बल प्रभाव केंद्र से दूरी के साथ कम होते जाता है इस कारण यहा काल–अंतराल कर्व होता है यह वह क्षेत्र होता है जहां गुरुत्वाकर्षण उत्प्रेक्ष्य गतिकीय बल के कारण कम गुरुत्व पिंडों द्वारा अधिक गुरुत्वीय पिंडों का निरंतर चक्रण करते रहते है।*

दूसरे, अत्यधिक मास वाले, सघन व संपीड़ित छोटे पिंडो से उत्सर्जित बल वाहक कणों के कारण परिवर्तित होता Space-Time को देखते है। यहां चरम गुरूत्वीय खिंचाव के कारण Space-Time अत्यधिक दूरी तक सपाट व सीघा होता है *गुरूत्व बल सामान होता है, जिससे काल अतंराल कर्व न होकर सपाट होता है,* उसके बाद विशालतम दूरी तक घुमावदार होते है

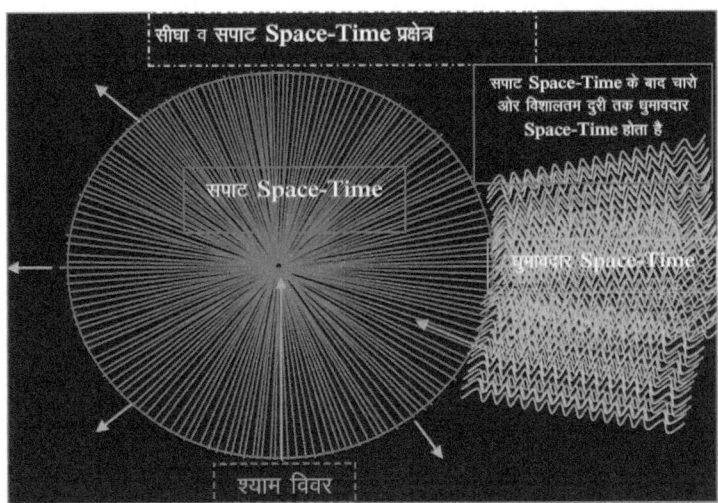

इसे श्याम विवर के चारों ओर एक काल्पनिक घेरा के द्वारा दर्शाया गया है, इस लम्बवत् गुरुत्व लहरों के ठीक बाद चारो ओर लहरदार व घुमावदार गुरुत्व का विशालतम् क्षेत्र होता है जिससे Space-Time भी लहरदार/घुमावदार हो जाता है यहां गुरुत्व बल लहरे इतना स्ट्रांग नहीं होता है कि किसी वस्तु एवं पिंड को खींचकर अपने केंद्र के ओर ले जा सके, साथ ही *यहां गुरुत्व बल प्रभाव केंद्र से दूरी के साथ कम होते जाता है इस कारण यहा काल–अंतराल कर्व होता है यह वह क्षेत्र होता है जहां गुरुत्वाकर्षण उत्प्रेक्ष्य गतिकीय बल के कारण कम गुरुत्व पिंडों द्वारा अधिक गुरुत्वीय पिंडों का निरंतर चक्रण करते रहते हैं।*

एक काल्पनिक काल–अंतराल वह क्षेत्र है जहां भौतिक घटनांए घटित होती है जैसे सूर्य नक्षत्र तारो का निर्माण, गैलेक्सी का निर्माण, ग्रहो पिंडों का चक्रण गतियां, ब्लैक होलों का निर्माण आदि–आदि। हम एक साघारण घनत्व वाले पिंडों के आस–पास गुरूत्व बल लहरो से प्रभावित Space-Time को (डायग्राम–a) देख सकते है यहां तीव्र गति से यात्रा करता कोई पिंड कम गुरूत्व गति क्षेत्र (घुमावदार काल–अंतराल) में प्रवेश कर अपना गति खो देते है और यहां घुमावदार क्षेत्र में आर्च होने से अंतराल (दूरी) बढ़ जाता है जिससे लगने वाला समय भी बढ़ जाता है।

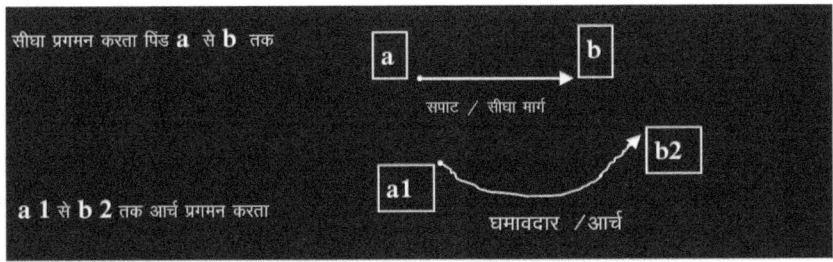

उपरोक्त डायग्राम में हम देख सकते है कि घुमावदार काल-अंतराल में गति करता पिंड का मार्ग आर्च/घुमावदार हो जाता है और a1 से b2 तक गति करता पिंड का अंतराल बढ़ जाता है जिससे लगने वाला समय भी बढ़ जाता है।

लहरदार अथवा घुमावदार गुरूत्व बल क्षेत्र काल-अंतराल को इस तरह मरोड़ देता है की यहां (बलक्षेत्र में) पिंडों की गति व समय प्रभावित होती है ब्रह्माण्ड में गति ही समय व अंतराल को मापती तथा प्रभावित करती रहती है।

यदि गुरूत्व बल, अत्यंत चरम स्थितियों में है जैसे ब्लैक होल के निकट लंबवत् बल क्षेत्र में याने सपाट काल-अंतराल होता है वहां पिंडों को खींचे जाने की गति प्रकाश से भी सैकड़ों गुना हो सकती है अर्थात् यहां पिंडों या पदार्थ के गिरने की गति अत्यधिक होने से समय जड़ हो जाता है और गिरते पिंडों के लिए समय स्थिर होने से अंतराल कम प्रतीत होता है लेकिन बाह्य प्रेक्षक के लिए पिंड या पदार्थ की गति, समय अनंत काल तक यात्रा करता प्रतीत होगा। यहां कम गति पिंड या पदार्थ अत्यधिक गति बल क्षेत्र अथवा *सपाट काल-अंतराल* में आकर अत्यधिक गति को प्राप्त कर लेता है और समय स्थिर होने लगता है। एक ब्लैक होल के पास जाता राकेट घुमावदार काल-अंतराल को पार कर जब सपाट काल-अंतराल में प्रवेश करता है तो उसकी गति अनंत होने लगती है और राकेट व उसमें बैठे यात्रियों के लिए समय जड़ या स्थिर होने लगती है। जबकी बाहर से देखने वाले प्रेक्षक को अनंत गति वाला यह राकेट सुस्त व अनंत काल तक यात्रा करता दिखाई देता है इस तरह गुरूत्व बल लहरे काल-अंतराल को प्रभावित करती है इसके विपरीत गति करता कोई पिंड अनंत गति से कम गति बल क्षेत्र में प्रवेश करता है तब उसकी गति कम होने लगता है और यात्रा करता व्यक्ति के लिए समय अत्यधिक तीव्र गति से व्यतीत होने लगता है

इस प्रकार समय, गति, अंतरिक्षीय गुरूत्व जाल में फंस कर पिंडों के चाल व गति को प्रभावित करता है। काल-अंतराल हर आयामों फैली रहती है और यह ब्रह्माण्ड के मुख्यतः गुरूत्व बल लहरों एवं रैबिक ऊर्जा लहरों से प्रभावित होती रहती है।

काल-अंतराल डायग्राम

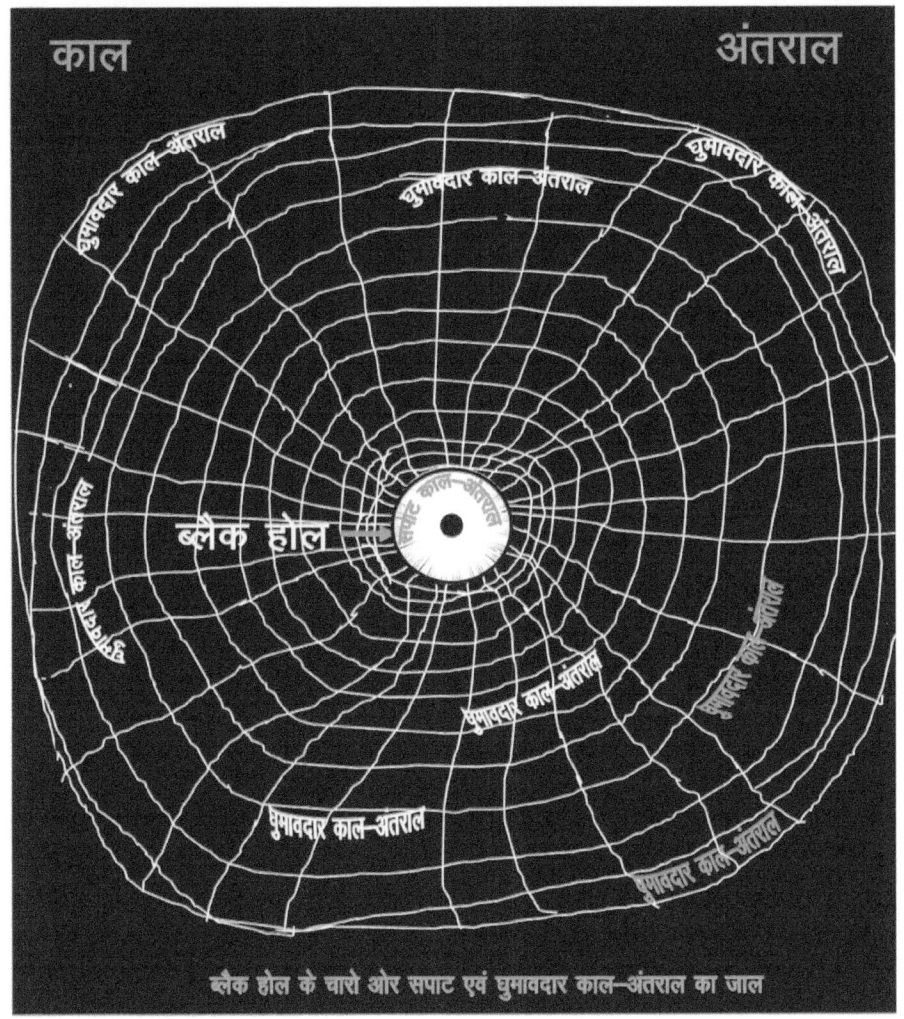

ब्लैक होल के चारो ओर सपाट एवं घुमावदार काल-अंतराल का जाल

अंतरिक्षीय आयाम के तीन स्थितियां हो सकती है–अंतरिक्षीय आयाम में प्रकाश गतिकीय परिणाम, समय गतिकीय परिणाम, दो घटनाओं के बीच आयाम पर काल-अंतराल के प्रभाव को देखेंगे।

1) प्रकाश गतिकीय परिणाम–अंतरिक्षीय आयाम में प्रकाश गतिकीय परिणाम, समय को जड़ कर देता है अर्थात् यहां गति अनंत होता है व समय स्थिर। यहां समय व अंतराल समान होता है।

2) समय की तरह गति परिणाम–यहां आयाम में सामान्य गति होने पर क्रियात्मक कार्य हेतु अत्यधिक समय व्यतीत होता है यहां अंतराल कम और समय खर्च अधिक होता है।

3) दो घटना के बीच आयाम–यदि दो घटनाओं के बीच अनंत अंतराल है तो वह टाईम–कन्फ्यूजन की स्थिति पैदा करता है और भूतकाल की घटनांए वर्तमान में घटित होता प्रतीत होता है ये घटना एक–दूसरे के भूतकाल व भविष्य में है अंतराल समय का भ्रम पैदा करता है क्योंकि ब्रह्माण्ड अत्यंत विशाल है यहां दूरी प्रकाश वर्षो में मापी जाती है जब कोई घटना कुछ प्रकाश वर्ष दूर घटित होती है तो वह हमे कुछ वर्ष तक वैसा ही दिखाई देता रहता है जबकी हो सकता है उसका स्वरूप परिवर्तित हो चुका हो। इस घटना के बारे में हमें तब पता चलता है जब वह घटना दृश्य प्रकाश हम तक पहुंचती है याने हमारे वर्तमान काल मे भूतकाल की घटनांए आती रहती है जैसा की हमारे नजदीकी तारे अल्फॉसेंटारी अचानक नष्ट हो जाए तो हमे वह ऐसा ही यथावत् दिखाई देती रहेगी क्योंकि अंतराल के कारण वहां का वर्तमान हमारे वर्तमान से पृथक होता है और वहां की घटनाओं से अनजान रहते है और वस्तु के नष्ट होने के बाद भी वह मूर्त रूप से विद्यमान प्रतीत होती है जो एक भ्रम है।

अंतराल स्थिर नहीं है और नहीं काल स्थिर है

ब्रह्माण्डीय स्थिरांक एक भ्रामक विचार है ब्रह्माण्ड निर्मित संचालित व विस्तारित हो रहा है अतः अंतराल भी स्थिर नहीं हो सकता ब्रह्माण्डीय विस्तार के साथ अंतराल भी बदलता रहता है यह कम या अधिक हो सकता है गुरूत्वबल दो पिंडों, व घटनाओं के बीच अंतराल को प्रभावित करती है और यह अपने आकर्षण से ग्रहों, नक्षत्रों, तारों व उनके समूह, ब्लैक–होलों, गैलेक्सियों, व उनके समूह क्लस्टर्स का निर्माण कर रही है जिससे इनके बीच अंतराल कम हो रहा है। यही नहीं ब्रह्माण्डीय प्रसार ऊर्जा भी चारो आयामों में अंतराल को फैलाकर दूर विस्थापित करती जा रही है यहां पिंडों व उन्के समूहों के निर्माण के साथ–साथ वे एक–दूसरे से रैखिक गति से दूर भाग रहीं है जिससे इनका अंतराल बढ़ रहा है इसका तात्पर्य है अंतराल नियत अथवा स्थिर नहीं है ब्रह्माण्ड की व्यापकता व अंतराल की अस्थिरता और जटिल तथा रोचक बना दिया है

अंतराल की तरह काल भी स्थिर नहीं है यह भी गति व ऊर्जा बल से प्रभावित होती रहती है पहले यह माना जाता था कि समय स्थिर है लेकिन आइंस्टाइन ने विशेष सापेक्षता के सिद्धांत में साबित कर दिया की समय, गति के सापेक्ष होता है। जब कोई पिंड या मास प्रकाश की गति से यात्रा करता है तो उसके लिए समय जड़ हो जाता है या यह कहें कि समय खर्च शून्य हो जाता है अर्थात् यदि कोई व्यक्ति 10 दिन के लिए प्रकाश की गति से यात्रा करता रहें और यात्रा समाप्त होने पर उसके कलेण्डर में तो 10 दिन ही व्यतीत हुए होंगे जबकी बाहर दुनिया में 10 वर्ष बीत चुके होंगे और यह समय अनंत वेग से यात्रा करने के कारण काल–यात्रा होगी याने कम समय में अधिक समय का यात्रा करना काल यात्रा होती है।

इस प्रकार यूनिवर्स में काल व अंतराल की बदलती हुई स्थितियां ब्रह्माण्डीय संरचना को और अधिक जटिल तथा भ्रामक बनाती है चक्रण करते पिंड समूहो में गुरूत्व बल से जहां नजदीक आते हुए पिंडों कि गति बढ़ जाती है वही दूर जाती पिंडों की गति कम हो जाती है इससे अंतराल व समय पर प्रभाव पड़ता है ब्रह्माण्ड में आगे बढ़ते जाए तो यहां करोड़ों गतिवान (मूविंग) पिंडों, तारो, नक्षत्रों, श्याम विवरों, गैलेक्सियों व उनके क्लस्टर्स से अटा पड़ा है और इनके विशाल गुरूत्वीय बल लहरों के कारण पूरा ब्रह्माण्ड सपाट व घुमावदार आयामों के जटिलताओं से भरे पड़े है इस कारण काल अंतराल भी सपाट व घुमावदार हो जाता है

ब्रह्माण्ड की व्यापकता तथा काल अंतराल की अस्थिरता ने ब्रह्माण्डीय नेचर को जटिल तथा रोचक बना दिया है ब्रह्माण्ड में पिंडों का आकार, स्थिति व दशांए काल–अंतराल में जबरदस्त मरोंड़ पैदा कर रही है इनके प्रभाव से तारे, ब्लैक–होल, गैलेक्सी, व उनके क्लस्टर्स का निर्माण हो रहा है सच तो यह है कि काल अंतराल के जाल में ब्रह्माण्ड का अस्तित्व है और ब्रह्माण्ड के कारण काल–अंतराल का वजूद है।

18

ब्रह्माण्ड में सबसे अधिक गति किसकी है? (क्या हम प्रकाश से भी अधिक गति से यात्रा कर सकते है?)

हमारा ब्रह्माण्ड प्राकृतिक विचित्रताओ से अटा पड़ा है यहां ऐसी–ऐसी घटनांऐ होती रहती है जो हमारे कल्पनाओं को भी चकरा देने वाले होते है और जब नये तथ्य या घटनांए प्रकाश में आते है तब इसे हम विश्वास करने की स्थिति में नहीं होते। आज भी बिग–बैंग, गुरूत्वाकर्षण बल, ऋणात्मक दाब बल, नक्षत्रों, तारों ब्लैक होलों, गैलेक्सियों व उनके क्लस्टर्स, क्वेजार्स किसी पहेली से कम नहीं है।

ब्रह्माण्ड इतना विशाल है कि यहा काल भ्रम की समस्याएं उत्पन्न होती रहती है। जिससे समय की परिभाषा बदल जाती है यहां भूतकाल की घटनाऐ हमारे वर्तमान में आती प्रतीत होती है अर्थात् हम बीते हुए ब्रह्माण्ड को देखते है जो भ्रम पैदा करता है याने प्रकाश की गति से यात्रा करता घटना–प्रकाश हमारे दृश्य पटल तक पहुंचती है तब भी सैकड़ों वर्ष बीत चुके होते है इस तरह ब्रह्माण्ड की व्यापकता को मापने के लिए प्रकाश की गति का सहारा लिया जाता है जो कि सबसे अधिक गतिवान माना जाता है जो एक सेकण्ड में लगभग 3 लाख किलोमीटर की यात्रा तय कर लेता है आज हमारा ब्रह्माण्ड अपने सृजन से लेकर आज तक अरबो प्रकाश वर्ष तक फैल चुका है और आगे द्रुतगति से विस्तारित भी हो रहा है। अतः व्यापकता का अंदाजा लगाना कठिन है।

ब्रह्माण्ड एक अस्थिर जगह है यहां nothing, (कुछ नहीं) दिखने वाले खाली जगहो में *ग्रेविटेशनल ऊर्जा लहरों एवं ऋणात्मक ऊर्जा लहरों* से अटे पड़े है और बिग–बैंग के बाद इन्हीं ऊर्जा कणों के महासंतुलन से ब्रह्माण्ड रचित, निर्मित, संचालित व विस्तारित हो रही है ब्रह्माण्ड की गतिशिलता भी इन्हीं दोनो कणों की देन है जहां गुरूत्वाकर्षण ऊर्जा पदार्थो (मास) को एकत्र कर विभिन्न प्रकार के गैसीय एवं ठोस पिंडों तथा उनके समूहो का निर्माण

ही नहीं कर रहा है बल्कि उन्हे निरंतर गतिवान (अपने अक्ष पर घूर्णन तथा कक्षा में चक्रण) बनाए हुए है वहीं ब्रह्माण्डीय प्रसार ऊर्जा (रैबिक कणें) सक्रिय होकर निर्मित पिंड–समूहो जैसे गैलेक्सी व उनके क्लस्टर्स को दूर विस्थापित कर रही है जिससे ब्रह्माण्ड का सभी आयामों में रैखिक विस्तारित हो रही है।

ब्रह्माण्ड में समय के साथ इन दोनो प्रकार के ऊर्जा की गति बढ़ती ही जा रही है जैसे हम गुरूत्वाकर्षण को ही ले यह मास के प्राथमिक पार्टिकल्स अवस्था में अत्यंत क्षीण होता है ये पार्टिकल अन्य पार्टिकल्स से किया कर एटम की रचना करते है एटम आगे अन्य एटमों से जुड़कर पदार्थो की रचना करते है इसी प्रकार पदार्थ जब अन्य पदार्थो से जुड़कर विशाल खण्डो का निर्माण करने लगे तब पार्टिकल्स से उत्सर्जित ग्लूट्रॉन बल लहरे भी जुड़कर प्रभावी होने लगती है ग्लूट्रॉन बल लहरें जुड़कर प्रभावी आकर्षण बल आरोपित करते है जिससे ये विशाल मॉसिव खण्ड अन्य छोटे पदार्थो आदि को आकर्षित कर अपना आकार बढ़ाते जाते है बढ़ते पदार्थ की मात्रा व बढ़ते गुरूत्वाकर्षण के कारण निर्मित पिंड केंद्र के तरफ भारी और गोलाकार आकार ग्रहण करते जाते है और यहां अत्यधिक मास एक जगह होने पर गुरूत्व बल अब अपना प्रभाव दिखाने लगता है जो बिखरे हुए पार्टिकल्स के रूप में क्षीण था। *लेकिन यही पदार्थ जब अत्यंत छोटे स्थान पर याने संकीर्ण जगह पर संपीड़ित कर दिया जाता है तो पार्टिकल्स के अत्यंत निकट आ जाने से ग्लूट्रॉन क्यूटॉईल्स लहरे जुड़कर गुरूत्व बल को चरम अवस्था में पहुंचा देते है।* जैसे एक ब्लैक होल में जहां अरबो सौर द्रव्यमान एक छोटे से स्थान में समाये रहते है वहा पार्टिकल्स अत्यंत पास–पास होने पर उनसे उत्सर्जित ग्लूट्रॉन बल लहरे जुड़कर चरम बलशाली हो जाती है। ब्लैक–होल के चारो ओर गुरूत्वाकर्षण बल लहरे इवेंट हॉरिजन तक इतना मजबूत व स्ट्रांग होती है कि यह किसी भी पदार्थ व मास को खींचकर अपने केंद्र की ओर ले जाता है और यहां किसी भी पदार्थ को केंद्र की ओर खिंची जाने की गति इतनी अधिक होती है कि मास के, द्रव्यमान शोषण क्षेत्र (तीव्र आकर्षण गति क्षेत्र, घटना क्षितिज) में स्पर्श करते ही एटम भी तहस–नहस हो जाते है और अपने न्यून ईकाई तक टूटकर ब्लैक होल में समा जाते है। *सच तो यह है कि सक्रिय एवं सुपर मॉसिव श्याम विवरो के पास गुरूत्वाकर्षण की गति, प्रकाश की गति से भी सैकड़ों गुना अधिक होती है और यहां आने वाले पदार्थ अति खिंचाव के कारण संपीड़ित होकर केंद्रीय मास में समा जाते है और यहां पलायन वेग इतना अधिक (अनंत) होता है की इन पदार्थो का यहां से कभी भी बाहर निकल पाना संभव नहीं होगा।*

ब्रह्माण्ड के विकास व उसके चरम अवस्था में पहुंचने के लिए जितना गुरूत्वाकर्षण बल आवश्यक है उतना ही ऋणात्मक दाब युक्त रैबिक ऊर्जा कणें। इतना ही नहीं इन बलों में आपसी संतुलन का होना भी उतना ही आवश्यक है यदि ऋणात्मक दाब युक्त रैबिक ऊर्जा कणें समय से पहले ही सक्रिय हो जाए तो ब्रह्माण्ड निर्माण से पहले ही बिखर जाएगा और

कचरा का विस्तार होगा। ठीक उसी प्रकार विस्तार की गति यदि समय से पहले ही अधिक हो जाए तो ब्रह्माण्ड बिखर कर नष्ट हो जाएगा।

बिग–बैंग (बिग–रिलीज) के बाद फैले प्योर उर्जा से जब ब्रह्माण्ड निर्मित होने लगा और पदार्थ के पास–पास आने से गुरूत्वाकर्षण बढ़ने लगा जिससे पिंडों का ही नहीं बल्कि उनके समूहो एवं क्लस्टरो का निर्माण होने लगा अब निर्मित पिंडों व उनके समूहो से बढ़ते हुए दबाव के कारण रीब ऊर्जा कणे सक्रिय होने लगी और धीरे–धीरे ब्रह्माण्ड का विस्तार होने लगा अनुमानतः यह उसके जन्म के 3–4 अरब वर्ष बाद हुआ होगा और यह विस्तार समय के साथ बढ़ता जा रहा है। जो प्रारंभ में निष्क्रीय था। *आज ब्रह्माण्ड के इस विस्तार में आगे बढ़ते हुऐ पिंड समूह अपना आकर्षण बनाए हुए है और वे अपने समूह के साथ आगे बढ़ते जाते है अर्थात् यहां ब्रह्माण्डीय विस्तार की गति पिंड समूह के आकर्षण गति से कम होता है।*

आज जब हम अपने विस्तारित होते ब्रह्माण्ड को देख रहे है विस्तार की गति भी बढ़ती जा रही है और बढ़ती जाएगी।

ब्रह्माण्ड के अंत समय में जब सभी पदार्थ एक–दूसरे से दूर होते जाएंगे तब ब्रह्माण्डीय विस्तार अपने चरम सीमा पर होगा और अंत में ऐसे करोड़ों सुपर मॉसिव पिंड होंगे जो एक–दूसरे से अनंत दूरी पर स्थापित होते जाएगे।

आज ब्रह्माण्ड में सबसे अधिक गति चरमगुरूत्वाकर्षण में है जहां पदार्थो गैसो पिंडों को खींचे/निगले जाने की गति प्रकाश की गति से भी करोड़ों गुना अधिक होती है यदि हम इन गुरूत्वाकर्षण क्षेत्र में पहुंच जाए तो प्रकाश से भी अधिक गति से यात्रा कर सकते है लेकिन हम सीधे ब्लैक होल की तरफ खींचे चले जाएगें साथ ही यहां आकर्षण गति इतना शक्तिशाली होगा की हमारे शरीर के एटम व पार्टिकल्स भी तहस नहस होकर ब्लैक होल की ओर आगे बढ़ेगे और यहां कोई भी व्यक्ति जीवित नहीं रह पाएगा। कहा जा सकता है कि यह यात्रा मजेदार नहीं होगी।

19

तारेः ब्रह्माण्डीय टर्निंग पाईंट

ब्रह्माण्ड के प्राथमिक एलीमेंट्स को जटिल, भारी तथा काले पदार्थो के ओर ले जाता तारा जीवन चक्र...

तारा, एक विशालकाय चमकता हुआ गैस का पिण्ड होता है जो गुरूत्वाकर्षण के कारण बंधा होता है आसमान में ऐसे खरबो खरब तारे है उसमें से हमें कुछ सैकड़ों तारे (लगभग 500) ही हमें दिखाई देते है जो हमारे मंदाकिनी के है अन्य गैलेक्सियां व तारे हम अपने साधारण आँखों से देख नहीं पाते। ये तारे हमारे सूर्य जैसे विशाल है और इनमें से कुछ तो सूर्य से हजारो गुना बड़े और विशालकाय है चूंकि ये हमसें अरबो किमी की दूरी पर है इसलिए हमें ये इतने छोटे दिखाई देते है। ब्रह्माण्ड में बिग–बैंग के बाद जो विशालतम निहारिकांऐ गैसीय बादले अस्तित्व में आयी उसमें धूलकणें व गैसे प्रमुख थे। इन गैसो मे मुख्यतः हाइड्रोजन सर्वत्र व बहुतायत में थे। अनुमान है कि निहारिकाओं में 79 प्रतिशत हाइड्रोजन 20 प्रतिशत हीलियम व कुछ प्रतिशत ही अन्य भारी तत्व होते है। इन गैसों जिसके एटम सरल व प्राथमिक थे खगोलीय गैसीय पिंडों के निर्माण में महत्वपूर्ण भूमिका अदा किए।

तारों के जन्म के पहली स्थिति है इंतजार और लंबा इंतजार। धूल और गैस के बादल उस समय तक इंतजार करते है जब तक कोई दूसरा तारा या भारी पिंड (जैसे ब्लैक होल) इसमें कुछ हलचल ना पैदा कर दे इन लहरों और हलचलों से तरंगे उत्पन्न होती है जिससे निहारिका में धूल और गैस के कण एक जगह संघनित होना शुरू हो जाते है पदार्थ का यह ढ़ेर उस समय तक जमा होना जारी रहता है जब तक वह एक विशाल महाकाय आकार नहीं ले लेता। इस प्रकार प्रारंभिक काल में जब करोड़ों टन एटॉमिक मास कण एक–दूसरे के पास–पास आने लगे तब पदार्थ के मूलकणो से उत्सर्जित ग्लूट्रॉन क्यूटॉईल्स बल कण जुड़कर प्रभावी होने लगी और गुरूत्वाकर्षण बल लहरे के रूप में वह विशाल गैसीय खगोलीय पिंडों का निर्माण करने लगें। इतना ही नहीं यह पिंड अपने आकर्षण प्रभाव से अन्य गैसो धूलों व पदार्थो को खींचकर अपने मास और आकार को बढ़ाने लगता है। इस प्रकार बढ़ता गैसीय पिंड जब तारा बनने लायक मास ग्रहण कर लेता है, प्रोटोस्टार कहलाता है जैसे–जैसे यह

प्रोटोस्टार बड़ा होता जाता है गुरूत्वाकर्षण इसे छोटा और छोटा करने की कोशिश करता है जिससे दबाव बढ़ता जाता है और तारा गर्म होने लगता है जैसे ही अत्यधिक दाब से तापमान 10000000 केल्विन तक पहुंचता है तब वह इतना दाब–ताप उत्पन्न करता है कि पिंड के भीतर हाइड्रोजन परमाणुओ में संलयन प्रारंभ हो जाता है उच्चतम गुरूत्वीय दाब से ताप बढ़ता जाता है बढ़ता हुआ ताप संलयनकारी क्रियाओ को और बढ़ा देती है जिससे भभक कर तारा जल उठता है और वह प्रोटोस्टार से स्टार बन जाता है। जहां गुरूत्व, तारे को सिकोड़ना प्रारंभ करती है वही बढ़ती उष्मा व ताप तारे के आकार को फैलाती है इस प्रकार तारें में एक संतुलन का निर्माण होने लगता है।

ऐसा माना जाता है कि प्रारंभिक तारे हमारे सूरज से करीब 60 गुना भारी होते थे ये शुद्ध हाइड्रोजन व हीलियम से बने थे। और ये ऊर्जा का खपत कर शीघ्र ही नष्ट हो गए। ये विशाल तारे अपना ईधन ज्यादा तेजी से खत्म करते है इसका वजह यह है कि जितना ज्यादा द्रव्यमान होगा उतनी तेजी से केंद्रक संकुचित होगा जिससे हाइड्रोजन संलयन की गति अधिक होगी और वे कम जीवन काल के होते है और इनके विस्फोटो से अंतरिक्ष में भारी मात्रा में लोहा कार्बन व मैग्नीशियम जैसे अन्य भारी पदार्थ फैल गया। जबकी छोटे तारे धीमें होते है और कम ईधन का प्रयोग करते है और ज्यादा जीवन काल के होते है।

तारा जीवन चक्र तारे के अंदर हाइड्रोजन के संलयनकारी क्रिया में चार हाइड्रोजन एटम भाग लेते है इसमें एक हाइड्रोजन दूसरे हाइड्रोजन से मिलकर ड्यूटेरियम बनाते है आगे यह पुनः अन्य हाइड्रोजन से क्रियाकर 3He का निर्माण करते है जो अन्य 3He संलयन कर 4He हीलियम का निर्माण करता है यह प्रक्रिया निरंतर खरबो टन सरल व हल्के हाइड्रोजन एटम को जटिल व भारी पदार्थ हीलियम में परिवर्तित करता रहता है इस प्रक्रिया में निरंतर फोटॉन ऊर्जा विमुक्त होती रहती है जिससे तारा दीप्त मान बनी रहती संलयन क्रिया से बने गर्म गैसे व फोटॉन बाहर की ओर आती है जबकी जटिल व भारी पदार्थ केंद्र की ओर इकठ्ठा होते जाते है। संलयन की इस प्रक्रिया में जहां ऊर्जा विमुक्त होती है वही बनने वाले भारी तत्वो जैसे हीलियम का भार अपेक्षाकृत कम होता है शेष भार ऊर्जा के रूप में विमुक्त होती है। तारा जीवन चक्र में जैसे–जैसे हाइड्रोजन समाप्त होने लगता है और केंद्र की ओर हीलियम का भण्डार होते जाता है तब तारा, ऊर्जा की आवश्यकता को पूरा करने के लिए हीलियम का संलयन प्रारंभ कर लेता है जिसमें हीलियम–हीलियम संलयन से बेरिलियम बनाते है और फोटॉन मुक्त करते है यह बेरिलियम अन्य हीलियम या हाइड्रोजन से संलयन कर बहुतायत में भारी तत्व कार्बन बनाते है आगे कार्बन नाभिक, हीलियम से संलयन कर ऑक्सीजन व फोटॉन ऊर्जा मुक्त करते है इस तरह तारे के नाभिक में निरंतर हीलियम अन्य हीलियम हाइड्रोजन, कार्बन से संलयन कर भारी व जटिल तत्वो जैसे बेरिलियम लिथीयम, कार्बन, मैग्नीशियम लोहा, निकल, नियॉन, सिलिकॉन, ऑक्सीजन, आदि का निर्माण करने लगते है।

इस प्रकार विशाल तारा, हीलियम संलयन की प्रक्रिया के बाद लाल दानव तारा बन जाते है हीलियम खत्म होने के बाद ये तारे हीलियम से भारी तत्वो का संलयन करते है तारा केंद्र संकुचित होकर कार्बन का संलयन प्रारंभ करते है इसके पश्चात् नियॉन संलयन, ऑक्सीजन संलयन, और सिलिकॉन संलयन होता है। तारे के जीवन के अंत में संलयन प्याज की परतो की तरह होता है हर परत पर एक तत्व का संलयन होता है सबसे बाहरी परत पर हाइड्रोजन, उसके नीचे हीलियम और आगे के भारी तत्व का संलयन चलता है अंत में तारा लोहे का संलयन प्रारंभ करता है लोहे के नाभिक अन्य तत्वो की तुलना में ज्यादा मजबूत रूप से बंधे होते है लोहे के नाभिको के संलयन से ऊर्जा नहीं निकलती है इसके उलट वह ऊर्जा लेती है और विशालकाय तारों के केंद्र में लोहे का बड़ी गुठली बन जाती है और तारों का अंत में वह बाहरी परत को झाड़कर एक ग्रहीय नेबुला में तब्दील हो जाता है इसे ही सुपरनोवा विस्फोट कहते है यह तारे को बेहद चमकदार तारे अवशेष में बदल देता है और शेष तारा केंद्र अधिक द्रव्यमान होने पर काले पदार्थ ब्लैक होल में संपीड़ित होने लगता है।

लाल दानव तारा अपने मूलभूत आधार को ही जलाने लगती है जिससे तारा केंद्र का तापमान अत्यधिक बढ़ जाता है गर्म गैसे व उष्मा बाहर की ओर प्रगमन करने लगती है जबकी निर्मित भारी पदार्थ जैसे लोहा, निकल आदि तारा केंद्र मे इकठ्ठा होने लगते है। भारी पदार्थो के केंद्र के ओर प्रगमन से गर्म गैसे तीव्र गति से बाहर की ओर धकेली जाती है इस उष्मीय व गैसीय ताप से तारा फूलकर अत्यंत विशाल रूप ग्रहण करते जाता है जिसे लाल दानव तारा के नाम से जाना जाता है यह लाल रंग का इसलिए होता है कि इसकी बाहरी तहें फैल गयी है और उसे गर्म करने के लिए ज्यादा ऊर्जा चाहिए लेकिन ऊर्जा का उत्पादन बढ़ा नहीं है इस कारण वह कम गर्म होने से चमक लाल हो गयी है। तारे में बाहर की ओर दबाव और अंदर की ओर गुरूत्वाकर्षण का संतुलन समाप्त हो जाता है और अंततः गुरूत्वाकर्षण जीत जाता है और भयानक विस्फोट के साथ केंद्र सिकुड़ जाता है यह तारा का सुपरनोवा विस्फोट कहलाता है।

सुपरनोवा विस्फोट इस विस्फोट में तारा–केंद्र को छोड़कर शेष बाह्य परत अंतरिक्ष में फेंक दी जाती है जिसमें गैसे, धूल कार्बन, मैग्नीशियम आदि होते है। और शेष बचा तारा केंद्र अपेक्षित द्रव्यमान होने पर इतना गुरूत्वाकर्षण पैदा कर लेता है कि वह ब्लैक होल बन जाता है या अपेक्षित द्रव्यमान से कम होने पर व्हाइट ड्रॉफ्ट या न्यूट्रॉन तारा। इस तरह शेष बचा तारा केंद्र एक ब्लैक होल बनने के बाद वह अंतरिक्ष में वैक्यूम क्लीनर की तरह हो जाता है, जो निरंतर मास भक्षण/ग्रहण कर अपना आकार बढ़ाता जाता है और यह ब्लैक होल इतना पावर फूल व स्ट्रांग होता है कि यह डायरेक्ट ब्रह्माण्ड से पदार्थो गैसो ग्रहो उपग्रहो अथवा तारों को खींचकर संपीड़ित कर अपने में विलय कर लेता है इस प्रकार एक ब्लैक होल सीधे ही सरल व हल्के पदार्थो को जटिल व ठोस पदार्थो में बदल देता है।

खरबो–खरब तारे हमारे ब्रह्माण्ड के टर्निंग पाईंट है जो अपने जीवन काल में प्राथमिक, सरल पदार्थो को जटिल, भारी व ठोस पदार्थो में परिवर्तित कर रहे है व साथ ही इस प्रकिया में ऊर्जा विमुक्त होने से ब्रह्माण्ड को आलोकित व ऊर्जान्वित कर रहे है।

जटिल काला पदार्थ, ब्लैक होल तारे सुपरनोवा विस्फोट के साथ जहां भारी पदार्थो व गैसो को बाह्य अंतरिक्ष में फेंक रहें है वहीं इस किया के विपरीत व जबरदस्त प्रतिकिया बल, शेष बचे तारा केंद्र को इतना संपीड़न बल आरोपित करती है कि अपेक्षित द्रव्यमान के मास होने पर वह संपीड़ित होकर ब्लैक होल बन जाता है आज ज्ञात ब्रह्माण्ड में तारा जीवन चक्र ही ब्लैक होल बनने का प्रमुख कारण है आज ब्रह्माण्ड में अरबो ब्लैक होल है जिसमें से अधिकांश ब्लैक होल ऐसे है जो मास ग्रहण कर सुपर मॉसिव बनते जा रहे है और ये अरबो तारों ग्रहों उपग्रहों निहारिकाओं नेबुलाओं, गैसो को आकर्षित कर विशाल गैलेक्सियों का निर्माण करने लगे। इन विशाल संग्रहण से ब्लैक होल निरंतर अपने आस–पास चकण करते पिंडों गैसो तारों को भक्षण कर अपने मास बढ़ाता जाता है

तारे ब्रह्माण्ड के सरल व हल्के मास को जटिल व भारी पदार्थो में तब्दील कर रहें है इन तारों से बने ब्लैक होल–मशीनें, बाहरी अंतरिक्ष से डायरेक्ट मास खींचकर उसे भारी मास में परिवर्तित कर देते है। मै तो कहता हूं कि एक गैलेक्सी तथा उसके केंद्र के चारो ओर का विस्तार किसी सघन एकल पिंड के निर्माण का पूर्व अवस्था है और जिनका आगे सुपर मॉसिव सिंगल पाईंट के रूप में विकास होगा। सच में ये तारे ही ब्रह्माण्ड के निर्माण की कुंजी है।

20

ब्रह्माण्ड में प्रत्येक निर्माण में केंद्र का होना व केंद्र के तरफ भारी होना पाया जाता है।

ब्रह्माण्ड के रचनाओं में मजबूत केंद्र का होना, भारी होना तथा उसके चारो ओर अन्य पिंडों के होते चक्रण, एक व्यापक सार्वभौमिक ब्रह्माण्डीय संरचना की व्याख्या करता है। ब्रह्माण्ड में जहां ऐसी स्थितियां वर्तमान में नहीं है, वह ऐसा बनने कि प्रक्रिया में होता है। *इस प्रकार का यूनिफॉर्म* ब्रह्माण्ड के हर निर्माण में देखा जा सकता है जैसे एक परमाणु का केंद, नाभिक होता है जिसमें परमाणु के कुल भार का 99 प्रतिशत भाग समाया रहता है। और इसके चारो ओर कई इलेक्ट्रॉन कूलम्ब आवेश के कारण चक्रण करते रहते है हमारे पृथ्वी में भी केंद्र है जिसे कोड़ कहा जाता है जो भारी धातुओं जैसे लोहा, क्रोमियम, निकल, एवं पारा जैसे पदार्थो से बना है और वह निरंतर चक्रण करता रहता है वैसे ही पृथ्वी व अन्य ग्रहो का केंद्र सूर्य है जो अन्य ग्रहों से भारी है और सब ग्रहो के मध्य स्थित है सारे ग्रह उसके चारो ओर चक्रण करते रहते है और सौर मण्डल का 99 प्रतिशत भार सूर्य में ही निहीत है। ठीक उसी प्रकार हमारे गैलेक्सी का केंद्र सुपर मॉसिव ब्लैक होल होता है जो पूरे गैलेक्सी में सबसे भारी व ठोस होता है। और सारा गालाक्टिक मास इसके चारो ओर चक्रण करते रहते है। इतना ही नहीं गैसीय पिंडों जैसे वृहस्पति, सूर्य तारो व नक्षत्रों में भी केंद्र पाया जाता है लेकिन ज्ञात ब्रह्माण्ड का कोई केंद्र नहीं है

ब्रह्माण्ड के प्रत्येक निर्माण में केंद्र का होना व केंद्र की ओर अधिक भार का होना गुरूत्व–आकर्षण बल के कारण होता है क्योंकि गुरूत्वाकर्षण बल, हर पदार्थ को खींचकर केंद्र की ओर ले जाना चाहता है। इसी कारण पिंडों के निर्माण में ठोस व भारी चीजें केंद्र की ओर इकठ्ठा होने लगती है जैसे हमारे ग्रह पृथ्वी में है यहां सबसे भारी व ठोस पदार्थ उसके केंद्र में ठूसे हुए है। उसी प्रकार तारो, जैसे हमारे सूर्य में भी समय के साथ–साथ हाइड्रोजन संलयन के बाद बने हीलियम उसके केंद्र की ओर खींचे जाते है। और आगे हीलियम संलयन

से बने अन्य भारी व जटिल पदार्थ जैसे लोहा, निकल, कार्बन, बेरिलियम आदि केंद्र की ओर खींचे जाएंगे। *इस प्रकार केंद्र न सिर्फ भारी होता है बल्कि भारी होने की प्रवृति में रहता है क्योंकि गुरूत्वाकर्षण निरंतर कार्य करता रहता है और यह पदार्थो को जो उसके लंबवत् प्रक्षेत्र में आते ही केंद्र की ओर खींच कर ले जाता है परंतु जो गुरूत्व बल के लहरदार प्रक्षेत्र में आते है वहां गुरूत्वाकर्षण बल इतना बलशाली नहीं होता की उसे खींचकर केंद्र में ले जा सके तब वह उसे आकर्षित कर केंद्र के ओर आने के लिए उत्प्रेरित करता रहता है और वह पिंड अपने द्रव्यमान के कारण इस खिंचाव का विरोध करता है अंततः कम गुरूत्वीय पिंड अधिक गुरूत्वीय पिंड के चारो ओर चक्रण करने लगता है।*

अतः पिंडों के चक्रण में आकर्षण व विकर्षण की युक्ति फोर्स कार्य करती रहती है पर उसके लिए आकर्षण बल ही मुख्य तौर पर जिम्मेदार होती है। इसी कारण चंद्रमा अपने भारी केंद्र पृथ्वी, और पृथ्वी अपने केंद्र सूर्य (तारा) के तथा तारे अपने से भारी अन्य किसी तारे का तारो के समूह का किसी अन्य भारी तारे या ब्लैक होल का तथा गैलेक्सी अपने से किसी बडे गैलेक्सी का एवं किसी गैलेक्सी समूह का किसी अन्य बडे गैलेक्सी समूह का चारो ओर चक्कर काटते रहते है और इस तरह चक्राकार काल–अंतराल से युक्त ब्रह्माण्ड का निर्माण होता है जहा पिंडों द्वारा किसी न किसी भारी पिंड का चक्रण करते रहते है यदि चक्रित पिंड लंबवत् क्षेत्र में आ जाती है तो वे केंद्रीय भार में समा जाती है जबकी लहरदार क्षेत्र में चक्रण करते पिंड भी धीरे–धीरे केंद्रीय पिंड की ओर सरकती रहती है जैसे हमारी पृथ्वी चक्रण करते हुए आहिस्ता–आहिस्ता सूर्य के ओर सरक रही है भले ही इसके सरकने की दर प्रतिवर्ष कुछ मिलीमीटर ही क्यों न हो। ठीक उसी प्रकार हमारी गैलेक्सी मिल्की–वे भी निरंतर पड़ोसी व विशाल गैलेक्सी एण्ड्रोमिडा का चक्रण करते हुए उसके ओर धीरे–धीरे खिसक रही है। जो बाद में उसमें विलय कर जाएगी। इस प्रकार ब्रह्माण्ड के रचनाओं में केंद्र न सिर्फ भारी है बल्कि सक्रिय है और जो न सिर्फ ब्रह्माण्डीय समूहो का कारक है बल्कि पिंडों को गतिवान व चलायमान बनाए रखने के लिए भी जिम्मेदार है।

ब्रह्माण्ड खुला है जिसका अनंत परिक्षेत्र में निरंतर विस्तार हो रहा है ब्रह्माण्ड का कोई केंद्र नहीं है। परंतु ब्रह्माण्ड के प्रत्येक निर्माण में सक्रिय केंद्र है जो अपने भार बढ़ाने की प्रवृति रखता है जिसे तारा के केंद्र में भारी पदार्थो के जमाव के रूप में देखे या किसी गैलेक्सी के केंद्र ब्लैक होल में देखा जा सकता है इसी प्रवृति का परिणाम, ही है कि हमारा व हमारे पृथ्वी का अंत किसी कठोर पिंड में समाकर होगा।

21

ब्रह्माण्ड का हर वस्तु एवं पिंड गतिवान एवं स्पंदित क्यो है?

प्रकृति में सर्वत्र स्थिरता का अभाव है। गति का संबंध ऊर्जा से है प्रकृति में जड़ अथवा मांढ़र सदृश दिखने वाले चीजों में भी गतियां मौजूद है और वह ऊर्जा से भरपूर है गतियां ही ब्रह्माण्ड तथा हमारे वजूद का कारण है यह गति ही प्रकृति व सृष्टि है।

ब्रह्माण्ड एक गतिशील जगह है। यहां प्रत्येक वस्तु व पिंड गतिवान है जैसे चांद, पृथ्वी का चक्कर काट रही है और पृथ्वी सूर्य का, सूर्य पूरे गैलेक्सी का, गैलेक्सी द्वारा अन्य किसी बडे गैलेक्सी का, इतना ही नहीं गैलेक्सियों के समूह द्वारा भी किसी अन्य बडे गैलेक्सी–क्लस्टर का चक्रण करते रहते है ये पिंड अन्य भारी पिंड के चक्रण के साथ–साथ अपने अक्ष पर भी घूर्णन करते रहते है। आगे बढ़ते हुए हम उन बिल्डिंग ब्लॉग यानि एटम के मूल कणों को देख सकते है जिससे सम्पूर्ण ब्रह्माण्ड का निर्माण हुआ है अर्थात् क्वॉर्क, लेप्टॉन, प्रोटॉन, न्यूट्रॉन जिसके मेल से पार्टिकल्स, एटम, व पदार्थो का निर्माण हुआ है वे भी अतिसक्रिय व गतिवान है प्रकृति में सर्वत्र स्थिरता का अभाव है।

वास्तव में सक्रियता से ही सम्पूर्ण ब्रह्माण्ड निर्मित व चलायमान बने हुए क्वॉर्क व लेप्टॉन ब्रह्माण्ड के मूल कण माने गये है वे नैर्सगिक बलों से युक्त होते है यह नैर्सगिक आवेश ही ग्लू का कार्य करता है एटम अपने आप में पूरी दुनिया को समेटे हुए है और मजे कि बात यह है कि इस सबसे बारिक जर्रे में एक शहर से भी ज्यादा हलचल लगातार होती रहती है एक पूरा माइक्रो वर्ल्ड एटम में मौजूद है यहां निगेटिव चार्जज्ड़ इलेक्ट्रॉन अपने नाभिक के चारो ओर तेजी से चक्कर लगाता रहता है जिसकी स्पीड बहुत अधिक होती है जिसे प्रकाश के स्पीड के बराबर मान सकते है याने एक सेकण्ड में तीन लाख किमी का सफर तय कर लिया जाता है कई इलेक्ट्रॉन लगातार नाभिक का चक्रण करते रहते है क्वांटम भौतिकी के अनुसार इलेक्ट्रॉन जैसे कणो की व्याख्या किसी बिंदु जैसे कण के बजाए श्रोडिंगर के तरंग से की जा सकती है यह तरंग इस कण के उस बिंदु पर होने की संभावना व्यक्त करती है यह अजीब जरूर लगता

है लेकिन इस सूक्ष्म गतिशील स्तर पर प्रकृति कुछ ऐसा ही व्यवहार करती है और इस स्थिति में किसी कण की निश्चित अवस्था प्राप्त करना मुस्किल है और हम सिर्फ उस कण के किसी बिंदु पर होने की संभावना व्यक्त कर सकते है यह तीव्र गतिशिलता के कारण होती है। यहां यह जानना जरूरी है वह कौन सी ताकत है जो इलेक्ट्रॉनों को न्यूक्लियस के चारो ओर हरकत में रखती है इस ताकत को इलेक्ट्रोस्टेटिक फोर्स कहा जाता है दरअसल जिस तरह इलेक्ट्रॉनो पर निगेटिव चार्ज होता है उसी तरह न्यूक्लियस में प्रोटॉन पाया जाता है उस पर पॉजिटिव चार्ज होता है और इन दोनो के बीच बिजली की ताकत कशिश करती है इलेक्ट्रॉनों की कक्षा से अंदर चले तो केंद्र में इलेक्ट्रॉन से दो हजार गुना भारी प्रोटॉन होता है और इसके अंदर भी बहुत सारे गतियां व करिश्में छूपे हुए है। नाभिक मुख्यतः दो प्रोटॉन व दो इलेक्ट्रॉन से मिलकर बने होते है कुछ नाभिक से एक खास तरह के अनोखे किरणें निकलती है इन किरणों को रेडियों एक्टिव किरणें कहा गया ये किरणे अल्फा बीटा व गामा तीन तरह के थे अल्फा कण छोटे तेज रफ्तार के कण थे और हर कण में दो प्रोटॉन व दो न्यूट्रॉन थे लेकिन बीटा किरणों में तेज इलेक्ट्रॉन की बौछार थी जब नाभिक पॉजिटिव चार्जज्ड़ पार्टिकल्स का जमावड़ा होता है तो वहा से इलेक्ट्रॉन का उत्सर्जन समझ से परे की बात थी तब जापान के साइंटिस्ट यूकोवा ने एक ऐसी खोज की जिससे नाभिक के गतियों व स्पंदन का पता चला यूकावा ने एक नये कण मेसॉन की खोज की उन्होने बताया की यह नये कण मेसॉन पॉजिटिव, निगेटिव व न्यूट्रल तीन तरह के होते है और बताया की निगेटिव मेसॉन जब नाभिक के प्रोटॉन से जुड़ता है तो न्यूट्रॉन बन जाता है इसी तरह न्यूट्रॉन से निगेटिव मेसॉन जब अलग होता है या पॉजिटिव मेसॉन जुड़ता है तो प्रोटॉन बन जाता है इसका मतलब यह है कि न्यूक्लियस में मौजूद प्रोटॉन व न्यूट्रॉन लगातार अपनी शक्लें बदलते रहते है अगर न्यूक्लियस में दो प्रोटॉन व दो न्यूट्रॉन है तो हमेशा इतनी ही संख्या में रहेंगे। लेकिन उनकी संख्या बदलती रहेंगी और ऐसा एक सेकण्ड में दसियों अरब बार होता है।

नाभिको के अंदर एक सेकण्ड के दस अरबवे हिस्से में प्रोटॉन व न्यूट्रॉन अपने शक्लें बदल लेते है मेसॉनो के जरिये पार्टिकल्स का यह बदलाव एटम में नाभिकीय बल पैदा करने के लिए जरूरी है यदि यह करिश्माई प्रक्रिया न हो तो नाभिकीय बल कमजोर पड़ जाएगा और नाभिक नष्ट हो जाएगा। माइक्रो कायनात पूर्णतः स्पंदित व गतिशील है जिससे मिलकर ब्रह्माण्ड बना है।

ब्रह्माण्ड में चीजों के निर्माण व उनकी तीव्र गतियॉ उनमें निहित नैर्सगिक बलो की देन है। नैर्सगिक बल प्योर ऊर्जा के मास (द्रव्यमान) रूप में परिवर्तन का लागत है मास का अस्तित्व इन बलो के साथ होता है।

अतः मास (द्रव्यमान) के रूप में भी ऊर्जा कई बल तरंगो को उत्सर्जित कर अपनी गतिशीलता बनायी रखती है इसमें प्रमुख रूप से सूक्ष्म स्तर पर कमजोर व मजबूत नाभिकीय बल एवं चुम्बकीय बल कार्य करता है जिससे पार्टिकल्स का निर्माण नाभिको का निर्माण व

गतियां व इलेक्ट्रॉन रिवोलुशन शामिल है जिससे प्राथमिक बिल्डिंग ब्लॉग एटम का अस्तित्व है जिसे माइक्रो कायनात भी कहा जा सकता है और यह माइक्रो कायनात ही वृहद् ब्रह्माण्ड का आधारशिला है इन्हीं से मिलकर पूरे ब्रह्माण्ड में तारों ग्रहों पिंडों नक्षत्रों गैलेक्सियों का निर्माण हुआ है।

विशाल ब्रह्माण्ड को निर्मित, गतिशील तथा चलायमान बनाए रखने के लिए व्यापक प्रभाव वाले अति सूक्ष्म क्षीण व शून्य द्रव्यमान जैसे विशेषता वाले बल वाहक कणों कि आवश्यकता थी इस प्रकार के बल कण एटम में ही मौजूद थे पर इतने सूक्ष्म रूप मे इनको समझ पाना संभव नहीं था लेकिन जैसे जैसे प्राथमिक बिल्डिंग ब्लाग जुड़ते गए और बड़े पदार्थो व पिंडीय टुकड़ो का निर्माण होने लगा इन अति सूक्ष्म क्षीण बल ग्रेविटी भी जुड़कर प्रभावी बल का निर्माण करने लगें अब बड़े पिंडों ग्रहो नक्षत्रों का निर्माण होने लगा। यह बल केंद्रीय कृत प्रभाव वाला था जिसके कारण किसी भी पदार्थ को खींचकर केंद्र में ले जाना चाहता था इस कारण ब्रह्माण्ड में निर्मित पिंड गोलाकार आकार में निर्मित होते गये जिसे हम गुरूत्वाकर्षण बल के नाम से जानते है गुरूत्वाकर्षण उत्प्रेक्ष्य गतिकीय बल ने अपने आस–पास स्थित छोटे–बड़े पिंडों को चारो ओर चक्रण व अपने अक्ष में घूर्णन के लिए विवश कर दिया आज इसी कारण पृथ्वी सूर्य के चारो ओर और अपने अक्ष में घूर्णन करती रहती है और पूरा ब्रह्माण्ड में हर खगोलिय पिंड गुरूत्वाकर्षण उत्प्रेक्ष्य गतिकीय बल के प्रभाव में है और रिवोलुशन कर रहा है ब्रह्माण्ड के निर्माण व विकास के लिए मूवमेंट जरूरी हो जाता है। सुपरमॉसिव घने पिंडों के पास तो गुरूत्वाकर्षण बलों की गति प्रकाश की गति से भी आगे निकल जाती है इन बड़े गुरूत्वाकर्षण बलो ने बड़े घने पिंडों व उनके समूहो का निर्माण किया। घने पिंडों व बढ़ते गुरूत्वाकर्षण प्रभाव से ब्रह्माण्ड जकड़ कर रह जाएगा और विकास रूक जाएगा। अतः ब्रह्माण्ड में ऐसे बल की आवश्यकता थी जो निर्मित व समूहित ब्रह्माण्ड को विस्तारित कर सके और इस प्रकार के बल, सृजन के समय से ही मौजूद थे पर निष्क्रीय थे क्योकि यदि वे उस समय ही सक्रिय हो जाते तो ब्रह्माण्ड में मात्र कचरा का ही विस्तार होता। वास्तव में ये बल कण गुरूत्वाकर्षण से प्रतिक्रिया करती है वह भी बड़े प्रभावी व विशाल समूह गुरूत्व बलों से, इस कारण ब्रह्माण्ड मे जब बड़े पिंड समूहो जैसे प्रोटोगैलेक्सियों व उनके समूहो का निर्माण होने लगा विस्तार प्रभाव वाली रैबिक ऊर्जा कण टेस्टोस्टेरॉन हार्मोंस की तरह सक्रिय होने लगी और ब्रह्माण्ड का विस्तार होने लगा। जो ब्रह्माण्ड के अंत तक चलता रहता है।

ब्रह्माण्ड का वर्तमान व भविष्य, मैटर के गतियों पर निर्भर करता है गति, स्पंदन व चक्रण ही ब्रह्माण्डीय सृष्टि को न सिर्फ जीवंत बनाए हुए है बल्कि उसे निर्मित, संचालित व विस्तारित कर रही है और यह ब्रह्माण्ड के सृजन व अंत का कारक है।

22

सुपर मॉसिव ग्रविटेशनल सिंगल पाईंट

ब्रह्माण्ड ऐसी स्थिति से जन्म लिया है जिसमें ब्रह्माण्ड का सारा मास, पदार्थ व ऊर्जा अत्यंत गर्म ताप पर, चरम घनत्व में एक ही बिंदु पर था इस स्थिति को **Super Massive Gravitational Single Point** कह सकते है। यह चरम सधन बिंदु अपेक्षित द्रव्यमान होने पर टेंसकाल प्रारंभ होने से अकल्पनीय रूप से छोटा होता गया और इसके ठीक विपरीत गुरूत्वाकर्षण बल निरंतर कई गुना बढ़ता गया अंततः ग्रेविटी अपने चरमोत्कर्ष अवस्था में अपने वजूद को ही नष्ट कर डालता है परिणाम स्वरूप संपीड़ित खरबो—खरब टन मास, विखण्डित होकर प्योर ऊर्जा के रूप में विमुक्त होती है। और एक नये ब्रह्माण्ड का जन्म होता है।

सम्पूर्ण पदार्थ व ऊर्जा के एक अत्यंत छोटे बिंदु (याने अत्यधिक मास के अति संकीर्ण बिंदु) में समाये होने के कारण चरम गुरूत्वाकर्षण की स्थितियां थी और गुरूत्व खिंचाव अनंत होने के कारण पलायन वेग इतना अधिक था कि इसमें समाहित मास व ऊर्जा के लिए, इसमें से बाहर निकलना संभव नहीं था।

यह वह पाईंट था जहां सारा पदार्थ व ऊर्जा एक ही जगह होने से काल—अंतराल का मापन भी शून्य था।

डायग्राम से समझने का प्रयास करेंगें:—

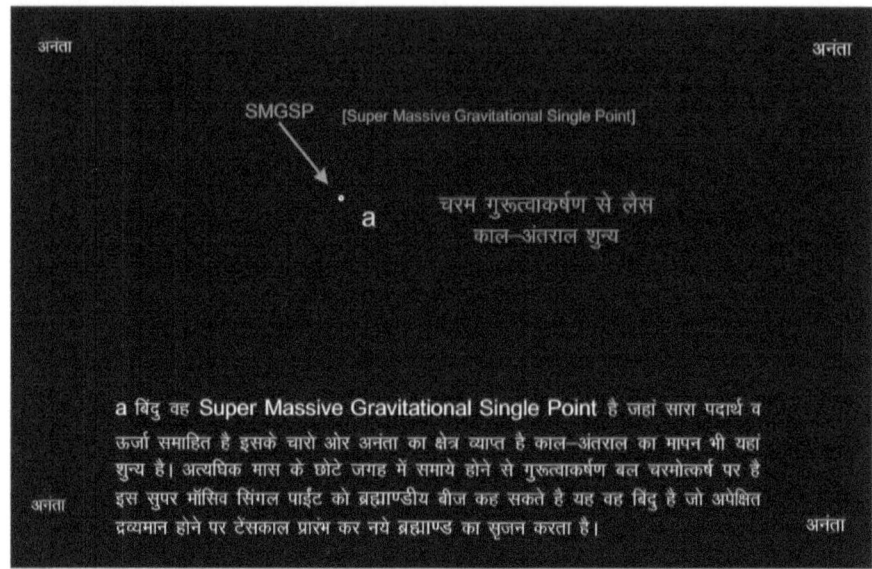

सुपर मॉसिव ग्रेविटेशनल सिंगल पाईट की विशेषताएं

यह पाईट वह बिंदु होता है जहां ब्रह्माण्ड का सारा मास, पदार्थ व ऊर्जा एक छोटे से जगह पर संपीड़ित किये हुए रहता है। अत्यधिक मास व ऊर्जा के एक छोटे जगह पर ठूंसे होने के कारण उच्चतम घनत्व के साथ उच्चतम दाब व उच्चतम ताप की स्थितियां होती है। और सारे पदार्थ एक ही जगह होने पर अथवा इस बिंदु के चारो ओर अनंता में कोई भी पदार्थ नहीं होने के कारण काल—अंतराल का मापन भी शून्य होता है और इस प्रकार के पिंडों में अति धनत्व के अति संकीर्ण आकार में समाये होने के कारण गुरूत्वाकर्षण भी अपार होता है अथवा यह कह सकते है कि चरमगुरूत्वाकर्षण के कारण यह पिंड इस सुपर मॉसिव अवस्था में पहुंचा है और यह अपने आस पास के पिंडों गैसो पदार्थो को खींचकर अपने में समाहित करती रहती है इन पिंडों में गुरूत्वाकर्षण बल अन्य ब्रह्माण्डीय बलों पर प्रभुत्व कायम कर लेता है।

आज भी हम अपने ब्रह्माण्ड में देखे तो ऐसे कई पिंड है जो चरम गुरूत्वाकर्षण से लैस है और निरंतर अपने चरम आकर्षण से अन्य पिंडों निहारिकाओं गैसो को खींचकर गैलेक्सियां ही नहीं बल्कि उनके विशाल समूहो का निर्माण कर रहे है और इतना ही नहीं ये सघन पिंड मास तथा ऊर्जा का भक्षण करते हुए और प्रभावशाली होते जा रहें है। ये जहां निरंतर ब्रह्माण्डीय मास ग्रहण व समूह का निर्माण कर रहे है विशाल समूहो के मध्य अंतराल के निर्माण से वे एक—दूसरे से निरंतर दूर जा रहे है इन समूहो का विस्थापन में *ब्रह्माण्डीय पिंड समूह* जैसे

गैलेक्सियां व उनके क्लस्टर्स अपने समूह बनाए हुए है आगे बढ़ते इन समूहो में कालांतर में महासंकुचन होगा तथा हजारों संपीड़ित घने पिंडों का निर्माण होगा दूसरे शब्दो में इस तरह ब्रह्माण्ड का अंत होगा क्योंकि पिंड समूह रैखिक गति से विस्तार में आगे बढ़ रहे है। समय के साथ इनके विस्तार की गति और द्रुत गति से बढ़ती जाएगी और इस तरह निर्मित हजारों संपीड़ित घने पिंडों जो एक दूसरे से अनंत दूरी पर विस्थापित हो रहे होंगे।

सुपर मॉसिव ग्रेविटेशनल सिंगल पाईंट का जन्म क्यों और कैसे होता है?

आज जो गैलेक्सियां व उनके समूह देख रहे है वह *Super Massive Gravitational Single Point* के पूर्व की अवस्था है। विशाल तारा अपने जीवन के अंत में सुपरनोवा विस्फोट के साथ अपना अंत करता है और जबरदस्त घमाके के साथ तारे का बाह्य परत अंतरिक्ष में चारो ओर बिखेर दी जाती है यह धमाका इतना शक्तिशाली होता है कि *शेष बचे तारा केंद्र* पर चारो ओर से जबरदस्त प्रक्रियात्मक बल पड़ता है जिससे उसका संपीड़ित होना प्रारंभ हो जाता है यदि *शेष बचे तारा केंद्र* अपेक्षित द्रव्यमान का या अधिक हो *जिसे चंद्रशेखर लिमिट कहा जाता है* तब इतना गुरूत्वाकर्षण बल पैदा कर लेता है कि वह प्रकाश के किरणों तक को खींच लेता है जिसे ब्लैक होल के नाम से भी जाना जाता है ये ब्लैक होल कालान्तर में मास, पिंडों नक्षत्रों, गैसो, पदार्थो को ग्रहण कर अत्यधिक सक्रिय व प्रभावी होते जाते है हम इस प्रकार के घने व सुपर मॉसिव पिंडों को गैलेक्सी के केंद्र में देख सकते है। इस प्रकार से सुपर मॉसिव पिंड न सिर्फ वृहद गैलेक्सियों का निर्माण में अहम् भूमिका निभाती है साथ में स्ट्रांग व वृहद आकर्षण प्रक्षेत्र के कारण कई गैलेक्सियो को आकर्षित कर चक्रण के लिए विवश कर देती है और एक–दूसरे का चक्रण करने से समूह का निर्माण होने लगता है *गैलेक्सियों का निर्माण व उनके समूहो का निर्माण सुपर मॉसिव ग्रेविटेशनल सिंगल पाईंट की पूर्व अवस्था है*। अर्थात् कालांतर में इन समूहो में महासंकुचन होगा और सुपर मॉसिव गुरूत्वीय सिंगल पाईंट का जन्म होता है।

सुपर मॉसिव गेविटेशनल सिंगल पाईंट के भीतर क्या होता है?

गुरूत्वीय सिंगल पाईंटो में गुरूत्वाकर्षण अपने चरम अवस्था में होता है और यहां पदार्थ व मास को खींचे जाने की गति इतनी तीव्र होती है कि परमाणु संरचना भी टूट जाता है और सारा मास मौलिक कणों के रूप में समा जाते है यहा क्वॉर्क इलेक्ट्रॉन आदि मूल कणों के सघन गाढ़ा रूप होने का अंदेशा है जिसका एक पिन हेड जितना मास खरबो सौर द्रव्यमान का हो सकता है यहां इलेक्ट्रॉन विचरण नहीं कर सकता है जिससे सुपर मॉसिव गेविटेशनल सिंगल पाईंट में चुम्बकत्व प्रभाव शून्य होता है और यहां एकमात्र बल गुरूत्वाकर्षण का ही आधिपत्य होता है यहां गुरूत्वाकर्षण बल, खरबो–खरब सौर द्रव्यमान के अति सघन मौलिक पदार्थो से

उत्सर्जित ग्लूट्रॉन बलों के जोड़ प्रभाव के कारण अनंत दूरी तक लंबवत् व प्रभावी गुरूत्व बल रेखाओं का निर्माण करती है।

सुपर मॉसिव ग्रेविटेशनल सिंगल पाईंट का विनाश कैसे होता है?

सुपर मॉसिव गुरूत्वीय सिंगल पाईंट एक अत्यंत घना, कठोर व स्ट्रांग पिंड होता है यह इतना मजबूत होता है कि इसका विनाश लगभग असंभव होता है फिर ऐसा क्या होता है कि इस पिंड का विनाश होता है?

ऐसे पिंडो के सर्वशक्तिमान बनने के पीछे उसका गुरूत्वाकर्षण बल होता है मजे की बात है कि यही बल उसके विनाश का कारण भी बनता है अपेक्षित द्रव्यमान के सुपर मॉसिव पिंड याने जिनका द्रव्यमान 5 लाख खरब सौर द्रव्यमान या अधिक हो तो और सिंगल होने पर केंद्रीय गुरूत्वीय खिंचाव अपने चरमोत्कर्ष की ओर बढ़ने लगती है और इस तरह टेंसकाल प्रारंभ होता है और बढ़ते गुरूत्वीय दाब से SMGSP का आकार छोटा कर दिया जाता है पिंड का आकार छोटे होने से गुरूत्वाकर्षण कई गुना बढ़ जाती है जो पिंड को और दाब के साथ संकुचित करती है आकार छोटे होने के साथ गुरूत्वाकर्षण उत्तरोत्तर बढ़ता जाता है इस प्रकार बढ़ते उत्तरोतर दाब व ताप के साथ संकीर्ण होता मास उच्चतम दाब व ताप पर ऊर्जा में विघटित कर दी जाती है। सम्पूर्ण मास के शुद्ध ऊर्जा में विघटित होने पर गुरूत्वाकर्षण एकाएक विलुप्त हो जाता है और टेंसकाल समाप्त होने के साथ ही नये ब्रह्माण्ड का सृजन काल प्रारंभ हो जाता है

सुपर मॉसिव ग्रेविटेशनल सिंगल पाईंट का अंत टेंसकाल में नये ब्रह्माण्ड के सृजन के साथ होता है। यदि उनका द्रव्यमान टेंसकाल प्रारंभ करने के लिए अपेक्षित द्रव्यमान से कम है तो वे अंतर ब्रह्माण्डीय प्रगमन करेंगे।

23

टेंसकाल: ब्रह्माण्ड का अंत

टेंसकाल एक विघटनकारी काल है जहां गुरूत्वाकर्षण अपने चरमोत्कर्ष अवस्था में पहुंच कर अपने वजूद को ही नष्ट कर डालता है इसके बाद तो अपार विशुद्ध ऊर्जा ही शेष बचती है मास का प्योर ऊर्जा में परिवर्तन ही किसी ब्रह्माण्ड का अंत और एक नवीन ब्रह्माण्ड का सृजन का कारण हो सकता है।

टेंसकाल वह प्रक्रिया है जहां गुरूत्वाकर्षण चरमोत्कर्ष अवस्था में पहुॅच कर अपने वजूद को ही नष्ट कर डालता है। टेंसकाल में गुरूत्वाकर्षण उत्तरोत्तर बढ़ते हुए उच्चतम दाब व उच्चतम ताप की अवस्था की ओर ले जाता है और यह तब तक बढ़ता रहता है जब तक सम्पूर्ण मास विखण्डित होकर ब्रह्माण्डीय प्योर ऊर्जा में परिवर्तित नहीं हो जाता। ब्रह्माण्डीय मास के ऊर्जा में परिवर्तन एक सामान्य प्रक्रिया है चूंकि ब्रह्माण्ड, मास व ऊर्जा से मिलकर बना है सच तो यह है कि मास, ऊर्जा का ही कडेंस रूप होता है इसलिए ब्रह्माण्ड में मास का ऊर्जा में परिवर्तन को देख सकते है 1. परमाणु विस्फोट जिसमें मास ऊर्जा में रूपांतरित हो जाता है 2. नाभिकीय संलयन जिसमें जिसमें ऊर्जा निरंतर मुक्त होती रहती है जैसे तारों में, जहां संलयन में हिस्सा लेने वाले पदार्थो का भार कम होने लगता है 3. मैटर व एण्टी मैटर एक दूसरे सम्पर्क में आते ही एक दूसरे को नष्ट कर डालते है और पूरा मास ऊर्जा में परिवर्तित हो जाती है 4. उसी प्रकार टेंसकाल वह काल होता है जहां सारा मास ग्रेविटी के चरमोत्कर्ष अवस्था में उच्चतम दाब व ताप में अपना विखण्डन ऊर्जा रूप में कर लेती है।

चरम गुरूत्वीय पिंड अपने चरम गुरूत्वाकर्षण के कारण ब्रह्माण्ड के सबसे स्ट्रांग पिंडों में से होते है और उसका विनाश असंभव होता है लेकिन इन पिंडों को जो बल संपीड़ित घने व मजबूत बनाते है वहीं बल इन पिंडों के विनाश का कारण भी बनते है जब इन विनाश का अपेक्षित द्रव्यमान बढ़कर 5 खरब सौर द्रव्यमान अथवा अधिक होने पर और उसके सिंगल अवस्था में होने पर गुरूत्वाकर्षण स्थिर नहीं रह पाता क्योंकि पिंड के सिंगल अवस्था में होने व आवश्यक अपेक्षित द्रव्यमान होने पर उसका केंद्रीय गुरूत्वीय खिंचाव बढ़ने लगता है बढ़ते गुरूत्वीय दबाव गुरूत्वीय पतन का कारण बनता है बढ़ते गुरूत्वाकर्षण के कारण संपीड़ित पिंड का आकार और

संकीर्ण कर दिया जाता है। पिंड का आकार छोटे होने के साथ ही गुरूत्वाकर्षण कई गुना बढ़ जाता है बढ़ता गुरूत्वाकर्षण पिंड के आकार को पुनः स्थिर नहीं होने देता और पुनः छोटा कर दिया जाता है इस प्रकार बढ़ते उत्तरोतर दाब व ताप के साथ संकीर्ण होता मास उच्चतम दाब व ताप पर ऊर्जा में विघटित कर दिया जाता है। सम्पूर्ण संपीड़ित होते मास के, शुद्ध ब्रह्माण्डीय ऊर्जा में विघटित होने पर गुरूत्वाकर्षण एकाएक विलुप्त हो जाता है और इस प्रकार टेंसकाल समाप्त होने के साथ ही मुक्त विशाल ऊर्जा से नये ब्रह्माण्ड का सृजन काल प्रारंभ हो जाता है। टेंसकाल मे विघटन कारी प्रक्रियाए निरंतर बढ़ते हुए परिमाण में होती है यदि हम इसे 60 सेंकण्ड का समय ले तो टेंसकाल को इस तरह से व्यक्त कर सकते है:–

1. *पहले–22 सेकण्ड में* सुपर मॉसिव ग्रेविटेशनल सिंगल पाईंट का आकार गुरूत्वीय पतन के कारण घटकर 80 प्रतिशत ही शेष रहता है वही मास अब छोटे आकार में होने से ग्रेविटी कई गुना बढ़ जाता है।
2. *अगले–16 सेकण्ड में* बढ़ते गुरूत्वाकर्षण से पिंड अपने मूल आकार का 50 प्रतिशत ही रह जाता है संपूर्ण मास पुनः छोटे आकार में ठूंस दिये जाने से ग्रेवीटी कई गुना निरंतर बढ़ते जाता है।
3. *अब अगले–14 सेकण्ड में* पिंड अपने मूल आकार का एक चौथाई ही रह जाता है यहा भी ग्रेविटी मल्टीपलाई होते जाता है।
4. *अगला 7 सेकण्ड* जबरदस्त विघटन कारी होता है और निरंतर बढ़ते ग्रेविटी से उच्चतम दाब व उच्चतम ताप (उच्चतम दाब व ताप की वह अवस्था जो अमापनीय है) से मास का विघटन प्रारंभ हो जाता है।
5. *अंतिम सेकण्ड में* संकीर्ण होता पिंड, ग्रेवीटी के चरमोत्कर्ष अवस्था में ऊर्जा के रूप में विखण्डीत हो जाता है हमें पता है कि मास ऊर्जा का कंडेंस रूप होता है और मास जब शुद्ध (प्योर) ब्रह्माण्डीय ऊर्जा में परिवर्तित हो जाती है तो ग्रेविटी नष्ट हो जाता है। ग्रेविटी के नष्ट होने का तात्पर्य असीम व प्योर ऊर्जा का बिग–रिलीज होना है जो नये ब्रह्माण्ड के सृजन का आधार होता है।

अगर हम यह पूछे की ब्रह्माण्ड के समस्त ऊर्जा व मास का कुल योग कितना होगा? तो सामान्यतः बहुत से लोग इस संबंध में कहेंगे की योग निकालना संभव नहीं है। वास्तव में हमारा संपूर्ण ब्रह्माण्ड एक बिंदु से निर्मित व विस्तारित है जो ऊर्जा पूंज के रूप में बिग–रिलीज के साथ मुक्त हुए थे तब इसका द्रव्यमान शून्य था। इस पर कोइ भी आश्चर्य कर सकता है परंतु इसका योग शून्य है क्योंकि प्रारंभ में समस्त द्रव्यमान व ऊर्जा एक बिंदु में समाहित था। जो ग्रेविटी के चरमोत्कर्ष में पहुंचने के बाद उच्चतम दाब व ताप से प्योर ऊर्जा में तब्दील हो जाने के कारण यहां ऊर्जा रूप में शून्य मास के कारण शून्य द्रव्यमान था जहां मास न होने से ग्रेविटी का प्रभाव भी शून्य था ज्योमेंट्री के अनुसार यह बिंदु विमाहीन व द्रव्यहीन थी इसकी

कोई भी चौड़ाई, मोटाई व ऊचॉई नहीं थी। प्योर ऊर्जा का इस बिंदु से बिग–रिलीज ही नये ब्रह्माण्ड का सृजन करता है।

दूसरे शब्दों में कहा जा सकता है कि यूनिवर्स में द्रव्यमान व ऊर्जा का योग नियत है इसे न तो कम किया जा सकता है और न ही बढ़ाया ता सकता है जिसे द्रव्यमान–ऊर्जा संरक्षण के नियम से जाना जाता है। और जितना द्रव्यमान नष्ट होता है उसके समानांतर ऊर्जा उत्पन्न होती है वहीं ऊर्जा के समानांतर ही मास का निर्माण भी होता है।

टेंसकाल में मास का विखण्डन समानांतर ऊर्जा को उत्पन्न करती है यह वह प्योर ऊर्जा होती है जो नये ब्रह्माण्ड के लिए कच्चे माल की तरह होता है।

डायग्राम से समझने का प्रयास करेंगें–यदि टेंसकाल को 1 मिनट का मान ले तो

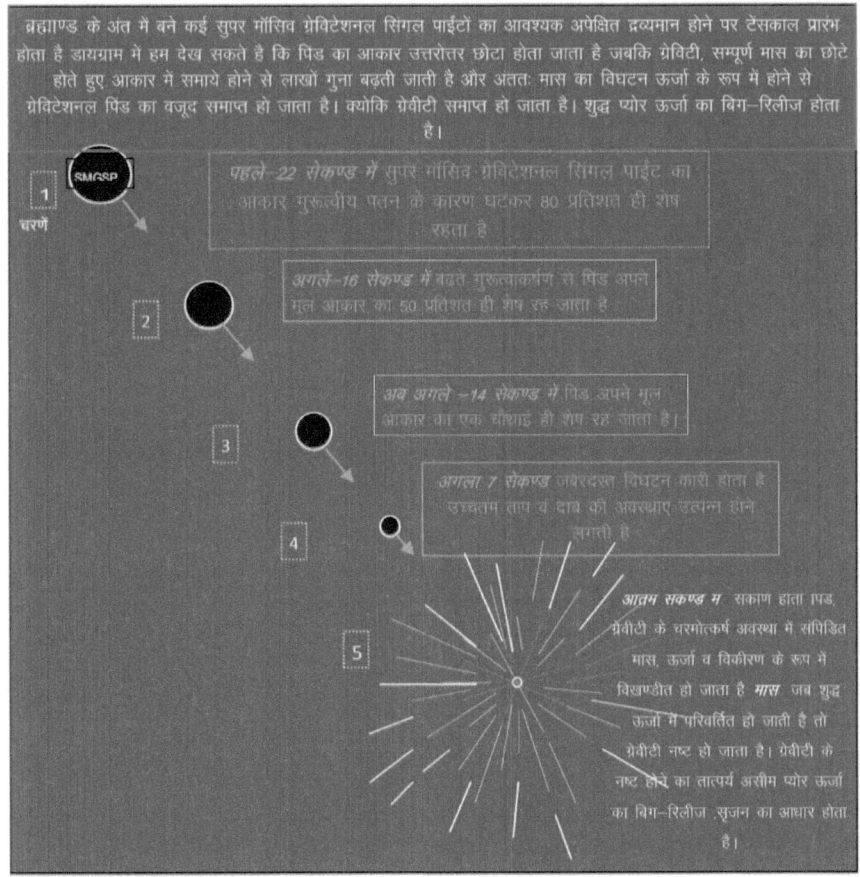

ब्रह्माण्ड मास व ऊर्जा का चरण है जो टेंसकाल से होकर जाता है। टेंसकाल में जहां एक ब्रह्माण्ड–काल का अंत होता है वही नये ब्रह्माण्ड–काल का जन्म होता है।

24

प्रति–गुरूत्वाकर्षण बल

प्रति–गुरूत्वाकर्षण को एण्टी–ग्रेविटी भी कहा जाता है यह ब्रह्माण्डीय स्थिरांक से जुड़ा थॉट है ब्रह्माण्ड में सामान्यतः देखते है कि ग्रह, उपग्रह, नक्षत्रों, व गैलेक्सियों के द्वारा अपने से भारी अर्थात् अधिक गुरूत्वीय पिंड का निरंतर चक्रण किया जाता रहता है और यहां भारी मास व अधिक गुरूत्वीय पिंड कम मास व कम गुरूत्वीय पिंडों को आकर्षित करती है वहीं कम मास व कम गुरूत्वीय पिंड भी भारी मास को अपने ओर आकर्षित करने का प्रयास करती है तो फिर इन दोनो पिंडों के बीच ऐसा क्या बल है जो इन्हे एक–दूसरे में समा जाने से रोकता है जो गुरूत्वाकर्षण बल के ठीक बराबर व विपरीत होता है। *क्या यह प्रतिगुरूत्वाकर्षण बल हैं?*

डायग्राम से समझने का प्रयास करेंगे–इस डायग्राम में पीले रंग का पिंड सूर्य है

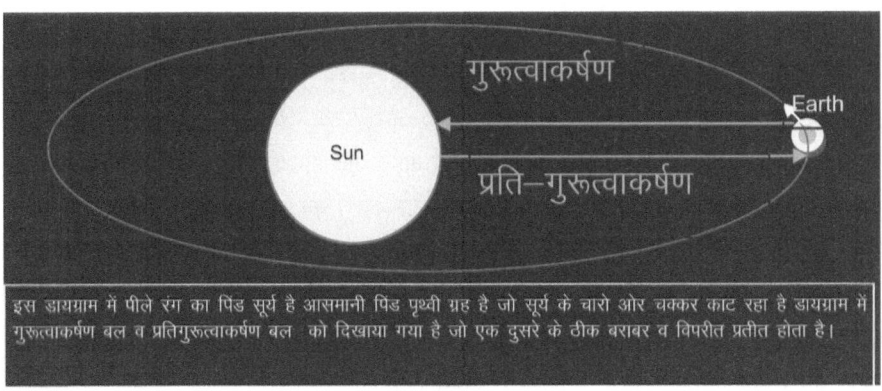

इस डायग्राम में पीले रंग का पिंड सूर्य है आसमानी पिंड पृथ्वी ग्रह है जो सूर्य के चारो ओर चक्कर काट रहा है डायग्राम में गुरूत्वाकर्षण बल व प्रतिगुरूत्वाकर्षण बल को दिखाया गया है जो एक दुसरे के ठीक बराबर व विपरीत प्रतीत होता है।

छोटा पिंड पृथ्वी ग्रह है जो सूर्य के चारो ओर चक्कर काट रहा है। पृथ्वी, सूर्य के मजबूत गुरूत्वाकर्षण के कारण उसके ओर आकर्षित हो रही है वहीं पृथ्वी ग्रह भी अपने गुरूत्व बल से सूर्य को अपने ओर खींच रहा है तो ऐसा क्या कारण है कि पृथ्वी सूर्य में समा नहीं जाता। और क्या इनके बीच कोई एण्टी–ग्रेविटी तत्व मौजूद है? जो पृथ्वी को सूर्य में समा जाने से रोक रही है।

आइये ब्रह्माण्ड में गुरूत्वाकर्षण व प्रतिगुरूत्वाकर्षण की स्थितियों का पड़ताल करे। *दो पिंडो के बीच गुरूत्वाकर्षण बल मात्र आकर्षण बल ही पैदा करती है न की प्रतिगुरुत्वाकर्षण।* क्योंकि मास में आकर्षण बल ही उत्पन्न होता है प्रतिगुरूत्वाकर्षण तो एक भ्रम मात्र है जो मात्र आभासी होती है और दो पिंडों के मध्य चक्रण गतिविधियों के संतुलन के कारण यह उत्पन्न होता है। इस प्रकार गुरूत्वाकर्षण बल ही प्रमुख बल है यहां पिंड एक–दूसरे को मात्र अपने ओर आकर्षित करती है न की प्रतिकर्षित। *किसी खगोलीय पिंड के लंबवत् गुरूत्व प्रक्षेत्र* में खिंचाव इतना अधिक होता है की इस क्षेत्र में आने वाले पिंड केंद्र में समा जाते है *लेकिन वहीं लहरदार गुरूत्वाकर्षण प्रक्षेत्र* में पिंडों पर खिंचाव इतना स्ट्रांग नहीं होता की उसे खींचकर केंद्र की ओर ले जा सके। यहां दोनो पिंड एक–दूसरे पर आकर्षण बल आरोपित करती रहती है लेकिन यहा आकर्षण बल का योग इतना नहीं होता की वे एक–दूसरे को खींचकर निकट आ सके। दूसरे शब्दों में कह सकते है दोनो पिंड अपने द्रव्यमान के कारण इस खिंचाव का विरोध करती है दोनो पिंडों के आपसी खींचतान में गुरूत्व आकर्षण व द्रव्यमान/भार के कारण उत्पन्न प्रतिरोध से *गुरूत्वाकर्षण उत्प्रेक्ष्य गतिकीय बल उत्पन्न हो जाता है* जिससे कम गुरूत्वीय पिंड अधिक गुरूत्वीय पिंड के चारों ओर गति करने लगता है। चक्रित पिंडों में लगता आभासी प्रतिकर्षण बल उसके संतुलन कारी स्थितियों का परिणाम है न की गुरूत्वाकर्षण बल की प्रकृति। आभासी प्रतिकर्षण बल भी समय के साथ टूटने लगता है और चक्रित होते पिंड धीरे–धीरे अपने केंद्र के ओर सरक रहे होते है हमारे सौर मण्डल में भी सभी पिंड चक्रण करते हुए धीरे–धीरे केंद्रीय पिंड की ओर आकर्षित हो रहे है। इतना ही नहीं हमारी गैलेक्सी भी पड़ोसी गैलेक्सी एण्ड्रोमिडा का चक्रण करते हुए धीरे–धीरे उसके ओर सरक रही है और कालांतर में उसमें विलय कर लेगी। आज विद्यमान विशाल गैलेक्सियां ऐसी ही गैलेक्सियों के आपसी विलयन से बने है और यह प्रक्रिया आज भी अनवरत जारी है हमारा ग्रह पृथ्वी भी सूर्य के चारो चक्रण करते हुए उसके ओर सरक रही है भविष्य में यह सूर्य में समा कर नष्ट हो जाएगी। लेकिन इससे पहले ही सूर्य अपने अंत समय मे लाल दानव तारा बनने पर फूलकर पृथ्वी व अन्य नजदीकी ग्रहो को खींच लेगा *कहने का तात्पर्य यह है कि एण्टी–ग्रविटी एक काल्पनिक विचार है और इतना ही नहीं यहां ब्रह्माण्ड में जो कॉस्मोलोजिकल–कांस्टेण्ट परिलक्षित हो रहा है वह भी एक भ्रम मात्र है यहां कोई भी संरचना सदैव स्थिर नहीं बना रहने वाला। ब्रह्माण्ड एक परिवर्तनशील जगह है यह न तो पूर्व में ऐसा था न ही आगे ऐसा बना रहने वाला है।* सम्पूर्ण ब्रह्माण्ड में गैलेक्सियों ने अपने लोकल समूह बना रखे है और जो ब्रह्माण्डीय विस्तार में अपना समूह बनाये रखेंगे तथा कालांतर में प्रौढ़ होते हुए आपस में महासंकुचन से विलयन कर लेगें और ब्रह्माण्ड के अंत में ऐसे करोड़ों संपीड़ित पिंड निर्मित होंगे।

इस प्रकार गुरूत्वाकर्षण बल ही प्रमुख बल है प्रति–गुरूत्वाकर्षण या आभासी प्रतिकर्षण बल, संतुलन कारी स्थितियों का परिणाम है।

25

रहस्यमयी डार्क मैटर एवं ब्रह्माण्ड

डार्क मैटर क्या है? इसकी भूमिका क्या है? ब्रह्माण्ड में यह कैसे और कहां से आया? इन श्याम पदार्थो की प्रकृति अथवा संरचना कैसी है? डार्क मैटर की उपस्थिति ब्रह्माण्ड का एक बड़ा रहस्य बना हुआ है जिसे लापता द्रव्यमान समस्या के रूप में जाना जाता है वैज्ञानिक आज इसका प्रयोग ब्रह्माण्ड की उत्पत्ति तथा भविष्य के सिद्धांतों के प्रमाणीकरण के लिए कर रहे है यह डार्क मैटर, ब्रह्माण्ड को समझने के हमारे नजरिये को नये आयाम दे सकता है।

भौतिक में ब्लैक मैटर उसे कहते है जो विद्युत चुंबकीय विकिरण का उत्सर्जन अथवा परावर्तन नहीं करते अतः ऐसी चीजें नजर नहीं आती लेकिन ये पदार्थ जबरदस्त गुरूत्वाकर्षण यानि खिंचाव के जरिए अपनी मौजूदगी का पुरजोर एहसास करवाती है याने इन पदार्थो में गजब की गुरूत्वाकर्षण शक्ति होती है जो मैटर पर असर डालती है। सच कहा जाए तो डार्क मैटर ही गुरूत्वाकर्षण शक्ति का मुख्य स्त्रोत है।

हम आसमान में अनगिनत दीयों की तरह जगमगाते, अद्भुत तारों नजारो को देख रहे है वो पूरा ब्रह्माण्ड नहीं है बल्कि उसका एक बहुत छोटा महस 4 फीसदी हिस्सा है जो ऐसे पदार्थ से बना है जिसे हम देख सकते है और छू सकते है आप जानकर हैरान हो जाएंगे की हमारे ब्रह्माण्ड का 96 प्रतिशत हिस्सा कुछ ऐसे अजीबो गरीब और अनोखे चीजों से बना है जिन्हें न तो हमारी आँखें देख सकती है न ही हमारे संवेदनशील उपकरण पकड़ पा रहे है लेकिन फिर भी जिसके वजूद का बेहद ताकतवर एहसास इस कायनात के जर्रे–जर्रे में समाया हुआ है और यही बल सम्पूर्ण ब्रह्माण्ड को मौजूदा ढ़ाचे में ढालने तथा उसके एक–एक व्यवस्था को संभालने वाला वह पदार्थ सितारों और आकाशगंगाओं के बीच घनघोर अंघकार में छिपा बैठा है और यह अनोखी और अदृश्य चीज न तो ठोस है न ही द्रव या गैस। इसे न तो छुआ जा सकता है न ही महसूस किया जा सकता है। लेकिन यह डार्क मैटर तथा उसका प्रभाव हमारे चारो ओर वातावरण में मौजूद है यह हमारे घर, हमारी धरती और हमारे आकाशगंगा से लेकर

इस ब्रह्माण्ड के कोने–कोने में मौजूद है ये पदार्थ इतने सूक्ष्म है कि ये किसी को भी भेद कर निकल सकते है ये ग्रहो उपग्रहो यहां तक की तारों को भेद सकते है ऐसा माना जाता है कि इन डार्क मैटर के कारण ही आकाशगंगाओं को एक खास आकार मिलता है और हर ग्रह तारे अपने–अपने जगहो पर बने रहते है। डार्क मैटर का भार व उनका गुरूत्वाकर्षण इतना ज्यादा है कि वो आकाशगंगाओं को भी प्रभावित करने की ताकत रखते है और अपने आकर्षण बल में जकड़े रहते है यह डार्क मैटर सर्वव्यापी है आज कुदरत की इस सबसे अनोखी रचना को लेकर सवालों और जिज्ञासाओं की भरमार है।

इन श्याम पदार्थो के उपस्थिति के लिए जो निरीक्षण और अवलोकन किए गए है उसमें आकाशगंगाओं की कक्षा में गति, अपने अक्ष में घूर्णन गति, उसके समूहो की आपसी गतियां, गर्म गैसो के तापमान का वितरण और मास का जमावड़ा शामिल है कुछ वैज्ञानिक मानते है कि श्याम पदार्थ का प्रभाव ब्रह्माण्डीय विकिरण के फैलाव में भी रहा है इन वैज्ञानिको का मानना है कि श्याम पदार्थ का संयोजन अज्ञात है लेकिन यह नये पदार्थ है जिसे वीकली इंटरैक्टिव मैसिव पार्टिकल्स यानि विम्पस जैसे मूलभूत कणो से बने होने की संभावना व्यक्त की गई है और ये नान–बायरोनिक पदार्थ है जो सामान्य आँखों से दिखाई नहीं देते इन पदार्थो की मात्रा व द्रव्यमान साधारण दिखाई देने वाले मास से कहीं ज्यादा है इस प्रकार असाधारण रूप से, साधारण पदार्थ का श्याम पदार्थ से काफी कम अनुपात में है हम ब्रह्माण्ड के मास का 4 प्रतिशत से कम को समझ पाये है। इस गुमशुदा द्रव्यमान की खोज, भौतिक और ब्रह्माण्ड विज्ञान के सबसे बड़े अनसुलझे रहस्यों में से एक है। आकाशगंगाओं में द्रव्यमान अस्पष्टता, सिर्फ द्रव्यमान त्रुटियों की व्याख्या मात्र नहीं है बल्कि यह श्याम पदार्थ, ब्रह्माण्ड की उत्पत्ति के सभी सिद्धांतो पर प्रश्न खड़ा कर दिया है इतना ही नहीं श्याम पदार्थ का अस्तित्व ब्रह्माण्ड के भविष्य पर प्रभाव डालता है।

सबसे पहले श्याम पदार्थ के बारे में प्रमाण देने वाले में कैलीफोर्निया के *फ्रिट्ज विकी* थे उन्होने कोमा आकाशगंगा समूह में एक वाइरियल प्रमेय का उपयोग किया और उन्हे लापता द्रव्यमान का पता लगाया। कोमा आकाशगंगा कलस्टर के किनारे के आकाशगंगा के चक्रण गति के आधार पर कोमा क्लस्टर के समूह के द्रव्यमान की गणना की और जब उन्होने आकाशगंगा व उनके समूह की तुलना उसके कुल प्रकाश दीप्ति के आधार पर ज्ञात द्रव्यमान से की तो उन्हे ज्ञात हुआ की वहां अपेक्षा से 450 गुना ज्यादा का द्रव्यमान उपस्थित है उन्होने अनुमान लगाया की इस आकाशगंगा समूह में दिखाई में देने वाली आकाशगंगाओं का गुरूत्व इतनी तेज कक्षा के कारण बहुत कम होना चाहिए पर ऐसा नहीं था इसका मतलब यह है कि इन आकाशगंगाओं के पास अपने संतुलन के लिए और द्रव्यमान होना चाहिए याने हमारे जानकारी में कुछ मिसिंग था और वहां कुछ अदृश्य पदार्थ होना चाहिए। वैज्ञानिक अनुमानो के अनुसार वहां कुछ ऐसा पदार्थ है जो हमें ज्ञात नहीं है यह आकाशगंगाओं को उचित द्रव्यमान व गुरूत्व प्रदान कर रहा

है जिससे इन आकाशगंगा समूह का विखण्डन नहीं हो रहा है। हमारी आकाशगंगा मंदाकिनी में भी दृश्य पदार्थ के द्रव्यमान से 10 गुना ज्यादा श्याम पदार्थ मौजूद होने का अनुमान है।

श्याम पदार्थ आकाशगंगा और आकाशगंगा के समूह पर प्रभाव डालता है इसकी संरचना अबायरानिक कण जैसे विम्पस और एक्सीयान जैसे कमजोर प्रतिक्रिया करने वाले भारी कण हो सकते है पर अभी यह विम्पस और एक्सीयान कण पूर्णतः काल्पनिक है श्याम पदार्थ के मौलिक कण क्या हो सकते है इसकी खोज जारी है।

विम्पस कणों की खोज–हमारे पास इस बात के प्रमाण है कि ब्रह्माण्ड में भारी मात्रा में ऐसा कण है जो गुरूत्वाकर्षण जैसे प्रभाव पैदा करते है लेकिन हम उसे देख नहीं पाते ये ऐसे कण है जो क्षीण अभिक्रिया वाले भारी कण हो सकते है श्याम पदार्थ के मूल कणों को जिसे विम्पस कहा गया है की खोज जारी है डार्क मैटर की खोज धरती के नीचे जाकर ही हो सकती है क्योंकि आसमान से बरसने वाली कास्मिक किरणों से इस प्रयोग को सुरक्षित रखा जा सके डार्क मैटर के कण हर पल भारी मात्रा में पूरी धरती के पार जा रही है इसलिए वैज्ञानिको का मानना है कि धरती के नीचे बनी प्रयोगशालाओं में मौजूद खास सेंसर की मदद से नजर न आने वाले डार्क मैटर के कणों खासतौर पर विम्पस के आगमन को पकड़ा जा सकता है इसलिए डार्क मैटर को पकड़ने के लिए दुनिया भर के प्रयोगशालाऐं धरती से हजारों फीट नीचे है ऐसी ही सबसे बड़ी सर्च लैब अमेरिकी राज्य मिनेसोटा की सबसे पुरानी व गहरी लौह खान में है यहां धरती से लगभग आधे मील के गहराई में मौजूद क्रायोजेनिक डार्क मैटर सर्च याने *सीडीएमएस* लैब में कई दशक से डार्क मैटर की खोज जारी है और यह दुनिया भर में वैज्ञानिको के आकर्षण का सबसे बड़ा केंद्र बन चुकी है यहां खास क्रायोजेनिक चैंबर रखे है जिसमें खास डिकेक्टर्स लगे है डार्क मैटर के ये सेंसर जरमेनियम से बने है जरमेनियम इसलिए चुना गया है क्योंकि इसके अणुओं के बीच खाली जगह बहुत कम होती है और जरमेनियम से बने ये खास सेंसर तापमान में होने वाले मामूली से परिवर्तन को भी तुरंत पकड़ लेते है इन जरमेनियम ब्लॉक्स को इस क्रायोजेनिक चैंबर के भीतर एब्सोल्यूट जीरो यानी शून्य से 273.5 डिग्री से उपर एक डिग्री वाले तापमान के पचास हजारवें हिस्से तक बेहद ठंडे माहौल में कैद कर दिया जाता है। इस प्रयोग का आधार यह है कि आमतौर पर डार्क मैटर सामान्य मैटर से कोई प्रतिक्रिया नहीं करता लेकिन यह अति दुर्लभ मौके पर विम्पस के कण सामान्य पदार्थ के नाभिक से जा टकराते है और जब भी ऐसा घटना होती है जरमेनियम में कंपन होता है और तापमान बढ़ जाता है वैज्ञानिक कई दशकों से इस घटना को पकड़ने की कोशिश कर रहें है लेकिन आज तक अपेक्षित सफलता नहीं मिली है।

ब्रह्माण्ड, प्योर ऊर्जा पूँज से सृजित होकर सरल व हल्के पदार्थो से भारी और जटिल पदार्थो में तब्दील होते जा रहे है और आज खरबो–खरब तारे निरंतर टर्निंग पाईंट के रूप में कार्य कर ब्रह्माण्ड को प्रौढ़ अवस्था की ओर अग्रेसित कर रहें हैं और इनके अंत से ही भारी

तथा काले पदार्थो का निर्माण हो रहा है इन्ही से ही श्याम विवर, न्यूट्रॉन तारे, बुझे तारे आदि का निर्माण हो रहा है ऐसा अनुमान है कि ब्रह्माण्ड में प्रति सेकण्ड एक ब्लैक होल का निर्माण हो रहा है और ये गैलेक्सी में लाखों व करोड़ों की संख्या में हो सकते है और गैलैक्सियां एक पिंड के रूप में व्यवहार करती है यहा समान गुरूत्वाकर्षण उत्प्रेक्ष्य गतिकीय बल कार्य करता है और इससे पास व दूर के पिंडों के चक्रण गति एकसार है जबकी सौर मण्डल में देखा गया की नक्षत्र अथवा तारो के लहरदार गुरूत्व प्रक्षेत्र में अन्य छोटे ग्रहो के द्वारा तेजी से परिक्रमा किया जा रहा है और यहां पर परिक्रमा की गति दूर के पिंडों के मुकाबले पास के पिंडों की अधिक होती है अर्थात् हमारे सौर मण्डल में बुध, शुक्र के चक्रण गति पृथ्वी, मंगल से अधिक है अतः इसी तरह सबसे नजदीकी ग्रह बुध की गति सबसे दूर मौजूद प्लूटो से कई गुना ज्यादा होगी। इसका कारण गुरूत्वीय उत्प्रेक्ष्य गतिकीय बल है जो तारों के पास के पिंडों पर अधिक व दूर के पिंडों पर कम होती जाती है। यही असर आकाशगंगा व गैलेक्सियों के समूह में भी होनी चाहिए थी। न्यूटन व आइंस्टाइन के नियम के मुताबिक आकाशगंगा के केंद्र के नजदीक वाले सितारे की गति सबसे तेज व आकाशगंगा के बाहरी छोर पर मौजूद सितारो की गति सबसे कम होनी चाहिए लेकिन ऐसा नहीं था। गैलेक्सियों में सितारे एक ही रफ्तार से केंद्र के चक्कर काट रहें है *चाहे वे केंद्र के नजदीक हो या दूर हो अर्थात् सारे तारे व अन्य पिंडों की चक्रण रफ्तार समान होती है लेकिन ब्लैक होलो के आसपास तारो की गतिशिलता अप्रत्याशित रूप से बढ़ जाती है इसके अलावा यहा चक्रण में एक समानता (एकसार) पाई जाती है अतः यहां ऐसा क्या है की इन पर लगने वाला उत्प्रेक्ष्य गतिकीय बल समान होता है* और जो इन सब सितारो पर भरपूर असर डालती है।

ब्रह्माण्ड में गुरूत्वाकर्षण बलो का प्रभाव जबरदस्त होता है और यह प्रकाश के किरणों तक को प्रभावित करती है और वे गुरूत्व बल के कारण मुड़ जाती है जो आइंस्टाइन के ग्रेविटेशनल लेंसिग के नाम से मशहूर है यहां प्रकाश किरणों तक को कर्व या गोलाकार रूप में मरोड़ दिया जाता है जो अत्यंत ठोस और मजबूत गुरूत्व बलों से युक्त पदार्थो की उपस्थिती की ओर इशारा करती है चूंकि यह पदार्थ प्रकाश उत्सर्जित नहीं करती इस कारण दिखाई नहीं देती और इसे काला पदार्थ कह दिया जाता है। काला पदार्थ जो गैलैक्सियों में बहुतायत में है अपने जबरदस्त गुरूत्वाकषर्ण बल के कारण गैलेक्सी के निर्माण व आकार में महत्वपूर्ण योग दे रहे है। चुंकि दृश्य मान व प्रकाशित पदार्थ तो गैलेक्सी का एक छोटा सा हिस्सा ही होती है शेष काले पदार्थ जिसमें करोड़ों ब्लैकहोल होते है अदृश्य रहकर गैलेक्सी को पुर्नगठित करते रहते है। गैलेक्सी के चारो ओर इन अदृश्य व छूपे हुए पदार्थ ही अनुपस्थित द्रव्यमान है।

गैलेक्सी में उपस्थित अदृश्य गुरूत्वीय शक्तियां तारों पिंडों ग्रहों निहारिकाओं नेबुलाओं गैसो, पदार्थों धूलकणों को आकर्षित कर स्पाइरल भुजाओं में परिवर्तित कर देती है ये स्पाइरल भुजाए गोलाकार व लंबी होती है और इन भुजाओ में अरबो तारे, करोड़ों निष्क्रीय तथा सक्रिय

होते ब्लैक होल ग्रह उपग्रह निहारिकाऐं आपस में एक–दूसरे का चक्रण करते रहते है यहां गुरूत्वाकर्षण उत्प्रेक्ष्य गतिकीय बल पास के पिंडों पर अधिक और दूर के पिंडों पर कम प्रभावी होता जाता है अतः गैलेक्सी के स्पाइरल भुजाओं के अंदर किसी भी केंद्रीय पिंड के नजदीकी पिंडों पर परिक्रमा की गति दूर के पिंडों के मुकाबले अधिक होती है इस प्रकार पूरे गैलेक्सी के स्पाइरल भुजाओं के अंदर पिंडों के मध्य *साधारण व असमान गुरूत्वीय उत्प्रेक्ष्य गतिकीय बल कार्य करता है* याने यह पास के प्रभावी गुरूत्वीय क्षेत्र में पिंडों पर अधिक उत्प्रेक्ष्य गतिकीय बल व दूर के कम गुरूत्वीय क्षेत्र में उपस्थित पिंडों पर कम उत्प्रेक्ष्य गतिकीय बल प्रदान करती है लेकिन गैलेक्सी में जब करोड़ों खगोलीय पिंड व पदार्थ मिलकर भुजाओं का निर्माण करते है तो वहां *साधारण व असमान गुरूत्वीय उत्प्रेक्ष्य गतिकीय बल कार्य नहीं कर पाता जिससे पास व दूर के पिंडों में चक्रण गति में अंतर नहीं रह जाता क्यों कि मजबूत गुरूत्वाकर्षण बल से बंधे ये स्पाइरल भुजाए एक–पिंड के रूप में व्यवहार कर रही होती है और यहां गुरूत्वीय उत्प्रेक्ष्य गतिकीय बल पूरे स्पाइरल भुजा पर कार्य करती है न की सिंगल पिंडों पर अतः यहां स्पाइरल भुजाओं में विशेष व समान गुरूत्वीय उत्प्रेक्ष्य गतिकीय बल कार्य करता है* इस कारण गैलेक्सियों में, सितारे एक ही रफ़्तार से केंद्र के चक्कर काट रहें होते है चाहे वे केंद्र के नजदीक हो या दूर क्योंकि जबरदस्त गुरूत्वाकर्षण से ये भुजाओ में जकड़े रहते है और सारे भुजाओं पर गुरूत्वाकर्षण उत्प्रेक्ष्य गतिकीय बल समान रूप से कार्य करती रहती है

हमारा सौर मण्डल भी आकाशगंगा के स्पाइरल भुजा में स्थित है स्पाइरल भुजाओं के अंदर पिंडों के मध्य *साधारण व असमान गुरूत्वीय उत्प्रेक्ष्य गतिकीय बल कार्य करता है* याने यहां पास के प्रभावी गुरूत्वीय क्षेत्र में पिंडों पर अधिक उत्प्रेक्ष्य गतिकीय बल व दूर के कम गुरूत्वीय क्षेत्र में उपस्थित पिंडों पर कम उत्प्रेक्ष्य गतिकीय बल प्रदान करती है इसी कारण सबसे पास का ग्रह बुध सबसे तीव्र गति से और दूरस्थ स्थित प्लूटो सबसे स्लो गति से सूर्य का चक्रण कर रहे होते है। उसी प्रकार हमारा सौर मण्डल भी अपने नजदीकी भारी पिंड का चक्रण कर रहा है पास आने पर चक्रण गति अधिक व दूर जाने पर चक्रण गति कम होती जाती है। स्पाइरल भुजाओं के भीतर स्वतंत्र व असमान गुरूत्वीय उत्प्रेक्ष्य गतिकीय बल कार्य करता रहता है लेकिन वहीं आकाशगंगा में स्पाइरल भुजाओं पर *गैलेक्सी के सुपर मॉसिव केंद्र* के चारो ओर *विशेष व समान गुरूत्वीय उत्प्रेक्ष्य गतिकीय बल कार्य करता है।* जिससे आकाशगंगा के चारो ओर स्पाइरल भुजाओं में गुरूत्व से बंधे सारे पिंड नक्षत्र, निहारिकाऐं गैसे समान दर से चक्रण करते है चाहे वह केंद्रीय गुरूत्वीय पिंड के पास हो या दूर हो।

इस प्रकार काला पदार्थ जो चरम गुरूत्वाकर्षण से युक्त है ब्रह्माण्ड में अहम भूमिका अदा कर रहा है आज गैलेक्सियों का निर्माण व विकास इसी के कारण हो रहा है इतना ही नहीं तीव्र ब्रह्माण्डीय विस्तार में आज ये गैलेक्सियॉ इन्ही काले पदार्थो व उनके जबरदस्त आकर्षण के कारण न सिर्फ अपना वजूद बनाए हुए है बल्कि इन, पिंड समूह याने की *गैलेक्सी* के आकर्षण

के कारण यह अन्य कई गैलेक्सियों को खींचकर विशाल पिंडों का ब्रह्माण्डीय समूह बनाने लगा। यहां पिंडो का समूह ब्रह्माण्ड के विकास के लिए आवश्यक है *जो काले पदार्थो की देन है अब सबसे बडा प्रश्न है कि ये काले पदार्थ है क्या? और इनका वजूद किस प्रकार आया।*

जैसा की हम पहले भी जान चुके है कि ब्रह्माण्ड में खरबो–खरब तारें टर्निंग पाईंट के रूप में निरंतर कार्य कर रहे है और इन तारों का जीवन चक्र ही सरल व हल्के प्राथमिक पदार्थो को भारी व जटिल पदार्थो में तब्दील कर रहे है *इस प्रकार हमारे ब्रह्माण्ड में खरबो तारें है जो निरंतर प्राथमिक ब्रह्माण्डीय पदार्थ को जटिल व भारी एलीमेंट्स में बदल रहे है आज हमारे ब्रह्माण्ड में प्राप्त लोहा, कार्बन, निकल, सोना, लिथियम बेरिलियम जैसे धात्विक पदार्थो का निर्माण तारों के जटिल जीवन चक्र की देन है।* जीवन चक्र के अंत में अंततः तारा केंद्र में भारी तत्वो यौगिको का जमावड़ा होने लगता है अंततः विस्फोट के साथ तारा केंद्र सिकुड़ कर अपेक्षित द्रव्यमान होने पर ब्लैक होल में परिवर्तित हो जाता है एक अनुमान के अनुसार निरंतर ये तारे अपना ऊर्जा खोते प्रौढ़ होते जा रहे है अनुमान के अनुसार प्रति सेकण्ड 1 से 2 ब्लैक होल का निर्माण हो रहा है और *ब्रह्माण्ड* में ये सक्रिय ब्लैक होल प्रति सेकण्ड करोड़ों टन मास भक्षण कर और भयंकर होते जा रहें है और ये चरम गुरूत्वीय लहरों के जन्म दे रहे है। और यह ब्लैक मैटर काला पदार्थ *ब्रह्माण्ड* में महत्वपूर्ण भूमिका अदा कर रही है।

अदृश्य डार्क मैटर का वजूद महस कोई किताबी बात नहीं बल्कि एक ठोस हकीकत है और यह सृष्टि की रचना प्रक्रिया में महत्वपूर्ण भूमिका अदा कर रहा है पर डार्क मैटर की गुत्थी याने यह पदार्थ क्या है? इसका जमघट कहां से आया? और किस प्रकार आया, स्पष्ट व प्रमाणिक रूप से कोई कुछ नहीं कह पा रहा है कुदरत के इस अनोखे रहस्य पर आज भी पर्दा पड़ा है और ब्रह्माण्डीय सिद्धांतो पर प्रश्न चिन्ह खड़ा हो गया है।

सच कहूं तो आज हमें अप्रत्याशित और एकदम नये ब्रह्माण्ड के अवधारणाओं को स्वीकारना पड़ेगा तथा हमें इन नये प्रश्नों के उत्तर ढूंढने होंगे।

26

गॉड पॉर्टिकल्स का रहस्य

हम जिस ब्रह्माण्ड में रहते है आखिर उसकी उत्पत्ति कैसे हुई और आसमान में टिमटिमाते तारे कैसे बने यह ऐसे सवाल है जिसे हर कोई जानना चाहता है लेकिन आज तक इनका सही प्रायोगिक तथ्यात्मक जानकारी नहीं मिली। इन्हीं बातो के तह तक जाने के लिए जेनेवा में जमीन के तीन सौ फीट नीचे करीब 27 किलोमीटर लंबी सुरंग बिछाई गई और इसमें दो अलग–अलग सिरो से प्रोटॉन को दौड़ाकर फिर टकराकर गॉड पार्टिकल्स खोजने का प्रयास किया गया।

महामशीन एलएचसी में हो रहे, प्रोटॉन बीम की आपस में टक्कर के महाप्रयोग का मकसद यह था कि ब्रह्माण्ड की शुरूआत यानि बिग–बैंग के वक्त को फिर से रचा जाए ताकि मैटर बनने के रहस्य को समझा जा सके। साथ ही सर्न में परमाणु के भीतर झाँककर वहां मास उत्पन्न करने वाले कण की मौजूदगी के सबूत ढूंढने की कोशिश भी की जा रही है।

हिग्स बोसान के कण जिसे गॉड पार्टिकल्स कहा गया का जन्म 13.7 अरब साल पहले बिग–बैंग यानि महाविस्फोट के दौरान पैदा हुआ और इस महाधमाके की वजह से ब्रह्माण्ड अस्तित्व में आया। इसी अवस्था को दोहराने के लिए एलएचसी के जरिए ठीक वैसा ही बिग–बैंग करवाने की कोशिश की जो आज से अरबो साल पहले हुआ था और इस प्रयोग के वक्त एलएचसी में पार्टिकल्स जैसे प्रोटॉन को तीव्र गति से फेंका गया और इनकी गति बढ़ाकर प्रकाश की तुल्य की गई और जब ये अपने अधिकतम गति पर पहुंच गये तो इन्हें टकरा दिया गया जिससे इनमें जबरदस्त विस्फोट हुआ कुछ इस तरह जैसे बिग–बैंग के समय हुआ होगा और अब प्राप्त करोड़ों आँकड़ो से यह जानकारी इकठ्ठा की जा रही है कि हिग्स–बोसोन का वह कण कहा है जिसने ब्रह्माण्ड को आकार देना प्रारंभ कर दिया।

क्या है हिग्स–बोसोन कण और ब्रह्माण्ड में इसकी भूमिका क्या है

ज्ञात विज्ञान के अनुसार पदार्थ और कुछ नहीं बल्कि ऊर्जा का ही दूसरा रूप है याने पदार्थ और ऊर्जा एक ही चीज है ऊर्जा का कोई द्रव्यमान और भार नहीं होता इस कारण बिग–बैंग

के बाद सारे प्योर ऊर्जा कणें इधर–उधर बिखरने लगे अब प्रश्न यह उठता है कि यह द्रव्यमान कहां से आया और कैसे आया? 1960 के दशक में हिग्स–बोसोन की परिकल्पना इसी जवाब की खोज से संबंधित है यह माना जाता है कि लगभग 13.7 अरब बर्ष पहले बिग–बैंग के तुरंत बाद सेकण्ड के अरबवें हिस्से में प्योर ऊर्जा कणें प्रकाश की गति से बिखरने लगा और फिर से कणें हिग्स फील्ड के सम्पर्क में आये जो कुछ वायुमण्डल या एक जल से भरे टब जैसा था जहां इनकी गति कम होती गई और वे भारी हो गये और आपस में मिलने से पदार्थो की उत्पत्ति हुई और यह हिग्स–बोसोन इस हिग्स फील्ड का भारयुक्त प्रतिनिधि कण था। वैज्ञानिको का मानना है कि ब्रह्माण्ड में मौजूद हर चीज का आकार और भार है यदि ऐसा नहीं होता तो कोई भी चीज आपस में नहीं जुड़ पाती और किसी भी चीज का निर्माण नहीं हो पाता और कोई ग्रह और दिखाई देने वाले तारे भी नहीं होते। और शायद हमारा वजूद भी नहीं होता और ब्रह्माण्ड का परिदृश्य कुछ और ही होता।

इसे गॉड पार्टिकल्स क्यों कहा गया

पहले तो इसका नाम हिग्स–बोसोन रखा गया था ब्रिटेन के वैज्ञानिक पीटर हिग्स ने तथा भारत के वैज्ञानिक सत्येद्रनाथ बोस के द्वारा बहुत पहले ही इस कण की खोज के बारे में परिकल्पना कर ली गई थी इन दोनो के हिग्स और बोसोन के नाम पर हिग्सबोसोन रखा गया। जब इस पर प्रयोग चल रहा है तो इस कण की महत्ता को देखते हुए कई लोग इसे गॉड पार्टिकल्स याने ईश्वरीय कण के नाम से संबोधित कर रहें है इस कण का किसी ईश्वर से कोइ लेना देना नहीं है इसका मतलब एक महत्वपूर्ण अथवा फंडामेंटल कण से है जो तेज रफ्तार से भागते हुए ऊर्जा कणों को भार प्रदान किया और इसी से ब्रह्माण्ड को आकार मिला।

यह प्रयोग किस प्रकार किया गया

जमीन के लगभग 100 मीटर नीचे 27 किमी लंबी प्रयोगशाला बनाई गई जिसमें लार्ड हेडरेंन कोलाइडर नामक महामशीन लगाई गयी और इसमें सैकड़ों वैज्ञानिको के द्वारा जमीन के अंदर प्रयोग किये गये इसमे 9300 बड़े–बड़े चुम्बक लगाए गये जो प्रोटॉन बीम को निर्देशित करते थे गर्मी से प्रत्येक चुम्बक का तापमान 271 अंश सेंटीग्रेट था इसे ठंडा रखना जरूरी था ज्यादा गर्म होने से चुम्बकत्व ही खत्म हो जाता इसके कारण तरल नाइट्रोजन और हीलियम का उपयोग किया गया। 27 किमी लंबी सुरंग के भीतर रखी ट्युब के अंदर प्रतिसेकण्ड 11250 खरब चक्कर लगाते थे और प्रतिसेकण्ड 4 करोड प्रोटॉन एक–दूसरे से टकराते थे इन टकराहट से भयंकर ऊर्जा और आँकड़े मिले है जिसे लगाए गये सैकड़ों कम्प्यूटर से संग्रह किया गया ये आकड़े इतने अधिक थे कि 80 प्रतिशत आँकड़ों को दुनिया के अन्य देशों में भेजा गया। कुल मिलाकर इस प्रयोग में 10 अरब अमरीकी डालर से ज्यादा खर्च हुए है और

इस प्रयोगशाला में कुछ वैसी ही परिस्थितियां पैदा करने की कोशिश की गई जैसे बिग–बैंग के समय हुआ था वैज्ञानिको को आशा थी इस प्रयोग से कई फंडामेंटल पार्टिकल्स निकल सकते है जिनमें से एक हिग्स–बोसोन कण हो सकता है।

प्रयोग क्यों किया गया

अभी तक जितने मूल कणों की परिकल्पना की गई थी उनमें से हिग्स–बोसोन कण की खोज शेष थी उस कमी को पूरा करने के लिए ही यह प्रयोग किया गया फिर भी अब तक निश्चित रूप से इस कण की खोज नहीं हो सकी है।

प्रयोग का निष्कर्ष

खोजो और परिणाम के बाद घोषणा की गई कहा गया की हम सृष्टि के रहस्य को खोलने वाले दरवाजे पर दस्तक दे रहे है हमें उम्मीद है कि दरवाजा खुलेगा दरअसल यह भूसे के बहुत बड़े ढ़ेर में सुई खोजने के जैसा है अभी हमें सुई तो नहीं मिली है पर सुई जैसे कुछ मिला है किसी भी प्रयोग की सफलता के लिए 5 सिग्मा के स्तर के परिणाम जरूरी है और अभी जो परिणाम मिले है उनमें से एक 3.5 सिग्मा और दूसरा 2.8 सिग्मा का है अगर इस प्रयोग का निष्कर्ष नकारात्मक भी हुआ तो भी यह बड़ा निष्कर्ष होगा।

27

थ्योरी ऑफ इवरीथिंग

यह थ्योरी क्वांटम भौतिकी तथा साधारण सापेक्षतावाद के एकीकरण का प्रयास है आज भी सबसे बडा प्रश्न है की गुरूत्वाकर्षण बल क्या है इसकी उत्पत्ति कैसे होती है? गुरूत्वाकर्षण को जब तक एक भ्रम माना जाता रहेगा तब तक सूक्ष्म भौतिकी व वृहद ब्रह्माण्ड के एकीकरण में रोड़ा बना रहेगा। इतना ही नही इसके रास्ते में डार्क एनर्जी और डार्क मैटर जैसे रोड़े भी है। सारे कण तथा पदार्थ जो भिन्न दिखते है, क्या वे एक ही है अथवा क्या सभी मूलभूत बल एक ही बल के विभिन्न अवस्थाएं है अज्ञात है। तथा इनके मध्य क्या संबंध है कोई नहीं जानता? आज कोई भी ऐसा सिद्धांत नहीं है जो सम्पूर्ण ब्रह्माण्ड की व्याख्या कर सकता हो। ब्रह्माण्ड का सृजन कैसे हुआ और अंत कैसे होगा का उत्तर आज भी रहस्यों के गर्त में छुपा है?

हमारा ब्रह्माण्ड विचित्र प्राकृतिक फेनोमेनन से अटा पड़ा है और ब्रह्माण्ड को समझ पाना संभव नहीं हो पाया है। आज एक ऐसे सिद्धांत की आवश्यकता है जिससे हम सम्पूर्ण ब्रह्माण्ड को समझ सके और यह जान सके कि बिग-बैंग क्यो और कैसे हुआ, और हमारा भविष्य व अंत कैसे होगा? बिग-बैंग के बाद अस्तित्व में आई चार प्रकार के मौलिक शक्तियों जिसमें मजबूत व कमजोर नाभिकीय बल, कूलम्ब आवेश व गुरूत्वाकर्षण बलों में क्या सामंजस्य है? जब क्वांटम मेकेनिज्म से ब्रह्माण्ड का निर्माण हुआ है तो क्वांटम व व्यापक ब्रह्माण्ड का एकीकरण क्या है? ब्रह्माण्ड का विस्तार क्यों, किस दर से और कब तक होगा? गुरूत्वाकर्षण क्या है और क्यों है? डार्क मैटर एवं डार्क एनर्जी क्या है? गैलेक्सी का निर्माण कैसे व क्यों हुआ, उसमें अनुपस्थित द्रव्यमान समस्या क्या है। ब्लैक होल में रेडिएशन क्यों होता है और ब्लैक होल का अंत क्या है? मास व ऊर्जा का चक्र क्या है,? प्योर ऊर्जा का किस तरह स्टेरलाइज होकर मास में परिवर्तित हुए। ब्रह्माण्ड किन ऊर्जाओं से संचालित हो रहा है, ब्रह्माण्ड गतिशील क्यों है और हर पिंड अपने से भारी पदार्थ अथवा पिंड का चक्कर क्यों लगाता रहता है? ब्रह्माण्डीय स्थिरांक की पहेली क्या है ब्रह्माण्डीय विस्तार में गुरूत्वाकर्षण कैसे कार्य करता है

समय एक ही दिशा में क्यों प्रवाह करता है? *अंततः इन सब बातो का अर्थ यह है कि ब्रह्माण्ड कैसे कार्य करता है या ऐसे सिद्धांत या थ्योरी जिससे हम सम्पूर्ण ब्रह्माण्डीय प्रकिया व कार्य प्रणाली को समझ सके* थ्योरी ऑफ एवरीथिंग या सब कुछ का सिद्धांत कहा जा सकता है कि नितांत आवश्यकता है।

महाएकीकृत सिद्धांत

महाएकीकृत सिद्धांत के अनुसार सभी मूलभूत बल एक ही बल के विभिन्न अवस्थाएं है कम ऊर्जा पर वे अलग–अलग दिखाई देते है लेकिन अधिक ऊर्जा पर वे एक हो जाते है या उनके गुण एक जैसे होते है किसी अत्यंत ऊर्जा पर जिसे महाएकीकरण ऊर्जा कहते है कई मूलभूत बल जुड़कर एक ही बल के रूप में कार्य करती है। जिसे ऊर्जा का एकीकरण कह सकते है और इस उच्चतम ऊर्जा पर भिन्न–भिन्न स्पिन के कण जैसे क्वार्क व इलेक्ट्रॉन भी एक ही प्रकार के कण होंगे जिसे पदार्थ का एकीकरण कह सकते है

प्रचलित महाएकीकरण सिद्धांत, विद्युत चुम्बकीय बल, कमजोर बल व मजबूत नाभिकीय बल का एकीकरण का सिद्धांत है लेकिन यह सही नहीं है क्योंकि यह कमजोर व सामान्य लगने वाले महाशक्तिशाली गुरूत्वाकर्षण बल को शामिल नहीं करता याने पूर्ण एकीकरण नहीं हो पाया है अतः इसे पूर्ण एकीकरण की ओर एक कदम माना जा सकता है मूलभूत बलों में एकीकरण का सर्वप्रथम प्रयास मेक्सवेल ने किया था और अपने समीकरणों और प्रयोगो से विद्युत, चुम्बक और प्रकाश किरणों को एक ही बल के विभिन्न अवस्थाओं के रूप में दर्शाया था। वही 1967 में स्टीवन वेनवर्ग ने विद्युत चुम्बकीय बल व कमजोर नाभिकीय बल को एकीकृत करने वाला सिद्धांत प्रस्तावित किया था।

मजबूत नाभिकीय बल अधिक ऊर्जा पर कमजोर हो जाता है जबकी विद्युत चुम्बकीय बल व कमजोर नाभिकीय बल अधिक ऊर्जा पर मजबूत हो जाते है।

लेकिन ऊर्जा के उच्चतम स्तर पर जहां गुरूत्वाकर्षण बल अपने चरमोत्कर्ष अवस्था में होता है अन्य बल इसमें अपना विलय कर लेती है वास्तव में कमजोर व क्षीण लगने वाला गुरूत्व–आकर्षण बल ऊर्जा के उच्चतम स्तर पर अत्यंत प्रभावी हो जाता है और इस स्तर पर मजबूत एवं कमजोर नाभिकीय बल तथा चुम्बकीय बल अपना विलय गुरूत्व बल में कर लेते है महाएकीकरण के इस चरम ऊर्जा का मूल्य ज्ञात नहीं किया जा सका है क्योंकि यह प्रयोगों से साबित नहीं किया जा सकता फिर भी यह लाखों करोड़ों करोड़ों गेव का होना चाहिए हमारी वर्तमान प्रयोगों में हम सौ गेव तक ऊर्जा प्राप्त कर सकते है लेकिन इस तरह का ऊर्जा गतियां सुपर मॉसिव ब्लैक होलों में पाया जाता है जहां गुरूत्वाकर्षण बल तरंगो की गतिज ऊर्जा प्रकाश के किरणों से भी तेज हो सकती है और यहा अन्य बले अपने मूल आकर्षण बल ग्रेविटी में विलय कर जाते है।

महाएकीकृत सिद्धांत में गुरूत्वाकर्षण को विशेष महत्व नहीं दिया जाता और यह तर्क दिया जाता है कि इससे ज्यादा फर्क नहीं पड़ता क्योंकि यह इतना कमजोर बल है *कि इसके प्रभावों की मूलभूत कणों या परमाणुओं के संदर्भ में उपेक्षा की जा सकती है* लेकिन वास्तविकता कुछ और ही है यही कारण है कि गुरूत्वाकर्षण बल ने ब्रह्माण्ड को आकार दिया है और उसके विकास को सुनिश्चित किया है गुरूत्वाकर्षण जो सूक्ष्म स्तर पर इतना क्षीण होता है वही पदार्थ के बड़े स्तर व उच्च ऊर्जा स्तर पर प्रभावी हो जाता है *सबसे बडा प्रश्न है की गुरूत्वाकर्षण बल क्या है इसकी उत्पत्ति कहां होती है? यह प्रश्न जब तक अनुत्तरित रहेगा तब तक सूक्ष्म ब्रह्माण्ड व वृहद खगोलीय ब्रह्माण्ड का एकीकरण संभव नहीं होगा।* मजे कि बात तो यह है कि गुरूत्वाकर्षण जिसे क्वांटम मैकेनिज्म में कोई स्थान नहीं दिया जाता वहीं गुरूत्वाकर्षण के बिना वृहद खगोलीय ब्रह्माण्ड, की कोई व्याख्या नहीं किया जा सकता। इतना ही नहीं वृह्द खगोलीय ब्रह्माण्ड में भी गुरूत्वाकर्षण को एक भ्रम मात्र माना जाता है।

न्यूटन का मानना था की हर वस्तु में अपनी ओर खींचने कि शक्ति होती है और इसे उसने ग्रेविटी का नाम दिया उसने बताया कि पृथ्वी जैसी बड़ी चीज में गुरूत्वाकर्षण बहुत अधिक होता है जिसके कारण पृथ्वी से हम चिपके रहते है और अनायास ही हम उड़कर अंतरिक्ष में नहीं चले जाते। जबकी आइंस्टाइन ने गुरूत्वाकर्षण को एक भ्रम बताया और कहा यह झूठा है उनके विचार में पृथ्वी बड़ी है और अपने द्रव्यमान से अपने इर्द–गिर्द का दिक्काल मुड़ गया है और इससे अपने ऊपर तह बन गया है और हम इस दिक्काल में रहते है व इस मरोड़ के वजह से सब पृथ्वी के ओर धकेले जाते है जैसे एक फेब्रिक चादर को चारो कोनो से पकड़े जाने पर वह सपाट हो जाता है लेकिन जैसे ही कोई भारी चीज इस चादर में डाला जाता है तो चादर बीच से नीचे झुक जाती है और उसके चारो ओर मरोड़ पैदा हो जाता है अब अगर अन्य कोई छोटी गेंद इस चादर में डाली जाती है तो वह लुढ़ककर बड़े गोले के तरफ बढ़ती है और मरोड़ के वजह से उसके चारो ओर चक्रण करने लगता है उनका कहना था कि यह मिथ्या है कि गुरूत्वाकर्षण किसी आकर्षण के वजह से होता है बल्कि यहां हर वस्तु जो अंतरिक्ष में गतिवान है वह दिक्काल (स्पेस–टाइम) के झुकाव व मरोड़ के प्रभाव में आकर किसी बड़ी चीज की ओर चलने लगती है।

ग्रेविटी को जब तक एक भ्रम माना जाता रहेगा तब तक सूक्ष्म व वृहद ब्रह्माण्ड के एकीकरण में रोड़ा बना रहेगा। क्यों कि क्वांटम कणों व परमाणुओं को वृहद स्तर पर जोड़े रखने का प्रमुख बल गुरूत्वाकर्षण ही है। सूक्ष्म व व्यापक ब्रह्माण्ड को जोड़ने वाला पूल भी यही है यह सम्पूर्ण ब्रह्माण्ड को सतत् निर्मित व गतिवान बनाए हुए है गुरूत्वाकर्षण बल आज तारों नक्षत्रों, ग्रहों ब्लैक होलो, प्रकाश तथा हम और आप के जनक है अपने जीवन में सबसे ज्यादा हम इसी बल से प्रभावित होते है और यह बल हमारे रोजमर्रा के कार्यकलापों में दखल रखती है जैसे हमारे उठने चलने फिरने खाने अन्य कार्य सम्पादन में ग्रेविटी प्रमुख भुमिका

अदा करती है। मजेदार बात यह है कि जिस ब्रह्माण्डीय बल से हम सबसे ज्यादा प्रभावित होते है और जो बल हमारे जीवन के व आसपास के प्रत्येक घटनाओं पर असर डालती है उसे ही हम समझ नहीं पाए है। और आज भी गुरूत्वाकर्षण एक बड़ा रहस्य बना हुआ है।

हमेशा से यह प्रश्न उठता रहा है कि पृथ्वी पर गुरूत्वाकर्षण इतना कमजोर क्यों है आप ही प्रयोग करके देख लीजिए एक छोटा सा चुम्बक व सेफ्टी पिन ले, और देखे की सेफ्टी पिन चुम्बक से चिपक जाती है और पृथ्वी का ग्रेविटी के विपरीत संघर्ष करते हुए उसे अपने आकर्षण बल से खिंचती रहती है हम देख सकते है कि पिन चुम्बक से खींची हुई है और विशाल पृथ्वी का गुरूत्वाकर्षण बल इसके सामने घुटने टेक देता है तब यह प्रश्न उठना स्वाभाविक है कि पृथ्वी का ग्रेविटी इतना वीक क्यों है?

इसे समझने के लिए हमें गुरूत्वाकर्षण बल के मूल प्रकृति को जानना होगा। गुरूत्वाकर्षण बल एक केंद्रीयकृत बल होता है और यह प्रत्येक चीज को खींचकर केंद्र में ले जाना चाहती है परंतु जब कई विशाल पिंड एक साथ होते है तो केंद्रीयकृत बलों के कई पृथक–पृथक केंद्र होने से यह आपसी बलों पर विपरीत प्रभाव डालती है कहने का तात्पर्य यह है कि गुरूत्वाकर्षण एक अद्‌भुत बल है वैक्यूम अंतरिक्ष में इसका प्रभाव जबरदस्त होता है लेकिन कई पिंडों के इंटरलिंक होने से इसका प्रभाव कुछ अर्थ में कम हो जाता है जैसे पृथ्वी स्वतंत्र पिंड नहीं है इसके साथ अन्य गुरूत्वीय पिंड जैसे सूर्य, चंद्रमा मंगल आसपास मौजूद है और पूरे सौर मण्डल में पिंडों का इंटरलिंक बना हुआ है इसमें सबसे ज्यादा प्रभावी सूर्य है और अन्य पिंड इसके विशाल गुरूत्व प्रक्षेत्र में मूवमेंट करती रहती है पृथ्वी भी सूर्य के चारो ओर गर्दिश करती रहती है और सूर्य के विशाल व ताकतवर गुरूत्व बल प्रक्षेत्र से प्रभावित होती है इनके बीच में दो केंद्रीयकृत बल कार्य करती रहती है सूर्य का गुरूत्वबल पृथ्वी को अपने ओर खींचती रहती है जबकी पृथ्वी का गुरूत्वबल सूर्य को अपने ओर खींचती रहती है और खींचतान से ही गुरूत्वाकर्षण उत्प्रेक्ष्य गतिकीय बल कार्य करता है और पिंड़ों में चक्रण गति होती है और पिंड मूवमेंट करने लगता है।

गुरूत्वाकर्षण के इस खींचतान में किसी पिंड का गुरूत्व बल, दूसरे पिंड के गुरूत्व बल को अपने ओर आकर्षित करती है तब पिंड के गुरूत्वाकर्षण को प्रभावित करती है और गुरूत्वीय पिंडों के गुरूत्वबल पर इसका विपरीत प्रभाव पड़ता है

पृथ्वी पर आने वाले ज्वार भाटे से हम इसे समझ सकते है इस दशा में अन्य पिंड का गुरूत्वबल हमारे पृथ्वी के गुरूत्व बल को विपरीत दिशा में खींचकर उस विशाल क्षेत्र में समुद्रों में उफान ला देती है और गुरूत्वीय खिंचाव से ज्वार के समय पानी कई मीटर उपर चला जाता है इस बात को बताती है कि अन्य पिंडो के गुरूत्वीय खिंचाव, पृथ्वी के गुरूत्वाकर्षण को प्रभावित करती रहती है इसके अलावा पिंड़ों का इंटरलिंक गुरूत्व बलों का ऐसा जाल फैलाती है जो कई पृथक–पृथक बिंदुओ पर केंद्रित होने से कमजोर हो जाती है और इसी कारण हम पृथ्वी पर अपेक्षाकृत कम गुरूत्वाकर्षण का अनुभव करते है

डायग्राम से समझने का प्रयास करेंगे

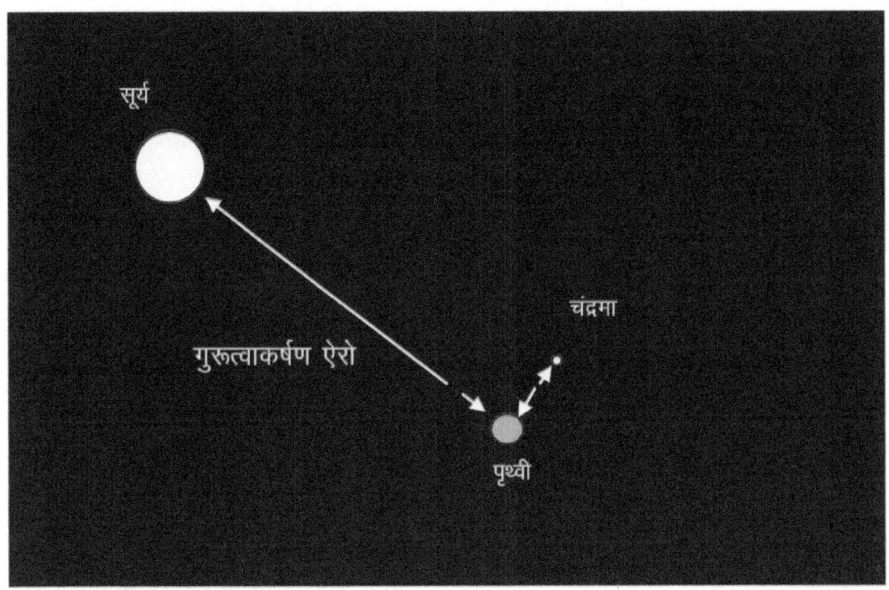

उपरोक्त डायग्राम से हम सूर्य पृथ्वी व चंद्रमा के इंटर लिंक गुरूत्वबलों को गुरूत्व आकर्षण ऐरो को देख सकते है यहां सूर्य की गुरूत्वबल सर्वाधिक है और यह पृथ्वी के गुरूत्व केंद्र के विपरीत है जो पृथ्वी को अपने ओर खींच रही है जबकी पृथ्वी का गुरूत्व बल सूर्य को अपने ओर खींच रहा है कुछ इसी प्रकार का संबंध पृथ्वी और चंद्रमा के मध्य है। ब्रह्माण्ड में पास–पास रहने वाले सभी पिंड़ों में गुरूत्व का आपसी इंटरलिंक होता है और हर पिंड का अपना गुरूत्व केंद्र होता है जो अन्य पिंड़ों के विपरीत होता है जिसके कारण आपसी खींचतान से इनका गुरूत्व प्रभाव कम हो जाता है हमारे पृथ्वी में कम गुरूत्वाकर्षण का प्रमुख कारण सूर्य का गुरूत्वबल है। यदि चंद्रमा और सूर्य एक सीध में आ जाए तो यह विपरीत गुरूत्वीय खिंचाव और बढ़ जाता है तब उस क्षेत्र में पृथ्वी का गुरूत्व बल कमजोर पड़ जाता है जिसे महासागरीय जलीय क्षेत्रों में जबरदस्त ज्वारीय उफान देखने को मिलता है।

हमने जाना गुरूत्वाकर्षण एक इंटरलिंक बल है न की भ्रम। इसका प्रभाव अत्यंत दूर के पिंड़ों पर भी होता है और पास के पिंड़ों पर भी। दो गुरूत्वीय पिंड जिनका केंद्र अलग व दूर हो एक–दूसरे के गुरूत्वबल को विपरीत खींचती है जिससे उन पिंड पर गुरूत्वबल कमजोर हो जाता है। यदि एक पिंड अधिक गुरूत्ववाली और दूसरा पिंड कम गुरूत्ववाली हो तो कम गुरूत्ववाली पिंड पर इसका प्रभाव अधिक पड़ता है। *जैसे सूर्य व पृथ्वी के मामले में इसका ज्यादा विपरीत प्रभाव पृथ्वी पर पड़ता है इसका अर्थ यह है कि बिना पड़ोसी पिंड़ों के पृथ्वी का गुरूत्वाकर्षण आज के मुकाबले कहीं अधिक होगा।*

हमारे ब्रह्माण्ड के सिस्टम को समझने के लिए हमें बिग–बैंग के पीछे जाना होगा और जब हम बिग–बैंग को समझ लेंगें तो हमें उसके इस अवस्था में आने व उसके विकास प्रकिया को जानने का अवसर प्राप्त होगा यही नहीं हम अपने ब्रह्माण्ड में होने वाले भविष्यगत घटनाओं को भी जान सकेगें। प्रो. वी.सी. कुरियाकोज कहते है कि लगभग 13 बिलियन वर्ष में वर्तमान ब्रह्माण्ड का निर्माण हुआ है महाविस्फोट से पहले की दशा में एक ही बल का ब्रह्माण्ड में अस्तित्व था। महाविस्फोट के बाद गुरूत्वाकर्षण बल, विद्युत चुम्बकीय बल, प्रबल व दुर्बल नाभिकीय बल अस्तित्व में आये और साथ ही महाविस्फोट के बाद मूलभूत कण भी अस्तित्व में आये जो कालांतर में भारी होते गये वर्तमान ब्रह्माण्ड का निर्माण कई चरणों में हुआ है इसे समझने के लिए विपरीत दिशा में खोज करनी होगी यानी उन परिस्थितियों का आंकलन करना होगा जब महाविस्फोट हुआ था और जिसके फलस्वरूप चँहु ओर ऊर्जामय वातावरण था और इसी ऊर्जा से ब्रह्माण्ड का सृजन प्रारंभ हुआ।

बिग–बैंग वो असाधारण घटना है जिससे ब्रह्माण्ड की रचना हुई यदि हम समय के उस छोर पर जाए जहां बिग–बैंग की घटना घटी वहां ब्रह्माण्ड बहुत लघु रूप में था व अत्यंत घना था और बिग–बैंग के होने के साथ ही सब चीजों की शुरूआत हुई। ऐसा माना जाता था कि इसमें समय की भी शुरूआत हुई अर्थात् बिग–बैंग के के पहले समय नहीं था। यह बात सही नहीं है कि बिग–बैंग के पहले समय नहीं था यदि समय को अंतरिक्ष के समतुल्य मान लिया जाए तो समय भी अंतरिक्ष की भांति अनंत होगा। और बिग–बैंग के समय सघन ब्लैक होल के बारे में यह कहना उचित है कि ब्लैक होल समय व अंतरिक्ष का वह अंतिम बिंदु है जहां समय और अंतरिक्ष का अस्तित्व समाप्त हो जाता है। ब्रह्माण्ड में जहां अंतरिक्ष व समय समाप्त होता है वहां ब्लैक होल होता है समय, ब्लैक होल के पास कम व उसके अंदर अस्तित्वहीन हो जाता है और अंतरिक्ष भी अस्तित्वहीन हो जाता है परंतु हम जैसे जैसे ब्लैक होल से दूर जाते है अंतरिक्ष विशाल व गहरा होता जाता है और उसी प्रकार समय का प्रभाव भी बढ़ता जाता है जैसे विशाल समुद्र को अंतरिक्ष व समय, तथा उससे लगे धरातल को ब्लैक होल माने ले तो हम देख सकते है कि जैसे ही हम पानी की ओर बढ़ेंगे वैसे वैसे पानी गहरा होता जाएगा इसी तरह ब्लैकहोल के पास भी होता होगा उसके पास समय व अंतरिक्ष का प्रभाव कम और अंदर पूर्णतः अस्तित्व हीन हो जाता है। जबकी ब्लैक होल के दूर जाने पर अंतरिक्ष व समय व्यापक व अनंत होता जाता है और इस व्यापक व अनंत अंतरिक्ष में एक बिग–बैंग की घटना नहीं बल्कि कई बिग–बैंग की घटना हो सकते है इसका तात्पर्य यह है कि इस अनंत अंतरिक्ष में हमारा ब्रह्माण्ड ही इकलौता नहीं है

इस प्रकार बिग–बैंग के पहले समय था परंतु हमारे ब्रह्माण्ड की रचना नहीं हुई थी जब बिग–बैंग की असाधारण घटना घटी तब ब्रह्माण्ड अस्तित्व में आया होगा और धीरे–धीरे अंतरिक्ष व समय में फैल गया होगा। जब ब्रह्माण्ड में सब कुछ ऊर्जा के रूप में था और

तीनों आयामों का निर्माण नहीं हुआ था अर्थात् समय का अपार भण्डार था लेकिन कोई आयाम नहीं होने से इसका मापन करना संभव नहीं था।

ब्रह्माण्ड की उत्पत्ति को समझने के लिए हमें यह समझना होगा। कि ब्रह्माण्ड व अंतरिक्ष दो अलग–अलग चीजे है अंतरिक्ष वह है जहां ब्रह्माण्ड है, वहा विशाल व अनेक आकाशगंगाओं का समूह है हम कह सकते है कि ब्रह्माण्ड अंतरिक्ष में स्थित है अब यह प्रश्न उठता है कि ब्रह्माण्ड की रचना कैसे हुई?

ब्रह्माण्ड की रचना किसी ईश्वर ने नहीं की बल्कि स्वतः हुई है यह कहना ज्यादा बेहतर होगा कि ब्रह्माण्ड ने खुद अपने आप को रचा है ब्रह्माण्ड को रचने के लिए तीन चीजों कि आवश्यकता मानी जाती है पहला ऊर्जा दूसरा पदार्थ और तीसरा अंतरिक्ष। अल्बर्ट आइंस्टाइन ने बताया था कि पदार्थ और ऊर्जा एक सिक्के के दो पहलू है पदार्थ ऊर्जा का ही एक कंडेस रूप है और पदार्थ को ऊर्जा के रूप मे तथा ऊर्जा को पदार्थ के रूप में बदला जा सकता है अब ब्रह्माण्ड बनाने के लिए दो ही चीजों की आवश्यकता है एक अंतरिक्ष और दूसरा ऊर्जा। *जब ऊर्जा ने कार्य प्रारंभ किया तो ब्रह्माण्ड का निर्माण हुआ। ऊर्जा के भी दो पहलू होते है एक सकारात्मक ऊर्जा और दूसरा नकारात्मक ऊर्जा। सकारात्मक व नकारात्मक ऊर्जा मिलकर शून्य का निर्माण करते है शून्य का मतलब अंतरिक्ष है और यहां अंतरिक्ष में ऊर्जा के कार्य करने पर त्रिआयामों का निर्माण हुआ। आज भी सकारात्मक व नकारात्मक ऊर्जा मिलकर अंतरिक्ष व उसमें त्रिआयामों का निर्माण कर रहें है।*

इस तरह ब्रह्माण्ड दो प्रकार के बलों के रस्सा–कस्सी से निर्मित व विस्तारित हो रहा है जो इन्ही सकारात्मक व नकारात्मक ऊर्जा के प्रतिरूप है। सकारात्मक ऊर्जा जहां मास व ब्रह्माण्डीय पिंडों के निर्माण में योग प्रदान कर रहा है वहीं नकारात्मक ऊर्जा ऋणात्मक दाब पैदा कर ब्रह्माण्ड में विस्तार पैदा कर रही है मजे कि बात तो यह है कि इन दोनो ब्रह्माण्डीय ऊर्जाओं में गजब का संतुलन बना हुआ है जिससे ब्रह्माण्ड का कार्य अनवरत जारी है यदि इनमें से ऋणात्मक दाब वाली ऊर्जा समय से पहले ही सक्रिय हो जाता तो ब्रह्माण्ड में कचरे का विस्तार होता ठीक उसी तरह यह समय पर सक्रिय न होता तो बढ़ते गुरूत्वाकर्षण से निर्मित ब्रह्माण्ड जकड़ कर नष्ट हो जाता और ब्रह्माण्ड का विकास ही नहीं हो पाता।

इन दो ब्रह्माण्डीय ऊर्जा के अनोखा संतुलन के कारण आज ब्रह्माण्ड का अस्तित्व है और उसका अंत भी इन्हीं शक्तियों से होगा। इस पर चर्चा आगे करेंगें।

यह स्पष्ट हो चुका है कि सम्पूर्ण ब्रह्माण्ड ऊर्जा व मास से बना है और इसे एक–दूसरे मे परिवर्तित किया जा सकता है महान् वैज्ञानिक आइंस्टाइन के अनुसार द्रव्यमान व ऊर्जा एक दूसरे के समतुल्य है अर्थात् किसी वस्तु की द्रव्यमान उसकी ऊर्जा की मॉप है यदि M द्रव्यमान को ऊर्जा में बदला जाए तो प्राप्त ऊर्जा $E = MC^2$ होगी जिसे आइंस्टाइन का द्रव्यमान ऊर्जा समतुल्य

समीकरण कहते है परमाणु विस्फोट से पदार्थ का ऊर्जा के रूप में परिवर्तन होता है उसी प्रकार ऊर्जा को द्रव्यमान में बदला जा सकता है। आगे हम यह जानेंगे की किसी वस्तु का द्रव्यमान उसके वेग पर भी निर्भर करता है सापेक्षता थ्योरी के अनुसार किसी भी भौतिक पिंड द्वारा प्राप्त संवेग का अधिकतम मान $P = MC$ होगा जहां C प्रकाश का वेग है इससे यह निष्कर्ष निकलता है कि पिंड द्वारा प्राप्त वेग का मान समय के अनुक्रमानुपाती केवल तभी तक रहता है जब तक पिण्ड का द्रव्यमान अचर रहता है पिण्ड का वेग बहुत अधिक होने पर समय के अनुक्रमानुपाती नहीं रहता और पिंड के वेग बढ़ते जाने पर उसका द्रव्यमान भी बढ़ता जाता है और पिंड का वेग अनंत हो जाने पर द्रव्यमान भी अनंत हो जाता है इस तरह किसी भी पिंड का द्रव्यमान स्थिर नहीं रहता वह वेग पर निर्भर करता है व उसके वेग के साथ बदलता रहता है इस तरह ब्रह्माण्ड में किसी वस्तु का मास ही ऊर्जा नहीं होती बल्कि उसकी गति भी ऊर्जा का कारक होती है

यहां सबसे बड़ा पेंच तो यह है कि ब्रह्माण्ड में गतिशिलता कहां से आती है और यहां कण–कण में आवेश क्यों है न्यूट्रीनो निरंतर दोलन क्यों कर रहे है नाभिक निरंतर सक्रिय बना रहता है क्यों, ब्रह्माण्ड में सम्पूर्ण पिंडों द्वारा अपने अक्ष में घूर्णन के साथ–साथ अपने निकट व पास के भारी पिंड का निरंतर चक्रण क्यों करते रहते है इस प्रकार सम्पूर्ण ब्रह्माण्ड में स्थिरता का अभाव है क्यों?

वास्तव में ऊर्जा एक सक्रिय तत्व है वह निरंतर गतिवान रहती है और जब ऊर्जा पदार्थ के रूप में कंडेंस होती है अथवा रेस्ट ऑफ एनर्जी के रूप में होती है तब वह किसी मांढ़र के रूप में स्थिर पड़ी हुई नहीं रहती बल्कि वह अपने भीतर नैर्सगिक ऊर्जा कणें पैदा कर निरंतर गतिवान बनी रहती है मजबूत व कमजोर नाभिकीय बल, कूलम्ब आवेश तथा गुरूत्वाकर्षण आवेश इसी प्रकार के पदार्थ से उत्सर्जित बल है जिसमें पदार्थ के सूक्ष्म स्तर पर मजबूत व कमजोर नाभिकीय बल, कूलम्ब आवेश सक्रिय बने रहते है जो कम दूरी तक प्रभावी होता है। और अधिक मास के इकठ्ठा होते जाने पर क्षीण गुरूत्वाकर्षण बल जुड़कर प्रभावी होने लगता है और यह अन्य पिंडों के साथ इंटरलिंक बनाकर विशाल खगोलीय ब्रह्माण्ड को गतिवान व चलायमान बनाती है जिसमें कोई ऊर्जा खर्च नहीं होती सच है *ये उत्सर्जित नैसर्गिक ऊर्जा कणे जिससे समुचा ब्रह्माण्ड चलायमान बना हुआ है ऊर्जा के मास में परिवर्तन का लागत है* याने ऊर्जा का मास (द्रव्यमान) रूप ग्रहण करने पर भी वह अपने गतिशिलता का गुण बनाए रखती है इसके लिए वह बल वाहक कणों का प्रयोग करती है इन सभी बलों व कणों का मेल सभी प्रकार के पदार्थो का निर्माण व उनके उनके गतिशिलता का कारण बनती है जिससे सम्पूर्ण ब्रह्माण्ड निर्मित व संचालित हो रहा है हमें यह भी जानना चाहिए की इन्हीं बलो से ब्रह्माण्ड का सृजन हुआ है और अंत होगा क्योकि ये वे बल होती है जो अपने चरम अवस्था में मास को ऊर्जा में परिवर्तित कर देने की क्षमता रखती है। *''ब्रह्माण्ड का सृजन व अंत, ऊर्जा का मास तथा मास का प्योर ऊर्जा में परिवर्तन है''*

बिग–बैंग अथवा बिग–रिलीज के बाद ब्रह्माण्ड के शुरूआती सृजन काल में ये दोनो प्रमुख ब्रह्माण्डीय ऊर्जा अपने कमजोर व क्षीण रूप में होते है जो ब्रह्माण्ड के निर्माण के लिए जरूरी होता है इसका गुढ़ रहस्य तो यह है कि सकारात्मक ऊर्जा कई भागों में टूटकर त्रिआयामों में सूक्ष्म व बड़े पदार्थो का निर्माण करने लगती है दूसरे शब्दों में कह सकते है कि बिग–बैंग के बाद जैसे ही क्वॉर्को व न्यूट्रीनो का अस्तित्व आया वह सिर्फ मास का कोई ढेर या कंडेस रूप ही नहीं था बल्कि वे कई छोटे बल वाहक ऊर्जा कणों से युक्त थे इसलिए गतिवान व स्पंदित थे और अन्य कणों से प्रतिकिया कर सकते थे हम जानते है कि ऊर्जा कभी स्थिर नहीं रह सकती तो उसका कंडेस रूप मास कैसे स्थिर रह सकता है *इसी कारण सर्वत्र ब्रह्माण्ड में स्थिरता का अभाव है*। शुरूआती ब्रह्माण्ड में इन सूक्ष्म बल वाहक कणों ने जो *मुख्य सकारात्मक ऊर्जा* के प्रारंभिक व छोटे प्रतिरूप थे मौलिक कणों में आपसी प्रतिक्रिया प्रारंभ कर दी सबसे पहले तो क्वॉर्को ने जो ग्लूऑन आवेश से परिपूर्ण थे अन्य ग्लूऑनों को आकर्षित कर अपनी तिकड़ी से प्रोटॉन व न्यूट्रॉन के पार्टिकल्स बनाए प्रारंभ में तो हाइड्रोजन जैसे गैसो की बहुतायत थी जो एक प्रोटॉन व एक इलेक्ट्रॉन से मिलकर बना था। आगे दो प्रोटॉन व एक न्यूट्रॉन मिलकर नाभिक बनाए। इन नाभिको में क्वॉर्को के कई तिकड़ियां थी जो अत्यधिक मजबूत बल से एक–दूसरे से जुड़े हुए थे इसका कारण क्वॉर्को से उत्सर्जित ग्लूऑन आवेश था जिससे ये क्वॉर्क स्वतंत्र नहीं रह सकते थे और एक–दूसरे से किया–प्रतिक्रिया कर मजबूत जोड़ बनाने लगे जिससे ब्रह्माण्डीय, प्राथमिक व मजबूत ईट *नाभिक* की रचना संभव हो सका जिसका प्रभाव अत्यंत सूक्ष्म दूरी तक सीमित था नाभिक के जबरदस्त धनायन प्रभाव के कारण वह भी स्वतंत्र नहीं रह पाये और न्यूट्रीनो को आकर्षित कर एटम की रचना को आकार दिये। नाभिक के धनायन व चकित न्यूट्रीनो के ऋणायन प्रभाव से कूलम्ब आवेश का जन्म हुआ जिसे विद्युत चुम्बकीय प्रभाव के नाम से भी जाना जाता है। यह आण्विक बल परमाणुओं को जोड़कर पदार्थ व मोलेक्यूल का निर्माण में महत्वपूर्ण योग दे रहे है। ब्रह्माण्डीय प्राथमिक ईट *नाभिक* के निर्माण के बाद कूलम्ब आवेश इन्हे जोड़ने के लिए गारे का काम कर रहा है लेकिन इसका प्रभाव भी कम दूरी तक होता है और इसके प्रभाव से गैसों का समूहन व ढेलो खण्डो का निर्माण होने लगा। वही प्राथमिक पीढ़ी के भारी पार्टिकल्स व पदार्थो पर क्षरण ऊर्जा नित्य कार्य कर उसे शुद्ध कर फाइन बनाने में लगी हुई है आज हमारे चारो ओर शुद्ध व फाईन परमाणुओं से बने पदार्थो की भरमार है जो कमजोर वाहक बलों के निरंतर कार्य का परिणाम है पदार्थो का फाइन होना उसके परमाण्विक ऊर्जा व उच्च स्तर के पदार्थो के निर्माण और उनके विभिन्न प्रकार के मोलेक्यूल्स निर्माण के लिए जरूरी होता है इन क्षरणों में इलेक्ट्रॉन नाभिक से बाहर आते है जिनमे अल्फा, बीटा, गामा किरणे होती है अर्थात् यह बल रेडियों सक्रियता उत्पन्न करता है और यह 1/2 स्पिन के पदार्थ कणों पर प्रभावी होता है लेकिन यह 0,1,2, स्पिन के कणों पर अप्रभावी होता है। वही 1967 में स्टीवन वेनवर्ग ने

समीकरणो से विद्युत चुम्बकीय बलो और कमजोर नाभिकीय बलो का एकीकरण कर चुके है जो मैक्सवेल द्वारा एक शताब्दी पहले विद्युत बल और चुम्बकीय बल के एकीकरण के जैसा था। सलाम व वेनवर्ग कहते है कि फोटॉन के अतिरिक्त भी स्पिन 1 के तीन बलवाहक कण होते है जिन्हे एक साथ बोसोन कहा जाता है यही भारी वेक्टर बोसोन कमजोर नाभिकीय बल को वहन करते है साथ ही वेनवर्ग–सलाम थ्योरी एक नये गुणधर्म की व्याख्या करता है जिसे सहज सममिती विखण्डन कहा जाता है जिसमें कम ऊर्जा पर जो कण हमें एक–दूसरे से भिन्न–भिन्न प्रकार के कण लगते है, वास्तव में एक ही प्रकार के कण होते है। अलग–अलग ऊर्जा स्तर पर इनकी पृथक–पृथक अवस्थाएं होती है और अधिक ऊर्जा पर ये सभी कण एक ही जैसे व्यवहार करते है। उनके अनुसार यह कुछ रौलेट चक्र के गेंद की तरह है जो अधिक ऊर्जा पर याने तीव्र चक्रण में गेंद एक ही तरह से व्यवहार करती है याने वह गोल घुमती रहती है लेकिन जैसे ही रौलेट चक्र धीमा होता है गेंद की ऊर्जा कम हो जाती है और गेंद उसके किसी एक खाने में रूक जाती है इस तरह हम देंखे तो गेंद की 36 खानों में 36 प्रकार की अवस्थाऐ हो सकती है और हम गेंद को कम ऊर्जा अवस्था में देखे तो हम सोंचेंगे की 36 भिन्न प्रकार की गेंदे है। इस बल का प्रभाव भी सूक्ष्म दूरी तक था। इन तीनो बल वाहक कणों के अलावा भी एक और बल था जो सम्पूर्ण ब्रह्माण्ड को प्रभावित करने की क्षमता रखता है और सूक्ष्म बलों के मुकाबले अत्यंत दूर तक प्रभावी थी लेकिन इस बल की एक विशेषता यह थी कि यह बल जुड़ने वाले प्रभाव से था। और चरम प्रभावी होने पर यह अन्य बलों पर प्रभुत्व कायम कर लेता है, जो पदार्थो के जुड़ते जाने से सक्रिय होने लगता है और यह सम्पूर्ण मास के गतिशिलता के लिए जिम्मेदार होता है लेकिन ये बल वाहक कणे पार्टिकल्स व छोटे पदार्थो में इतने क्षीण होते है कि उसे प्रयोगशाला में भी ज्ञात नहीं किया जा सकता। चुंकि यह बल जोड़–कारी प्रभाव का होता है इसलिए यह अन्य पदार्थो को आकर्षित कर अपने में जोड़ लिया। ऐसे बलों में का प्रभाव वहां देखने को मिलता है जैसे ब्लैक होलों में, जहां मास अत्यंत ठूंसे व पास–पास संपीड़ित रहते है में ये बल जुड़कर अपने चरम अवस्था में पहुंच जाती है और फिर यह अपने उग्र रूप में अन्य बलो पर प्रभुत्व कायम कर लेता है अथवा सम्पूर्ण सकारात्मक बलों का एकीकरण हो जाता है बलो का एकीकरण का प्रमाण हम उच्च ऊर्जा वाले सक्रिय ब्लैकहोलों में देख सकते है

महाविस्फोट से पहले की दशा में एक ही बल का ब्रह्माण्ड में अस्तित्व था जो बलो का एकीकरण का प्रमाण था। और यह बल अपने चरमोत्कर्ष अवस्था में अपने वजूद के कारण *संपीड़ित व घने मास* का विघटन कर, ऊर्जा रूप में परिवर्तिन हो जाती है ब्रह्माण्डीय सकारात्मक ऊर्जा के एकीकरण के पश्चात यह अपने चरमोत्कर्ष अवस्था, (बिग–बैंग) में तब पहुंचती है जब दो हालात् माकूल होते है एक तो जब संपीड़ित मास अपेक्षित द्रव्यमान या उससे भी अधिक हो जाती है और दूसरा अनंत आकाशिय अंतरिक्ष में वह एकमात्र पिंड शेष

हो अथवा जहां अन्य किसी प्रभावी गुरूत्वीय पिंड का असर न हो। इन दोनो शर्तो के दशा में ब्रह्माण्डीय सकारात्मक ऊर्जा इतनी शक्तिशाली हो जाती है कि अपने चरमोत्कर्ष अवस्था में पहुंचकर स्वयं को नष्ट कर डालती है यह वह घड़ी होती है जब नये ब्रह्माण्ड का सृजन होता है और ब्रह्माण्डीय सकारात्मक ऊर्जा टूटकर प्योर ऊर्जा में तब्दील हो जाता है अतः इन बलों का एकीकरण काल ही ब्रह्माण्ड का सृजन व निर्माण काल होता है तथा इन बलों का चरमोत्कर्ष अवस्था में मास का, प्योर ऊर्जा रूप में विघटन ब्रह्माण्ड का अंत है।

ब्रह्माण्ड एक ही ऊर्जा से निर्मित नहीं हुआ है यहां जितनी सकारात्मक ऊर्जा कार्य करती है उससे कहीं अधिक ऋणात्मक दाब वाली ऊर्जा सक्रिय है और इस ऊर्जा का जन्म भी ब्रह्माण्ड के सृजन के साथ हुआ है सृजन कालीन ब्रह्माण्डीय प्योर ऊर्जा वास्तव में दो प्रमुख बलों का जमावड़ा था एक तो सकारात्मक ऊर्जा व दूसरा ऋणात्मक दाब वाली ऊर्जा। टेंसकाल में विघटन के समय गुरूत्वीय अत्यधिक दबाव के प्रतिरोध कारण संपीड़ित मास का अधिकतर हिस्सा ऋणात्मक दाब वाली ऊर्जा में परिवर्तित होती है विशाल मात्रा में उपस्थित ऋणात्मक दाब ऊर्जा के चारो ओर सकारात्मक ऊर्जा तापमान गिरने पर जहां सृजन के कार्य में लग जाती है वहां ब्रह्माण्डीय ऋणात्मक ऊर्जा निष्क्रीय पड़ी रहती है

ऋणात्मक ऊर्जा को डार्क एनर्जी भी कहा जाता है जो कास्मिक त्वरण के लिए जिम्मेदार होता है और यह कुल ब्रह्माण्डीय ऊर्जा का 78 प्रतिशत से भी अधिक है और यह बड़े पैमाने पर याने व्यापक ब्रह्माण्डीय स्तर जैसे गैलेक्सी क्लस्टर्स आदि पर कार्य करती है लेकिन यह छोटे स्तर जैसे ग्रहो उपग्रहो नक्षत्रों व उनके समूहो पर कार्य नहीं करती है इस कारण इस ऊर्जा का प्रभाव हम अपनी आकाशगंगा या हमारे सौर मण्डल में नहीं देखते है

महान् वैज्ञानिक आइंस्टाइन पहले व्यक्ति थे जिन्होने महसूस किया था अंतरिक्ष *निर्वात्* का अर्थ शून्य नहीं है अंतरिक्ष रिक्त स्थान ही नहीं है वह रिक्त स्थान होने के साथ कुछ विचित्र गुणधर्म रखता है आइंस्टाइन ने अंतरिक्ष का पहला गुणधर्म पाया था कि अंतिरक्ष *रिक्त स्थान* का निर्माण कर सकता है अर्थात् अंतरिक्ष अपना विस्तार कर सकता है। आइंस्टाइन के साधारण सापेक्षता थ्योरी में अंतरिक्ष के अन्य गुण धर्म के अनुसार अंतरिक्ष की अपनी ऊर्जा होती है जिसे उन्होंने *ब्रह्माण्डीय स्थिरांक* cosmological constant कहा था जहां खगोलीय पिंड निरंतर चक्रण करते रहते है और स्थिरांक का आभास कराते है। यह ऊर्जा भी रिक्त स्थान की है और अंतरिक्ष विस्तार के साथ इस ऊर्जा में कमी नहीं आयेगी उनका कहना था कि ज्यादा रिक्त स्थान के निर्माण के साथ रिक्त स्थान के ऊर्जा में बढ़ोतरी होगी निरंतर परिणाम स्वरूप इस तरह की ऊर्जा ब्रह्माण्ड को और ज्यादा गति से विस्तार देगी।

महत्वपूर्ण बात यह है कि ब्रह्माण्डीय स्थिरांक का अस्तित्व क्यों है और ब्रह्माण्डीय स्थिरांक का मूल्य ब्रह्माण्ड में विस्तार उत्पन्न करने योग्य ऊर्जा के ठीक बराबर क्यों है।

वास्तव में अन्य गुण धर्म के अनुसार अंतरिक्ष की अपनी ऊर्जा होती है जिससे खगोलीय पिंड निरंतर चकण करते रहते है और कास्मिक स्थिरांक का आभास कराते है। अंतरिक्ष के इस खाली जगह पर जहां चकण मूवमेंट देखते है और निरंतर ऐसा चलते रहने का आभास होता है यह एक भ्रम है और यहां चकण गतियां ब्रह्माण्डीय सकारात्मक ऊर्जा *गुरूत्वाकर्षण उत्प्रेक्ष्य गतिकीय* बल के कारण होता है जो गुरूत्वीय पिंडों के बीच बने संतुलन के परिणाम स्वरूप होता है और एक कम गुरूत्वीय पिंड द्वारा अधिक गुरूत्वीय पिंड का चकण किया जाता रहता है लेकिन यहां चिर स्थायी रूप से ऐसा नहीं चलने वाला बल्कि चकित पिंडे अपने केंद्र की ओर आकर्षित होकर सरकते रहते है और अंत में वे अपने केंद्र में विलय कर जाएंगे भले ही इसमें लाखों करोड़ों वर्ष लगे। इसी प्रकार गैलेक्सी का आकार/विस्तार super massive gravitational single point "SMGSP" के पूर्व की अवस्था है याने उसका अंत एक संपीड़ित पिंड में समाकर होगा।

रिक्त अंतरिक्ष में बल वाहक कणें, ग्लूट्रॉन क्यूटॉईल्स लहरों के रूप में होती है जो जोड़कारी प्रभाव का होने से आकर्षण प्रभाव पैदा करती है और यह अंतरिक्ष में लंबवत् व लहरदार रूप में चारो आयामों में व्याप्त होता है लंबवत् गुरूत्व क्षेत्र में यह किसी भी चीज को आकर्षित कर अपने में शामिल कर लेती है पृथ्वी में हम इसी क्षेत्र में रहते है लेकिन लहरदार क्षेत्र में गुरूत्व बलें इतना ताकतवर नहीं होता की वह किसी पिंड को खींचकर अपने में मिला लें बल्कि यहां दूसरा पिंड भी अन्य पिंड को अपने ओर खींचती है इस खींचतान से गुरूत्वाकर्षण उत्प्रेक्ष्य गतिकीय बल कार्य करने लगती है और कम गुरूत्वीय पिंड अधिक गुरूत्वीय पिंड का चकण करने लगता है। सकारात्मक ब्रह्माण्डीय ऊर्जा जहां मास व पिंडों गैसो को संग्रहित करती रहती है खगोलीय पिंडों सौर–मण्डलों, तारा–मण्डलों गैलेक्सियों और उनके क्लस्टर समूहो का निर्माण इसी ऊर्जा का देन है जो ब्रह्माण्डीय मास को समूहीकृत करती रहती है वही नकारात्मक ब्रह्माण्डीय ऊर्जा इन पिंडों के मध्य जबरदस्त ऋणात्मक दबाव पैदा करता है जिससे इन पिंडों के मध्य नये अंतराल का निर्माण होता रहता है जिससे ब्रह्माण्ड का विस्तार होता रहता है इन सब में मजे की बात यह है कि ब्रह्माण्डीय सृजन के वक्त यह ऊर्जा निष्क्रीय थी इसी कारण हमारे ब्रह्माण्ड का विकास हो सका अन्यथा बिग–बैंग के बाद अस्तित्व में आये मौलिक पदार्थ फैलकर नष्ट हो जाते और ब्रह्माण्डीय कचरे का ही विस्तार होता। हमारे ब्रह्माण्ड में 3.5 से 4 अरब वर्ष के मध्य यह तब सक्रिय हुआ जब प्रोटो गैलेक्सियां व उनके समूहो का निर्माण होने लगा और यह त्वरण बड़े गुरूत्वीय पिंड़ों व उनके समूहो पर कार्य करती है और उनके बीच अंतराल पैदा करती है जिससे वे निरंतर दूर जाते है और समय के साथ इनके दूर जाने की गति बढ़ते जा रही है लेकिन यहां ब्रह्माण्डीय त्वरण में *पिंड समूह* अपना वजूद बनाए रखते है याने उनका आपसी समूह कायम रहता है वे अपने समूह के साथ ही ब्रह्माण्डीय विस्तार में रैखिक गति से आगे बढ़ते जाते है समूहो में पिंडों के

बने रहने का फायदा यह है कि ब्रह्माण्डीय विस्तार में ये बिखरते नहीं है और इस तरह द्रुत विस्तार में ब्रह्माण्ड अपना वजूद ही बनाए नहीं रखता बल्कि कालांतर में वे और समूहित होते जाते है हम कह सकते है कि ब्रह्माण्ड में सकारात्मक ऊर्जा व ऋणात्मक दाब वाली ऊर्जा का प्रभावी संतुलन कायम रहता है।

यह डार्क एनर्जी रिक्त स्थान या निर्वात् का बल है यह ऊर्जा अंतिरक्ष का विस्तार करती है लेकिन यह कोई प्रतिगुरूत्वाकर्षण बल नहीं है यह दो पिंडों को एक–दूसरे से दूर नहीं धकेलती है बल्कि यह दो पिंडों के मध्य रिक्त स्थान *अंतरिक्ष* का विस्तार करती है।

हमने देखा कि ब्रह्माण्ड के सृजन काल में *ब्रह्माण्डीय सकारात्मक ऊर्जा* क्षीण व सूक्ष्म प्रभाव वाली कियाओं में बटी रहती है जिससे प्रारंभिक व खगोलीय ब्रह्माण्ड का निर्माण होता है पदार्थ के क्वांटम कणें आणविक बलों से जुड़कर बड़े पदार्थो व टुकड़ो का निर्माण होने से पदार्थ के मौलिक कणों से उत्सर्जित नैर्सगिक बल के जोड़–कारी गुण से वे अधिक प्रभावी होने लगे अब वे अपने आकर्षण से अन्य पदार्थो गैसो को खींचकर बडें खगोलीय पिंडों का निर्माण करने लगे जिससे गुरूत्व–आकर्षण अपना वजूद कायम करने लगा और आगे नक्षत्रों तारों ग्रहो पिंडों का निर्माण में भी गुरूत्वाकर्षण बल की विशेष भूमिका रही। तारों ने अपने जीवन चक्र में ब्रह्माण्डीय टर्निंग–पाईंट के रूप में कार्य करते हुए गुरूत्वाकर्षण को अपने चरम अवस्था में पहुंचा दिया। प्रारंभिक विशालकाय तारो के नाभिकीय संलयन ने न सिर्फ ब्रह्माण्ड को प्रकाशित किया बल्कि हल्के ब्रह्माण्डीय पदार्थो, गैसो जैसे हाइड्रोजन जो ब्रह्माण्ड में बहुतायत में उपलब्ध रही को हीलियम व अन्य भारी पदार्थो जैसे बेरिलियम लोहा तांबा कार्बन और ऑक्सीजन में तब्दील करने लगा और अपने जीवन के अंत में सुपरनोवा विस्फोट से भारी होते तारा केंद्र पर ऐसा जबरदस्त दबाव डाला की शेष बचे तारा केंद्र अपेक्षित द्रव्यमान होने पर ब्लैक–होल में परिवर्तित हो गये इस प्रकार ब्रह्माण्ड में गुरूत्वाकर्षण का प्रभाव बढ़ता गया। और इन क्षेत्रो में गुरूत्वाकर्षण सर्वशक्तिमान होने सें अन्य सूक्ष्म बलों पर अपना प्रभुत्व कायम कर लिया। चरम गुरूत्व प्रक्षेत्र में अंतरिक्ष व समय भी सिकुड़ने लगा और ब्लैक होल के अंदर तो यह समाप्त ही हो गया। अब ये चरम गुरूत्व प्रक्षेत्र अपने आकर्षण से गैसो पिंडों तारों नक्षत्रों को इकठ्ठा कर प्रोटो–गैलेक्सियों का निर्माण करने लग और ब्रह्माण्ड में बड़े पिंडों व उनके समूहो का निर्माण होने लगा। जिसे गैलेक्सी–क्लस्टर कहा जाता है आगे इन समूहो को अंतरिक्षीय विस्तार में द्रुत गति से आगे बढ़ने के साथ ये समूह एकल पिंड के रूप में परिवर्तित होते जाऐंगे इस प्रकार बलो और पदार्थो का एकीकरण होता है

प्रारंभकाल में जहां सूक्ष्म व क्षीण ऊर्जाएं ज्यादा सकिय थी तो वही कालांतर में एकीकरण कर चरम गुरूत्वाकर्षण व विस्तारकारी रैबिक ऊर्जा कणों के रूप में न सिर्फ सकिय होने लगी बल्कि संतुलन भी कायम करने लगी।

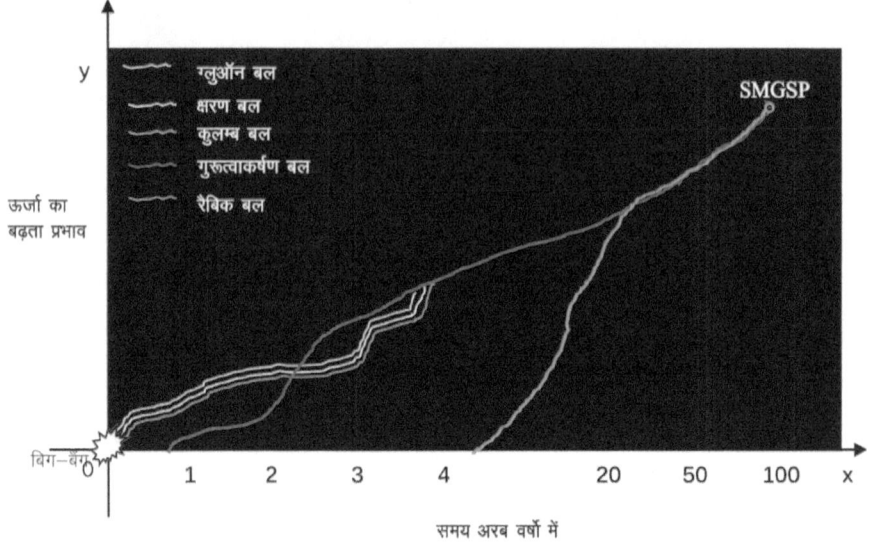

ब्रह्माण्डीय सृजन एवं बलो का बढ़ता प्रभाव

उपरोक्त डायग्राम में हम देख सकते है कि ब्रह्माण्ड के सृजन के समय उच्च ताप पर जब सब कुछ प्योर ऊर्जा रूप में होता है, ताप कम होने पर मास के रूप में विखण्डन होने से ऊर्जा का वर्गीकरण जैसे ग्लूऑन कणें, बोसोन क्षरण कणें, कूलम्ब आवेश गुरूत्वाकर्षण बलों तथा रैबिक कणों में होता है प्रारंभ में तो इन मौलिक कणों का प्रभाव पृथक–पृथक व क्षीण था लेकिन कालांतर में ये सूक्ष्म स्तर पर सक्रिय बल जुड़कर एकाकार हो जाती है। और अंत में दो ही बलो का अस्तित्व शेष रहता है। इस तरह भी दिखाया जा सकता है।

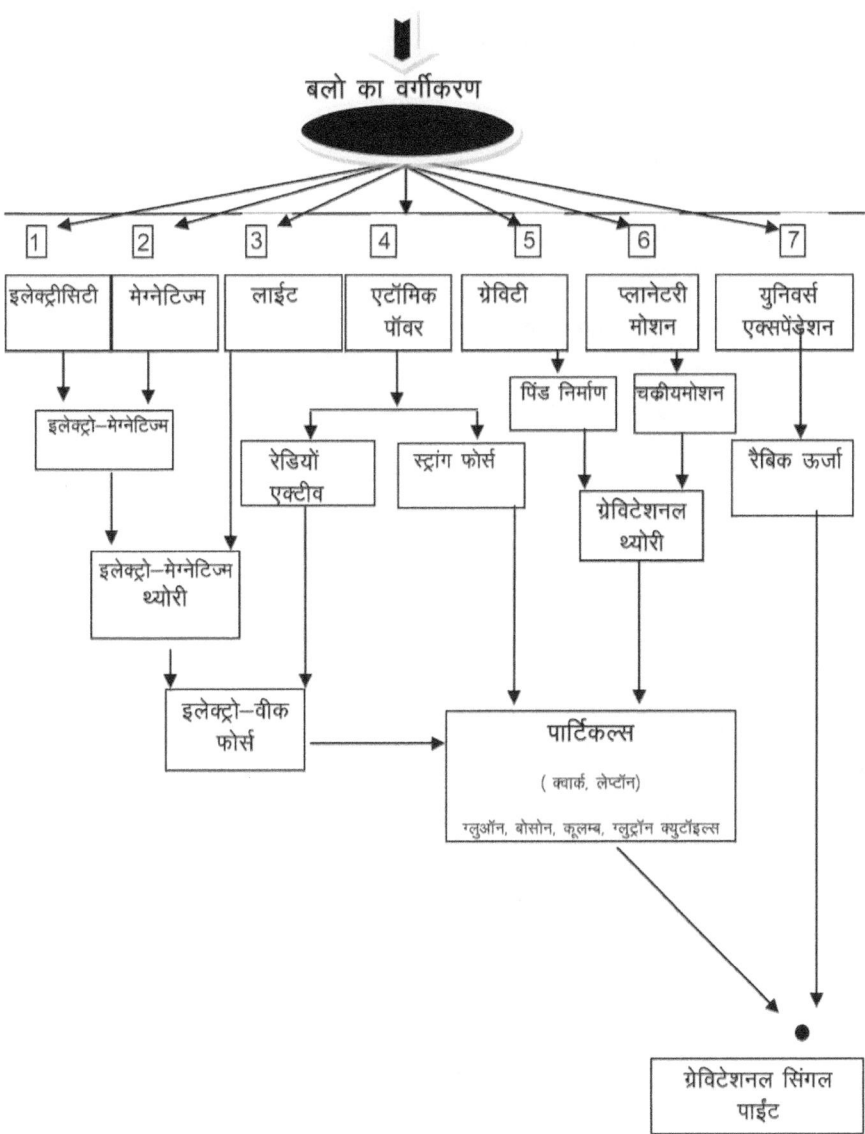

ऊर्जा का मास रूप में विखण्डन

उपरोक्त चार्ट में हम देख सकते है कि बिग–बैंग के समय सारे मास व ऊर्जा एक ही संपीड़ित व सघन पिंड में समाए हुए थे जहां चरम गुरूत्वाकर्षण बल का ही प्रभुत्व था जैसे ही बिग–रिलीज हुआ सारे मास व ऊर्जा, प्योर ऊर्जा में तब्दील हो गये और मास न होने से गुरूत्वाकर्षण का प्रभाव भी शून्य हो गया। इस अवस्था में जहां सारे चीजें प्योर ऊर्जा के रूप में होता है वहा सारे बलों का एकाकार हो जाता है परंतु जैसे ही ताप कम होने होते जाता

है सकारात्मक प्योर ऊर्जा, नकारात्मक प्योर ऊर्जा से स्टेरलाइज होकर सूक्ष्म मास कणो में परिवर्तित होती जाती है जिसे पार्टिकल्स कहा जाता है इन पार्टिकल्स के अस्तित्व में आने के बाद से ऊर्जा कई ब्रह्माण्डीय बलो में टूट जाता है जिसे मूलभूत बलों के रूप मे जाना जाता है। ये बले ब्रह्माण्ड को निर्मित संचालित व विस्तारित करती है इन बलों के क्रियान्वयन से ब्रह्माण्ड पुनः विस्तारित होते हुए ग्रेविटेशनल सिंगल पाईंट में बदल जाएंगे और पुनः सारे बलों का एकीकरण हो जाएगा।

सकारात्मक ऊर्जा संग्रहकारी ऊर्जा है ब्रह्माण्ड में, प्रारंभ में सूक्ष्म ऊर्जा, अंत में व्यापक ऊर्जा में तब्दील हो जाती है''

वही ब्रह्माण्डीय ऋणात्मक ऊर्जा, सृजन काल में चारो ओर गतिशील प्योर ऊर्जा को स्टेरलाइज करके मास (द्रव्यमान) के निर्माण में महत्वपूर्ण भूमिका अदा करती है और कालांतर में अंतरिक्ष विस्तार को जन्म देती है बाद वह उत्तरोत्तर बढ़ती जाएगी और अंत में इसका प्रभाव अनंत होगा।

सकारात्मक व ऋणात्मक ऊर्जा अपने चरमोत्कर्ष अवस्था में पहुंच कर ब्रह्माण्ड का अंत कर देगी और इस अवस्था में इन दोनो का मूल्य पुनः शून्य हो जाता है याने ब्रह्माण्ड का सृजनकाल प्रारंभ हो जाता है इसे इस अर्थ में भी जाना जा सकता है कि जब ब्रह्माण्ड में कई पिंड–समूहो जैसे गैलेक्सी व उनके क्लस्टर समूहो का निर्माण होने लगता है तब ब्रह्माण्डीय त्वरण से इन पिंड–समूहों के मध्य अंतरिक्ष का निर्माण होने से वे पिंड–समूह एक–दूसरे से दूर चले जाते है यहां दो पिंडों समूहों को एक–दूसरे से दूर नहीं धकेलती है बल्कि यह दो पिंड–समूहो के मध्य रिक्त स्थान *अंतरिक्ष* का विस्तार करती है। ब्रह्माण्डीय विस्तार से ये पिंड–समूह अपना समूह का वजूद कायम रखते है अर्थात् इस विस्तार से गुरूत्वाकर्षण कमजोर नहीं पड़ता और कई विशाल समूह रैखिक गति से आगे बढ़ती रहती है इस प्रकार इन समूहो के मध्य अंतराल बढ़ता रहता है लेकिन इन समूहो के अंदर ब्रह्माण्डीय कियाए चलती रहती है किसी सिंगल पिंड–समूह में हजारो गैलेक्सियां हो सकती है जहां खरबो तारे निरंतर टर्निंग पाईंट के रूप में कार्य करते हुए हल्के पदार्थो को जटिल पदार्थो में तब्दील कर ब्रह्माण्ड को प्रौढ़ बनाते रहते है और यहां प्रति सेंकण्ड की दर से ब्लैक होल बनते रहते है गैलेक्सियां भी एक–दूसरे का चकण करते पास आते विलयन करते रहते है अंततः दूर जाते इन पिंड समूहों में समय के साथ भारी पदार्थो का निर्माण होते रहता है कालांतर में इन समूहो में केंद्र की ओर विलयन करके महासंकुचन को जन्म देंगे। हमारा और हमारे आसपास दिखने वाले सारे चीजों का खात्मा किसी घने व संपीड़ित पिंड में समाकर होगा और एक ब्रह्माण्ड के अंत में कई संपीड़ित पिंड बनेंगें। ब्रह्माण्ड के इस अंतिम काल में गुरूत्वाकर्षण ऊर्जा व ब्रह्माण्डीय विस्तार ऊर्जा अपने चरम अवस्था में होंगे विस्तार ऊर्जा के चरम प्रभाव से इन पिंडों के मध्य अंतराल निरंतर बढ़ता जाएगा और अंततः ये संपीड़ित पिंडे अनंत अंतरिक्ष में होंगी जहां इन पिंडों

पर किसी अन्य पिंड का प्रभाव शून्य होगा। इस अवस्था में इन संपीड़ित पिंडों का द्रव्यमान अपेक्षित, याने पांच लाख खरब सौर द्रव्यमान होने अथवा अधिक होने पर और साथ ही निर्वात् में सिंगल अवस्था में होने पर वह गुरूत्वाकर्षण के चरमोंत्कर्ष अवस्था में पहुंच जाएगा जिससे इसमें टेंसकाल प्रारंभ हो जाता है जो अंततः चरम गुरूत्वाकर्षण के अंत के साथ समाप्त होता है और यहां गुरूत्वाकर्षण अपने वजूद के कारण मास को ही नष्ट कर डालता है और सम्पूर्ण मास, प्योर ऊर्जा में तब्दील हो जाती है इस प्रकार गुरूत्वाकर्षण के समाप्त होने से संपीड़ित मास व ऊर्जा पुनः मुक्त होकर नये ब्रह्माण्ड का सृजन करते है। ब्रह्माण्ड में बिग–बैंग इकलौता नहीं है एक ब्रह्माण्ड के अंत में ऐसे कई घने व संपीड़ित पिंड हो सकते है जो बिग–बैंग अथवा बिग–रिलीज को जन्म दे सके।

थ्योरी आफ एवरीथिंग में सबसे पड़ा प्रश्न यह है कि ब्रह्माण्ड किससे मिलकर बना है सामान्यतः यह माना जाता है कि ब्रह्माण्ड दो प्रकार के चीजों से मिलकर बना है एक तो साघारण व काला पदार्थ तथा दूसरा प्रसारीय ऊर्जा। यहां काला पदार्थ को अदृश्य पदार्थ एव श्याम ऊर्जा, को अदृश्य ऊर्जा के रूप में भी जाना जाता है। और अदृश्य ऊर्जा व अदृश्य पदार्थ जैसे रहस्यों पर से पर्दा एकीकृत सिद्धांत से ही उठ सकता है।

ब्रह्माण्डीय विकिरण याने cosmic microwave background की गणना यह संकेत देती है कि ब्रह्माण्ड का आकार फ्लैट है और इस आकार के लिए द्रव्यमान व ऊर्जा का अनुपात एक निश्चित क्रांतिक घनत्व के बराबर होनी चाहिए ब्रह्माण्ड के कुल पदार्थ की मात्रा ब्रह्माण्डीय विकिरण की गणना के अनुसार क्रान्तिक घनत्व का मात्र 30 प्रतिशत ही है इसका तात्पर्य यह है कि श्याम ऊर्जा ब्रह्माण्ड के कुल द्रव्यमान का 70 प्रतिशत होना चाहिए जिसे डायग्राम से समझने का प्रयास करते है।

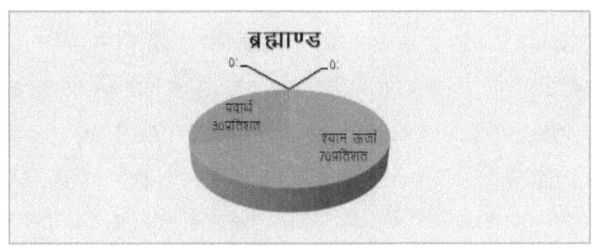

इस डायग्राम से हम देखते है कि ब्रह्माण्ड दो प्रकार के चीजों से बना है एक तो पदार्थ दूसरा श्याम ऊर्जा, और इन दोनो से ही ब्रह्माण्ड निर्मित व विस्तारित हो रहा है। इसमें पहले पदार्थ क्या है जानने का प्रयास करते है। पदार्थ, भी दो प्रकार का है एक साधारण व दूसरा काला ऐसा माना जाता है कि असाधारण रूप से साधारण पदार्थ का अनुपात श्याम पदार्थ से कम है। ऐसा इसलिए है क्योकि ब्रह्माण्ड में हल्के पदार्थो व पिंडों का समूह भारी व काले पिंडों के ओर आकर्षित होकर अपना वजूद खो रहे है।

ब्रह्माण्ड में पदार्थ प्योर ऊर्जा का कंडेंस रूप माना जाता है बिग–रिलीज के बाद जब प्योर ऊर्जा का अस्तित्व आया और वह ताप कम होने पर पदार्थ के मौलिक कणों जैसे क्वॉर्को व लेप्टॉनों में परिवर्तित होते गये। ये क्वॉर्क व लेप्टॉन क्या है। क्वॉर्क व लेप्टॉन कणें प्योर ऊर्जा से बने, एनर्जी के छोटे–छोटे पॉकेट होते है जिनका अपना गुण–धर्म होता है इन ऊर्जा के पॉकेट पदार्थ के रूप में व्यवहार करते है क्यों कि हर पॉकेट का अपना द्रव्यमान होता है इन ऊर्जा पॉकेटों में द्रव्यमान कहां से आता है यह शोध का विषय रहा है जिसे सुलझाने का प्रयास हिग्स–बोसोन ने किया। उनके अनुसार हिग्स–बोसोन एक बल वाहक कण है जो द्रव्यमान को ही उत्पन्न करता है। हिग्स–बोसोन क्या है? इसे समझने के लिए हमें ब्रह्माण्ड की कार्य प्रणाली को समझाने वाले सबसे सफल सिद्धांत स्टैंडर्ड़ मॉडल को समझना होगा इस मॉडल के पीछे कण भौतिकी से संबंधित अब तक प्राप्त समस्त ज्ञान है और इसी ने पार्टिकल्स, प्रोटोन, न्यूट्रॉन क्वॉर्क व लेप्टॉन खोजे है इस थ्योरी के अनुसार ब्रह्माण्ड में केवल पदार्थ कण ही नहीं होते उसमें बल वाहक कणों का समावेश भी होता है जो कणों पर कार्य करता है आज हम अपने आस–पास जो भी कुछ देखते है उसके पीछे कौन सा बल व प्रणाली कार्य करती है।

ब्रह्माण्ड में हर बल का एक बल वाहक कण होता है यह पदार्थ से प्रतिक्रिया करता है और बल का आभास उत्पन्न करता है इसे समझना थोड़ा कठिन लगता है पर यह रहस्यपूर्ण व अलौकिक ढंग से कार्य करती है और अस्तित्व व शून्य के बीच झुलती रहती है परंतु वास्तव में इन बलो का अस्तित्व होता है और यह रहस्यमय रबड़ बैंड द्वारा पदार्थ कण से बांधे गये भार के जैसे होते है इस थ्योरी के अनुसार हर मूलभूत बल का एक–एक विशिष्ट बोसोन होता है जैसे विद्युत चुम्बकीय बल के प्रभाव के लिए फोटॉन का उत्सर्जन व अवशोषण करता है उसी प्रकार स्टैंडर्ड़ मॉडल के अनुसार द्रव्यमान के लिए हिग्स–बोसोन आवश्यक है भौतिक वैज्ञानिको के अनुसार किसी भी पदार्थ कण का द्रव्यमान नहीं होता वे हिग्स क्षेत्र से गुजरते हुए द्रव्यमान प्राप्त करते है यह हिग्स क्षेत्र भिन्न–भिन्न कणों को भिन्न–भिन्न तरीके से प्रभावित करता है और इस क्षेत्र से फोटॉन अप्रभावित हुए गुजरते है जबकी अन्य कण अपने भार से रूक जाते है यह हिग्स प्रक्षेत्र एक जलीय ताल के जैसा है जिसमें एक तैराक, जल के पदार्थ कणों व जल के प्रतिरोध से अपने भार का अनुभव करता है इसी प्रकार हिग्स प्रक्षेत्र में कण प्रतिरोध से द्रव्यमान महसूस करता है यदि हिग्स प्रक्षेत्र है तो हर द्रव्यमान रखने वाला कण का द्रव्यमान उसके प्रतिरोध का परिणाम है और यह हिग्स प्रक्षेत्र अन्य बल क्षेत्र के विपरीत सम्पूर्ण ब्रह्माण्ड में व्याप्त है और इसके बाहर कुछ भी नहीं है जिस तरह से हर बल के लिए एक बल वाहक कण चाहिए उसी तरह से हिग्स क्षेत्र का वाहक कण हिग्स–बोसोन है हाल में ही चल रहे ईश्वरीय कण की खोज का प्रयास यही था वैज्ञानिको के मुताबिक महाविस्फोट के कारण गॉड पार्टिकल्स बने थे जिनसे सभी ग्रह और तारो का निर्माण हुआ अतः जिसे जिनेवा में स्थित सर्न प्रयोगशाला जिसे महामशीन भी कहा गया में प्रोटॉन को टकराकर बिग–बैंग

जैसी ब्रह्माण्डीय सृजन कालीन परिदृश्य उपस्थित करने का प्रयोग किया गया जिसमें ब्रह्माण्ड में द्रव्यमान के लिए जिम्मेदार कण को खोजने का प्रयास किया गया।

भौतिकशास्त्री कहते है कि वे एलएचसी जैसे बड़ी परियोजनाओं को इसलिए शुरू किया गया ताकि ज्ञान का विस्तार हो और ठीक उसी जगह हिग्स के अस्तित्व की पुष्टि हो जहां उम्मीद की थी अगर ऐसा होता है तो ये भौतिकशास्त्र के बारे में हमारी समझ के नजरिये से एक जीत होगी लेकिन इसका न मिलना, मिल जाने से कही ज्यादा उत्साहजनक है। यदि भविष्य में होने वाले अध्ययनो में इस बात की निश्चित तौर पर पुष्टि हो जाती है कि हिग्स का अस्तित्व नहीं है तो फिर मानक मॉडल के सारे नहीं तो कम से कम एक बड़े हिस्से को पुनः लिखना होगा याने फिर नई खोज शुरू होगी।

आखिर यह द्रव्यमान क्यों जरूरी है वास्तव में द्रव्यमान ही वह माप है जिससे पता चलता है कि वो पदार्थ कितने सारे सूक्ष्म कणों से मिलकर बनी है और अगर द्रव्यमान नहीं है तो अणु का निर्माण करने वाले सभी कण प्रकाश की गति से इधर–उधर घूमते रहेंगें और जिस व्यवस्थित रूप में आज ब्रह्माण्ड हमारे सामने मौजूद है ऐसा नहीं होता।

हिग्स थ्योरी के मुताबिक पूरा ब्रह्माण्ड एक ऐसा क्षेत्र है जिसके जरिए पार्टिकल्स, मास या द्रव्यमान लेते है उन्होंने ब्रह्माण्ड की तुलना किसी बर्फीले मैदान से की गई है जहां आपकी चाल धीमी हो जाएगी।

ब्रह्माण्ड में मौलिक कणों को द्रव्यमान कैसे मिलता है यह आज भी एक पहेली बनी हुई है और स्टैंडर्ड मॉडल भी खुद हिग्स के निश्चित द्रव्यमान के बारे में कोई जानकारी नहीं देता। ब्रह्माण्ड में द्रव्यमान पैदा करने वाले कणों का पूरे ब्रह्माण्ड में व्याप्त होना जरूरी है और जो प्योर ऊर्जा से परिवर्तित मौलिक कणों को स्टेरलाइज करे याने यह सम्पूर्ण कणों को एक स्थिरता प्रदान करता है जैसे जल में जाने वाले हर पदार्थ जल के परमाणुओ से टकराकर धीमें हो जाती है और *यहां इन मौलिक कणों याने एनर्जी के छोटे पॉकेटों को स्वयं की गति व ब्रह्माण्डीय स्टेरलाइजेशन के कारण एक निश्चित द्रव्यमान मिलता है* और यह द्रव्यमान इन एनर्जी पॉकेट्स को उस दशा तक स्थिर करता है कि ये मास की भॉति व्यवहार करने लगते है और हम जानते है कि ये मास कण अन्य कणों से स्वतंत्र नहीं रह सकते क्यों कि वे चार्जज्ड़ होती है और कम ऊर्जा पर कई प्रकार के बल वाहक कणों को उत्सर्जित करती रहती है अलबत्ता इनके संयोजन से कई प्रकार के परमाणुओं व आगे विभिन्न प्रकार के पदार्थो का निर्माण होता है जिनका एक निश्चित द्रव्यमान होता है परंतु मूल प्रश्न अब भी प्रासंगिक है कि ब्रह्माण्डीय मौलिक कणों को द्रव्यमान कैसे मिलता है इसे समझने के लिए हमें बिग–बैंग की उस प्रारंभिक अवस्था की पड़ताल करनी होगी की उस समय ऐसा क्या हुआ की ब्रह्माण्ड में तेजी से द्रुत विस्तार के बाद विस्तार थमने लगा।

अधिकांश वैज्ञानिक इस बात से सहमत है कि मूल ब्रह्म–अण्ड का महान् विस्फोट *बिग–बैंग* लगभग 1370 करोड़ वर्ष पूर्व हुआ था। इस महाविस्फोट को महा रिलीज भी कहा जा सकता है क्यों कि वह संघनित, घना व संपीड़ित पिंड टेंसकाल में चरमगुरूत्वाकर्षण में उच्चतम दाब व ताप में एकाएक ही प्योर ऊर्जा में विखण्डीत हो गयी थी। और सारा पदार्थ *द्रव्यहीन* ऊर्जा में परिवर्तित होने से उसमें निहित अपार गुरूत्वाकर्षण विलुप्त हो गया जिससे अतिसूक्ष्म बिंदू पर ठूंसे हुए उच्च तापीय ऊर्जा विमुक्त होने लगती है इसमें दो प्रकार के ऊर्जा थे एक फोटॉनिक ऊर्जा एवं दूसरा प्रसारी रैबिक ऊर्जा। लेकिन उस समय इसका तापमान लगभग एक लाख अरब अरब अरब अरब कैल्विन था याने की ताप ही प्रमुख था और इस समय तो तापमान ही ब्रह्माण्ड था। प्रारंभ में द्रुत गति से ब्रह्माण्ड का विस्तार होता है क्योंकि संपीड़ित मॉस का विखण्डित ऊर्जा रूप, उच्चतम तापमान पर तीव्र प्रसार करता है महाविस्फोट के 10–43 सेकण्ड के बाद अत्याधिक ऊर्जा फोटॉन कणों के रूप में अस्तित्व था और इसी समय क्वार्क, इलेक्ट्रॉन जैसे मूलभुत कणों का निर्माण हुआ। इसी समय में प्रसार ऊर्जा जो 70 प्रतिशत से भी अधिक थे रैबिक कणों में परिवर्तित हुए। ये कणे फोटॉन कणों की तरह हल्के और शून्य द्रव्यमान के थे। जैसे ही रैबिक कणों का अस्तित्व आया यह प्रकाश की गति से प्रवाह करते मौलिक कणों (क्वॉर्क व लेप्टॉन) को स्टेरलाइज करने लगें जिससे इन छोटे–छोटे एनर्जी पॉकेटो के स्वयं के गति व रैबिक कणों के प्रतिरोध से द्रव्यमान मिलने लगा और वे एक खोल में बंद होने लगे। लेकिन फोटॉनिक कणे इनसे अछूते रहे। ये रैबिक कणें सम्पूर्ण ब्रह्माण्ड में व्याप्त रहती है और सामान्यतः निष्क्रीय रहती है लेकिन क्वॉर्क व लेप्टॉन जैसे गुरूत्वहीन कणों को स्टेरलाइज करती है वही प्रौढ़ होते ब्रह्माण्ड में जब विशाल गुरूत्वीय पिंडो का जमावड़ा होते जाता है जैसे गैलेक्सियों व उनके क्लस्टर्स आदी, तो ये कास्मिक त्वरण पैदा करती है और दूसरे शब्दों में यह ब्रह्माण्डीय पिंडों के मध्य अंतराल व अंतरिक्ष का निर्माण करती है। जो ब्रह्माण्ड के भविष्य व अंत के लिए जिम्मेदार होती है।

द्रव्यमान क्यों जरूरी है–अगर द्रव्यमान नहीं होगा तो किसी भी पदार्थ को बनाने वाले सारे सूक्ष्म कण प्रकाश की रफ्तार से घुमते रहेंगे और दुनिया जिस रूप में आज मौजूद है वैसा कुछ नहीं होता वास्तव में पुरा ब्रह्माण्ड एक ऐसा क्षेत्र है जिसके जरिए पार्टिकल्स मास या द्रव्यमान ग्रहण करते है किसी पानी के भरे टब में हाथ लहरा कर हम इसका अनुभव प्राप्त कर सकते है। वास्तव में सबसे महत्वपूर्ण प्रश्न है कि कैसे ऊर्जा मास में तब्दील हो जाती है? वास्तव में प्योर ऊर्जा ब्रह्माण्ड में रैबिक कणों से स्टेरलाइज होने के परिणाम स्वरूप अपने गति खोकर एक ऐसे खोल में पैक हो जाती जाती है

आइये डायग्राम से प्रारंभिक ब्रह्माण्ड में मौलिक कणों के स्टेरलाइजेशन को समझने का प्रयास करें।

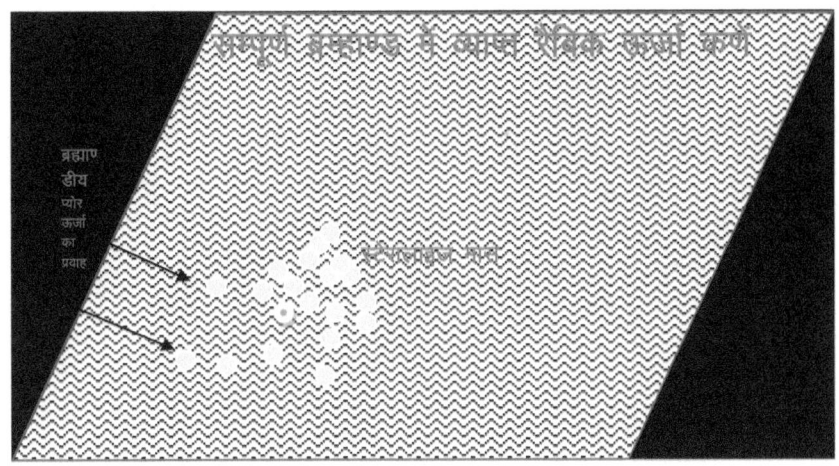

सम्पूर्ण ब्रह्माण्ड में व्याप्त रैबिक ऊर्जा कणों को लहरो के रूप में देख सकते है जहां ब्रह्माण्डीय फोटॉनिक ऊर्जा ताप कम होने व गति कम होने पर स्टेरलाइज होकर खोल में बंद हो जाते है और भार को प्राप्त करते है यहीं से ब्रह्माण्ड का नवनिर्माण का कार्य प्रारंभ होता है

उपरोक्त डायग्राम में बिग–रिलीज के उपरांत तीव्र गति से फैले प्योर ऊर्जा के उस बादल को देखा जा सकता है जो ताप के कमी के उपरांत फोटॉनिक व रैबिक कणों में परिवर्तित हो चुके है यहां रैबिक ऊर्जा कणों की अधिकता होती है जबकी फोटॉनिक कण एक–चौथाई से भी कम होते है। फोटॉनिक कण ब्रह्माण्डीय मौलिक कण जैसे क्वार्क व लेप्टॉन में परिवर्तित होते गये जो चारो ओर से ब्रह्माण्डीय रैबिक कणों से घिरे हुए थे ये रैबिक कण इन छोटे व गुरूत्वहीन कणों, जो प्रकाश से भी अधिक गति से गतिवान थे को स्टेरलाइज करना प्रारंभ कर देते है जिससे इनको मास व द्रव्यमान मिलता है।

बिग–बैंग के एक सेकण्ड के सूक्ष्मतम अंश को महान एकीकरण युग कहते है जहां सारे पदार्थ व ऊर्जा एक रूप में थे जो ताप गिरने के साथ पदार्थ व ऊर्जा के नये रूपों में परिवर्तित होते गये। *आज हम जो सारे पदार्थ भिन्न–भिन्न देखते है वह सब एक ही है* और एक ही प्रकार के फोटॉनिक व प्रसारीय, ब्रह्माण्डीय ऊर्जा के सहयोग से बने है। ब्रह्माण्ड में ताप कम होते जाने से बलो व पदार्थो की विवधता बढ़ती जाती है जिससे कई प्रकार के पदार्थो व बलो का आभास होता है जो उच्च ऊर्जा पर एक हो जाते है और अंततः प्योर ऊर्जा में बदल जाते है। कहा जा सकता है सम्पूर्ण ब्रह्माण्ड एक है तथा एक ही थ्योरी से कार्य करता है।

''अंत में कहा जा सकता है कि ब्रह्माण्ड का सृजन व अंत, क्रमशः ऊर्जा का मास में तथा मास का प्योर ऊर्जा में परिवर्तन है।''

28

परग्रही एवं पर–ब्रह्माण्डीय जीवन

आज से 500 सौ वर्ष पूर्व गीआर्दनो ब्रुनो जो एक विचारक, गणितज्ञ व खगोलविज्ञानी थे ने यह विचार दिया था कि बाह्य अंतरिक्ष में हमारे जैसे अनगिनत प्राणी निवास करते है यह विचार तात्कालीन धर्म शासको को इतना उद्वेलित कर दिया कि न सिर्फ उसे दण्ड देने के लिए जिंदा जला दिया गया बल्कि अपमानित करने के लिए सड़क किनारे खम्बे पर नग्न कर उल्टा लटका दिया गया था। धर्म शासको को अपना चर्च और जीजस का वर्चस्व बनाए रखने के लिये ऐसे विचार को जड़ से उखाड़ फेकना था और ऐसे विचारक को ही जिंदा जला देना उचित समझा। पर एक महान विचारक के साथ ऐसा अमानविय व्यवहार सैकड़ों वर्षो तक वैज्ञानिको और बुद्धिजीवियों को झकझोरे रखा आज उनके विचार की सच्चाई युफओ के रूप में आए दिनो मंडराती रहती है। और पर–ग्रहीयो की खोज आज उनके विचार की सच्ची श्रंद्धाजली है

सैकड़ों के अध्ययन में सबसे महत्वपूर्ण यह जानना है कि क्या हम यहां अकेले है? अथवा अन्य परग्रही अथवा पर ब्रह्माण्डीय लाइफें मौजूद है? अंतरिक्ष में जीवन की खोज करने वाले वैज्ञानिको के अनुसार इसके बारे में स्पष्ट रूप से कुछ कह पाना तो अभी कठिन है लेकिन इस पर विचार तो किया ही जा सकता है पृथ्वी पर हम पनपते जीवन को देख सकते है जहां करोड़ों प्रकार के प्रजातियां मौजूद है और आज भी सैकड़ों प्रजातियां ऐसे है जो हमारी जानकारी से बाहर है जिसमें कई प्रकार के समुद्री लाईफें भी शामिल है और जब हम आज पृथ्वी में ही कई लाईफों से अपरिचित है उन्हें नहीं खोज पाए है तो भला पृथ्वी के बाहर अन्य जिंदगियों के होने से इंकार कैसे कर सकते है। आज हमें पता है कि ब्रह्माण्ड में नक्षत्र तारे व ग्रहों उपग्रहों की संख्या इतनी है जितनी तो पृथ्वी के सारे समुद्रों के रेत के एक–एक कणों का जोड़ भी कम पड़ जाए। पुरे ब्रह्माण्ड तो दूर की बात है हमारा मध्यम आकार के गैलेक्सी मल्की–वे में ही देखे तो 150 अरब से भी अधिक तारें है और इन तारों के आस पास कई घुमते ग्रहों व उपग्रहों की उपस्थिति पिंडों की संख्या को अप्रत्याशित रूप से बढ़ा देते है और यह इतना विशाल है कि मिल्की–वे मे ही दसियों लाख पृथक–पृथक सभ्यताएं हो सकती है

ब्रह्माण्ड में 100 अरब से भी अधिक गैलेक्सियां है इन सभी गैलेक्सियों में खरबो नहीं बल्कि अनगिनत तारें है जिनमें अधिकांश के पास तो सौर–मण्डल है जिसमें हमारे सौर मण्डल की तरह कई ग्रहें है लेकिन इन अनगिनत ग्रहों में से कितने ग्रहों पर जीवन हो सकता है? यह अध्ययन का विषय है और जीवन है भी तो मानव सभ्यता जैसे बुद्धिमान जीवन कितने है? यह खोज का विषय है।

क्या पृथ्वी इकलौता ग्रह है जहां जीवन पनपा है अथवा हमारी जानकारी इतनी कम है कि हम इस सच्चाई से रूबरू नहीं हो पा रहे है अथवा ब्रह्माण्ड में लाखों बुद्धिमान सभ्यतांए समानांतर विकास कर रही है।

जीवन कैसे प्रारंभ हुआ

पृथ्वी पर जीवन कैसे प्रारंभ हुआ अब तक इस पर प्रश्न चिन्ह लगा हुआ है परग्रही अथवा पर ब्रह्माण्डीय जीवन के संभावनाओं को पता करने के पहले यह सुनिश्चित करना होगा कि ज्ञात जीवन का मूलभुत आधार क्या है जीवन कैसे पनपता है अथवा यह कैसे जीवित रह सकता है अधिकांश वैज्ञानिको ने पृथ्वी पर जीवन, ज्ञात भौतिकी, रसायन शास्त्र तथा जीव विज्ञान के अनुसार जीवन उत्पत्ति के लिए निम्न बातो का होना जरूरी माना है उसमें तीन प्रमुख है पानी, कार्बन, तथा डीएनए।

वैज्ञानिको ने जीवन के लिए द्रव्य, पानी को सबसे ज्यादा महत्वपूर्ण माना गया है पानी को अन्य के मुकाबले सौर्वभौमिक विलायक माना गया है यह ऐसा तत्व है जिसमें अधिकांश रसायन घूल जाते है इसलिए जल कई अणुओं व जटिल मिश्रणों के लिए आधार प्रदान करती ठीक उसी प्रकार कार्बन जिसकी संयोजकता चार है अन्य अणुओं के साथ बंध कर सहज रूप से कई जटिल अणु बनाती है अन्य तत्व कार्बन की तरह अणु नहीं बना पाते इसी तरह जीवन का तीसरा मूलभूत आधार है स्वयं की क्लोन बनाने वाला अणु जिसे डीएनए कहा जाता है और यह डीएनए जो जीवन की रीढ़ है पृथ्वी पर पहला डीएनए अणु के निर्माण में करोड़ों वर्ष लगे थे और यह पानी के गहराईयों में ही संभव हुआ होगा स्टेनली मीलर और हैराल्ड उरे ने अपने प्रयोगो से इस बात को सिद्ध कर चुके है की लंबे समय तक पानी के भीतर सहज ही जीवन निर्माण के मौलिक कार्बनिक रसायनिक पदार्थो का उत्पाद संभव हो जाता है प्रयोगो में उन्होनें बताया की विद्युत धारा तथा ताप, जो अमोनिया और मीथेन के कार्बन बंधनो को तोड़कर उन्हे अमीनो अम्ल बनाने में सक्षम थी यह जो कड़कती बिजली और समुद के अंदर प्रज्जवलित ज्वालामुखियों से प्राप्त हुआ होगा और यह अमीनो अम्ल प्रोटीन का प्राथमिक रूप है इन्ही मूलभूत तत्वों से एक कोशिय अमीबा जैसे जीवन संभव हो सका धीरे–धीरे एक कोशिय जीवो से ही बहु कोशिय व जटिल जीवन संभव हुआ होगा। वैज्ञानिको ने अपने प्रयोगो में अमीनो अम्ल को उल्काओं व अंतरिक्ष के गहराईयों में भी पाया गया है जीवन की जो स्थितियां

पृथ्वी पर देखी गई है उसमें द्रव पानी, हाइड्रो–कार्बन रसायन और डीएनए के अणु आवश्यक है प्रारंभ से पृथ्वी, जीवन के योग्य नहीं थी लेकिन समय के साथ ऐसे वातावरण का निर्माण होने लगा जिसने जीवन को संभव बनाया।

पृथ्वी पर जीवन उत्पत्ती का दूसरा विचार यह है कि यह उल्का पिंडों से आया है। पृथ्वी में प्रारंभिक निर्माण काल में करोड़ों उल्का पिंडों का टकराव हुआ था इससे न सिर्फ पृथ्वी का आकार पुर्नगठित हुआ बल्कि यह माना जाता है कि इसी से पानी और जीवन भी आया। इसके अनुसार जीवन पुरे ब्रह्माण्ड में एकाधिक स्थानों पर स्वतंत्र रूप से पनपा होगा जो निवासरत ग्रहो में उल्काओं व धूमकेतुओं से फैले होंगे।

कुछ वैज्ञानिको और इतिहासकारो का यह भी मानना है कि पृथ्वी जैसे ग्रह पर मानव जैसे बुद्धिमान प्राणी के विकास में एलियनों का हाथ है वे पृथ्वी पर आये होंगे और अपने विकसित जीन्स किसी बंदर जैसे प्राणी में शामिल किए होंगे इसके परिणाम ही मानव जैसे प्राणी विकसित हुए उनका कहना है कि इसके बिना इतना जल्दी यहां इतने बुद्धिमान जीवों का विकास संभव नहीं है।

क्या ब्राह्य अंतरिक्ष में जीवन है–परग्रही जीवन के अभी तक कई दावे किये गये है इसके प्रमाण में विशायकाय ब्रह्माण्ड के असीम क्षेत्र को न देख पाने, न समझ पाने अथवा न सम्पर्क करने का है इस तर्क के अनुसार इस अनंत ब्रह्माण्ड में पृथ्वी के बाहर जीवन का न होना असंभव है हमारे गैलेक्सी में 150 अरब तारे है वही पड़ोसी गैलेक्सी एण्ड्रोमिडा में 400 अरब से भी अधिक तारे है इस तरह पुरे ब्रह्माण्ड में 100 अरब से भी अधिक गैलेक्सियां है जिनमें तारो की अनगिनत संख्या है इतना ही नही ब्रह्माण्ड के गैलेक्सियों में प्रतिदिन लाखों नये नक्षत्रों का निर्माण हो रहा है ये नक्षत्र अमूमन कई ग्रहो और उनके उपग्रहो से लैस होते है जो उसके चारो ओर चक्कर काटते रहते है इन ग्रहो में कई ग्रह ऐसी स्थिति में चक्रण करते रहते है जो तारे से न तो बहुत दूर होती है न बहुत पास इस प्रकार ऐसे ग्रहों व उपग्रहो में न तो बहुत अधिक तापमान होता है न बहुत कम जिसे जीवन उत्पत्ति का आदर्श अवस्था माना जाता है क्यों कि इसी अवस्था में पानी तरल रूप में रह सकता है वर्तमान में इसी तरह के ग्रहो और उपग्रहो की खोज जारी है क्यों कि यहा जीवन पनपने के संभावना होंगी। आज मंदाकनी गैलेक्सी में 100 बिलियन तारे है इसमें सूर्य जैसे तारों के संख्या का अनुमान लगाया जा सकता है उसके बाद उनमें से ग्रह वाले तारों का अनुमान लगा सकते है इन तारों में जीवन के संभावना वाले ग्रहो की संख्या, जीवन उत्पन्न करने वाले ग्रहो कि संख्या व सभ्यता का अपेक्षित जीवनकाल के आधार पर उचित आकलन से अपने आकाशगंगा में ही एक हजार से दसियों लाख तक सभ्यताएं हो सकते है यह तो हमारे आकाशगंगा की बात है इसके अलावा हमारे ब्रह्माण्ड में सौ बिलियन से भी अधिक गैलेक्सियां है वहां जीवन होने के अनंत संभावनाए होंगे। मजे की बात तो यह है कि हमारा ब्रह्माण्ड भी इकलौता नहीं है यहां लाखों ब्रह्माण्ड हो सकते है कुल

मिलाकर यह कहा जा सकता है कि ब्रह्माण्ड व उसकी संभावनाए असीम व अनंत है यहां हर चीज पदार्थ व ऊर्जा से मिलकर बना है एक पदार्थ के दूसरे प्रतिरूप से इंकार नहीं किया जा सकता जहां सरल प्रतिरूप हमें निकट ही दिखाई देंगे वहीं जटिल पदार्थो के प्रतिरूप के लिए हमें दूर जाना होगा जो हमारे जैसे बुद्धिमान जीवन के लिए भी लागू होती है।

यूफओ–काफी लंबे समय से परग्रही उड़नतश्तरियों विचित्र यानों, के देखे जाने और उनके द्वारा अपहरण आदि की कहानियां प्रचलित रही है लेकिन अधिकांश वैज्ञानिको द्वारा जांच के बाद इसे पूर्णतः संदेह के नजर से देखा है उनका कहना है कि ये दिखने वाले विचित्र यान संभवतः जासूसी में प्रयुक्त होने वाले यान होते है और अधिकतर उड़नतश्तरी की घटनांए या तो पृथ्वी का कोई यान है या वायुमण्डल में प्रवेश किन्हीं खगोलिय पिंडों का है। संदेह तब उत्पन्न होता है जब हमेशा से विदेशी तथा ताकतवर सरकारों ने, ऐसे परग्रही यानो के गतिविधियों पर पर्दा डालने की कोशिश की है और वर्षो बाद भी इन आब्जेक्टों और जांच फाइलों को छुपा कर रखा गया है। लेकिन इस बात से इंकार नहीं किया जा सकता की कभी भी हमारे आसमान में एलियन मंडरा सकते है और जब वे हमारे ग्रह तक आ सकते है तो निश्चित ही वह सभ्यता हमसे ज्यादा विकसित होंगी और पृथक–पृथक सभ्यतांए होने से न सिर्फ हमारे बीच बायलोजिकल भिन्नताए होंगी बल्कि कम्यूनिकेशन अस्पष्टता भी होगी तब हमारे लिए समझना कठिन होगा समस्या तो तब खड़ी होगी जब हम इन्हे संदेह की नजर से देखते रहेंगे क्योंकि हमने आज तक माना ही नहीं की पृथ्वी के अलावा भी कोई सभ्यता हो सकती है अपने घर से बाहर निकलकर आकाश को देख हमें यह गुरूर नहीं करना चाहिए यह हमारा आसमान है मेरा मानना है कि यह खुला आसमान और ब्रह्माण्ड है प्रतीक्षा करिए यहां कोई भी परग्रही दस्तक दे सकता है।

परग्रही जीवन की तलाश व सम्पर्क के प्रयास–ब्रह्माण्ड के विराट आकार और अकल्पनीय दूरियों के बीच इस सवाल का जवाब ढूंढना इतना आसान भी नहीं है। फिर भी हम इसमें पीछे नहीं है पृथ्वी के बाहर जीवन के भरपूर संभावनाए मौजूद है उसकी तलाश कैसे किया जाए अथवा उनसे कैसे सम्पर्क स्थापित किया जा सकता है यह एक बड़ी समस्या है इसमें से एक उपाए तो अपने आस–पास के ग्रहो उपग्रहों में अंतरिक्ष यान से जीवन की पड़ताल होनी चाहिए जो जारी है जीवन कैसे पनपता है इसे जानने के बाद जीवन की सबसे जरूरी चीज पानी को माना गया है और यह माना गया की जहां पानी उपलब्ध होगा वहां जीवन की प्रचूर संभावना होगी इसी तारतम्य में कई अंतरिक्ष यान पानी के खोज में लगे है इसके अनुक्रम में चांद पर इंसान और मंगल, शुक्र बुद्ध, वृहस्पति, नेपच्यून व अन्य ग्रहो पर प्रोब यान भेजा जा चुका है जो वहां का एट्मोसफीयर, वायुमण्डल, धरातल व उसके नीचे की स्थितियों का अध्ययन कर जानकारी भेजता रहा है लेकिन वर्तमान में हमारे अंतरिक्ष यान इतने सक्षम नहीं है कि अपने सौर मण्डल से बाहर जाकर सुदूर ब्रह्माण्ड में जीवन की खोज कर सके।

वर्तमान टेक्नालॉजी में जब हमारे यान बहुत दूर तक नहीं जा सकते तो हमें ऐसे उपायों को खोजना होगा जिससे पर ब्रह्माण्डीय जीवन से संम्पर्क साधा जा सके। इसी प्रकिया में *सर्च फार एक्स्ट्रॉटेरेस्ट्रीयल इन्टेलीजेन्स* सौर मण्डल के बाहर बुद्धिमान जीवन की खोज में लगे एक संस्था का नाम है इसे संक्षिप्त रूप में ''सेटी'' कहा जाता है यह *सेटी,* प्रोजेक्ट समूह के वैज्ञानिक, अत्याधुनिक तरीके से दूरस्थ ग्रहों की सभ्यताओं से हो रहे विद्युत चुंबकीय रेडियो तरंगो की खोज कर रहे है इन खोजो में बुद्धिमान जीवन का ही खोज संभव है जो संचार माध्यमों के लिए कम से कम रेडियो तरंगो का प्रयोग करते हो। पहले अमेरिकी सरकार ने सेटी को अनुदान से सहयोग प्रदान किया था लेकिन आज यह संस्था अपने धन स्त्रोतो पर ही निर्भर है

सेटी ने 1420 गीगाहर्ट्ज की आवृत्ति को बाह्य अंतरिक्ष के संकेतो को सुनने के लिए प्रयोग किया यह हाइड्रोजन गैसो की उत्सर्जन आवृति है और ब्रह्माण्ड में सर्वाधिक हाइड्रोजन गैस ही है अतः यह परग्रहियों के संचार को पकड़ने के लिए उपयुक्त रही है परंतु इसके बाद भी इन प्रयासों का कोई सकारात्मक परिणाम नहीं रहा है और निराशा ही हाथ लगी है।

लेकिन 15 अगस्त 1977 को सेटी में कार्यरत डॉ. जेरी एहमन ने ओहीयों विश्वविद्यालय के बीग इयर रेडियो दूरबीन पर एक आश्चर्यजनक व रहस्यमयी संदेश प्राप्त किया गया इस संदेश ने तो मानो परग्रहियों की उपस्थिति का आशा ही जगा दिया। यह 72 सेकण्ड तक प्राप्त हुआ इस अजीबो गरीब संदेश में अंग्रेजी अक्षरों और अंकीय व्यवस्था की एक श्रृंखला थी जो किसी बुद्धिमान सभ्यता द्वारा भेजे गये संदेश जैसा था यह संदेश धनु तारा मण्डल से आया था लेकिन इसके बाद आज तक ऐसा कोई संदेश प्राप्त नही हुआ है

दशको के निरंतर प्रयास के बाद भी सेटी को स्पष्ट रूप से परग्रहियों के जीवन के बारे में कोई संकेत नहीं मिले है लेकिन इसमें निराश होने वाली कोई बात नहीं है सम्पूर्ण ब्रह्माण्ड इतना व्यापक है कि यहा दूरियों को प्रकाश वर्षो में मापा जाता है और अधिक दूरी पर बुद्धि मान जीवन होने पर उनसे प्रसारित रेडियों तरंगों को हम तक पहुंचने में हजारो वर्ष लगेंगे इस कारण कुछ वर्षो के परिणाम से ही निराश नहीं हुआ जा सकता। हो सकता है कि परग्रही भी हमसे सम्पर्क स्थापित करने का प्रयास कर रहें होगे। परंतु खगोलीय दूरी ने इसे दुसवार बना दिया हो।

1971 में नासा ने सेटी खोज पर 10 अरब डालर की लागत से पंद्रह सौ रेडियो दुरबीने लगाए गये पर कोई परिणाम नहीं आये 1974 में एक महत्वपूर्ण संदेश को पोर्ट रीको स्थित महाकाय अरेसीबो रेडियो दूरबीन से क्लस्टर M 13 की ओर प्रक्षेपित किया गया जिसमें एक से लेकर दस तक के अंक, डी एन ए को बनाने वाले तत्वो के परमाणु क्रमांक, डी एन ए के न्युक्लेटाईड के शर्करा के रासायनिक सूत्र, डीएनए की संरचना का चित्रांकन, मनुष्य शारीरिक चित्र, एवं सौर मंडल का चित्राकंन आदि अंकित किये गये है परंतु क्लस्टर M 13 हमसे 25100

प्रकाश वर्ष दूर है जो इतना दूर है है कि संदेश पहुंचने में 25100 वर्ष लगेंगे। यदि पृथ्वी के सबसे निकट तारे प्रॉक्सीमा सेंटारी जो हमसे 4 प्रकाश वर्ष की दूरी पर है उसके आस पास के ग्रहो के संदेश पृथ्वी तक पहुंचने में 4 वर्ष लगेंगे वही हमारा आकाशगंगा एक लाख प्रकाशवर्ष से भी अधिक लंबाई वाली है वहीं हमारे गैलेक्सियों का लोकल समूह 150 लाख प्रकाशवर्ष है वही कन्या सुपर क्लस्टर जिसका समूह 1800 लाख प्रकाश वर्ष है और तो और ब्रह्माण्ड ऐसे करोड़ों गैलेक्सी समूहा से अटा पड़ा है अब हमें वहां से कोई संदेश प्राप्त होने में लाखों वर्ष ही नहीं लगेंगे बल्कि वे उतने पुराने भी होंगे। हमें सेटी के प्रयासो में निष्कर्ष के लिये वक्त देना होगा। और आशा है कि इस शताब्दी के अंत में हम किसी परग्रही सभ्यता के संकेत खोजने में सक्षम हो जाएंगे।

पृथ्वी सादृश्य ग्रहों की खोज–जीवन के खोज के दूसरे बड़े प्रयासों में नासा, पृथ्वी जैसे दिखने व वातावरण वाले ग्रहों की खोज में अपनी ऊर्जा झोंक दी है। वैज्ञानिको ने अब तक पृथ्वी जैसे हजारों ग्रहों को खोल निकाला है अमेरिकी रिसर्च एजेंसी नासा का कहना है कि अंतरिक्ष में ऐसे अरबो ग्रह हो सकते है इन ग्रहों को सामान्य आँखो से देखना संभव नहीं है इन ग्रहों की खोज डॉप्लर रेडियल वेलॉसिटी तकनीक की मदद से खोजा जाता है वास्तव में ग्रहों की खोज दो तरीकों से की जाती है। एक तो नासा के केपलर मिशन के मदद से किसी ग्रह को तब देखा जाता है जब वह किसी तारे के सामने से गुजरता है उस समय सितारे की उस जगह की रोशनी कम हो जाती है इससे किसी ग्रह की उपस्थिति का तो अंदाजा तो लगा लिया जाता है परंतु उसके द्रव्यमान का अंदाजा नहीं लगा पाते थे। इस कारण आजकल डॉप्लर रेडियल तरीके का प्रयोग किया जाता है जो संवेदनशील तरीका है इससे ग्रह की उपस्थिति तो दूर उसके द्रव्यमान का भी पता किया जा सकता है इस तकनीक के प्रयोग से वैज्ञानिको ने काफी कामयाबी हासिल करी है।

नासा ने खोजे पृथ्वी जैसे ग्रह

अमरीकी अंतरिक्ष एजेंसी नासा कि ग्रहों की खोज करने वाले टेलिस्कोप केप्लर ने पृथ्वी के समान कई सौ नये ग्रह (लगभग 1000), ब्रह्माण्ड के सुदूर सौरमंडल में खोजे है इनमें से पांच तो पृथ्वी के आकार के है और इनमें जीवन की संभावना हो सकती है इन खोजो से ग्रहों की संख्या में और वृद्धि हो रही है। नासा का कहना है कि नए ग्रहों में छह ग्रह एक तारे के इर्दगिर्द स्थिति है और ये पृथ्वी से दो हजार प्रकाश वर्ष की दूरी पर है इन नये ग्रहो में कुछ में जीवन हो सकता है।

उसी कम में नासा ने एक बहुत महत्वपूर्ण खोज की है हमारे आकाशगंगा में पृथ्वी से मिलते–जुलते एक ग्रह को खोज निकाला है। और इस पथरीले ग्रह को केप्लर 186 एफ नाम दिया गया है यह ग्रह आकार में पृथ्वी जैसा है और यह अपने तारे के गोल्डिलॉक्स जोन में है और इसमे जल ग्रहण की क्षमता है जो कि किसी प्रकार के जीवन के लिए काफी महत्वपूर्ण है। यह पृथ्वी से 500 प्रकाश वर्ष दूर है।

वैज्ञानिको ने आकाशगंगा में मौजूद पृथ्वी जैसे ग्रहों का पता लगाने के लिए एक नई विधि अपनाई जा रही है और एक अनुमान है कि आकाशगंगा में धरती जैसे ग्रहों की संख्या सौ अरब तक हो सकती है इस विधि को माइक्रोलेंसिंग ऑब्जरवेशन इन एस्ट्रोफिजिक्स कहा जाता है इस शोध के प्रमुख फिल योक ने बताया कि इसके लिए माइक्रोलेंसिंग और नासा के केप्लर स्पेश टेलीस्कोप डाटा के संयोजन की जरूरत होगी केप्लर और एमओए डाटा के आधार पर आकाशगंगा में मौजूद पृथ्वी की तरह के ग्रहों की पहचान की जा सकती है इसके अनुसार आकाशगंगा में पृथ्वी जैसे ग्रहों की संख्या 12 अरब ग्रह से अधिक है इसमें से अधिकांश तो पृथ्वी से अधिक गर्म है लेकिन कुछ पर तापमान पृथ्वी जितना ही है हो सकता है वहां जीवन हो।

इस प्रकार पृथ्वी जैसे ग्रहों ने जीवन की उम्मीद बढ़ा दी है और पृथ्वी जैसे ग्रहों की अनगिनत संख्या को देखते हुए यह कहा जा सकता है जीवन की संभावना असीम है।

चरम पसंद जीवों से प्रेरणा–पृथ्वी पर जीवन के फैलाव के बारे में जानकारी मिलती जा रही है और तो और वैज्ञानिको को ऐसी जगहों पर जीव पनपते और फलते–फूलते मिले है जहां कभी जीवन ना–मुमकिन समझा जाता था। पहले तो यह माना जाता था कि समुद्र की गहराईयों में जहां भयंकर दबाव होता है वहां जीव जीवित नहीं रह सकते। लेकिन ऐसा नहीं है वहां भरपूर जीवन है ठीक उसी प्रकार यह माना जाता था कि बहुत अधिक तापमान याने 60 अंश सेंटीग्रेट से ज्यादा में भी जीव जीवित नहीं रह सकते लेकिन नये शोधो से पता चला कि गहरे समुद्र में ज्वालामुखी गर्मी से खौलते हुए पानी और गैस के फव्वारे सतहो पर फैले हुए है जिनमें कई जीवाणु पनप रहे है। साथ ही यह भी माना जाता था की अंतरिक्ष के खुले वातावरण में जीव नहीं रह सकते क्योंकि रेडिएशन से भरपूर से वातावरण में उनकी कोशिकांए फट जाती है उनका डीएनए खराब हो जाता है लेकिन पत्थरों में उगने वाली काई लाईकेन जिसे अंतरिक्ष यान द्वारा अंतरिक्ष ले जाया जा चुका है वहा के कठिन वातावरण के बाद भी वह काफी दिनो तक जिंदा पाये गये है। इसी से आज इस बात को बल मिल रहा है कि जीव उल्का पिंड के द्वारा एक ग्रह से दूसरे ग्रह तक फैल गये। कई सिद्धांत तो इसी बात पर बल देते है कि पृथ्वी पर जीवन इसी तरह से शुरू हुआ है इस कल्पना के अनुसार तो मंगल पर जीवन मौजूद रहें हो। अंतरिक्ष यानो के भेजे गये चित्रों और विश्लेषणों से यह तर्क निकाला गया है कि वृहस्पति ग्रह के प्राकृतिक उपग्रह यूरोपा की बर्फीली सतह के नीचे पानी का एक विशाल समुद्र है जिसे वृहस्पति का भयंकर गुरूत्व से पैदा ज्वारभाटा बल मंथता रहता है संभवतः वहा गर्म पानी का विशाल क्षेत्र व उसमें पनपता जीवन मौजूद हों।

गोल्डीलॉक क्षेत्र–गोल्डीलॉक क्षेत्र तारे के उस दूरी वाले क्षेत्र को कहा जाता है जहां पर कोई ग्रह अपनी सतह पर द्रव जल रख सकता है वास्तव में किसी भी तारे के पास कुछ क्षेत्र ऐसा होता है जहां पानी द्रव अवस्था में बना रहता है यह अन्य रसायनो के विलायक के रूप में कार्य कर पाता है जो जीवन को उत्पन्न करने वाले तत्वो जैसे एमिनो अम्ल, प्रोटीन, एवं डीएनए

का निर्माण करते है। चूंकि पृथ्वी सूर्य से एक्यूरेट दूरी पर है इस लिए यहा ऐसा वातावरण का निर्माण हो गया है जो जीवन निर्माण के लिए आदर्श स्थितियां उपस्थित करती है वही यदि यह सूर्य के पास हो तो जल उबलकर उड़ जाएगा और ज्यादा दूर होने पर यह जमकर बर्फ में बदलकर ठोस हो जाएगा ये दोनो ही स्थितियां ज्ञात जीवन के लिए सही नहीं होती है।

पृथ्वी, गोल्डीलॉक क्षेत्र में होने के अलावा भी कई ऐसी परिस्थितियां है जो यहां जीवन के लिए आवश्यक है इन विशेष परिस्थितियों में सबसे प्रमुख हमारा पड़ोसी वृहस्पति ग्रह है जो जबरदस्त गुरूत्वाकर्षण के कारण हमारे पृथ्वी को यायावर विशाल कामेंट, धूमकेतुओं उल्काओं से बचा लेता है यह ग्रह अपने गुरूत्वाकर्षण बल से उल्काओं व धूमकेतुओं को या तो आकर्षित कर अपने में समालेता है या सुदूर अंतरिक्ष में धकेल देता है और आस–पास के वातावरण को साफ कर देता है विगत वर्षो में शुमेकर लेवी–9 को देखा गया की जो पृथ्वी की ओर बढ़ रहा था वृहस्पति के आकर्षण में पड़कर और 9 हिस्सों में टूटकर धीरे–धीरे वृहस्पति में समा गया यह टक्कर इतना भयावह था और इतना चमक शोर व कंपन पैदा हुआ कि यदि वृहस्पति अपने कक्षा में पृथ्वी के पास भी होता तो यहां जीवन के लिए खतरा पैदा हो जाता और मानव सभ्यता का नामोनिशान नहीं बचता। और तो और वृहस्पति हमारे सौर मण्डल में नहीं होता तो पृथ्वी पर उल्काओं, धूमकेतुओं की ऐसी बारिश होती रहती और यहां जीवन दुभर हो जाता। वृहस्पति और शनि के द्वारा पृथ्वी तक पहुंचने वाले कई बड़े कामेटो को विस्थापित कर दिया जाता है और करोड़ों वर्षो में ही एकात बड़ा उल्का पिंड पृथ्वी पर टकराता है ऐसी ही घटना आज से 6.5 करोड़ वर्ष पूर्व हुआ था जिसमें एक विशाल उल्का पिंड की टक्कर में पृथ्वी से डायनोसोर का नामोनिशान मिट गया था।

दूसरा पृथ्वी का एक बड़ा चंद्रमा है जो पृथ्वी को स्थिरता प्रदान करती है ऐसा माना जाता है कि जीवन के लिए ग्रह के पास एक बड़ा उपग्रह होना चाहिए इसके बिना पृथ्वी दोलन बढ़ जाएगा और इससे पैदा होने वाली विपरीत स्थितियां जीवन को असंभव बना देती। इसके अलावा पृथ्वी में मजबूत चुंम्बकीय क्षेत्र, ओजोन परत, औसत घूर्णन गति व आकाशगंगा के शांत क्षेत्र में अवस्थिति होना भी पृथ्वी में जीवन उत्पत्ति के लिए कारण बना।

जीवन के अन्य सहायक परिस्थितियों की खोज–पृथ्वी जीवन के अनुकूल है यहां कार्बन जरूरी माना जाता है क्योंकि इसके परमाणुओं में लम्बे–लम्बे अणु बनाने की क्षमता है पानी की मौजूदगी भी जरूरी मानी जाती है क्योंकि इसमें तरह–तरह के रसायन मिश्रित हो सकते है डीएनए का निर्माण संभव हो पाता है अतः पानी की तरल अवस्था होना जरूरी है अभी तक वैज्ञानिक सूर्य जैसे तारो को ही जीवन योग्य ग्रहो का रक्षक मानते थे लेकिन हाल में लाल बौने तारों के इर्द–गिर्द भी पृथ्वी जैसे ग्रहो के मिलने की संभावनाए दिखने लगी है क्योंकि ऐसे तारे बहुत लम्बे काल के लिए अपने ग्रहीय मण्डलो के लिए स्थाई परिस्थितियां रख सकते

है यह एक महत्वपूर्ण खोज है क्योंकि सूर्य जैसे तारे ब्रह्माण्ड में कम ही है जबकी लाल बौने तारों की तादाद बहुत ही ज्यादा है।

अंततः यह भी कहा जा सकता है कि अन्य ग्रहो में जीवन हमारे पृथ्वी की तरह उनके शरीरों में भी कोशिकांए ही हो अथवा प्रोटीन या डीएनए सिस्टम हो, जरूरी नहीं है हो सकता है वहां कोई अन्य व्यवस्था भी हो। जो हमारे समझ या कल्पनाओं से बाहर हो।

वायेजर यान 1—वायेजर प्रथम अंतरिक्ष यान 722 किलो का रोबोटिक अंतरिक्ष प्रोब है जिसे 5 सितम्बर 1977 को अंतरिक्ष में छोड़ा गया, नासा का सबसे लंबा अभियान है। यह मानव रहित यान है जिसे हमारे सौर मण्डल और उसके बाहर की खोज के लिए प्रेक्षेपित किया गया था यह यान अभी भी कियाशील है और निरंतर आगे बढ़ रहा है और यह लगभग सभी ग्रहो को निकट जाकर उससे संबंधित कई महत्वपूर्ण जानकारियां और तस्वीरें भी भेज चुका है इतना ही नहीं यह बड़े ग्रहो के चंद्रमाओं की भी तस्वीरें भेजा है वर्तमान में यह यान टर्मिनेशन शॉक सीमा को पार कर चुका है यह वह सीमा है जहां सूर्य का गुरूत्व प्रभाव खत्म होना शुरू हो जाता है हेलियोपॉज, हेलियोस्फीयर और सौर मण्डल के बाहर के अंतरतारकीय माध्यम के बीच की सीमा बनाता है यही हेलियोपॉज के निकट आते ही सौर वायु प्रवाह धीमा होने लगता है और यही शॉक वेव की स्थितियां पैदा होती है जिसे सौर वायु की टर्मिनशन शॉक कहते है और यहां से अंतरखगोलीय अंतरिक्षीय घटनांए व प्रभाव प्रारंभ हो जाता है इस क्षेत्र में आगे बढ़ते हुए यान यहा की भी जानकारियां प्रेषित कर रहा है यह इतना दूर है कि पृथ्वी तक जानकारी पहुंचने में 17 घण्टे लग रहे है। यह यान रेडियोधर्मी विद्युत निर्माण यंत्र से चल रहे है और ये अपने निर्धारित जीवन काल से अधिक कार्य कर चुका है और संभवतः 2025 तक पृथ्वी तक संदेश भेजने में सक्षम होगा।

वायेजर यान 2—वायेजर द्वितीय एक अमरीकी मानव रहित अंतरग्रहीय यान था जिसे 20 अगस्त 1977 को नासा द्वारा प्रक्षेपित किया गया था इसकी प्रकृति वायेजर वन की तरह है वायेजर 2 अभी भी आगे बढ़ रहा है संभवतः यह 2020 तक कार्य कर संदश भेजता रहेगा इस यान में वायेजर एक के समान एक सोने की ध्वनि व चित्र वाली डिस्क है जिसमें किसी संभावित बुद्धिमान सभ्यता के लिए हमारे पृथ्वी वासियों का संदेश है इस डिस्क में पृथ्वी के जीवो के चित्र और पृथ्वी के विभिन्न ध्वनियां जैसे व्हेल की आवाज बच्चों की आवाज समुद्र लहरों की आवाजें है।

वायेजर गोल्डन रिकार्ड—वायेजर गोल्डन रिकार्ड दोनो वायेजर 1 एवं 2 अंतरिक्ष यानो पर रखा गया फोनोग्राफ डिस्क है इन रिकार्ड़ों को परग्रहियों को सूचना के रूप में कई जानकारियां डाली गई है यह एक परग्रहियों से सम्पर्क का प्रयास है लेकिन ब्रह्माण्ड की व्यापकता को देखते हुए यह नगण्य प्रयास है और बुद्धिमान सभ्यता के द्वारा इन यानो को पाने की संभावना

नहीं के बराबर है और ये यान कुछ वर्षो के बाद अपने रेडियों तरंगे उत्पादन करना बंद कर देंगे। यह यान जब किसी तारे के पास से गुजरेंगे तो 70000–75000 हजार वर्ष बीत चुके होगें। वास्तव में यह रिकार्ड अन्य परग्रही एवं बुद्धिमान जीवों को एक उपहार है जिसमें हमारे विचार, विज्ञान, चित्र, संगीत, और भावनांए शामिल है।

तारा यानो की आवश्यकता–तारायान ऐसे अंतरिक्ष यान को कहते है जो एक तारे से दूसरे तारे तक यात्रा करने में सक्षम होंगे वर्तमान में ऐसे यान नहीं बनाए जा सके है वैसे कई ऐसे यान बनाए और प्रक्षेपित किये जा चुके है पर वे अन्य तारों तक जाने के लिए नहीं थे। इनमें वायेजर 1, वायेजर 2, पायोनीयर 10, और पायोलीयर 11, है जो सूर्य के वातावरण से निकलकर इण्टरस्पेश में स्पश करने वाले मानवों द्वारा निर्मित यान है लेकिन इसमें न तो मनुष्य यात्रा कर रहें है और न ही ये स्वचालित है।

हमारे निकट का तारा प्रॉक्सीमा सेंटौरी है जो हमसे 4.24 प्रकाश वर्ष दूरी पर है वायेजर 1 मानवों के द्वारा बनाया व भेजा गया अब तक का सबसे तेज यान है जो वर्तमान में प्रति सेकण्ड 45 किमी की यात्रा कर रहा है जो प्रकाश की गति से बहुत कम है यदि इसी गति से यान बढ़ता जाए तो प्रॉक्सीमा सेंटौरी तक पहुंचने में 72000 साल लगेंगे यदि हम स्टारशिप बनाना चाहते है तो हमें अपने विज्ञान तकनीकों में बड़ी कामयाबी हासिल करनी होगी। तभी हम अपने जीवन काल में किसी तारे की यात्रा कर सकते है और अंतर ब्रह्माण्ड में परग्रहियों से सीधे सम्पर्क की सोच सकते है।

बुद्धिमान जीवन के आवश्यक गुणधर्म–हमें अंतरिक्ष में बुद्धिमान जीवन की खोज है पर यदि हमे यहां किसी प्रकार का भी जीवन मिलता है तो यह कम रोमांचकारी नहीं होगा बुद्धिमान जीवन क्या है सच कहें तो जो प्राणी सोचता है और उसके पास संप्रेषण जैसी प्रणाली है याने यह भी कह सकते है कि उसके पास मस्तिष्क है और व्यापक तथा विकसित तंत्रिका तंत्र है जिससे वह संवेदनाओ भावनाओ को अपने आस पास के परिवेश को महसूस कर सकता है और देखने तथा किसी वस्तु को पकड़ने की उचित अंगूली प्रणाली जैसे अंगूठे और पंजे का विकास हो तभी वह परिवेश को समझते हुए अपने विचारो से नव निर्माण कर सकता है और बेहतर जीवन की ओर बढ़ सकता है ऐसा जीव बुद्धिमान कहलाता है। और हमें ऐसी ही परग्रही बुद्धिमान जीवन की खोज है जो अपने अस्तित्व को बनाए रखने के लिए ये जीव न सिर्फ अपने परिवेश बल्कि बाहय परिवशों में भी अपनी संभावना तलाशते रहते है ऐसे जीव शिकारी प्रवृति के होते है इसलिए ये अपने माहौल में अपने आवश्यकता के लिए संधर्श करते समय अन्य जीवों से ज्यादा सक्षम व योग्य होते है जैविक स्पर्धा ऐसे जीवों के क्षमता को बढ़ा देता है और बुद्धि का विकास में सहायता करते है।

वे कैसे दिखते होंगे अथवा सममिती क्या होगी–हमारी आदत होती है कि हम हर चीज की कल्पना करते है और उसके आकार प्रकार का निर्णय कर लेते है और परग्रही जीवन के बारे

में तो हमारी सोच हमारे वॉलीवुड और हॉलीवुड के फिल्मों से है वहा हमने जैसा देखा वैसा ही उनके स्वरूप मान लेते है इसके अलावा हमारे आस पास दिखने वाले सभी प्राणी अमूमन द्विपक्षीय सममिती वाले है जिसके दो आखें, दो हाथ–पैर, की सममिती है यह कहीं न कहीं एक ही बिंदू से जीवन की उत्पत्ति को बताता है इसी सममिती को देखते हुए हालीवुड व वालीवुड में फिल्म निर्माताओं ने द्विपक्षीय सममिती वाले आकार को ही अंतरिक्ष के परग्रही जीवन के रूप में दिखाते है और हम भी वैसा ही मान लेते है लेकिन पर ब्रह्माण्डीय जीवन ऐसा ही होना जरूरी नहीं है क्यों कि परग्रही जीवन के और कई सममिती हो सकते है जो हमारे कल्पना से परे है।

परग्रहियो का आकार क्या होगा

परग्रहियों का आकार क्या होगा वैज्ञानिको ने इसके बारे में अनुमान लगाए है कि ब्रह्माण्ड में गॉडजिला जैसे महाकाय आकार के प्राणी संभव नहीं है उनका कहना है कि परग्रही और पर ब्रह्माण्डीय जीवन पृथ्वी के जीवों के आकार के तुल्य होगा लेकिन इस पर भी स्पष्ट रूप से कुछ नहीं कहा जा सकता।

क्या परग्रही सभ्यताएं, पृथ्वी के मानव सभ्यता से ज्यादा बुद्धिमान होंगे

इस प्रश्न को समझने के लिए हमें रशियन खगोल विज्ञानी निकोलाइ कार्दाशेव के दिये गये सभ्यता के विकास के विभिन्न चरणों को जिसे ऊर्जा की खपत के अनुसार श्रेणी बद्ध किया गया है को जानना होगा। जिसे उन्होने संभव सभ्यताओं के तीन भागो में बांटा है।

1. पहले प्रकार का सभ्यता–इसमें वे सभ्यताए आती है जो अपने ग्रह पर उपलब्ध समस्त ऊर्जा का प्रयोग कर सकती है यह सभ्यता अपने ग्रह पर पड़ने वाले समस्त मूल तारे के सम्पूर्ण प्रकाश का उपभोग करती है इतना ही नहीं ये सभ्यताए ज्वालामुखी की ऊर्जा का उपभोग करती है भूकंपो से ऊर्जा निकाल सकती है कुल मिलाकर ग्रह की समस्त ऊर्जा इनके नियंत्रण में रहती है।
2. दूसरे प्रकार की सभ्यता–इस वर्ग की सभ्यता अपने मूल तारे की समस्त ऊर्जा को अपने प्रयोग में ला सकती है यह सभ्यता पहले प्रकार की सभ्यता से अरबो गुना ज्यादा शक्तिशाली हो जाती है ऐसे सभ्यता को विज्ञान के हर रहस्य का ज्ञान होता है उन्हे उल्कापात, कामेट टक्कर, हिमयुग, सुपरनोवा विस्फोट आदि का डर नहीं होता ये लोग तो अपने मूल तारे के नष्ट होने पर किसी दूसरे तारे के ग्रह में अपना निवास तक बना सकते है
3. तीसरे प्रकार की सभ्यता–यह और विकसित सभ्यता होती है यह तो संपूर्ण आकाशगंगा की ऊर्जा का उपयोग कर सकती है यह वर्ग 2 की सभ्यता से अरबो गुना ज्यादा

शक्तिशाली है ऐसे सभ्यता किसी श्याम विवर के ऊर्जा का भी प्रयोग कर सकती है ऐसी सभ्यता आकाशगंगा और उसके बाहर आसानी से विचरण करने में सक्षम होती है

इस वर्गीकरण से हमें यह समझ में आने लगा है कि हमारी सभ्यता इसमें से किसी वर्ग में नहीं आती क्योंकि हमारी ऊर्जा जरूरते आज भी वनस्पति, कोयले, पेट्रोल, पर निर्भर है हम सूर्य के उर्जा का प्रयोग भी सूक्ष्म रूप में कर पाते है। अभी हम शून्य सभ्यता वर्ग में है वर्ग एक सभ्यता बनने में बहुत पीछे है। लेकिन बाह्य अंतरिक्ष में ऐसे तीनो प्रकार के सभ्यताऐं मौजूद हो सकती है। ब्रह्माण्ड के विकास को लगभग 14 अरब वर्ष हो चुके है यह सभ्यताओं के पूर्ण रूप से विकसित होने के पर्याप्त समय है इसमें वर्ग दो और तीन प्रकार की सभ्यता अन्य ग्रहो तक या इंटर गालाक्टिक यात्रा कर सकते है ऐसे सभ्यता के वासी ही पृथ्वी तक आ सकते है। और ये निश्चित ही हमसे कॉफी विकसित होगे और हम किसी प्रकार से उनका मुकाबला नहीं कर पाएंगे।

क्या कभी परग्रहियों का आक्रमण संभव है

इतना तो निश्चित है कि हमारे ग्रह तक कोई परग्रही या पर ब्रह्माण्डीय आते है तो वे हमसे कहीं ज्यादा विकसित और बुद्धिमान होंगे। पर प्रश्न यह उठता है कि वे हम पर आक्रमण क्यो करेंगे ये विकसित प्राणी हमसे इतने आगे व योग्य होंगे की हमारे पास शायद ही ऐसी कोई चीज हो जो ये हमसे पाना चाहते हो। वर्ग 2 और 3 के बुद्धिमान प्राणी तो हमसे इतने सक्षम होगे जितना कि पृथ्वी पर एक ड्रेगनफ्लाई के तुलना में हम है हमें ड्रेगनफ्लाई से क्या प्रतिर्स्पधा हो सकती है हम इसे ऐसे ही उपेक्षा कर आगे बढ़ जाते है मजे की बात है कि इनकी कोई औकात ही नहीं की हम इनका परवाह करे इसी प्रकार इन परग्रहियों को कुछ चाहिए तो भी वे इन वस्तुओं को बिना आक्रमण और हिंसा के पा सकते है वास्तव में हमारे और उनके बीच खाई इतनी अधिक व गहरी होगी की हम उन्हे समझ ही नहीं पाएंगे। हमे इन परग्रहियों से डरने की जरूरत नहीं है और नहीं कोई सुरक्षा उपाए क्यों कि हम इन विकसित प्राणियों का कुछ नहीं कर सकते बल्कि हम उनसे एक ही चीज सीख सकते है वह है नये व अत्याधुनिक तकनीक। इसलिए हमें इस घटना से आशान्वित होकर चलना होगा।

मैं तो कहता हूं की प्रतीक्षा कीजिए कभी न कभी ऐसा वक्त जरूर आऐगा जब हमारे इंटर गालाक्टिक पूर्वज हमसें रूबरू होंगे। और तब हमें इन्हें पहचानना होगा और अपनी हद भी।

29

हमारा बह्माण्ड, भविष्य एवं अंत

ब्रह्माण्ड के उत्पत्ति का रहस्य जितना महत्वपूर्ण है उससे भी ज्यादा उसके अंत को लेकर चर्चाए व्याप्त है ब्रह्माण्ड का अंत न सिर्फ हमारे जीवन का खात्मा है बल्कि सम्पूर्ण कायनात का भी विनाश हो जाना है आज यह ब्रह्माण्ड का सबसे बड़ा अनसुलझा रहस्य है कोई नहीं जानता ब्रह्माण्ड का अंत कैसे होगा?

ब्रह्माण्ड के अंत को कौन निर्धारित करता है और ब्रह्माण्ड के संरचना में बाह्य बल प्रभावी है या फिर आंतरिक बल? हम कैसे जानेंगे की ब्रह्माण्ड का अंत कैसे होगा? सम्पूर्ण ब्रह्माण्ड के अंत के बारे में सोचना कठिन तो है लेकिन इस पर अनुमान तो लगाया ही जा सकता है

समय और अंतराल की उत्पत्ति ब्रह्माण्ड के सृजन के साथ हुई है हम यहा ब्रह्माण्ड समय और अंतराल के परिदृश्य में ब्रह्माण्ड के अंत को जानने का प्रयास करेंगे। ब्रह्माण्ड को समझने के लिए ब्रह्माण्डीय गतिविधियों और भूतकाल के आंकड़ों को भी खंगालना होगा समय और अंतराल के मिश्रित आंकडों के आधार पर हम यह निर्धारित कर सकते है ब्रह्माण्ड का भविष्य व अंत कैसे होगा

ब्रह्माण्ड के उत्पत्ति का सबसे मान्य सिद्धांत बिग–बैंग के अनुसार आज से 13.7 अरब वर्ष पूर्व एक सिंगल व घने बिंदु से ब्रह्माण्ड की उत्पत्ति हुई, यह बिंदु इतना संकीर्ण था कि सारा ब्रह्माण्ड का पदार्थ इसी में समाया हुआ था और सारे पदार्थ एक–दूसरे के इतने पास–पास थे कि वे सभी एक ही जगह पर थे अर्थात् एक ही बिंदु में समाए हुए थे, सारा ब्रह्माण्ड एक संपीड़ित घना और संकीर्ण बिंदु के रूप में अत्यधिक घनत्व का व अत्यंत छोटा था। और यह भी माना जाता है कि अत्यधिक घना होने के कारण अत्यंत गर्म रहा होगा और यहा पर काल–अंतराल भी कोई मायने नहीं रखता और तो और यहा चरम स्थितियां मौजूद थी जिसके बारे में किसी प्रकार का गणना या अनुमान लगाना असंभव था लेकिन यहां सबसे महत्वपूर्ण बात थी गुरूत्वाकर्षण की चरम अवस्था व उसका चरमोत्कर्ष अवस्था की ओर निरंतर बढ़त।

गुरूत्वाकर्षण अपने चरमोकर्ष अवस्था में एकाएक अपने वजूद, मास को ही नष्ट कर डालता है जिससे उच्च ताप पर उत्पन्न प्योर ऊर्जा का बिग–रिलीज होना ही नये ब्रह्माण्ड के सृजन का कारण बनता है।

हम जानते है कि समस्त ब्रह्माण्ड पांच प्रकार के बलों से निर्मित, संचालित व विस्तारित है ये बलें है विद्युत–चुंम्बकीय बल, कमजोर बल, मजबूत नाभिकीय बल, गुरूत्वाकर्षण बल तथा प्रसार बल। इन बलों में से पहले चार प्रकार के बल ब्रह्माण्ड को संग्रहित, निर्मित व संचालित करती है जिसे सकारात्मक बल के रूप में जाना जा सकता है वही पांचवे बल ऋणात्मक दाब ऊर्जा है जो निर्मित ब्रह्माण्ड के बीच अंतराल का निर्माण कर रही है और इससे पिंड एक–दूसरे से दूर जा रही है इस प्रकार ब्रह्माण्ड में कुल दो प्रकार के बल ही है जो ब्रह्माण्ड के कारक है इसमें सकारात्मक बलों में सबसे कमजोर प्रतीत होने वाला गुरूत्वाकर्षण बल अत्यधिक महत्वपूर्ण है यह वह बल है जिसने ब्रह्माण्ड को आकार प्रदान किया है इस बल के प्रभाव से पदार्थ के कण एक–दूसरे की ओर आकर्षित होते है और ग्रह तारे व आकाशगंगा व उनके क्लस्टर का निर्माण करते है सारे ब्रह्माण्ड के पिंड इसी बल के कारण अपने आकार में है और तो और ब्रह्माण्ड के पिंड इसी गुरूत्वाकर्षण बल से एक–दूसरे से बंधे हुए है और इसी बल से सारे पिंड एक–दूसरे का चक्कर भी लगा रहें है यदि यह बल न होता तो सारा ब्रह्माण्ड बिखर जाता। यह बल तो अपने चरम अवस्था में इतना बलशाली हो जाता है कि वह अन्य बलों जैसे कूलम्ब आवेश कमजोर व मजबूत बलों पर अपना प्रभूत्व कायम कर लेता है। इस प्रकार की अवस्था किसी ब्लैक होल में देखा जा सकता है जहां एक ही प्रकार के बल का अस्तित्व बचा रह जाता है बाकी सब गौड़ हो जाते है इसे हम उच्च ऊर्जा पर बलों का एकीकरण कह सकते है यह बल पुरे ब्रह्माण्ड को जहां संग्रहित करने में लगा है जिससे पिंड समूहो जैसे सौर मण्डलों, तारा मण्डलों, तारा क्लस्टरर्स, गैलेक्सियों व गेलेक्सी क्लस्टर्स का निर्माण होने लगा इस बल के बिना तो हम ब्रह्माण्ड का कल्पना ही नहीं कर सकते और ब्रह्माण्ड में कचरे का ही विस्तार होता। लेकिन यदि ब्रह्माण्ड में सकारात्मक ऊर्जा का ही अस्तित्व होता तो एक समय बाद ब्रह्माण्ड निर्मित व बढ़ते पिंड समूहो से जकड़ कर रह जाता और ब्रह्माण्ड के अस्तित्व पर ही प्रष्न चिन्ह लग जाता। लेकिन ऐसा नहीं था सुपरनोवा विस्थापन अध्ययन से ज्ञात हुआ की कोई रहस्यमयी ऊर्जा गुरूत्वाकर्षण बल के विपरीत कार्य कर रही है और ब्रह्माण्ड को विस्तार दे रही है इस रहस्यमयी बल को प्रसार ऊर्जा कहा जा सकता है यह ब्रह्माण्डीय पिंडों के मध्य अंतराल पैदा करती है और पिंड व उनका समूह एक–दूसरे से दूर हो जाते है।

अंततः गुरूत्वाकर्षण बल विभिन्न खगोलीय संरचनाओं को जहां आपस में बांधे हुए है वही दुसरी ओर प्रसार ऊर्जा से ब्रह्माण्डीय पिंडों के मध्य अंतराल निरंतर बढ़ रहा है इस तरह दो प्रकार के बलो के आपसी खींच–तान पर ब्रह्माण्ड का भविष्य व अंत निर्भर है

ब्रह्माण्ड के जन्म के बाद विस्तार अर्थात् अंतराल में वृद्धि की गति क्या थी आज हमारे ब्रह्माण्ड के विस्तार की गति क्या है? प्रारंभ काल के मुकाबले यदि आज ब्रह्माण्ड कि गति कम हो रही है तो हम महा संकुचन की ओर बढ़ रहे है और महासंकुचन में विस्तार की दर नकारात्मक हो जाता है याने विस्तार मंदा हो जाता है और विस्तार की गति न्यून होने लगती है

यदि ब्रह्माण्ड के विस्तार की गति सृजन के समय से अब तक समान हुई है तो इसका तात्पर्य यह है कि ब्रह्माण्ड का अंत, अनंत समय के साथ महा–विच्छेद के रूप में होगा।

यदि आज ब्रह्माण्ड के विस्तार की गति उसके उत्पत्ति के समय के मुकाबले अधिक है तो ब्रह्माण्ड का अंत महा–शीतलन के रूप में होगा इसमें सारे ब्रह्माण्डीय पिंड दूर–दूर तक विस्तारित होकर चरम शून्य ताप पर जम जाएंगी।

खुला, बंद, अथवा समतल ब्रह्माण्ड

अंतरिक्ष की वक्रता ही हमको यह बतलाती है कि ब्रह्माण्ड खुला, बंद, है अथवा समतल है। अंतरिक्ष की वकता गुरूत्वाकर्षण पर निर्भर करती है ब्रह्माण्ड का खुला, बंद अथवा समतल होना ब्रह्माण्ड के भविष्य व अंत के संभावनाओं को निर्धारित करने में सहायता प्रदान करता है। अंतरिक्ष की बंद अवस्था याने *धनात्मक–वकता* महा–संकुचन के स्थिति को उजागर करती है जबकी अंतरिक्ष की खुली अवस्था याने *ऋणात्मक–वकता* ब्रह्माण्ड के महा–विच्छेद और महा–शीतलन के स्थिति को स्पष्ट करती है जबकी अंतरिक्ष की समतल अवस्था याने *शून्य–वकता* ब्रह्माण्ड के अनिश्चितता को बताती है इस प्रकार के ब्रह्माण्ड का अंत महा–द्रव स्थिति में हो सकता है

अंतरिक्ष की वकता गुरूत्वाकर्षण के कारण होता है बंद ब्रह्माण्ड में गुरूत्वाकर्षण प्रभावी होता है और यह ब्रह्माण्ड के विस्तार को रोकने में सक्षम होता है। और यह चरम गुरूत्वाकर्षण ब्रह्माण्ड के पतन का कारण बनता है खुले ब्रह्माण्ड में गुरूत्वाकर्षण बल इतना कमजोर होता है कि यह ब्रह्माण्ड के विस्तार को रोकने में सक्षम नहीं होता और लगातार ब्रह्माण्ड का विस्तार होता रहता है जो महाविच्छेद अथवा महाशीतलन का रूप धारण कर सकता है समतल ब्रह्माण्ड में गुरूत्वाकर्षण बल कार्यरत होता है पर क्षीण होता है जिससे ब्रह्माण्ड कम दर से विस्तार करता रहता है।

तीनो स्थितियों को समझ सकते है यदि ब्रह्माण्ड बिग–बैंग के बाद अनंत विस्तार करता जाता है और ब्रह्माण्ड का कांतिक घनत्व, अपेक्षित घनत्व से कम है यहां पिंडों के मध्य गुरूत्वाकर्षण प्रभाव कमजोर होते जाता है तो ब्रह्माण्ड खुला है लेकिन यदि अधिकतम विस्तार करके वह रूक जाता है याने ब्रह्माण्ड का कांतिक घनत्न, अपेक्षित घनत्व से अधिक है और गुरूत्वाकर्षण बल प्रभावी होने लगता है तब ब्रह्माण्ड एक निश्चित बिंदु के बाद संकुचित होने

लगता है तथा ब्रह्माण्ड पुनः सृजन पिंड पर पहुंच जाता है इसे बंद ब्रह्माण्ड कहते है। तीसरी अवस्था में ब्रह्माण्ड एक निश्चित अवस्था में पहुंचने के बाद रूक जाता है न विस्तार करता है न संकुचन यथावत् बना रहता है और यह शून्य वक्रता को बताती है यहां क्रांतिक घनत्व अपेक्षित घनत्व के बराबर होता है।

क्रांतिक घनत्व एवं ब्रह्माण्ड–क्रांतिक घनत्व, ब्रह्माण्ड के घनत्व का एक सैद्धांतिक माप है *यह ब्रह्माण्ड के विस्तार को रोकने के लिए आवश्यक द्रव्य के औसतन घनत्व को इंगित करता है और गुरूत्वाकर्षण को तय करता है।* और यह तय करने में मदद करता है कि अंतरिक्ष में कौन सी वक्रता है इसके अनुसार जब क्रांतिक घनत्व का मान ब्रह्माण्ड के वास्तविक घनत्व के मान से कम होता है तो वक्रता धनात्मक (बंद ब्रह्माण्ड) होती है और जब क्रांतिक घनत्व का मान ब्रह्माण्ड के वास्तविक घनत्व के मान से अधिक होता है तो वक्रता ऋणात्मक (खुला ब्रह्माण्ड) होती है। वही जब क्रांतिक घनत्व का मान ब्रह्माण्ड के वास्तविक घनत्व का मान के बराबर होता है तो वक्रता शून्य (समतल ब्रह्माण्ड) होती है।

वैज्ञानिको के अनुसार इस थ्योरी में ब्रह्माण्ड का घनत्व कांतिक घनत्व से कम है तो ब्रह्माण्ड का विस्तार जारी रहेगा और विस्तार की गति बढ़ती जाएगी जिससे आकाशगंगाए एक–दूसरे से दूर होते जाएंगे इस प्रकार क्रांतिक घनत्व ब्रह्माण्ड के घनत्व की वह सीमा है जिससे कम होने पर ब्रह्माण्ड का विस्तार तीव्र होते जाएगा और महाविच्छेद की दशाएं उत्पन्न होगा। वही ब्रह्माण्ड के घनत्व के क्रांतिक घनत्व के समान होने की दशा में ब्रह्माण्ड के विस्तार की गति कम होते जाएगी और एक बिंदु पर विस्तार रूक जाएगा। लेकिन ब्रह्माण्ड के घनत्व के क्रांतिक घनत्व से ज्यादा होने की स्थिति में ब्रह्माण्ड का विस्तार एक सीमा पर पहुंचने के पश्चात् थम जाएगा और ब्रह्माण्ड पुनः एक बिंदु में सिकुड़ना प्रारंभ करेगा उसके पश्चात एक महाविस्फोट से नये ब्रह्माण्ड का सृजन होगा।

ब्रह्माण्ड के अंत के कई संभावनाएं व्यक्त की गई है जिसमें महा विच्छेद, महाशीतलन महासंकुचन, अथवा महाद्रव की अवस्थाएं शामिल है। मेरे विचार से हमारे ब्रह्माण्ड का अंत, विस्तारित कई घने व संपीड़ित सिंगल पिंडो के रूप में विखण्डन से होगा।

वैज्ञानिको के द्वारा अंत पर कई प्रकार के महत्वपूर्ण विचार प्रस्तुत किये गये है। आइये हर संभावनाओं पर नजर डाले।

1) महा–विच्छेद–वैज्ञानिको के अनुसार यह वह स्थिति है जहा ब्रह्माण्डीय प्रसार ऊर्जा, ब्रह्माण्ड के विस्तार को उस समय तक गति प्रदान करती है जब तक हर एक परमाणु टूटकर बिखर नहीं जाता वैज्ञानिको के अनुसार जब ब्रह्माण्ड के विस्तार की गति बढ़ती जाएगी तब ब्रह्माण्ड में प्रसार ऊर्जा की मात्रा भी बढ़ती जाएगी और आकाशगंगाए एक–दूसरे से आकर्षित होकर विलय होने के अपेक्षा वे एक–दूसरे से दूर होते जाएंगे कालांतर में ब्रह्माण्ड में विस्तार के

साथ ही गुरूत्वाकर्षण प्रभाव कम होते जाएगा और यह ऊर्जा आकाशगंगाओं तारों ग्रहों पिंडों को फाड़ डालेगा। इस प्रभाव से लोकल गैलेक्सी क्लस्टर नष्ट होने लगेंगे हमारी गैलेक्सी मिल्की–वे के पड़ोसी गैलेक्सियां दूर होती जाएंगी हमारी मिल्की–वे अकेली पड़ जाएगी आगे सौर मण्डलों ग्रहों आदी दूर होते जाएंगे कुछ समय पश्चात् सभी अणुओं का भी विच्छेदन हो जाएगा अंततः ब्रह्माण्ड सूक्ष्म कणों में विभक्त हो जाएगा।

2) महा–शीतलन–वैज्ञानिकों के इस थ्योरी में यह संभावना व्यक्त की गई है कि रहस्यमयी प्रसार ऊर्जा से विस्तारित होते ब्रह्माण्ड की गति और बढ़ती जाएगी और आकाशगंगा ग्रह, तारे, एक–दूसरे से इतनी दूर चले जाएंगे कि नये नक्षत्रों तारों के लिए गैसो व पदार्थो की कमी हो जाएगी और ब्रह्माण्ड में उपलब्ध तारों के एक–दूसरे से दूर जाने से ऊर्जा व उष्मा का वितरण ज्यादा क्षेत्रों में होने से ब्रह्माण्ड का तापमान गिरता जाएगा और यह स्थिति ब्रह्माण्ड के महा–शीतलन पर पहुंचने तक जारी रहेगा और सारा ब्रह्माण्ड जम कर निष्क्रीय हो जाएगा। महाशीतलन की अवस्था को देख सकते है जिसमें भविष्य में ब्रह्माण्ड का विस्तार अत्यधिक तेजी से होगा और उष्मा का विस्तार ज्यादा क्षेत्र में होने से तथा तापमान गिरने से सारा ब्रह्माण्ड जम कर निष्क्रीय हो जाएगा।

3) महा–संकुचन–वैज्ञानिको के अनुसार यह ब्रह्माण्ड की वह स्थिति है जहां ब्रह्माण्ड विस्तार को रोककर एकाएक संकुचन प्रारंभ कर देती है और इसी स्थिति में गुरूत्वाकर्षण बल अपना प्रभुत्व कायम करने लगता है और ब्रह्माण्ड पुनः एक बिंदु के रूप में सिकुड़ना प्रारंभ कर देता है और यह संकुचन पुनः एक महाविस्फोट को जन्म देगा तथा महासंकुचन और महाविस्फोट का चक्र चलता रहेगा। यह संभावना तब पूरी होगी जब ब्रह्माण्ड का घनत्व, क्रांतिक घनत्व से अधिक होगा हम देख सकते है कि एक निश्चित समय के बाद ब्रह्माण्ड का विस्तार थमने लगता है और संकुचन प्रारंभ कर देता है और वह पुनः उस बिंदु पर पहुंच जाता है जहां से बिग–बैंग हुआ था।

4) महाद्रव अवस्था–महाद्रव अवस्था में ब्रह्माण्ड का अंत अनिश्चित है इस संभावना के अनुसार ब्रह्माण्ड का द्रव्यमान हिग्स–बोसोन पर निर्भर करता है वैज्ञानिको का मानना है कि हिग्स–बोसोन का द्रव्यमान एक विशेष मूल्य होने के उपरांत यह संभव है कि हमारे ब्रह्माण्ड के अंदर एक नये ब्रह्माण्ड के बुलबुले का जन्म होगा तब हमारा ब्रह्माण्ड अस्थिर होगा और यह नया ब्रह्माण्ड हमारे ब्रह्माण्ड को नष्ट कर देगा इस सिद्धांत के अनुसार हमारे ब्रह्माण्ड में एक बुलबुला बनेगा जो हमारे ब्रह्माण्ड को प्रकाश की गति से नष्ट कर देगा और यह घटना हमारे ब्रह्माण्ड में कहीं भी कभी भी हो सकती है।

5) पांचवी संभावना के अनुसार ब्रह्माण्डीय द्रुत विस्तार में विस्तारित होते सैकड़ों विशाल पिंड अपने समूह बनाए रखेंगे और अंत में इन पिंडों में संकुचन होगा जिससे कई सिंगल, संपीड़ित

व घने पिंडों का निर्माण होगा–हमारे जीवन का अंत भी ऐसे किसी घने पिंड में समा जाने से होगा

मेरे विचार से ब्रह्माण्ड का अंत, सैकड़ों संपीड़ित घने, संकीर्ण व सिंगल पिंडों के रूप में होगा। दो बलों के जबरदस्त रस्सा–कस्सी के बीच ब्रह्माण्ड का विकास व विस्तार हो रहा है यहां निर्मित ब्रह्माण्ड निरंतर एक–दूसरे से दूर भाग रहे है अथवा यह कहें कि इनके बीच का अंतराल बढ़ता जा रहा है इस विस्तार में भी सबसे महत्वपूर्ण बात यह है कि ब्रह्माण्डीय पिंडों का समूह जैसे गैलेक्सियां व उनके क्लस्टर्स अपने समूह के साथ रैखिक विस्तार में आगे बढ़ रहे है याने इन पर द्रुत गति से विस्तार का इन समूहो पर कोई विपरीत प्रभाव नहीं पड़ रहा है। और इस बात की सबसे अधिक संभावना है कि ये लोकल ग्रुप, अपना समूह बनाए रखेंगे और ये द्रुत गति से आगे बढ़ते हुए अपने विशाल समूह में ही आपसी विलयन करेंगे। और द्रुत रैखिक विस्तार में ये समूह एक पृथक छोटे ब्रह्माण्ड के रूप में होंगे लेकिन मूल ब्रह्माण्ड के विपरीत ये संकुचित होते जाएंगे और अंततः एक घने, संपीड़ित व एकल संकीर्ण पिंड में तब्दील होते जाएंगे चुंकि ये ब्रह्माण्डीय विस्तार में विशाल व सघन समूहो में होंगे वे अपना ताप नही खोएंगे।

डायग्राम–

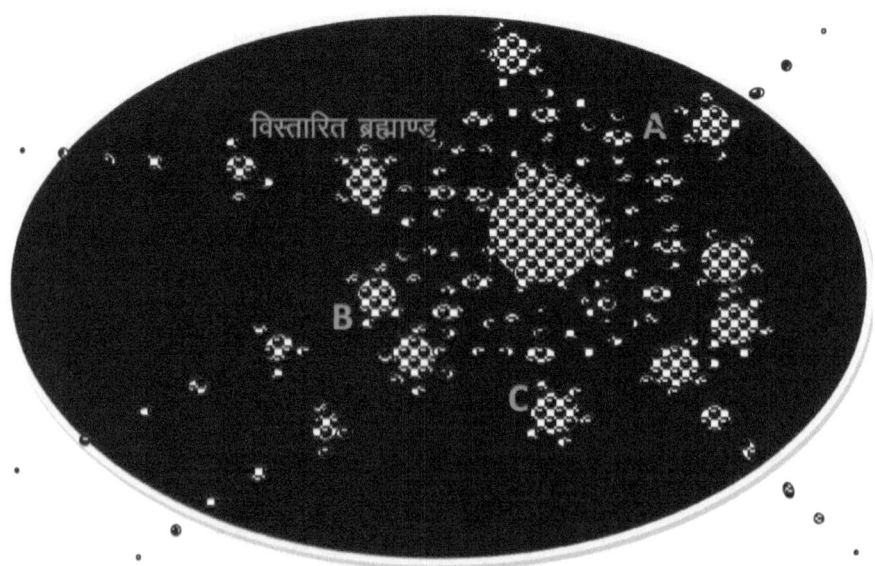

विस्तारित होते ब्रह्माण्ड में जहां कई समूह रैखिक गति से आगे बढ़ते हुए अपने समूह में महासंकुचन को प्राप्त करेंगे जिससे कई घने पिंडों का निर्माण होगा अत्यधिक घनत्व होने के कारण ये पिंड न सिर्फ चरम गुरूत्व से युक्त थे व अत्यधिक गर्म भी थे।

उपरोक्त डायग्राम में हम सभी आयामों में विस्तारित होते ब्रह्माण्ड को देख सकते है ब्रह्माण्ड अपने अंतराल के विस्तार के कारण अपने आकार से विखण्डीत होकर, अपने समूहो जैसे **A B C** - आदि में आगे बढ़ते जाएंगे और ये आगे भी अपने समूह बनाए रखेंगे अरबो वर्षो बाद विशाल समूहो में महासंकुचन होगा और ये समूह सिंगल व संपीड़ित घने पिंडों में बदल जाएंगे

लोकल समुहों में गैलेक्सियों की संख्या, छोटे उपग्रही गैलेक्सियों को मिलाकर 1500–3500 अथवा इससे भी अधिक होते है ये विशाल समूह कालांतर में एक–दूसरे को आकर्षित कर, चक्रण करते विलयन करते ब्रह्माण्डीय विस्तार में आगे बढ़ते जाएंगे। कई लोकल समूह भी आपस में विलयन कर सकते है

इसे इस तरह भी जान सकते है *ब्रह्माण्ड अपने जीवन काल में नये ब्रह्माण्डों के बीज निर्माण व विकास में लगे रहते है* और ब्रह्माण्ड के अंत में ऐसे लाखों समूह हो सकते है जो ब्रह्माण्डीय विस्तार में विस्थापित होते हुए महासंकुचन से सैकड़ों सिंगल व सुपर मॉसिव पिंडों का निर्माण करगें जो ब्रह्माण्डीय जीवन काल में एक–दूसरे से रैखिक विस्तार करते हुए अनंत दूरी तक फैलते जाएंगे। इन विस्तारित सुपरमॉसिव पिंडों में कई ऐसे पिंड हो सकते है जो अपेक्षित द्रव्यमान से कम अथवा अधिक हो सकते है। यहा जिन पिंडों का द्रव्यमान अपेक्षित द्रव्यमान से कम होता है वह नये ब्रह्माण्ड के सृजन के लिए टेंसकाल प्रारंभ नहीं कर सकता और ऐसे पिंड रैखिक विस्तार में आगे बढ़ते हुए अंतर–ब्रह्माण्डीय प्रगमन कर सकते है। लेकिन सिंगल व संपीड़ित पिंड का अपेक्षित द्रव्यमान अथवा इससे अधिक होने पर वह गुरूत्वाकर्षण इतना प्रभावी होगा की वह टेंसकाल प्रारंभ कर सकेगा और इससे पुराने ब्रह्माण्ड का विघटन तथा नये ब्रह्माण्ड का सृजन काल प्रारंभ होगा हमारे ब्रह्माण्ड का निर्माण भी इसी तरह किसी विशाल ब्रह्माण्ड के विस्तारित होते किसी समूह के संपीड़ित होने और उसमें हुए टेंसकाल का परिणाम की सबसे अधिक संभावना है। ब्रह्माण्ड के संरचना व उसके विस्तार को देखते हुए *ब्रह्माण्ड के समूह* याने अधिक ब्रह्माण्डों की संकल्पना से इंकार नहीं किया जा सकता।

ब्रह्माण्ड के अंत में कई संपीड़ित सिंगल पिंड बनेंगे जो एक–दूसरे से विस्तारित होते अनंत दूरी पर होंगे और हमारा अंत भी किसी ऐसे ही संपीड़ित व कठोर पिंड में समाकर होगा। ये संपीड़ित एकल पिंड अपेक्षित द्रव्यमान अथवा इससे अधिक होने पर, नये ब्रह्माण्ड के सृजन के लिए टेंसकाल प्रारंभ कर सकेगें। इस संभावना से इंकार नहीं किया जा सकता कि हमारे ब्रह्माण्ड का सृजन भी किसी विशाल ब्रह्माण्ड के अंत से हुआ हो।

30

बह्माण्ड और जीवन एक पूर्णतः भौतिक घटना है न की ईश्वरीय

बह्माण्ड के निर्माण, संचालन, एवं विनाश में ईश्वर की कोई भूमिका नहीं है

ऐसा माना जाता है कि ब्रह्माण्ड अथवा सृष्टि का सृजन स्वतः एक अकल्पनीय परंतु पूर्णतः भौतिक एवं वैज्ञानिक प्रक्रिया से हुआ है जहां ईश्वर की कोई वजूद नहीं है वहीं दूसरी मान्यता है कि, ब्रह्माण्ड अलौकिक शक्तियों अथवा कथित भगवान की उपस्थिति के कारण है। इस प्रकार ब्रह्माण्ड के सृजन पर गंभीर प्रश्न खड़ा है?

*निरंतर अध्ययन और मानसिक रिसर्च से यह लगता है कि ब्रह्माण्ड का जन्म बिग–रिलीज से हुआ है। जो एक भौतिक एवं पूर्णतः वैज्ञानिक प्रक्रिया है न की ईश्वरीय। सर् आइंस्टाइन के थ्योरी में किसी पदार्थ की मात्रा, बराबर (**$E=MC^2$** के अनुसार) ऊर्जा में परिवर्तित हो जाती है लेकिन वे ऊर्जा के पदार्थ में परिवर्तन के बारे में कुछ नहीं कह पाए इस प्रश्न का उत्तर स्टीफन हॉकिंस के ब्लैक होल के सिद्धांत में छिपा है जिसमें उन्होने बताया की ब्लैक होल ऊर्जा का सबसे सघन रूप है इसके बीच से ऊर्जा भी गुजर नहीं सकती क्योंकि इसमें अपार गुरूत्वाकर्षण की शक्ति होती है जिससे यह किसी भी चीज को यहां तक की सूर्य की किरण को भी खींचकर निगल लेता है उनका कहना था की यह ब्लैकहोल एक क्रिटिकल स्थिति में पहुंच कर बिग–बैंग से विस्फोट करता है इस विस्फोट से ब्लैक होल की ऊर्जा, पदार्थ बन कर बिखर जाती है उनका कहना था कि शायद इस प्रकार ऊर्जा से पदार्थ का निर्माण होता है उनका कहना था की इस तरह ब्रह्माण्ड में ब्लैकहोल का निर्माण और विस्फोट लगातार होता रहता है लेकिन यहां बिग–बैंग ,कैसे तथा क्यों होता है? के बारे में कुछ नहीं कह पाए। याने यह प्रकिया स्पष्ट नहीं है मेरा यहा मानना है कि ब्लैक–होल बिग–बैंग से नहीं बल्कि बिग–रिलीज से संपीड़ित मास को ऊर्जा में परिवर्तित कर देती है वास्तव में एक ब्लैक–होल चरम गुरूत्वीय, संपीड़ित घना व छोटा पिंड होता है यहा अपार ग्रेविटी होती है कि इसमें विस्फोट से कुछ बाहर नहीं जा सकता। अथवा यह कह सकते है कि इसमें विस्फोट*

हो ही नहीं सकता बल्कि अपने अंतिम पड़ाव में यह अपने आसपास के सभी पदार्थो व चीजों को निगल चुका होता है और इनफीनिट में अनंत दूरी तक यह इकलौता होता है सृजनकारी डेंस पिंड अपेक्षित द्रव्यमान याने 5 लाख खरब सौर द्रव्यमान अथवा अधिक होने पर तथा सिंगल पाईट पर अत्यधिक सघन होने से केंद्रीय गुरूत्वाकर्षण इतना प्रभावी होने लगता है कि सृजनकारी डेंस पिंड में टेंसकाल प्रारंभ हो जाता है जिससे पिंड का मास संपीड़ित होकर और न्यून आकार का होने लगता है अंततः इसकी ग्रेविटी लाखों गुना बढ़ जाती है जिसे गुरूत्वाकर्षण का चरमोत्कर्ष अवस्था कह सकते है ग्रेविटी के बढने से पुनः दाब बढ़ जाता है इससे पुनःसंपीड़ित होने लगता है यह प्रक्रिया उत्तरोत्तर चलती रहती है और सारा मास एक परमाणु के आकार का हो जाता है अंत में सम्पूर्ण मास उच्चतम दाब और ताप में प्योर ऊर्जा में तब्दील हो जाती है जैसे ही मास प्योर ऊर्जा में परिवर्तित होती है ग्रेविटी एकाएक समाप्त हो जाती है क्यों कि ऊर्जा न तो कोई द्रव्य है और उसका न तो कोई आकार होता है न ही कोई स्थान घेरता है न ही कोई भार होता है ग्रेविटी के समाप्त होने से संपीड़ित ऊर्जा का बिग–रिलीज होता है और ऊर्जा अनंता में किसी बिंदु पर फैलना प्रारंभ कर देता है यहीं समय और अंतरिक्ष का जन्म होता है इस प्योर ऊर्जा में दो प्रकार के बल निहित होते है एक फोटॉनिक ऊर्जा दूसरा रैबिक ऊर्जा। दोनो ऊर्जा की प्रकृति अलग–अलग जान पड़ती है परंतु इन दोनो ऊर्जा के संतुलन से ही ब्रह्माण्ड का सृजन व संचालन होता है। कुल ऊर्जा में रैबिक ऊर्जा का भाग 70 प्रतिशत से अधिक होता है जबकी फोटॉनिक ऊर्जा महस 30 प्रतिशत के लगभग होती है रैबिक ऊर्जा कणें, फोटॉनिक ऊर्जा को जो तीव्र गति से भाग रहें होते है को स्टेरलाइज करके मास मे परिवर्तित करती है जिससे इन ऊर्जा कणों को द्रव्यमान मिलता है लेकिन ये रैबिक ऊर्जा कण प्रकाश ऊर्जा कणों पर कोई प्रभाव नहीं दिखाती है कालांतर में जैसे ही निर्मित पार्टिकल्स प्रतिकिया कर परमाणु, अणु से तारे और गैलेक्सियां तथा उनके क्लस्टर समूह के रूप में गुरूत्वाकर्षण से इकठ्ठा होकर बड़े गुरूत्वीय जाल बनाते है तब यह रैबिक ऊर्जा कण ऐसे समूहों के मध्य अंतराल पैदा करती है और निर्मित ब्रह्माण्ड का विस्तार होने लगता है अंततः कहा जा सकता है कि ब्रह्माण्ड स्वतः भौतिक प्रक्रिया का उत्पाद है।

आप इस बात से तौबा कर लीजिए की ब्रह्माण्ड और आपको ईश्वर ने बनाया है यह मानना भी हास्यास्पद होगा कि ब्रह्माण्ड और हमारे जीवन का संचालन कोई भगवान कर रहा है, और हमारे भविष्य उसके हाथों में टीका है वह चाहे तो हमारा भला कर सकता है अथवा बुरा और वह हमारे कर्म के हिसाब से हमें फल अथवा दण्ड देता है और उसकी इच्छा के बिना संसार का एक पत्ता भी नहीं हिल सकता वह चाहे तो हमे किसी प्रलयंन कारी दशा से बचा लेगा आदि।

सच मानिए ब्रह्माण्ड एक पूर्णतः भौतिक और प्राकृतिक घटना है। इसकी नियामक शक्तियां ही इसे चला रहीं है ब्रह्माण्डीय प्रकृति में, जीवन अर्थात् चेतना उत्पन्न करने की शक्ति होती

है चेतना (आत्मा) एक प्राकृतिक अवयव है जो नैर्सगिक ऊर्जा कणों से मिलकर बना होता है ब्रह्माण्ड में प्रकृति व चेतना ही हमें जीवंतता का अनुभव कराती है और जीवंतता ईश्वर की।

सृष्टि का निर्माण प्रकृति और भौतिक विज्ञान के जटिल नियमों के अनुसार एक प्रक्रिया के तहत हुआ है हम और हमारा *ब्रह्माण्ड* इसी प्रक्रिया की देन है सृष्टि या प्रकृति ही जीवन के नियामक होते है न की कोई ईश्वर। *ब्रह्माण्ड*, सृष्टि, प्रकृति अथवा जीवन का निर्माण व विनाश और पुर्ननिर्माण एक नित्य चलने वाली प्रक्रिया है जो किसी भौतिक नियमों में ही निहित होती है इसमें किसी भगवान का कोई रोल नजर नहीं आता और यदि भगवान है तो उसका असली स्वरूप क्या है और कहां है या फिर यह भावना, मात्र हमारे सोच में घर कर गया है मै तो कहता हूं की हम जो आसपास की घटनाओं को और जीवन को महसूस कर जीते है उसमें कहीं न कहीं हम अपने वजूद को किसी परम शक्ति से कनेक्ट करना चाहते है ताकि हम सुरक्षित महसूस कर सकें हम मानने लगते हैं वही है जो संसार को चला रहा है। हमने तो अपने जीवन के हर कार्य और परिणाम में उसी का रोल मानते है ऐसा लगता है की उसके कृपा बिना हम एक दिन भी जिंदा नहीं रह सकते लेकिन मेरा मानना है कि यह सिर्फ हमारे सोच में है न की वास्तविकता में। सच मानिए इस संसार का और आपके मौलिक जीवन का सीईओ, कोई भगवान नहीं है। *ब्रह्माण्ड के रचना और हमारे जीवन में दैवीय चीजों का कोई भूमिका नहीं है लेकिन हमारी जन्मजात प्रवृति ने इसे हर चीज में शामिल कर रखा है।*

प्रकृति चेतना पैदा करती है जो उर्जा का एक रूप है जिसे हम आत्मा कहते है जो संसारिक जीवो को चलाती है–सम्पूर्ण प्रकृति एक जीवंत चीज है यहां पाये जाने वाला हर चीज इसका हिस्सा है कुछ चीजे जीवंत चीजों के हिस्से है तो कुछ निर्जीव पड़े है ब्रह्माण्ड ऊर्जा से चलता है और इनके बीच एक संतुलन कायम रहता है जिसका बागडोर सृष्टि व प्रकृति के हाथो होता है यहां वायुमण्डल से लेकर मिट्टी खनिज अंतरिक्षीय पदार्थो जीवन, आत्मा यहां तक की हर चीज प्रकृति का हिस्सा है और ये प्रकृति के उत्पाद है इन उत्पादो में सबसे प्रभावी चीज चेतना है जिसे आत्मा भी कहा जाता है जिसे रहस्यमयी व बहुत ताकतवर माना जाता है पर यह निरा प्राकृतिक वस्तु है और इसकी संख्या हमारे ग्रह में अनगिनत अथवा बेहिसाब है जीवों के जन्म लेने और मरने की कोई तादात नहीं है आप चाहें तो कितने ही जीवों और मानवो को नष्ट कर सकते हैं और अपने आप को भी। शारीरिक अस्वस्थता अथवा अनबैलेंस होने पर भगवान आपको ठीक नहीं करता बल्कि दवाईयों से पुनः संतुलन बनाया जाता है क्योंकि शरीर व उसकी क्रियाए संतुलन से चलती है हमारे वातावरण और पारिस्थितिकी से सामंजस्य बिठाना पड़ता है कुल मिलाकर हमें कहीं ईश्वर मदद नहीं करता न ही कहीं उसका रोल नजर आता है क्योंकि वह है ही नहीं। यह संसार व जीवन तो एक भौतिक चीज है और भौतिक संतुलन से चलता है न की दैवीय।

प्रकृति सत्य असत्य में भेद करती है यही कारण है कि दुनिया टिकी है आंतरिक मन की सत्यता इसी का परिणाम है–हम यहा देख सकते है सृष्टि जिसकी हम रचना है उसके नियमो में चलते है हमारा आंतरिक मन में प्राकृतिक सत्यता होती है हर बुरा कार्य करने से पहले हमारे मन में इस बात की तस्दीक होती है और हमारा मन सच्चाई का ही साथ देता है कुछ अपवाद हो सकते है पर अंततः उनका आंतरिक मन सत्यता से भरा होता है इसी कारण कहा जाता है कि पाप से घृणा करो पापी से नहीं। लालच, क्रोध और उत्तेजना वश कुछ भी हो सकता है पर इससे सच्चाई नहीं बदलती और हमारे समाज में बने आचार व्यवहार इसी बात को बल देते है। प्राकृतिक और सृष्टिजन्य सच्चाई कभी डिग नहीं सकती। प्रकृति अथवा सृष्टि की यह सच्चाई हमें कहीं पर ईश्वर होने की भावना पैदा करता है प्रकृति और सृष्टि की यह सबसे बड़ी ताकत है की उसने अपने पैदा किये चेतना अवयव में ऐसी नैसर्गिक सत्यता भर दी है। इतना ही नहीं हर जीव जंतु भी अपने नित्य कार्यो में प्रकृति के सत्य का अनुसरण करते है यह परिवर्तन भी प्राकृतिक और पूर्णतः भौतिक है

ब्रह्माण्ड स्वतः विज्ञान से चलता है–ब्रह्माण्ड पृथ्वी और यहां तक की हमारे दिमाग में घटित हर विचार में भौतिक व विज्ञान है बिना भौतिक और विज्ञान के हम एक पल जीवित नहीं रह सकते। हमारी चेतना, अनुभूतियों और क्षमता में रासायनिक व भौतिक विज्ञान छिपा है यहां ऐसा कुछ भी नहीं है जो ईश्वर से चलता हो कोई भी एक चीज ऐसा बता दे जिसे भगवान चलाता हो।

अगर वह है तो कहां है? रहस्यों के गर्त में क्यों है? उसका प्रभाव संसार में शून्य क्यों है? सच तो यह है कि इस ब्रह्माण्ड में मानवाकार भगवान के लिए कोई स्थान नजर नहीं आता है। सच मानिए इस संसार का और आपके मौलिक जीवन का सीईओ, कोई भगवान नहीं है। *ब्रह्माण्ड के रचना और हमारे जीवन में दैवीय चीजों का कोई भूमिका नहीं है लेकिन हमारी जन्मजात प्रवृति ने इसे हर चीज में शामिल कर रखा है।*

www.ingramcontent.com/pod-product-compliance
Lightning Source LLC
Chambersburg PA
CBHW020632220526
45464CB00001B/117
9781947283183